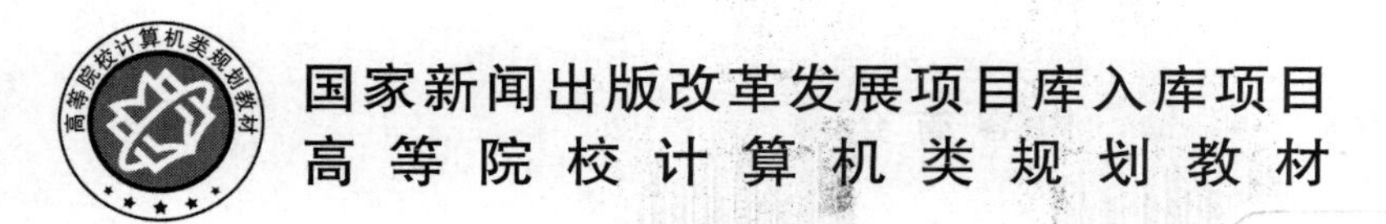

# 操作系统原理

周延森 编

北京邮电大学出版社
www.buptpress.com

## 内容简介

本书系统、深入地介绍了操作系统的基本原理，以操作系统的五大功能模块作为主线，分章节阐述了操作系统的理论基础。全书共分7章，内容包括绪论、用户接口、进程管理、处理机调度、存储管理、文件管理、设备管理。此外，每章均配有精选习题，题型丰富，有助于读者领会和掌握相关知识。

本书力求做到理论结合实际、突出应用，以帮助读者学习和掌握操作系统的理论基础知识。本书可作为计算机相关专业的本科生教材，也可作为研究生教材，还可供从事计算机及通信相关工作的科技人员参考。

**图书在版编目(CIP)数据**

操作系统原理 / 周延森编. -- 北京 ：北京邮电大学出版社，2022.5(2023.9 重印)
ISBN 978-7-5635-6637-2

Ⅰ.①操… Ⅱ.①周… Ⅲ.①操作系统 Ⅳ.①TP316

中国版本图书馆 CIP 数据核字(2022)第 067790 号

**策划编辑**：姚　顺　刘纳新　　**责任编辑**：王晓丹　谢亚茹　　**封面设计**：七星博纳

**出版发行**：北京邮电大学出版社
**社　　址**：北京市海淀区西土城路 10 号
**邮政编码**：100876
**发 行 部**：电话：010-62282185　传真：010-62283578
**E-mail**：publish@bupt.edu.cn
**经　　销**：各地新华书店
**印　　刷**：保定市中画美凯印刷有限公司
**开　　本**：787 mm×1 092 mm　1/16
**印　　张**：16.25
**字　　数**：424 千字
**版　　次**：2022 年 5 月第 1 版
**印　　次**：2023 年 9 月第 2 次印刷

ISBN 978-7-5635-6637-2　　定价：48.00 元

# 前　言

操作系统是计算机系统的重要组成部分，操作系统课程则是计算机及相关专业的重要基础课程，同时也是计算机行业的工程或技术人员必须深入了解的基础知识。

考虑到本科生对基础内容的学习，本书结合作者多年教学的经验，主要讨论了操作系统的共性内容。本书具有以下特点：

(1) 主要关注操作系统基本概念、基本技术、基本方法的阐述，着眼于操作系统学科知识体系的系统性和实用性；

(2) 根据国内计算机专业研究生招生考试大纲的要求编排，基本覆盖了考试大纲的内容，并在每章习题部分安排了一些考研真题。

全书共分 7 章。第 1 章为绪论，主要介绍操作系统的形成与地位、发展阶段、定义与特征、基本类型，以及基本功能。第 2 章介绍了操作系统提供给用户的界面，即用户接口，主要有用户输入/输出方式、系统调用、图形化用户接口等。第 3 章围绕进程管理展开论述，从程序运行的方式开始，引入了进程的概念并讨论了进程的特征、状态变化及模型，重点阐述进程的同步与互斥问题、进程的通信、死锁，并对线程与进程进行了比较，最后讨论了管程。第 4 章为处理机调度，深入阐述了作业的基本概念、处理机调度的层次以及调度算法，提出了评价调度算法的定量和定性指标，并对实时调度算法进行了分析。第 5 章为存储管理，主要讨论存储管理的基本功能、分区存储管理、页式存储管理、段式存储管理以及段页式存储管理，其中包括最新的存储管理技术，如多级页表、快表等。第 6 章为文件管理，讨论文件及文件系统的基本概念、文件逻辑结构、文件物理结构、目录管理、文件存储空间管理、文件的共享和保护等。第 7 章为设备管理，在讨论了 I/O 系统、4 种 I/O 数据传输控制方式之后，讲解了缓冲技术的引入及单缓冲、双缓冲和缓冲池的概念，对 I/O 软件的层次、I/O 过程和 SPOOLing 技术进行了阐述，并详细介绍了磁盘调度算法。

本书参考了很多国内外同行关于操作系统的最新研究内容以及大量学术著作，有些已经在参考文献中列出，但篇幅所限，未能一一列出，在此一并表示感谢！

由于作者水平有限，书中难免有不妥之处，殷切希望广大读者批评指正。

作　者

# 目　录

# 第1章 绪 论

## 1.1 操作系统的形成与地位

当今计算机系统与智能手机的使用都离不开操作系统(Operating System, OS)。可以说,每位计算机用户都是通过某种操作系统去使用计算机或智能手机的,都需要基本掌握某种操作系统的操作方法以及系统调用。由此可见,操作系统的地位是十分重要的。

### 1.1.1 操作系统的形成

从计算机系统组成的角度看,一个完整的计算机系统是由硬件系统和软件系统两大部分组成的,如图1-1所示。硬件系统包括构成计算机系统的各种物理设备,比如控制器、运算器、存储器、外部设备等。软件系统是指计算机系统中使用的各种程序组成的系统。没有任何软件支持的计算机称为"裸机"。让用户直接面对裸机工作是十分困难的,同时用户编程时也不想涉足硬件的具体细节。因此,隐蔽对硬件的复杂操作,建立起一个服务体系,为用户提供良好的操作环境和服务功能就成为计算机系统的主要任务之一。在计算机的硬件之上覆盖一层层的管理软件,由内层向外层提供某种服务,每经过一层覆盖,系统功能便会增强一个级别。到了用户层,"裸机"就扩展成了一台操作界面简单、功能强大的计算机。

软件系统按其所面向的对象和着眼点的不同而分为两大类:面向计算机本身功能进行组织管理、维护,从而简化用户在各个环节上工作的软件,称为系统软件;而面向用户、为用户解决各种具体实际问题的软件,称为应用软件。应用软件需要在系统软件创造的适当环境下运行。操作系统就是系统软件中的一种,它是最基本的系统软件,是其他软件在计算机上运行的基础,而且可以说它是系统软件的核心。操作系统以外的其他系统软件统称为系统实用软件,例如编辑软件和编译软件等。

操作系统是最基本的系统软件,也是对硬件系统功能的第一次扩充。操作系统直接控制和管理所有的系统硬件,也为其他系统软件和应用软件提供基本的支持环境。当代的计算机都离不开操作系统。

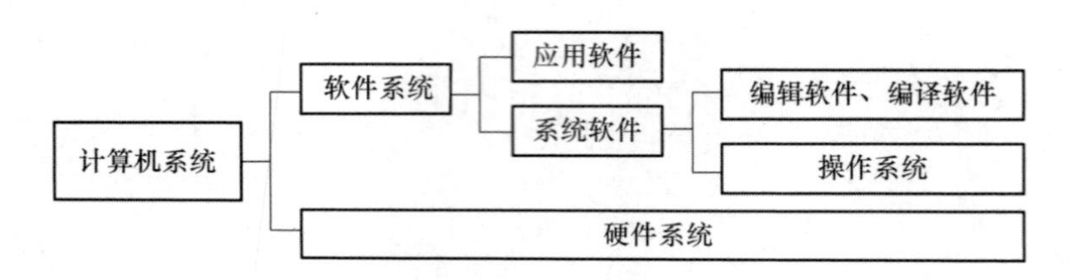


图 1-1 计算机系统组成

### 1.1.2 操作系统的地位

图 1-2 展示了计算机系统的层次结构。根据与用户距离的不同，从里向外（或从裸机到用户）分别是：硬件、操作系统、系统实用软件、应用软件。操作系统是最靠近硬件的一个层次，它控制和管理着内层的硬件系统，也控制和管理着外层的系统实用软件和应用软件，为其他软件提供了良好的开发与运行环境；并与各种系统实用软件协作，从而使各种应用软件得以开发和正常、高效率地运行。而从用户的角度讲，操作系统则是用户与计算机之间的接口。上述这些层次既相互独立，又紧密相连、互相依赖，形成完整的计算机系统，完成各种信息处理任务。

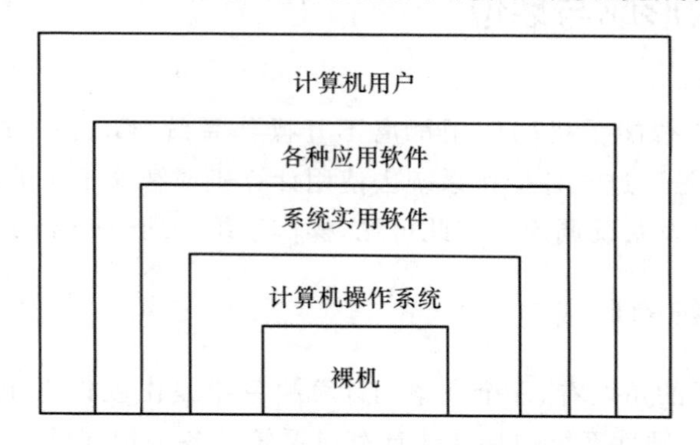


图 1-2 计算机系统的层次结构

从图 1-3 可知，操作系统是其他软件与硬件的接口和桥梁：其他应用程序的各种命令需要被操作系统翻译并转到硬件进一步处理，硬件处理后的结果同样需要通过操作系统转交给各种应用程序。

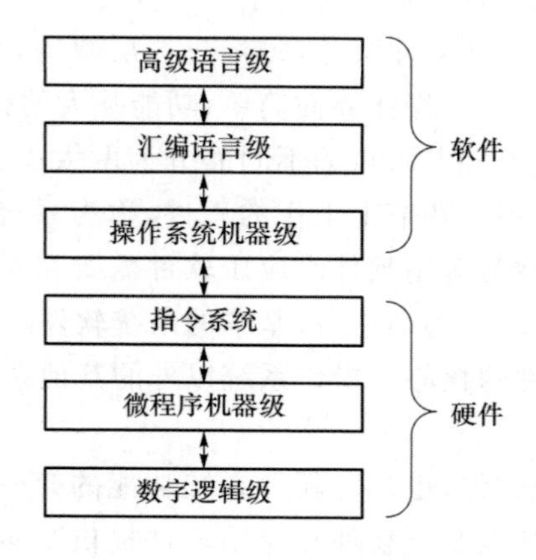


图 1-3 操作系统所处地位

从图 1-4 可知，应用用户无须了解操作系统的实现细节，即这些细节对应用用户来说是透明的；应用开发人员在编写各种应用程序时需要调用操作系统的应用程序接口（Application Programming Interface，API），从而完成各种系统调用功能；操作系统开发人员必须了解操作系统的工作原理，并需要了解各种硬件的实现细节。

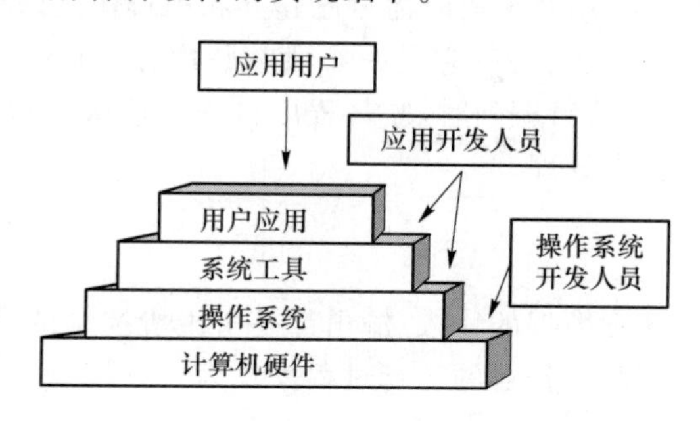


图 1-4 操作系统与使用人员的关系

## 1.2 操作系统的发展阶段

操作系统是在人们不断地改善计算机系统性能和提高资源利用率的过程中，逐步形成和发展起来的。随着机器硬件功能和性能的不断提高，机器的处理能力越来越强，提供的资源越来越多。如果仍然采用单个用户独占一台计算机的使用方式，势必造成相当大的浪费。为了更加有效地使用机器的资源，希望有多个用户同时利用机器来完成各自的工作，即各个用户同时使用不同的资源〔例如外部设备、中央处理器（Central Processing Unit，CPU）等〕，既相对独立，又彼此协调。正是在这种实际要求面前，操作系统才得以问世。下面介绍操作系统形成过程中的几个重要阶段。

### 1.2.1 手工操作系统阶段

20 世纪 50 年代末，也就是第一台计算机问世若干年后，并没有出现操作系统。那时的计算机运行速度慢，外部设备少，程序的装入、调试及控制程序的运行等工作都由手工完成。计算机工作时，由操作人员把程序纸带（或卡片）装入输入机，输入机把程序和数据输入计算机后，操作人员启动程序，运行完后取走结果，卸下纸带（或卡片）。然后，下一个用户才能上机。

这种手工操作方式的缺点如下。

(1) 用户独占计算机的全部系统资源。一台计算机被一个用户独占，系统中的全部资源由他一人支配。尽管用户可以较方便地使用各种资源，不会出现因资源已被其他用户占用而等待的现象，但资源利用率非常低。

(2) CPU 的利用率低，大量的 CPU 时间空闲，作业运行过程需人工干预

CPU 需要等待人工操作，用户仅在上机时才能将纸带或卡片装入相应的输入设备，显然，此时 CPU 空闲；在计算完成后，进行卸带取卡操作时，CPU 又空闲。可见，CPU 的利用极不充分，这在运行短程序时尤为突出。

可见，手工操作方式严重地降低了资源的利用率，此即人-机矛盾。随着 CPU 速度的提高，CPU 和输入/输出（Input/Output，I/O）设备间不匹配的矛盾日益严重。为缓和此矛盾，

必须摆脱手工干预，实现作业的自动过渡，因此出现了批处理系统。

### 1.2.2 早期批处理系统阶段

在计算机发展的早期阶段，用户上机时需自己建立和运行作业，并作结尾处理。为了缩短作业的建立时间，人们研制了监督程序，它是一小段常驻内存(primary storage)的核心代码。当若干用户作业合成一个作业运行序列时，监督程序自动地依次运行。早期的批处理可分为两种方式：联机批处理和脱机批处理。

**1. 早期批处理方式**

(1) 联机批处理

联机输入/输出是指程序和数据的输入/输出都是由主机控制的，即慢速的I/O设备是直接和主机相连的。联机批处理下，作业的运行过程大致为：

① 用户提交作业；

② 作业被做成穿孔纸带或卡片；

③ 操作人员有选择地将若干作业合成一批，通过输入设备(输入机或读卡机)把它们存入磁带；

④ 监督程序读入一个作业(若系统资源能满足该作业要求)；

⑤ 从磁带调入汇编程序或编译程序，将用户作业源程序翻译成目标代码；

⑥ 连接装配程序，把编译后的目标代码及所需的子程序装配成一个可运行的程序；

⑦ 启动运行；

⑧ 运行完毕，由善后处理程序输出计算结果；

⑨ 再读入一个作业，重复步骤④～⑧；

⑩ 等完成一批作业后，返回步骤③，处理下一批作业。

联机批处理系统实现了作业的自动过渡，同手工操作系统相比，计算机的使用效率提高了。但在这种批处理系统中，作业的输入/输出是联机的，也就是说作业从输入机到磁带，再由磁带调入内存，以至结果的输出打印都是由CPU直接控制的。在这种联机操作方式下，虽然解决了作业自动转接的问题，减少了作业建立和人工操作的时间，但是随着CPU速度的不断提高，CPU和I/O设备之间的速度差距就形成了一对矛盾，即在运行结果的输出过程中，CPU仍处于停止阻塞状态。所以，在联机批处理系统中，慢速的I/O设备和快速主机之间仍处于串行工作状态，CPU时间仍有很大的浪费。

(2) 脱机批处理

脱机输入/输出是指程序和数据的输入/输出都是在外围机(卫星机)的控制下完成的，或者说它们是脱离主机进行的。脱机批处理系统由主机和外围机组成。在一台外围机的控制下，预先将用户程序和数据从低速设备输入磁带或磁盘，当CPU需要这些数据时，再直接从磁带或磁盘高速地调入内存，大大地加速了输入过程。类似地，当CPU需要输出时，可立即将输出数据送到磁带或磁盘上，再在外围机的控制下，把磁带或磁盘上的处理结果通过相应的输出设备输出，大大加速了数据的输出过程。脱机输入/输出过程如图1-5所示。

**2. 批处理技术**

在早期的脱机I/O方式中，事先把一批作业输入磁带，这意味着作业的处理是成批进行的；为使这一批作业能自动连续地进行处理，在系统中还配置了监督程序。在监督程序的控制下，系统先把磁带上第一个作业装入内存，并将运行的控制权交给该作业，当该作业被处理完

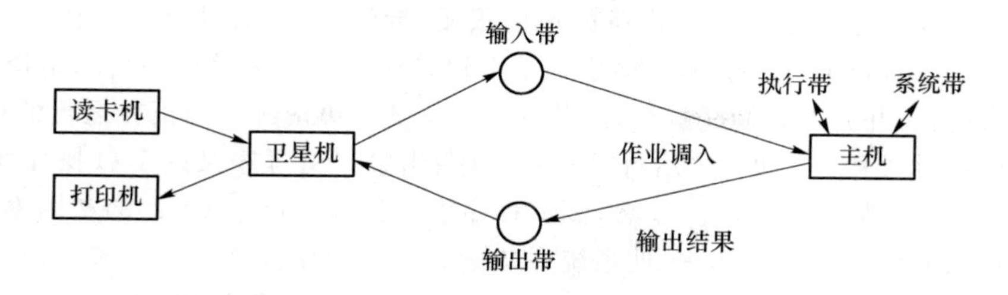


图 1-5 脱机输入/输出过程

后,系统又把控制权还给监督程序,由监督程序将第二个作业装入内存。这样,作业一个个地自动进行处理,直到磁带上的作业全部完成,这就是早期的批处理系统。可见,批处理系统是在解决人机矛盾和 CPU 与 I/O 设备速度不匹配矛盾的过程中发展起来的,或者说,批处理技术旨在提高系统吞吐量(system throughput, 指系统在单位时间内所完成的作业数目)和资源的利用率。该系统的主要特征如下。

(1) 自动性(减少了手工操作):实现了作业的自动过渡,改善了 CPU 与 I/O 设备的使用情况,提高了计算系统的处理能力。

(2) 顺序性:磁带上的各道作业是按顺序进入内存的,在正常情况下,各道作业完成的顺序与它们进入内存的顺序应当完全相同,即先调入内存的作业先完成。

(3) 单道性:在某一时刻,内存中仅有一道程序在运行,仅当该程序完成或发生异常情况时,才将后继程序调入内存继续运行。

早期批处理技术的主要缺点如下。

(1) 平均周转时间长。所谓周转时间,是指从作业进入系统到作业完成所经历的时间。在批处理系统中,一个作业运行完成才能开始下一个作业,这必然使许多短时作业因为等待时间增加,周转时间显著增长。

(2) 不能提供交互功能,用户使用机器不方便。在批处理运行过程中,无法实现人机交互,必须等正在运行的批作业运行完毕或因出现错误使运行终止,用户才可以与机器交互。

(3) CPU 利用率较低(单道、串行)。在进行批处理过程中,监督程序、系统程序和用户程序之间存在着一种调用关系,任何一个环节出了问题,整个系统都会停顿;用户程序也可能会损坏监督程序和系统程序,这时,只有操作人员进行干预才能使程序恢复正常使用。后来,通道和中断技术的使用,使操作系统进入运行系统阶段。运行系统是常驻内存的监督程序,不过其功能扩大了,它不仅要负责作业运行的自动调度,而且还要提供输入/输出的控制功能。但是,这时计算机系统运行的特征仍是单道顺序地处理作业,即用户作业仍然是一道一道地按顺序处理。这时,可能会出现以下两种情况:

① 对于以计算为主的作业,输入/输出量少,外部设备空闲(计算型作业);

② 对于以输入/输出为主的作业,又会造成主机空闲(I/O 型作业)。

总的来说,计算机资源的使用效率仍然不高。因此,操作系统进入了多道程序系统阶段,即多道程序合理搭配交替运行,充分利用资源,提高效率。

### 1.2.3 多道程序系统阶段

在早期批处理系统中,内存中只存放一道程序,称为单道运行。这种系统的管理很简单,不存在高度管理的问题。但是这种单任务系统对 CPU 的利用率极低,原因是:CPU 与外界交换数据时,CPU 的速度很快,而外部设备的速度很慢,导致 CPU 大部分时间在等待外部设备的 I/O 操作。为了提高 CPU 的利用率,引入了多道程序技术。多道程序技术是指,将一个以上的程序放入内存,并允许它们交替运行,共享系统中的各种资源。当正在运行的程序因 I/O 操作而暂定运行时,CPU 立即转去运行另一道程序;当第二道程序又因 I/O 操作而暂定运行时,CPU 又转去运行第三道程序。显然,多道程序设计技术提高了 CPU 的利用率,同时也显著改善了内存和 I/O 设备的利用率,使系统吞吐量获得大幅度提高。允许多道程序运行的系统称为多道程序系统。现代计算机操作系统的设计一般都基于多道程序技术。

多道程序系统具有以下特征。

① 多道性:计算机内存中同时存放多个相互独立的程序。

② 无序性:多个程序完成的先后顺序与它们进入内存的顺序之间并无严格的对应关系,即先进入内存的程序可能较后甚至最后完成,而后进入内存的程序又可能先完成。

③ 调度性:作业从提交给系统开始直至完成,需要经过两次调度——作业调度和进程(process)调度。

④ 宏观上并行、微观上串行:在单核 CPU 系统中,进入系统的几道程序都处于运行状态,即它们先后开始了各自的运行,但都未运行完毕;实际上,各道程序轮流地使用 CPU 进行交替运行。

优点:①提高了 CPU、内存、I/O 设备的利用率;②系统的吞吐量显著提高。

缺点:平均周转时间长。

在批处理系统中采用多道程序设计技术,就形成了多道批处理系统。要处理的许多作业存放于外部存储器(secondary storage)中,形成作业队列,等待运行。当需要调入作业时,操作系统中的作业调度程序根据该批作业对资源的要求并按照一定的调度原则,调几个作业进入内存,让它们交替运行。当一个作业完成后,再调入一个或几个作业。使用这种处理方式时,内存中总是同时存在几道程序,系统资源得到比较充分的利用。

多道程序及运行程序(常驻内存、功能扩大了的监控程序)的出现,标志着操作系统的初步形成。

### 1.2.4 新一代操作系统阶段

随着计算机技术的飞速发展,出现了智能计算和网络计算,并随之出现了微机操作系统、网络操作系统(network operating system)、智能手机操作系统和分布式操作系统(distributed operating system)等新型操作系统。在这个阶段,计算机系统和操作系统的发展都异常迅速,操作系统技术逐渐成熟,新的技术不断引入,使新一代操作系统具有了开放环境、高效数据处理、友好人机界面、强功能开发支持、网络互联与通信,以及多媒体处理等功能。

## 1.3 操作系统的定义与特征

操作系统的概念、特征与功能

### 1.3.1 操作系统的定义

一般来说,给出操作系统的准确定义是很困难的,许多关于操作系统的论著中也有着不同的提法。一个操作系统包括哪些部分、不包括哪些部分,也没有统一的规定。现在,操作系统已经成为一种软件产品,对于其使用范围,各生产厂商也有不同的界定。

操作系统是计算机系统最重要的系统软件,是其他软件的支撑。它管理着计算机的系统资源,并通过这种管理为用户提供公共和基本的服务,从而成为用户与计算机之间的接口。下面从不同的角度来阐述操作系统。

(1) 科普观点:操作系统是计算机系统的管理指挥机构和控制中心。

(2) 功能观点:操作系统是计算机的资源管理系统,负责对计算机的全部软、硬件资源进行分配、控制、调度和回收。通过系统注册表对软件资源实施有效管理,通过设备管理器对硬件资源实施有效管理。

(3) 用户观点:操作系统是用户使用计算机的一个界面。

(4) 管理员观点:操作系统是计算机工作流程得以自动高效运行的组织者,系统软、硬件资源合理协调的管理者。

(5) 软件观点:操作系统是由程序和数据集组成的大型系统软件。

综合上述观点,将操作系统定义为:操作系统是计算机系统中的一个系统软件,它是这样一些程序模块的集合——以尽量有效、合理的方式组织和管理计算机的软硬件资源,合理地组织计算机的工作流程,向用户提供控制程序运行的各种服务功能,使用户能够灵活、方便和有效的使用计算机,使整个计算机系统能高效地运行,是计算机与用户之间的接口。

### 1.3.2 操作系统的特征

不同的操作系统具有不同的特征,但它们都具有以下 4 个特征。

**1. 并发性**

并发(program concurrence)是指两个或多个活动在同一时间间隔内发生。在多道程序环境下,并发是指在一段时间内可有多道程序同时运行。假设计算机系统中同时有两个或两个以上程序存在,它们都已经开始运行而且都还没有结束运行,宏观上它们在同时运行,但微观上,同一个系统硬件(例如单 CPU)还是被几个程序轮流地使用。只不过 CPU 在运行完某个程序的某一条指令后,并不一定就接着运行该程序的下一条指令,而是很可能转而去运行另一个程序的一条指令。

在单 CPU 系统中,每一时刻仅能运行一道程序,因此并发性是宏观上的,而微观上这些程序在 CPU 上是交替运行的。在多 CPU 系统中,在运行程序的数量不超过 CPU(核)数的情况下,多个活动不仅在宏观上是并行的,而且在微观上也是并行的。在分布式系统中,多台计算机并存,使程序的并发性特征得到更充分的体现。

并行和并发是 2 个既相似又有区别的概念。并行是指两个或多个事件在同一时刻发生,而并发是指两个或多个事件在同一时间间隔内发生。

程序的并发运行,能够提高系统资源的利用率。

**2. 共享性**

资源共享是指系统中的软硬件资源不再为某个程序所独占,而是供多个用户程序共同使用。操作系统要在多个并发程序间通过调度来分配 CPU 时间,并且保证系统数据共享的正确性以及数据的完整性。

根据资源的属性不同,共享可分为互斥共享和同时共享两种方式。互斥共享是指系统中的资源虽能提供给多个进程使用,但在一段时间内却只允许一个进程访问该资源,这种资源又称为临界资源。同时共享是指在一段时间内,允许多个进程同时对资源进行访问,当然,这里的“同时”仍然是宏观上的，微观上这些进程可能是交替地对该资源进行访问。

**3. 虚拟性**

仅由硬件构成的计算机是个“裸机”，不仅功能有限，用户也无法直接使用。操作系统以硬件提供的基本功能为基础，采用不断扩充、逐层虚拟的分层结构，扩充了“裸机”的功能。在分层结构中，上层功能依赖于下层功能，并对下层功能进行扩展，再向更上一层提供服务。操作系统的各个程序模块分别对硬件进行逐层扩充和改造，最终形成了一个功能强大的、虚拟的计算机。

**4. 异步性**

异步性(asynchronism)是指系统中各种事件发生顺序的不可预测性。在多道环境中，各个程序的运行在并发的机制下“走走停停”，何时运行、需要多少时间等信息是不可预知的，也许最先运行的程序最后完成，最后开始的程序最先完成，各个程序都以不可预知的速度向前推进，即程序以异步方式运行。

异步性有两种含义：(1)程序运行的结果是不确定的，即对同一程序，使用相同的输入、在相同的环境下进行多次运行，却可能获得完全不同的结果；(2)多道程序环境下，每个程序在何时运行、何时暂停、以怎样的速度向前推进、共需多少时间才能完成，都是不可预知的；或者说，进程是以异步方式运行的。第一种不确定性是绝对不允许的，这也是操作系统必须解决的主要问题之一；而第二种不确定性却是允许的，这就是进程的异步性，是操作系统的一个重要特征。

上述4种操作系统的特征中，并发和共享是操作系统的两个最基本特征，这两者之间又是互相依存的。程序的并发运行带来资源共享的问题，而资源共享为程序的并发提供了支持。一方面，资源共享以程序的并发运行为条件，若系统不允许程序并发运行，就不存在资源共享问题。另一方面，若系统不能对资源共享实施有效的管理，势必会影响程序的并发运行。

## 1.4 操作系统的基本类型

### 1.4.1 多道批处理操作系统

多道批处理操作系统是现代批处理系统普遍使用的工作方式，其主要特点是多道、成批、处理过程中不需要人工干预。

“多道”是指内存中有多个作业同时存在。除此之外，在输入井中还可能有大量后备作业。因此，这种系统有相当灵活的调度原则，便于合理地选择搭配作业，从而能够比较充分地利用系统中的各种资源。“成批”是指作业可以一批批地输入系统，但是作业一旦进入系统，用户就不能再与其发生交互，直到作业运行完毕，用户才能根据输出结果分析作业的运行情况，确定需要适当修改后再次上机。这种特点有利于实现计算机工作流程的自动化，但却给用户带来了某种不便。

多道批处理操作系统中作业的处理过程如图1-6所示。具体流程和状态介绍如下：

(1) 用户准备好作业程序、数据及作业说明书，然后将它们提交给系统，此时作业处于进入状态；

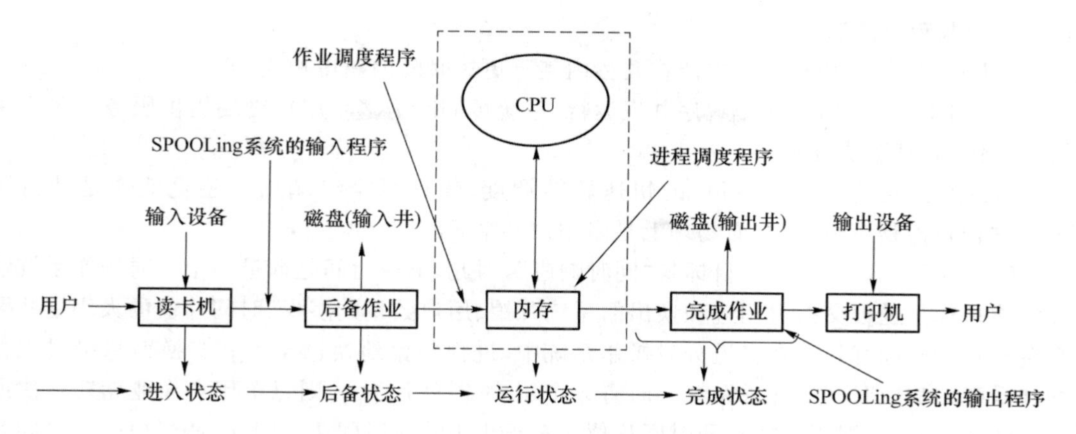


图 1-6 多道批处理操作系统中作业的处理流程及状态示意图

(2) 系统采用独占设备虚拟共享(Simultaneous Perioheral Operations on Line，SPOOLing)技术，将用户提交的作业存放到输入井中，此时作业处于后备状态；

(3) 作业调度程序从后备作业中挑选一个或若干个作业送入内存，使之处于运行状态；

(4)作业运行结束后，系统收回它的资源并使其退出系统，此时作业处于完成状态。

其中，处于运行状态的作业可能正占用 CPU 运行，也可能尚未占用 CPU 运行。因为在多道程序系统中，内存中有几道作业，从宏观上看，它们都已开始运行，但从微观上看，它们是在分时地占用 CPU，那么具体是谁占用 CPU 要由进程调度程序来决定。因此，一个作业要想真正地在 CPU 上运行，需要经过两级调度：进程调度和作业调度。一般，称进程调度为低级调度，称作业调度为高级调度，有时两级调度中间也加一级中级调度。

### 1.4.2 分时操作系统

多道批处理操作系统的形成，提高了资源的利用率和系统吞吐量。但是，多道批处理系统有一个不足之处——不提供人-机交互功能。成批作业在运行过程中，系统完全不允许用户干预，这会给用户造成一些不便。后来，在兼顾系统效率和方便用户的理念指导下，人们将多道程序设计技术和分时技术结合在一起，创造了分时操作系统。

所谓“分时”，就是多个用户对系统资源(主要是 CPU)进行时间上的分享。分时技术把 CPU 的运行时间分成多个很短的时间片。时间片是系统规定进程一次使用 CPU 的最长时间，其长短因系统而异，通常在几十到几百毫秒之间。

操作系统以时间片为单位，轮流为每个用户服务。每个用户程序进入 CPU 后，使用一个时间片，若在一个时间片内用户程序未能完成，就会被暂时中断运行，等待下一轮循环调度再继续运行。此时，空出的 CPU 给另一个用户程序使用。由于 CPU 的处理速度快，只要时间片的长短取得适当，用户便不会察觉到轮转过程中的“停顿”，使每个用户感觉好像是独占一台计算机。同时，分时操作系统允许用户通过终端与系统进行广泛的人-机对话，从而获得系统的各种服务，并控制作业程序的运行。这种交互性为用户调试、修改及控制程序的运行提供了极大的便利。分时操作系统以联机操作为标志：微观上，每个用户作业轮流运行一个时间片；宏观上，多个用户同时工作，共享系统资源。

分时操作系统有以下 4 个基本特征。

(1) 交互性：用户能与系统进行人-机对话，即用户可以通过键盘或鼠标输入命令，请求系统服务和控制程序的运行。

(2) 及时性:终端用户的请求能在几秒内甚至更短时间内获得响应。

(3) 多路性:指同时有多个程序并发运行,系统可同时为多个用户终端提供服务。多个用户同时工作,共享系统资源。

(4) 独占性:系统对多个用户的快速轮转调度,使得每个终端用户感觉就像是独占了CPU。这种独占是逻辑上的,而物理上是多用户共享CPU。

分时操作系统追求的主要目标是"同时响应",因此,响应时间是衡量一个分时操作系统的重要性能指标。进程交换时调进和换出的系统开销、用户数量的多少、时间片值的大小这些因素都会影响"响应时间"。在多道分时操作系统中,进程频繁地换进换出和交换信息量过大都会增加系统的响应时间。如果系统同时有 $n$ 个用户,时间片为 $q$,则每个用户作业轮转一次所需的时间 $T=n\times q$,即用户数 $n$ 和时间片值 $q$ 都正比于响应时间 $T$。因此,适当地减少时间片长度和减少用户数,可降低系统对用户的响应时间。当然,这是以降低系统性能为代价的。此外,还可以通过减少对换信息量来改善响应时间。采用重入码文件和引入虚拟存储技术都可减小对换信息量。

### 1.4.3 实时操作系统

军事、工业控制、金融证券等领域对计算机系统有着特殊的要求,那就是需要对用户的请求做出快速响应。某些其他场合对计算机系统的可靠性要求也非常高,软、硬件的任何故障都将导致严重的后果。为了满足以上要求,出现了实时操作系统。"实时"是指能够及时响应随机发生的外部事件、并对事件作出快速处理的一种能力。实时操作系统追求的目标是在严格的时间范围内对外部请求作出响应,具有高可靠性和完整性。

实时操作系统可分为实时控制系统和实时信息系统两大类。

(1) 实时控制系统

该系统用于工业控制、军事控制等领域。比如,火箭飞行控制系统要求对飞行数据的采集时间和燃料喷射时间的把握要非常精确,通常要求将时间精度控制在微秒($\mu$s)以下。当计算机用于控制工业生产过程时,要求对现场采集到的数据进行实时处理,从而快速地进行过程控制,以保证产品的质量或设备的安全。实时控制系统的主要特点是响应速度快、可靠性高。

(2) 实时信息系统

该系统用于银行联网的通存通兑、民航飞机订票、情报检索以及网络视频服务等领域。在这类"事务处理"的应用中,计算机要对用户的服务请求做出快速的响应,并能及时修改和处理系统中的数据。实时信息处理系统中会有多个终端用户同时提出服务请求的情况,所以还需要具有分时操作系统的多路性、交互性和独占性的特点。

实时操作系统大多具有专用性,种类多且用途各异,对实时性的要求程度也各不相同。实时操作系统的特点是"及时性"和"高可靠性"。为了提高这两个性能,必须有相应软、硬件措施的保证。实时操作系统要有更高的时钟频度来实现精确计时,要有多级中断机制从而让实时任务对应的事件中断指令享有最高的优先级,保证系统对实时任务的快速响应。此外,系统还必须支持可抢占调度机制。

实时操作系统具有如下特征。

(1) 及时性

实时操作系统的及时性是非常关键的特征,系统响应是否及时主要反映在对用户的响应时间要求上。对于实时信息系统,其对响应时间的要求类似于分时操作系统,是由操作者所能接受的等待时间来确定的,通常为秒级。对于实时控制系统,其对时间的响应要求是由控制对象所能接受的延迟来确定的,可能是秒级,也可能短至毫秒、微秒级。当然,响应时间的长短不仅依赖于操作系统本身,还依赖于操作系统的宿主机的处理速度。

(2) 交互性

操作系统具有交互性。根据应用对象的不同和应用要求的不同,对实时操作系统交互操作的方便性和交互操作的权限有特殊的要求。实时操作系统绝大多数是专用系统,对用户赋予了不同的权限。例如,实时控制系统在某些情况下不允许用户干预,而实时信息系统只允许用户在其授权范围内访问有关的计算机资源。

(3) 安全可靠性

这是实时操作系统最重要的设计目标之一。对于实时控制系统,当其控制重大项目时,如航空航天、核反应、药品与化学反应、武器控制等,任何疏忽都可能导致灾难性后果,必须考虑提升系统的容错机制;对于实时信息系统,则要提高数据与信息的完整性,要求经过计算机处理、查询后,提供给用户的信息是及时、有效、完整和可用的。

(4) 多路性

实时操作系统也具有多路性。实时控制系统常具有现场多路采集、处理和控制运行机构的功能;实时信息系统则允许多个终端用户(或者远程终端用户)向系统提出服务要求,每一个用户都会得到独立的服务和响应。

实时操作系统与分时操作系统的不同之处如下:

(1) 实时操作系统对响应时间的要求比分时操作系统高。分时操作系统的响应时间通常为秒级,而实时操作系统可能会是毫秒或微秒级。

(2) 实时操作系统的交互能力比分时操作系统差。实时操作系统大多是有特殊用途的专用系统,为了保证安全,不提供太强的交互性。

(3) 实时操作系统对可靠性的要求比分时操作系统高。实时操作系统发生错误时,导致的后果会相当严重。

(4) 分时操作系统控制的主动权在计算机,计算机按一定时间间隔,以固定时间片或不固定时间片去轮流完成用户提交的多个任务。而实时操作系统控制的主动权在用户,用户规定计算机什么时间要干什么,计算机必须及时作出响应。

现代计算机操作系统的发展已经远远超出了上面所讨论的单一类型的基本操作系统。目前,一个操作系统既含有批处理功能,也含有分时处理和(或者)实时处理功能,这就是我们平常所说的通用操作系统。

### 1.4.4 网络操作系统

计算机网络是指,把地理上分散的、具有独立功能的多个计算机和终端设备通过通信线路加以连接,以达到数据通信和资源共享目的的一种计算机系统。计算机网络是计算机技术和通信技术相结合的产物。在此基础上,网络操作系统为用户提供了网络通信、网络管理等多种服务。

网络操作系统的主要功能如下。

(1) 网络通信:为通信双方建立和拆除通信链路,在网络数据的传输过程中进行传输控制、差错控制、流量控制、路由选择等。

(2) 网络服务：为网络用户提供文件传输、电子邮件、远程登录、共享硬盘、共享打印机等服务。

(3) 网络管理：对网络进行监视，建立网络日志；为网络维护、安全管理和流量统计提供必要的信息。

(4) 资源管理：对网络中的共享资源（硬件和软件）实施有效的管理、协调诸用户对共享资源的使用、保证数据的安全性和一致性。

网络操作系统具有多用户、多任务的功能，网络用户只有通过网络操作系统才能享受计算机网络提供的各种服务。

### 1.4.5 分布式操作系统

分布式操作系统是由多台计算机组成的一种特殊的计算机网络操作系统，通过通信链路将物理上分散的具有自治能力的计算机系统连接起来，实现全系统的资源分配、任务划分和调度、信息传递和资源共享等功能，使系统内的多台计算机以分工协作的方式高效地完成各种不同的任务。分布式操作系统把整个网络中所有的软件和硬件集合成单系统，以一台计算机的形式呈现给用户，系统中的多台计算机可合作运行一个共同任务，使资源共享更彻底，使用更方便。分布式操作系统有两种基本类型：第一种是紧密耦合系统，所有处理机共享存储空间和时钟；第二种是松散耦合系统，所有处理机不共享存储区和时钟，每个处理机都有自己的局部存储器。

分布式操作系统有以下 3 个特征：

(1) 各节点间的协同性。系统中的若干台计算机可以相互协作来共同完成一个任务，系统中的资源为所有用户共享。

(2) 资源共享的透明性。系统能很好地隐藏系统内部的实现细节，但对象的物理位置、并发控制、系统故障等信息对用户都是透明的。用户往往只需了解系统是否具有所需资源，而无须了解该资源位于哪台计算机上。这里所讲的透明性是指，用户无须了解细节就可以使用资源。

(3) 各节点的自治性。系统中各台计算机之间无主次之分，既无控制整个系统的主机，也无受制于他机的从机。各节点计算机处于平等地位，无主从关系和层次关系。

分布式操作系统的优点是性价比高、可靠性高、可扩展性强、适合分布式的应用等，缺点是需要复杂的软件、有潜在的通信瓶颈、数据安全性较弱等。

网络操作系统与分布式操作系统的主要区别如下：

(1) 网络操作系统可构架在不同的操作系统之上。也就是说，它可以在不同的操作系统上，通过网络协议实现网络资源的统一配置，即可以实现在大范围内构成网络操作系统。而分布式操作系统比较强调单一性，它只能构架在同一种操作系统上，网络的概念在其应用层被淡化了。

(2) 在网络操作系统中对网络资源进行访问时，需要显式地指明资源位置与类型，对本地资源和异地资源的访问区别对待。而分布式操作系统对本地资源和异地资源都用同一种透明的方式进行管理和访问，用户不必关心资源在哪里，或者资源是怎样存储的。

(3) 分布式操作系统的处理和控制功能都是分布的，任何站点出现故障都不会给系统造成太大的影响。当某设备出现故障时，系统可通过容错技术实现重构，仍能保证正常运行。系统具有健壮性，即具有较好的可用性和较高的可靠性。而网络操作系统的控制功能大多集中在主机或服务器中，系统具有潜在的不可靠性，其重构功能也较弱。

(4) 分布式操作系统中可以实现任务的迁移，即将一个大的任务分解为若干个小任务，交给系统中的多个 CPU 去完成。而网络系统不具备这种任务迁移的功能。

### 1.4.6 多处理机操作系统

随着计算机系统结构的发展，出现了多处理机系统(Multiprocessor System，MPS)，即一台计算机里配有两个、四个或更多的 CPU。它们共享总线、时钟、内存和外部设备。系统中处理机数目的增多，既提高了系统的吞吐量，又因为共用其他部件节约了成本。多处理机操作系统具有系统重构功能，表现为：系统中任何一台处理机发生故障时，系统能立即将该处理机上的任务迁移到其他处理机上去运行，整个系统仍能正常工作，使系统的可靠性提高。

多处理机操作系统可以分为对称式和非对称式两种。

对称多处理机(SMP)操作系统中每台处理机运行同一个操作系统的副本，彼此通过共享内存实现通信。系统中所有的处理机是对等的，没有主次之分。

非对称处理机(ASMP)操作系统中每台处理机都被指派了专门任务，由一台主处理机控制整个操作系统，其余处理机运行主处理机下达的指令或预先规定的任务，即系统中的多台处理机存在主从关系。

目前，大多数多处理机操作系统采用的是对称式。多处理机操作系统的优点如下：

(1) 增加系统的吞吐量。多台处理机并行工作可提高处理速度。

(2) 提高性价比。由于共享外部设备和存储器等部件，多处理机操作系统比单处理机操作系统更经济。

(3) 提高系统的可靠性。多处理机操作系统具有系统重构的功能。

### 1.4.7 嵌入式操作系统

嵌入式操作系统(embedded operating system)是将先进的计算机技术、半导体技术、电子技术与各个行业的具体应用相结合的产物。嵌入式操作系统是以应用为中心，软、硬件可裁剪，能够满足应用系统对功能、可靠性、成本、体积、功耗等多种综合性要求的专用计算机操作系统。嵌入式操作系统通常面向特定的应用，因此对嵌入式操作系统的开发是和具体产品同步进行的。嵌入式操作系统由嵌入式 CPU、相关支撑硬件、嵌入式操作系统及应用软件系统等组成，它是集软硬件于一体、可独立工作的“器件”。为了提高运行速度和系统可靠性，嵌入式操作系统中的软件一般都固化在存储器芯片或单片机中。因此，嵌入式操作系统的硬件和软件设计必须实现小尺寸、微功耗和低成本，才能在应用中具有市场竞争力。

与通用计算机操作系统相比，嵌入式操作系统的特点如下：

(1) 专业性强。通常面向某个特定的应用，根据特定的用户群来设计系统。

(2) 实时性好。用于生产过程控制、数据采集、通信传输等场合时，要求系统有较高的实时性。

(3) 可裁剪性好。把嵌入式操作系统设计成软、硬件可裁剪的系统，嵌入式操作系统开发人员可根据专用性量体裁衣，去除冗余，使系统在满足应用要求的前提下达到最精简的配置。

(4) 可靠性高。当系统承担的任务涉及产品质量、人身设备安全、国家机密等重大事务时，或系统要在危险性高的工业环境、人迹罕至的气象检测场合工作时，嵌入式操作系统的可靠性要比普通操作系统的高。

(5) 功耗低。低功耗是嵌入式操作系统追求的一个目标。特别是嵌入式操作系统应用在如移动智能终端、红外测温仪器、数码相机、物联网终端、家用电器等设备中时,更要求具有低功耗。

嵌入式操作系统应用技术已成为通信和消费类电子产品的共同发展方向,在日常生活中使用的许多设备和装置上,几乎都可以看到嵌入式操作系统的应用:应用到洗衣机中,可以根据要洗涤衣物的具体状况自动采取不同的洗涤模式,从而提高洗衣的效率和效果;应用到照相机或摄像机中,可以自动对照相或摄像的技术参数进行设置,使人们获得质量更高的照片或视频图像;应用到音像设备中,可以获得高保真的音响和影像等。

## 1.5 操作系统的基本功能

操作系统的主要功能是管理计算机软硬件资源、合理地组织计算机系统的工作流程、为用户提供服务。操作系统的作用可以归纳为以下 3 点:

(1) 合理充分地控制和利用各种软硬件资源、组织系统的工作流程,提高系统资源的利用率,最大限度地满足用户的使用需要。

(2) 提供软件的开发与运行环境,使计算机系统的功能从最基本的硬件开始不断得到扩充。用户是无法使用没有任何软件的“裸机”的,而各种软件的运行离不开操作系统的支持,即其他的系统程序及应用程序都是在操作系统提供的操作界面下,依赖操作系统提供的硬件服务和输入/输出控制,才得以建立或运行的。所以,操作系统是开发和运行其他软件的一个平台。注意,某个操作系统上开发出来的软件,只有在该操作系统环境下才能正常运行。

(3) 提供了方便友好的用户操作界面,规定了计算机从启动到各种操作的过程和方式,用户只要熟悉操作系统的工作过程,掌握其提供的操作命令,就能够直接控制计算机完成各种复杂的信息处理任务。从用户的角度讲,操作系统就是用户与计算机之间的接口。

下面从 5 个方面来说明操作系统的基本功能。

### 1.5.1 处理机管理

在传统的多道程序系统中,处理机的分配和运行都以进程为基本单位,因而对处理机的管理可归结为对进程的管理。引入了线程的操作系统功能中,也包含对线程的管理。处理机管理的主要任务是创建和撤销进程(线程)、对诸进程(线程)的运行进行协调、实现进程(线程)之间的信息交换,以及按照一定的算法把处理机分配给进程(线程)。

**1. 进程控制**

在传统的多道程序环境下,要使作业运行,必须先为它创建进程并分配必要的资源;当进程运行结束时,应立即撤销该进程,以便能及时回收该进程所占用的各类资源。这就是进程控制的主要任务,即为作业创建进程、撤销已结束的进程,以及控制进程在运行过程中的状态转换。在现代操作系统中,进程控制需要为一个进程创建若干个线程和撤销(终止)已完成任务的线程。

**2. 进程同步**

如前所述,进程以异步方式运行,并以人们不可预知的速度向前推进。为使多个进程能有条不紊地运行，必须在系统中设置进程同步。进程同步的主要任务是为多个进程(含线程)的运行进行协调。有以下两种协调方式：

(1) 进程互斥方式。这是指当诸进程(线程)对临界资源进行访问时，采用的是互斥方式，不能并发访问临界资源。

(2) 进程同步方式。这是指当诸进程(线程)相互合作完成共同任务时，由同步机构对它们的运行次序加以协调。

用于实现进程互斥的最简单方式是为每一个临界资源配置一把锁，当锁打开时，允许进程(线程)对该临界资源进行访问；而当锁关上时，禁止进程(线程)访问该临界资源。而实现进程同步最常用信号量机制。

**3. 进程通信**

在多道程序环境下，为了加速应用程序的运行，应在系统中建立多个进程，再为一个进程建立若干个线程，由这些进程(线程)相互合作去完成一个共同的任务，而在这些进程(线程)之间，往往需要交换信息。例如，有3个相互合作的进程，它们分别是输入进程、计算进程和打印进程：输入进程负责将所输入的数据传送给计算进程；计算进程利用输入的数据进行计算，并把计算结果传送给打印进程；最后，由打印进程把计算结果打印出来。进程通信的任务就是在相互合作的进程之间实现信息交换。

当相互合作的进程(线程)处于同一计算机系统时，通常采用直接通信方式，即由源进程利用发送命令直接将消息(Message)挂到目标进程的消息队列上，再由目标进程利用接收命令从其消息队列中读取消息。

**4. 调度**

在后备队列上等待的每个作业都需经过调度才能运行。在传统的操作系统中，调度包括作业调度和进程调度两步。

(1) 作业调度

作业调度的基本任务是：先从后备队列中按照一定的算法选择出若干个作业，为它们分配运行所需的资源(首先是分配内存)；将它们调入内存后，再分别为它们建立进程，使它们成为可能获得处理机的就绪进程，并按照一定的算法将它们插入就绪队列。

(2) 进程调度

进程调度的任务是：从进程的就绪队列中，按照一定的调度算法选出一个进程，把处理机分配给它，并为它设置运行现场，使其投入运行。值得注意的是，在多线程操作系统中，通常把线程作为独立运行和分配处理机的基本单位，为此须把就绪线程排成一个队列，每次调度时，就从就绪线程队列中选出一个线程，把处理机分配给它。

### 1.5.2 存储器管理

存储器管理的主要任务是为多道程序的运行提供良好的环境、方便用户使用存储器、提高存储器的利用率以及能从逻辑上扩充内存。为此，存储器管理被细分为内存分配、内存保护、地址映射和内存扩充等功能。

**1. 内存分配与回收**

内存分配的主要任务是：为每道程序分配内存空间，使它们“各得其所”；提高存储器的利用率，以减少不可用的内存空间；允许正在运行的程序申请附加的内存空间，以适应程序和数据动态增长的需要。

操作系统在实现内存分配时,可采取静态和动态两种方式。静态分配方式又称为资源全部分配方式,即:系统一次性分配该作业在后续运行中所需的全部内存空间,在作业装入后的整个运行过程中,不允许该作业再申请新的内存空间,也不允许其在内存中"移动"。动态分配方式又称按需分配方式,即:系统分配给每个作业运行时所要求的基本内存空间,允许作业在运行过程中申请新的附加内存空间,以适应程序和数据的动态增长,也允许作业在内存中"移动"。

为了实现良好的内存分配,内存分配的机制应具有以下的结构和功能。

(1) 内存分配数据结构:该结构用于记录内存空间的使用情况,并作为内存分配的依据;

(2) 内存分配功能:系统按照一定的内存分配算法为用户程序分配内存空间;

(3) 内存回收功能:系统对于用户不再需要的内存,根据用户的释放请求去完成系统的回收功能。

**2. 内存保护**

内存保护的主要任务是:确保每道用户程序都只在自己的内存空间内运行,彼此互不干扰;绝不允许用户程序访问操作系统的程序和数据;也不允许用户程序转移到非共享的其他用户程序的内存空间中去运行。

为确保每道程序都只在自己的内存区中运行,必须设置内存保护机制。一种比较简单的内存保护机制是设置两个界限寄存器(register),分别用于存放正在运行程序的上界和下界。系统必须对每条指令所要访问的地址进行检查,如果发现越界,便发出越界中断请求,以停止该程序的运行。如果这种检查完全用软件实现,那么每运行一条指令,则须增加若干条指令去进行越界检查,这将显著降低程序的运行速度,因此越界检查都由硬件实现。当然,硬件对越界的处理,需要与软件配合来完成。

**3. 地址映射**

一个应用程序(源程序)经编译后,通常会形成若干个目标程序,这些目标程序再经过链接便形成了可运行程序。这些目标程序的地址都是从"0"开始的,每一道程序中的其他地址都是相对于起始地址计算出来的。由这些地址形成的地址范围称为"地址空间",这里的地址称为"逻辑地址"或"相对地址"。此外,由内存中的一系列单元所限定的地址范围称为"内存空间",这里的地址称为"物理地址"。

在多道程序环境下,每道程序不可能都从内存零地址开始装入,这就使得地址空间内的逻辑地址和内存空间中的物理地址不一致。为使程序能正确运行,存储器管理必须提供地址映射功能,以便将地址空间中的逻辑地址转换为内存空间中与之对应的物理地址。该功能应在硬件的支持下完成。

**4. 内存扩充**

存储器管理中的内存扩充任务并非是扩大物理内存的容量,而是借助于虚拟存储技术,从逻辑上扩充内存容量,使用户所感觉到的内存容量比实际内存容量大得多,以便让更多的用户程序并发运行。因此,只需在计算机系统中增加少量的硬件就能既满足用户的需要,又改善系统的性能。为了能在逻辑上扩充内存,系统必须采用内存扩充机制,实现下述各功能。

(1) 请求调入功能。允许在仅装入一部分用户程序和数据的情况下启动该程序。在程序运行过程中,若发现继续运行所需的程序和数据尚未装入内存,可向操作系统发出请求,由操作系统从磁盘中将所需部分调入内存,从而继续运行。

(2) 交换功能。当发现内存中已无足够的空间来装需要调入的程序和数据时,系统应能将内存中的一部分暂时不用的程序和数据调至磁盘,以腾出内存空间,然后再将所需调入的部分装入内存。

### 1.5.3 文件管理

在现代计算机系统中，程序和数据总是以文件的形式存储在磁盘或磁带上，供所有的或指定的用户使用。为此，操作系统必须配置文件管理机构。文件管理机构的主要任务是对用户文件和系统文件进行管理，并保证文件的安全性，以方便用户使用。文件管理应具有对文件存储空间的管理、目录管理、文件的读/写管理，以及文件的共享与保护等功能。

**1. 文件存储空间的管理**

为了方便用户，一些当前需要使用的系统文件和用户文件，都必须放在可随机存取的磁盘上。在多用户环境下，若由用户对自己的文件存储进行管理，不仅非常困难，而且十分低效。因而，需要由文件管理系统对诸多文件及文件的存储空间实施统一的管理。其主要任务是为每个文件分配必要的外存空间，提高外存的利用率，并提高文件的存、取速度。

为此，系统应设置相应的数据结构，用于记录文件存储空间的使用情况，以供分配存储空间时参考；系统还应具有对存储空间进行分配和回收的功能。为了提高存储空间的利用率，通常采用离散分配方式对存储空间进行分配，以减少外存零头，并以盘块为基本分配单位。盘块的大小通常为 1～8 KB。

**2. 目录管理**

为了使用户能方便地在外存上找到自己所需的文件，通常由系统为每个文件建立一个目录项。目录项包含文件名、文件属性、文件在磁盘上的物理位置等。若干个目录项又构成了一个目录文件。目录管理的主要任务是为每个文件建立目录项，并对众多的目录项进行有效的组织，实现按名存取，这样用户只需提供文件名便可对该文件进行存取。目录管理还能实现文件共享，这样，用户只需在外存上保留一份该共享文件的副本。此外，目录管理提供快速的目录查询手段，以提高对文件的检索速度。

**3. 文件的读/写管理和保护**

(1) 文件的读/写管理

该功能是根据用户的请求，从外存中读取数据，或将数据写入外存。在进行文件读(写)时，系统先根据用户给出的文件名去检索文件目录，从中获得文件在外存中的位置；再利用文件读(写)指针，对文件进行读(写)。一旦读(写)完成，便修改读(写)指针，为下一次读(写)做好准备。由于读和写操作不能同时进行，故可合用一个读/写指针。

(2) 文件保护

为了防止系统中的文件被非法窃取和破坏，文件管理系统必须提供有效的存取控制功能，以实现下述目标：

① 防止未经核准的用户存取文件；

② 防止冒名顶替存取文件；

③ 防止以不正确的方式使用文件。

### 1.5.4 设备管理

设备管理是指管理计算机系统中所有的外部设备，而设备管理的主要任务是：响应用户进程提出的 I/O 请求；为用户进程分配其所需的 I/O 设备；提高 CPU 和 I/O 设备的利用率；提高I/O速度;方便用户使用I/O设备。为实现上述任务,设备管理被细分为缓冲管理、设备分配、设备处理以及虚拟设备等功能。

**1. 缓冲管理**

CPU运行的高速性和I/O低速性之间的矛盾,自计算机诞生时便已存在了。而CPU速度迅速提高,使得此矛盾更为突出,严重降低了CPU的利用率。如果在I/O设备和CPU之间引入缓冲,则可有效地缓和CPU与I/O设备速度不匹配的矛盾,提高CPU的利用率,进而提高系统吞吐量。因此,现代计算机系统都在内存中设置了缓冲区,并通过增加缓冲区容量的方法来改善系统的性能。

缓冲区是由操作系统中的缓冲管理机制管理的。不同的系统可以采用的缓冲区机制不同。最常见的缓冲区机制有单缓冲机制、能实现双向同时传送数据的双缓冲机制,以及能供多个设备同时使用的公用缓冲池机制。

**2. 设备分配**

设备分配的基本任务是根据用户进程的I/O请求、系统现有的资源情况以及设备的分配策略,为用户进程分配其所需的设备。如果在I/O设备和CPU之间还存在着设备控制器和I/O通道,还须为已分配出去的设备分配相应的控制器和通道。

应在系统中设置系统控制表、设备控制表、控制器控制表、通道控制表等数据结构,用于记录设备及控制器的标识符和状态。这些表格提供了指定设备当前是否可用、是否忙碌的信息,以供系统进行设备分配时参考。在进行设备分配时,应针对不同的设备类型采用不同的分配方式。对于独占设备(临界资源)的分配,还应考虑到该设备被分配出去后系统是否安全。设备在被使用完后,应立即由系统回收。

**3. 设备处理**

设备处理程序又称为设备驱动程序,其基本任务是实现CPU和设备控制器之间的通信,即由CPU向设备控制器发出I/O命令,要求它完成指定的I/O操作;或者由CPU接收从控制器发来的中断请求,并给予迅速的响应和相应的处理。

处理过程是:设备处理程序首先检查I/O请求的合法性,了解设备状态是否空闲,了解有关的传递参数及设置设备的工作方式;然后向设备控制器发出I/O命令,启动I/O设备使其完成指定的I/O操作。设备处理程序还应能及时响应由控制器发来的中断请求,根据该中断请求的类型,调用相应的中断处理程序。对于设置了通道的计算机系统,设备处理程序还能根据用户的I/O请求,自动地构成通道程序。

### 1.5.5 用户接口

操作系统利用接口为用户提供服务,操作系统的用户接口是计算机系统的一个重要组成部分。用户接口的设计力图寻求最佳的人-机通信方式。早期的操作系统只提供命令接口和程序接口:用户利用命令接口组织和控制程序的运行,管理计算机系统;而程序员调用程序接口,请求操作系统为其服务。现代计算机操作系统把命令接口延伸为图形接口和语言接口,以图形、窗口和菜单为主要操作界面,甚至提供一种立体空间的操作环境。

**1. 命令接口**

命令接口通过在用户和操作系统之间提供高级通信来使用户控制程序运行。用户通过输入设备(键盘、鼠标等)发出命令,操作系统根据命令为用户提供服务。命令接口有以下两种不同的控制方式。

(1) 联机命令接口

联机命令接口由一组键盘(鼠标)操作命令组成。用户通过终端设备输入操作命令,向系统提出要求。用户每输入一个命令,系统就转入命令解释程序,对命令进行解释后再运行。完成指定功能后,系统转回控制台或终端,用户可以继续提交下一条命令。如此反复,直到任务完成。联机命令接口采用人-机对话的方式控制作业运行,常用于交互式系统的作业管理。

(2) 脱机命令接口

脱机命令接口由一组作业控制语言组成。系统为脱机用户提供了作业控制语言,用户利用此语言将事先想到的对作业控制的各种要求写成作业控制命令,连同作业一并提交给系统。系统运行该程序时,边解释作业控制命令边运行,在运行过程中,用户无权干涉,直到该批作业运行完用户才能查看运行结果或出错信息。在这种方式下,用户一旦把作业提交给系统,便失去了直接与作业交互的能力。脱机命令接口常用于批处理系统的作业管理。

命令接口给用户使用计算机造成了诸多不便:用户必须熟记操作系统的命令名称、格式和功能,才能正确操作;不同操作系统的命令形式不同,这更给操作带来了难度。现代计算机操作系统把命令接口图形化,形成了图形接口。图形接口通过鼠标点击屏幕上的对象,来实现控制和操纵程序的运行或管理计算机系统。

**2. 程序接口**

程序接口又称系统调用接口,是操作系统为给用户在程序级提供服务而设置的,是操作系统提供给软件开发人员的编程接口。程序接口由一组系统调用命令组成,用户在程序中通过系统调用来使用操作系统提供的一些子功能。系统调用是用户在程序级请求操作系统服务的一种手段。利用汇编语言编写程序的用户,在程序中可以直接使用系统调用命令,向系统提出外设、磁盘文件、内存等资源请求或其他控制要求。用高级语言编程的用户可以使用过程调用语句,通过编译程序将其翻译成相应的系统调用命令,来实现对系统各种功能和服务的调用。

操作系统的用户接口应具有实现高效人-机通信的功能,改善计算机的可用性、易学性和有效性功能,以及支持三维动画和多媒体技术的功能。随着计算机操作系统的发展,操作系统的用户接口还将具有智能化功能,为用户提供适应不同应用层面的构造工具和构造语言。

## 1.6 研究操作系统的几种观点

操作系统从实践中诞生,并逐步走向理论化。对于这样一种大型的、复杂的系统软件,应该怎样去分析它、研究它、设计它呢?经过长期的理论探讨,形成了几种主要的观点。这些观点是我们学习和理解操作系统的钥匙。

**1. 资源管理观点**

采用资源管理观点来研究操作系统,就是把操作系统的全部工作分解为几大部分分别管理计算机系统的各类资源:处理器管理、存储管理、设备管理、文件管理。这样,操作系统这一个大型软件就可以看作是由相应的几大类程序模块组成的,它们各司其职,按照一定关系组合起来完成操作系统的功能。

根据资源管理观点,操作系统需要合理地调用各种资源、提高资源利用率、满足各个进程对资源的共享要求、支持多个进程的并发运行。资源是有限的,但并发的进程可能有许多个而且其需求几乎是“无限”的,即多个进程对资源的需求是多方面的、多样性的,而且不同进程需要使用的资源在种类、数量和方式上也都有各自的特点，这就是操作系统要解决的基本矛盾。为了解决这个矛盾，操作系统对资源的管理绝不应该是静态的、一成不变的，而应是动态的、随时调整的。所以，管理资源一般要做以下几件事：

(1) 确定资源的分配原则，即什么时候把什么资源分配给什么进程，分配多少；

(2) 随时记录资源的状态，即一共有多少资源，其中哪些还没有被分配出去使用，哪些已经被分配出去使用、被谁使用着；

(3) 随时记录各个进程的需求，即需要什么、需要多少；

(4) 根据已经确定的原则、需求和可能来实施分配。

(5) 随时了解各个进程对所分配资源的使用情况，一旦使用结束便及时回收资源，或在必要时强行回收。

对于(2)和(3)两项，操作系统需要建立和维护若干数据表；(4)和(5)两项，则由若干系统程序实现“接受申请”、“分配资源”、“收回资源”等操作并对上述数据表进行读/写。而这些系统程序的算法应当按照(1)项所说的各种原则来定，所以每一种操作系统在开始设计时都必须首先确定有关的原则。

当然，这里所讲的是一般性方法，至于各种具体的资源，其特点不同，管理的方法和重点也不同。对于存储器、外设和文件等资源，主要涉及对资源的分配、回收、协调进程之间的竞争与合作、对分配给不同进程的资源加以保护，以及对“不够使用的”资源给予“虚拟地”扩充等管理。而对于 CPU 这个特殊而且多数情况下只有一个的资源，其管理有着特殊性，通常称为“调度”，即怎样把这一个 CPU 给各个进程轮流使用。

**2. 进程观点**

进程是个动态的概念，每个进程在其生存期中总是在各种状态之间不停地变化。操作系统的进程观点认为，理解操作系统工作的钥匙是“进程”，各个进程同时存在，并且始终在互相竞争 CPU 和各种其他资源，各个进程互相联系、互相制约。操作系统的作用就在于管理、控制、协调各个进程，实现系统的并发性。

并发的各个进程之间存在着相互制约的关系，这些关系可以分为两大类：直接关系和间接关系。比如，乙进程是甲进程创建的，甲进程就可以控制甚至强行改变乙进程的状态。又比如，甲、乙两个进程的工作步骤需要协调进行。以上两例都是进程间的直接制约关系。进程间的间接制约关系指的是由它们都要求得到某个资源而引起的矛盾关系。

如前所述，操作系统中的各个进程可以分为两大类：用户进程和系统进程。操作系统本身也是由大量的程序模块组成的，如果仅仅从一个个程序模块的功能、接口、调用关系等静态属性上研究操作系统，会犹如坠入烟海。其实，从进程的观点看，在操作系统整个工作过程中，许多系统程序在不断地被运行(有的自始至终运行着，有的被一次次调用而运行)，从而形成若干系统进程，实现对大量用户进程的管理、控制。这些系统进程在各种状态之间动态地变化着，如果从它们的状态转换及其原因、条件上进行分析，就能比较清晰地勾画出它们的功能配合与相互制约关系。

**3. 虚拟机观点**

计算机系统由硬件系统和软件系统组成，而操作系统又是软件系统的核心和基础。仅由硬件构成的计算机是个“裸机”，其功能是相当有限的，用户也无法直接使用它。操作系统扩充了“裸机”的功能，并为用户提供了友好的工作环境。用户不是直接使用“裸机”，而是通过操作系统提供的服务去使用计算机。那么，操作系统是怎样扩充计算机功能的呢？虚拟机观点认为,“裸机”一般由CPU、内存、外存、其他外设和控制台(控制面板)组成,操作系统的各个程序模块分别对这些硬件成分进行了扩充和改造,把一个CPU变为几个虚拟的、速度略低的CPU,把容量有限的内存变为容量大得多的虚拟内存,把物理的外存变为一个逻辑的、按名存取的逻辑空间,把物理的外设变为用户很容易使用的、数量也增多了的逻辑设备,把单一的、物理的控制台变为每个用户都有一个或数个的、逻辑的控制台。这种扩充和改造是分层实现的,从裸机开始,每增加一个层次,就像是“包”上了一层“外壳”,功能就扩充一步,最终形成一个功能强大的虚拟计算机。这些层次之间,外层(上层)调用内层(下层),内层(下层)对外层(上层)提供服务支持。因此,从虚拟机观点来看,研究操作系统就要研究这几个方面是怎样一步步扩充、改造的。

**4. 不同观点的统一性**

资源管理观点、进程观点、虚拟机观点,是人们研究操作系统工作原理与实现方法时逐渐归纳总结出来的,是从不同角度去探讨操作系统时所得出来的。所以,从本质上说,这些观点是统一的。资源管理不是静态的、一成不变的管理,而是满足各个进程不断变化需要的、动态的管理。进程的状态在不断变化,其诱发原因是多个进程争抢资源。虚拟机的形成实际上是通过对资源的管理来实现的,虚拟机的构成(包括多个虚拟CPU、虚拟内存、逻辑空间、逻辑设备、逻辑控制台)是从满足多进程需要来考虑的。通常认为,资源管理观点是从操作系统的功能角度进行分析的结果,进程观点是从操作系统本身的工作机制角度进行分析的结果,而虚拟机观点是从操作系统这个大型软件本身的模块结构角度进行分析的结果。不管怎样说,“进程”和“资源”之间的矛盾是操作系统中最基本的矛盾,整个操作系统的任务就是协调和控制进程与进程之间、进程与资源之间的关系,就是解决进程如何共享资源、资源如何分配给进程的问题。

## 习　题

### 一、选择题

1. 一个多道批处理系统中仅有 $P_1$ 和 $P_2$ 两个作业,$P_2$ 比 $P_1$ 晚5 ms到达。它们的计算和I/O操作顺序如下。

$P_1$:计算60 ms,I/O 80 ms,计算20 ms

$P_2$:计算120 ms,I/O 40 ms,计算40 ms

若不考虑调度和切换时间,则完成两个作业需要的时间最少是(　　)。

A. 240 ms　　B. 260 ms　　C. 340 ms　　D. 360 ms

2. 计算机开后 ,操作系统最终被加载到(　　)。

A. BIOS　　B. ROM　　C. EPROM　　D. RAM

3. 某单CPU系统中有输入和输出设备各1台,现有3个并发运行的作业,每个作业的输入、计算和输出时间均分别为2 ms、3 ms和4 ms,且都按输入、计算和输出的顺序运行,则运行完3个作业需要的时间最少是(　　)。

A. 15 ms　　B. 17 ms　　C. 22 ms　　D. 27 ms

4. 操作系统的主要功能有(　　)。

A. 进程管理、存储器管理、设备管理、处理机管理

B. 虚拟存储管理、处理机管理、进程调度、文件管理

C. 处理机管理、存储器管理、设备管理、文件管理

D. 进程管理、中断管理、设备管理、文件管理

5. 要求在规定的时间内对外界的请求必须给予及时响应的操作系统是（　　）。

A. 多用户分时操作系统　　B. 实时操作系统

C. 批处理操作系统　　D. 网络操作系统

6. 分布式操作系统与网络操作系统的主要区别是（　　）。

A. 并行性　　B. 透明性　　C. 共享性　　D. 复杂性

7. 在下面关于并发性的叙述中正确的是（　　）。

A. 并发性是指若干事件在同一时刻发生

B. 并发性是指若干事件在不同时刻发生

C. 并发性是指若干事件在同一时间间隔内发生

D. 并发性是指若干事件在不同时间间隔内发生

8. 单处理机系统中，可并行的是（　　）。

Ⅰ. 进程与进程　　Ⅱ. 处理机与设备　　Ⅲ. 处理机与通道　　Ⅳ. 设备与设备

A. Ⅰ、Ⅱ和Ⅲ　　B. Ⅰ、Ⅱ和Ⅳ　　C. Ⅰ、Ⅲ和Ⅳ　　D. Ⅱ、Ⅲ和Ⅳ

9. 假定一个分时操作系统允许 50 个终端用户同时工作。若分配给每个终端用户的时间片为 20 ms，而对终端用户的每个请求需处理 40 ms 才能给出应答，那么终端的最长响应时间为（　　）。

A. 1 s　　B. 2 s　　C. 3 s　　D. 4 s

**二、简答题**

1. 系统函数调用与一般用户函数调用的区别？

2. 过程调用和系统调用的共同点是什么？它们与中断调用的差别是什么？

3. 多道程序系统如何实现 CPU 计算与 I/O 操作的并行？

4. 分时操作系统与实时操作系统的主要区别？

5. 试从多路性、独立性、交互性、及时性和可靠性这 5 个方面来比较批处理操作系统、分时操作系统及实时操作系统。通过比较，请写出这 3 种系统各适用于什么场合。

6. 什么是多道程序设计？实现多道程序设计的计算机需要哪些必不可少的硬件支持？采用多道程序设计会带来什么好处？

7. 操作系统的基本特征是什么？说明它们之间的关系。

8. 何为并发和并行？两者有何区别？

# 第2章 用户接口

在大多数情况下，用户通过操作系统操作计算机的硬件和软件资源。用户如何使用操作系统就是人机交互的观点，涉及用户与操作系统的接口问题。

操作系统是用户与计算机硬件系统之间的接口，用户通过操作系统，可以快速、有效、安全和可靠地操作计算机系统中的各类资源，以处理自己的程序。

## 2.1 操作系统提供给用户的接口

为使用户能方便地使用，操作系统向用户提供了如图2-1所示的两类接口。

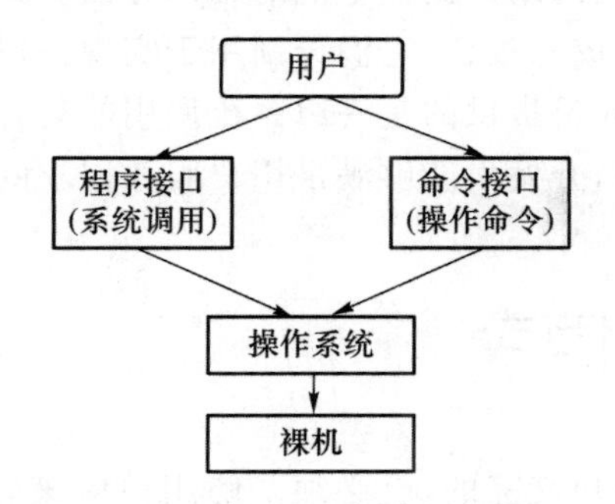


图2-1 用户与操作系统之间的两种接口

(1) 命令接口

操作系统专门为用户提供了“用户与操作系统的接口”，通常称为命令接口。该接口支持用户与操作系统之间进行交互，即由用户向操作系统请求特定的服务，而系统把服务的结果返回用户。

(2) 程序接口

操作系统向程序开发人员提供了“程序与操作系统的接口”，简称程序接口，又称应用程序接口(API)。该接口是为程序开发人员在编程时使用而提供的，应用程序通过这个接口，可在运行中访问系统中的资源和取得操作系统的服务，它也是应用程序取得操作系统服务的唯一途径。大多数操作系统的程序接口由一组系统调用(system call)组成，每一个系统调用都是一个能完成特定功能的子程序。

用户界面是操作系统的重要组成部分。用户界面负责用户和操作系统之间的交互，即用户通过用户界面向计算机系统提交服务请求，而计算机通过用户界面向用户提供其所需要的服务。

一般来说，计算机系统的用户有以下两类：

一类是使用和管理计算机应用程序的用户，也就是被服务者。这类用户可进一步分为普通用户和管理员用户。其中，普通用户只是使用计算机的应用服务，以解决实际的应用问题，例如事务处理、过程控制等；而管理员用户则负责计算机和操作系统的正常与安全运行。操作系统为普通用户与管理员用户提供不同的用户界面。

另一类用户是程序开发人员。程序开发人员需要使用操作系统提供的编程功能开发新的应用程序，完成用户所要求的服务。

操作系统为普通用户、管理员用户以及程序开发人员提供不同的用户界面。操作系统为普通用户、管理员用户提供的界面由一组不同形式的操作命令组成。其中，每个操作命令用于实现用户所要求的特定功能和服务，例如，上网、在线处理、办公处理等。我们把操作系统的操作命令界面称为命令控制界面。不同的计算机操作系统为用户提供的操作命令和表现形式不同，不同时期的操作系统为用户提供的操作命令和表现形式也不同。例如，Windows 系统和 UNIX 或者 Linux 提供给用户的操作命令是不同的。再者，同一操作系统为普通用户与管理员用户提供的操作命令集合也是不一样的，读者可以自己调研 UNIX 系统或 Linux 系统中管理员用户命令集与普通用户命令集的区别。另外，操作系统为程序开发人员提供的界面是系统调用。而且，系统调用是操作系统为程序开发人员提供的唯一界面。不同的操作系统为程序开发人员提供的系统调用不同。

综上所述，操作系统对不同的用户提供不同的用户界面。其中，普通用户和管理员用户的界面是一个由不同操作命令组成的集合，它们分别用于实现用户所要求的不同功能，为用户提供相应的服务；而给程序开发人员提供的是一组系统调用的集合，这些系统调用允许程序开发人员使用操作系统和相应程序，开发出能够满足用户服务需求的新控制命令。

## 2.2 用户的输入/输出方式

要了解计算机是怎样和用户交互的，就必须了解用户应该怎样使用计算机提供的各种命令以及学会怎样把编制的应用程序变成普通用户可以使用的命令。

输入/输出是用户与计算机系统交互最为频繁的方式。输入/输出方式可分为 5 种，即联机输入/输出方式、脱机输入/输出方式、直接耦合方式、SPOOLing 系统和网络联机方式。本节主要介绍前 4 种输入/输出方式。

### 2.2.1 联机输入/输出方式

联机输入/输出方式大多用在交互式系统中，用户和系统通过交互会话来输入/输出作业。在联机方式中，外部设备直接和主机相连接。一台主机可以连接一台或多台外部设备。这些设备可以是键盘、鼠标、显示器、光电笔或打印机等。联机输入/输出方式的原理如图 2-2 所示。

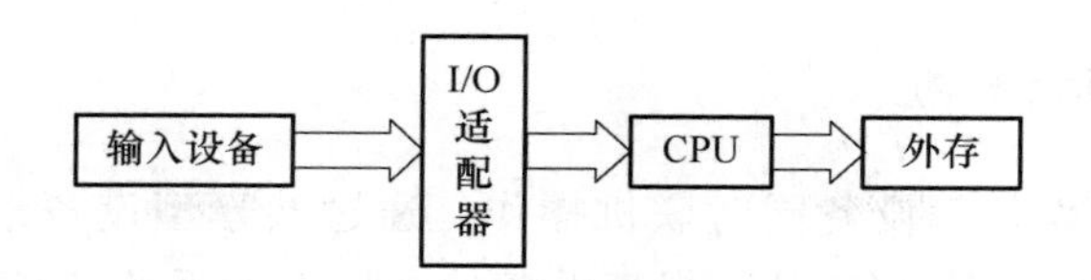


图 2-2 联机输入/输出方式的原理

### 2.2.2 脱机输入/输出方式

脱机输入/输出方式又称为预输入/输出方式。脱机输入/输出方式主要是为了解决设备联机输入/输出速度太慢的问题。脱机输入/输出方式的处理流程如图 2-3 所示。首先,利用个人计算机作为外用处理机进行输入/输出,在个人计算机上,用户首先通过联机方式把数据或程序输入后援存储器,例如移动硬盘等;然后,把装有数据的后援存储器拿到高速外部设备上和主机连接,从而在较短的时间内完成作业的输入工作。输出亦然。

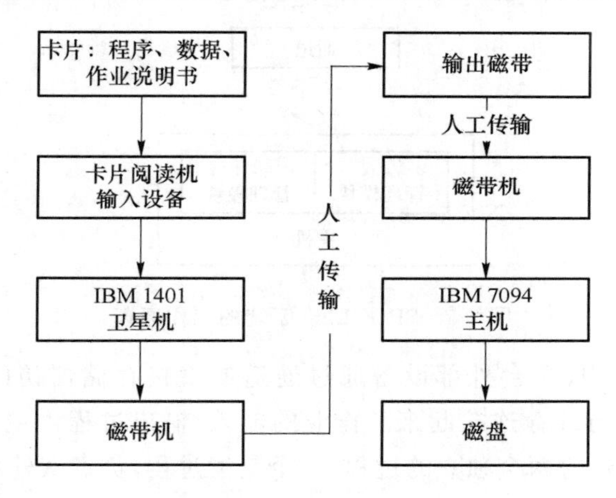


图 2-3 脱机输入/输出方式

### 2.2.3 直接耦合方式

该方式在保留脱机输入/输出方式的快速输入的优点基础上,解决了脱机输入/输出方式需要人为干预的问题。直接耦合方式把主机和多台外用处理机(低档个人机)通过一个大容量的公用存储器直接连接起来,从而省去了在脱机输入中那种依靠人工干预传递后援存储器的过程。在直接耦合方式中,慢速的输入/输出过程仍由外用处理机管理,而公用存储器中大量数据的高速读写由主机完成。直接耦合方式的原理如图 2-4 所示。

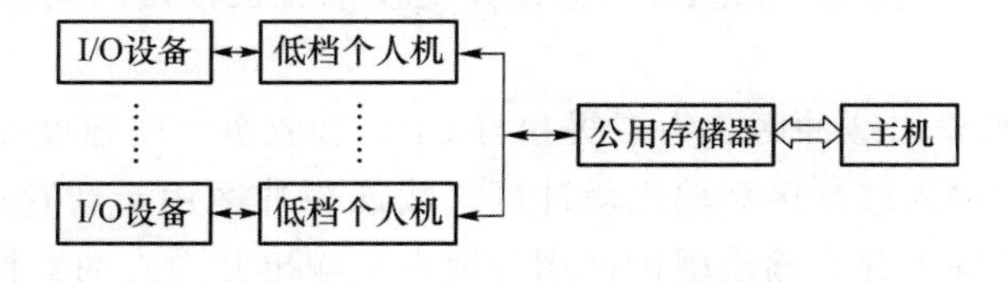


图 2-4 直接耦合方式的原理

### 2.2.4 SPOOLing 系统

SPOOLing 又可译作外部设备同时联机操作。通过共享型设备来模拟独占型设备的动作，使独占型设备成为共享型设备，从而提高设备的利用率和系统的效率，这种技术被称为虚拟设备技术。采用 SPOOLing 技术的输入/输出系统称为 SPOOLing 系统，SPOOLing 系统的工作原理如图 2-5 所示。

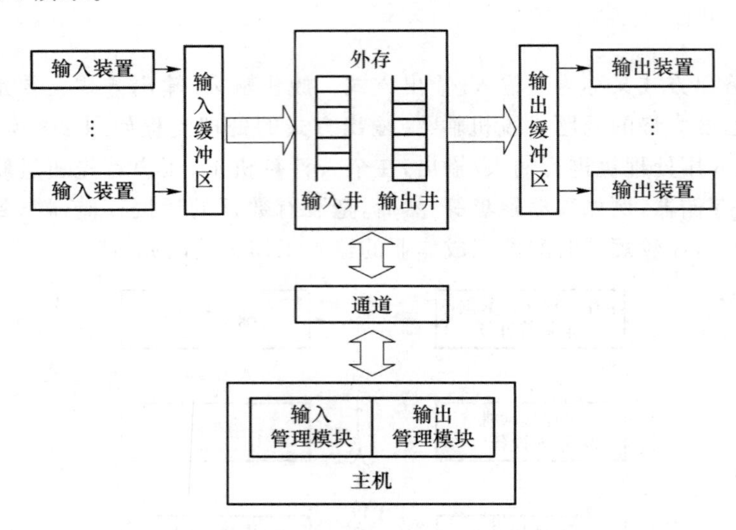


图 2-5　SPOOLing 系统的工作原理

在 SPOOLing 系统中，多台外部设备通过通道或直接存储器访问（Direct Memory Access，DMA）器件把主机与外存连接起来。作业的输入/输出过程由主机中的操作系统控制。操作系统中的输入程序包含两个独立的过程：一个是读过程，负责从外部设备把信息输入缓冲区；另一个是写过程，负责把缓冲区的信息输出到外存输入井中。这里外部设备既可以是各种终端，也可以是其他的输入设备，例如纸带输入机或读卡机等。

通道是一个独立于 CPU 的专管输入/输出的处理机。它控制外设或外存与内存之间的信息交换。它有自己的通道指令，以驱动外设进行读、写操作。不过，这些指令需要在 CPU 运行相应的“启动通道”指令并发来启动信号之后才开始运行。

1）SPOOLing 系统组成

如图 2-5 所示，SPOOLing 系统主要有以下 3 部分组成。

（1）输入井和输出井。这是在磁盘上开辟的两大存储空间。输入井是模拟脱机输入时的磁盘设备，用于暂存 I/O 设备输入的数据；输出井是模拟脱机输出时的磁盘，用于暂存用户程序的输出数据。

（2）输入缓冲区和输出缓冲区。为了缓和与 CPU 和磁盘之间速度不匹配的矛盾，在内存中要开辟两个缓冲区：输入缓冲区和输出缓冲区。输入缓冲区用于暂存由输入设备送来的数据，以后再将其传送到输入井。输出缓冲区用与暂存从输出井送来的数据，以后再传送给输出设备。

（3）输入管理模块和输出管理模块。这里利用两个管理模块来模拟脱机 I/O 时的外围控制机。其中，输入管理模块模拟脱机输入时的外围控制机，将用户要求的数据从输入装置通过输入缓冲区再送到输入井，当 CPU 需要输入数据时，直接从输入井读入内存；输出管理模块模拟脱机输出时的外围控制机，把用户要求输出的数据先从内存送到输出井，待输出设备空闲时，再将输出井中的数据经过输出缓冲区送到输出设备上。

2）输入与输出处理

在系统输入管理模块收到作业输入请求信号后，输入管理模块中的读过程将信息从输入装置读入缓冲区；当缓冲区满时，由写过程将信息写到外存输入井中。读过程和写过程反复循环，直到一个作业输入完毕；在读过程读到一个硬件结束标志之后，系统再次驱动写过程把最后一批信息写入外存，并调用中断处理程序结束该次输入。然后，系统为该作业建立作业控制块（详见 4.1.2 节），从而使输入井中的作业进入作业阻塞队列，等待作业调度程序选中后进入内存。系统在管理输入井过程中可以"不断"读入输入的作业，直到输入结束或输入井满而暂停。

对于输出过程，可以以打印机为例来进行说明。当有进程要求打印输出时，SPOOLing 系统并不是将这台打印机直接分配给进程，而是在输出井中为其分配一块存储空间，进程的输出数据以文件形式存在。各进程的数据输出文件形成了一个输出队列，由"输出管理模块"控制这台打印机的进程依次将队列中的输出文件打印输出。

从打印机的例子中，我们可以看到，在 SPOOLing 技术的支持下，系统实际上并没有为任何进程分配设备，而只是在输入井和输出井中为每个进程分配了一块存储区并建立了一张 I/O 请求表。这样，便把独占设备改造为虚拟共享设备，因此 SPOOLing 技术是一种虚拟设备技术。

3）技术特点

相对于其他输入/输出方式来说，SPOOLing 的输入/输出方式具有以下 3 个特点。

（1）提高了 I/O 速度。从对低速 I/O 设备进行的 I/O 操作变为对输入井或输出井的操作，如同脱机操作一样，提高了 I/O 速度，缓和了 CPU 与低速 I/O 设备速度不匹配的矛盾。

（2）设备并没有分配给任何进程。在输入井或输出井中，给进程分配了一块存储区和建立了一张 I/O 请求表。

（3）实现了虚拟设备功能。多个进程同时使用一个独占设备，而每一进程都认为自己独占了这一设备，从而实现了设备的虚拟分配。

## 2.3 系统调用

在 2.1 节中已经讲过，操作系统为用户提供了两类接口：命令接口和程序接口。上节所讲述的脱机输入/输出方式和联机输入/输出方式都属于命令接口，也称为操作员接口。而程序接口（又称为系统调用接口）是用户编写应用程序时在程序内使用的、对系统功能进行调用的手段，也就是系统调用（或称系统功能调用）。

### 2.3.1 系统调用的基本概念

操作系统中的程序可分为两大类：管理程序和用户程序。管理程序负责管理和分配资源，为用户提供服务，如处理机调度程序、内存分配程序、I/O 管理程序等。用户程序是指用户请求计算机服务时所编制的应用程序（用户程序运行所需资源必须向操作系统提出申请，而不能随意取用)。这两类程序运行时有不同的权限:管理程序运行在核心态(管态或系统态),允许处理器使用全部机器资源和全部指令,包括一组特权指令;而用户程序运行在用户态(目态),禁止使用特权命令,不能直接使用资源或改变机器状态,只允许用户程序访问自己的存储区域。由于用户程序权力有限,因此操作系统必须提供某种形式的接口,让用户通过这些接口来使用操作系统提供的各种功能,这种接口称为系统调用。

核心态与用户态

系统调用是由操作系统提供的、用于实现系统各种核心功能的子程序。这些核心子程序为用户提供了多种服务功能,例如创建和撤销进程、请求和释放系统资源等,供程序开发人员在应用程序中以系统调用方式加以调用。可以说,系统调用是操作系统提供给程序开发人员的用户界面,是操作系统支持程序正常工作的支撑平台。操作系统提供了系统调用后,使得用户编程方便且系统功能更强了。

为了保证这些子程序能够为用户服务而又不被用户程序所破坏,操作系统并不允许用户对功能子程序进行直接调用,而是将它们以语句或函数的形式提供给用户。用户编程时,凡是涉及对系统资源的请求、控制、使用等与系统资源有关的操作,都必须在程序中需要的地方以系统调用的方式来提出请求,并在核心态下由操作系统的各种子程序来完成服务。

系统调用不仅是提供给用户编程使用的,操作系统自身也有很多程序是在系统调用的基础上编写的,所谓的"命令接口"就是这样的系统程序。

### 2.3.2 系统调用的主要种类

系统调用反映了操作系统提供给用户的服务,不同的操作系统提供不同的系统调用,少则几十条,多则几百条,一般可以分为 6 类:进程控制类、进程通信类、文件操作类、存储管理类、设备管理类和信息维护类。

(1) 用于进程控制的,如建立进程、撤销进程、暂停进程运行等。

(2) 用于进程通信的,如建立用于通信的信号或管道、等待信号通知等。

(3) 用于文件操作的,如创建文件、删除文件、打开文件、读写文件等。

(4) 用于存储管理的,如内存空间的分配和回收、申请缓冲区、检查内存中现有的进程等。

(5) 用于设备管理的,如打开设备、获取或设置设备的信息、向设备输出等。

(6) 用于信息维护的,如系统日期时间的设置或读取、获得当前用户或主机的标识符等。

不同的操作系统所提供的"系统调用"的数量、功能、名称是各不相同的,即使是同一种操作系统的不同版本,情况也有变化。在某个操作系统平台上使用系统调用时,除了需要注意选用的功能号、参数的个数、参数顺序与数据类型等以外,还要正确掌握该操作系统对有关指令、命令格式的规定。

显然,一个操作系统所提供的系统调用越多,其功能就越强,用户使用就越方便,当然操作系统本身就越复杂和庞大,分析起来也就越困难。

### 2.3.3 系统调用的功能

如前所述,操作系统有许多功能(如请求和释放系统资源、完成与硬件相关的工作等)是运用特权指令在处理器的核心态下才能完成的,这些核心功能是不允许用户自己直接去进行有关操作的,以免破坏系统的工作。但是某些用户程序却又不可避免地需要这些功能,于是,操作系统通常也提供若干实现各种核心功能的子程序，供程序开发人员在应用程序中以一种专门的方式加以调用，从而把自己的要求"转交"给操作系统去完成。

一个很典型的例子就是各种 I/O 操作。每个用户程序都需要进行输入/输出，但各输入/输出设备是多个用户共享的，必须统一管理并按照一定的规则使用，而不能让用户程序直接操作，否则势必会引起这样或那样的冲突与混乱。所以，操作系统就需要提供各种 I/O 操作的"系统调用"。

### 2.3.4 系统调用与一般过程(函数)调用的主要区别

系统调用其实就是操作系统函数调用，函数调用的过程是一个函数从当前程序转移到被调用程序的过程，被调用程序运行结束后再返回调用程序。从这一点上来看，系统调用与一般过程(函数)调用是很类似的。但二者之间有很大的区别。

(1) 调用形式不同。一般过程(函数)调用使用一般调用指令，其转向地址是固定不变的，包含在跳转语句中；而系统调用则需要利用 int 或 trap 指令通过软中断进入，调用语句中不包含处理程序的入口地址，而仅仅提供功能号，即按功能号调用。

(2) 运行状态不同。对于一般过程(函数)调用，其调用过程与被调用过程都运行在相同的操作系统模式(用户态)；而对于系统调用，调用过程运行在用户态，而被调用过程运行在核心态。

(3) 提供方式不同。一般过程(函数)调用往往由编译系统提供，不同编译系统提供的一般过程(函数)调用可以不同；系统调用由操作系统提供，一旦操作系统设计好，系统调用的功能、种类与数量便固定不变了。

(4) 被调用代码的位置不同。一般过程(函数)调用是一种静态调用，调用过程和被调用过程在同一程序内，经过编译连接后成为目标代码的一部分；当一般过程(函数)升级或修改时，必须重新进行编译连接，动态链接库针对上述缺点进行了修改，允许调用过程和被调用过程不在同一个程序内。而系统调用是一种动态调用，系统调用的处理代码在调用程序之外(一般在操作系统中)，这样一来，系统调用处理代码升级或修改，与调用程序无关。而且，调用程序的长度也大大缩短，减少了调用程序占用的存储空间。

(5) 返回方式不同。一般过程(函数)调用在被调用过程运行完后，返回调用过程。而在抢占式调度的系统中，系统调用运行完返回调用进程后，系统要对所有要求运行的进程进行优先级分析：如果调用进程仍有最高优先级，则返回调用进程；否则，重新调度，让优先级最高的进程优先运行，此时系统把调用进程放入就绪队列。

### 2.3.5 系统调用的运行过程与使用方法

系统调用

**1. 系统调用的运行过程**

系统调用在用户程序中通过特殊的机器指令，调用操作系统所提供的一些子功能，是用户在程序级请求操作系统服务的一种手段。编程人员利用系统调用，动态地请求和释放系统资源、完成与计算机硬件部分相关的工作，以及控制程序的运行速度等。

用户程序通过访管指令或一个由软件引起的内中断处理机构来实现系统调用。进行系统调用时，操作系统转入特权模式，从用户态进入核心态，在核心态下运行完被调用过程后再返回用户程序。其中，访管指令又称为"自愿进管"指令或陷入指令。

在操作系统中，每个系统调用都对应一个运行程序段，并分别对应一个系统调用号（也称为功能号）。操作系统按照功能号的顺序，把各个系统调用所对应的子程序入口地址排列成一张“功能子程序入口地址表”。用户在程序的运行过程中，在需要进行系统调用的地方安排一条系统调用命令。每个系统调用都要求有一定数量的输入参数，且系统调用命令运行后会有返回值。整个系统调用的实现过程如图 2-6 所示。

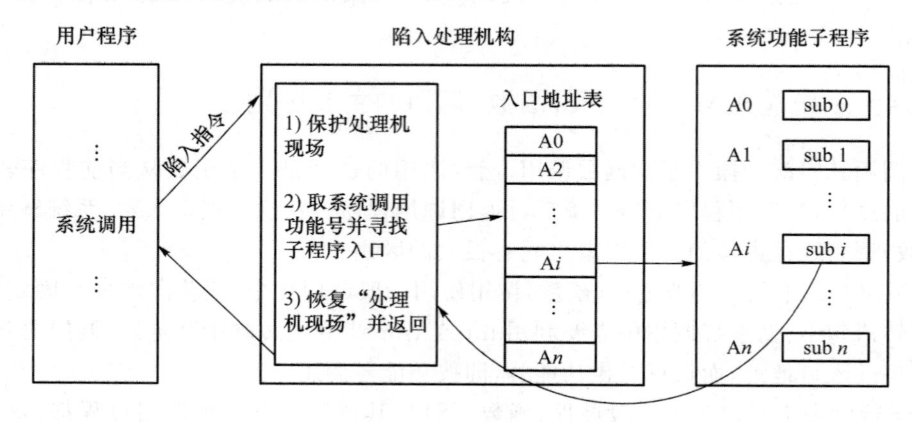


图 2-6　系统调用的实现过程

（1）在应用程序中，发出系统调用的是陷入指令（也叫访管指令或软中断指令）。指令中要带有所申请的系统调用功能号，将系统调用所需的参数和参数的首地址送到指定的通用寄存器。

（2）CPU 运行访管指令时，发生访管中断。中断处理机构将保护“处理机现场”，把 CPU 状态由用户态改变为核心态。然后，CPU 根据指令所申请的功能号转去运行相应的系统功能子程序，完成该系统调用所要求的功能。

（3）系统功能子程序运行结束后，返回中断处理机构，恢复“处理机现场”把 CPU 状态由核心态改变为用户态，继续运行用户程序。

**2. 系统调用的使用方法**

从系统调用的本来意义上讲，既然它们是操作系统的核心子程序，那么它们本身以及对它们的调用都应当采用与操作系统相同的编程语言。比如，许多操作系统是用 C/C++语言编写的，于是系统调用子程序也是用 C/C++语言编写的，对它们的调用语句也应当采用 C/C++语言编写。目前，很多操作系统都对系统调用施以某些“包装”，以高级语言中的函数调用（子程序调用）形式提供给用户。

为初步体会系统调用的使用方法，下面引举 Linux 和 Windows 操作系统中的例子。

**例 2-1**　在 Linux 系统中通过系统调用完成文件复制。

```
int main()
{
    char block[1024];
    int in, out, nread;
    in = open("test.txt",O_RDONLY);
    out = open("out.txt",O_WRONLY|O_CREAT,S_IRUSR|S_IWUSR);
    while(( nread = read(in,block,sizeof(block)))>0)
        write(out,block,nread);
```

```
    return 0;
}
```

**例 2-2** 在 Windows 系统中通过系统调用完成文件复制。

```
#include<stdio.h>
void  FileCopy()
{
    FILE *oldfile, *newfile;
    oldfile=fopen("oldfilename","r");                    //打开源文件
    newfile = fopen("newfile", "w");                     //打开目标文件
    if(! oldfile && ! newfile)                           //打开成功
    {
        byte buff;
        while(! feof(oldfile))
        {//从源文件读取一字节,并写到目标文件
            fread(&buff1, 1, 1, oldfile);
            fwrite(&buff1, 1, 1, newfile);
        }
    }
    if(oldfile)
        fclose(oldfile);
    if(newfile)
        fclose(newfile);
}
```

## 2.4 图形化用户接口

用户虽然可以通过命令行方式和批命令方式来获得操作系统的服务,并控制自己的作业运行,但是要牢记各种命令的动词和参数,严格按规定的格式输入命令,而且要区分不同操作系统所提供的不同命令语言的词法、语法、语义及表达形式,这样既不方便又花费时间。于是,图形化用户接口(Graphics User Interface,GUI)便应运而生。

GUI 是近年来最为流行的联机用户接口形式,人们已为其制定了国际 GUI 标准。20 世纪 90 年代推出的主流操作系统都为用户提供了 GUI。

GUI 采用了图形化的操作界面,使用 WIMP 技术,即将窗口(Window)、图标(Icon)、菜单(Menu)、鼠标(Pointing device)和面向对象技术等集成在一起,引入各种形象的图符将系统的各项功能、各种应用程序和文件直观、逼真地表示出来,形成一个图文并茂的视窗操作环境。用户可以轻松地通过选择窗口、菜单、对话框和滚动条完成对作业和文件的各种控制与操作。

以 Microsoft 公司的 Windows 操作系统为例。在系统初始化后,操作系统为终端用户生成了一个运行 explorer. exe 的进程,其中包含一个具有窗口界面的命令解释程序,该窗口界面为桌面。"开始"菜单中罗列了系统的各种应用程序,点击某个程序,解释程序就会产生一个新进程,由新进程运行该应用程序,并弹出一个新窗口,该新窗口的菜单栏或图符栏能够显示该

应用程序的子命令。用户可进一步选择并点击子命令,如果该子命令需要用户输入参数,则会弹出一个对话窗口,指导用户进行命令参数的输入,输入完成后用户点击“确定”按钮,命令即进入运行处理过程。

Windows 系统采用事件驱动的控制方式,即用户通过动作来产生事件以驱动程序工作。所谓事件,实质就是发送给应用程序的一个消息,用户的按键或点击鼠标等动作都会产生一个事件,再通过中断系统引出事件以驱动控制程序工作,对事件进行接收、分析、处理和清除。各种命令和系统中的所有资源,如文件、目录、打印机、磁盘、各种操作系统程序等都可以被定义为一个菜单、一个按钮或一个图标,此外所有的应用程序也都拥有窗口界面,窗口中所使用的滚动条、按钮、编辑框、对话框等各种操作对象都采用统一的图形显示方式和操作方法。用户可以通过鼠标(或键盘)点击进行选择所需要的菜单、图标或按钮,从而达到控制系统、运行某个程序、运行某个操作(命令)的目的。

## 习　题

**一、选择题**

1. 下列选项中,操作系统提供给应用程序的接口是(　　)。

A. 系统调用　　B. 中断　　C. 库函数　　D. 原语

2. 本地用户通过键盘登录系统时,首先获得键盘输入信息的程序是(　　)。

A. 命令解释程序　　B. 中断处理程序　　C. 系统调用程序　　D. 用户登录程序

3. 下列选项中,在用户态下运行的是(　　)。

A. 命令解释程序　　B. 缺页处理程序　　C. 进程调度程序　　D. 时钟中断处理程序

4. 下列选项中,不可能在用户态下发生的事件是(　　)。

A. 系统调用　　B. 外部中断　　C. 进程切换　　D. 缺页

5. 下列选项中,会导致用户进程从用户态切换到核心态的操作是(　　)。

Ⅰ. 整数除以零　　Ⅱ. sin( )函数调用　　Ⅲ. read 系统调用

A. 仅Ⅰ、Ⅱ　　B. 仅Ⅰ、Ⅲ　　C. 仅Ⅱ、Ⅲ　　D. Ⅰ、Ⅱ和Ⅲ

6. 用户在程序中试图读取某文件的第 100 个逻辑块时,使用操作系统的(　　)接口。

A. 系统调用　　B. 图形化用户接口

C. 原语　　D. 键盘命令

7. 当 CPU 运行操作系统代码时,称处理机处于(　　)。

A. 运行态　　B. 目态　　C. 管态　　D. 就绪态

**二、简答题**

1. 脱机命令接口和联机命令接口有什么不同?

2. 处理机为什么要区分核心态和用户态两种操作方式? 在什么情况下进行两种方式的转换?

3. 简述系统调用与过程调用有什么相同点和不同点。

4. 区分概念:操作命令与系统调用。

5. 简述系统调用的实现过程。

6. 命令接口和图形化用户接口分别有什么优缺点?

7. 何谓脱机 I/O 和联机 I/O?

8. 请描述 SPOOLing 系统结构图及其作用。

# 第3章 进程管理

进程可以看作程序的运行过程，它是操作系统中最重要的概念之一。进程需要占用一定的资源，如CPU时间、内存空间、文件以及I/O设备等，所以进程是资源分配的基本单位。

在大多数计算机系统中，进程是并发活动的单位。从进程的观点出发，系统是进程的集合体。系统进程运行系统代码，用户进程运行用户代码。

为描述进程的特性，操作系统为每个进程设立了唯一的进程控制块(PCB)。PCB是系统感知进程是否存在的唯一标志。进程是并发活动的，进程在其生存过程中，会出现两种制约关系——互斥和同步。为了保证并发进程间有效地实施通信，操作系统内部设置了多种通信机制。另外，由于并发进程之间存在互斥问题，如果进程的推进顺序不当，则可能造成死锁。如何在进程互斥时预防和避免死锁，是并发运行急需解决的一个问题。

传统上，一个进程只包含一个控制线程，但目前大多数现代计算机操作系统都支持多线程的进程。操作系统负责有关进程和线程管理方面的工作，如用户和系统进程的创建和删除、进程的调度，以及进程的同步和通信机制等。

## 3.1 进程概述

为了提高系统的资源利用率，现代计算机操作系统通常采用多道程序设计技术，即允许多个程序同时进入计算机系统的内存并运行。同时运行的程序共享各种系统资源，充分发挥了CPU和外部设备的并行工作能力，极大地提高了CPU和各种资源的利用率，但同时也带来了系统资源的竞争问题。操作系统必须对各种资源进行合理的分配和调度，处理并发程序在访问共享资源时可能出现的与时间有关的错误甚至是死锁，协调并发程序之间的制约关系及通信关系。操作系统中的进程管理能很好地解决上述问题，它是操作系统中十分重要的功能。

在多道程序系统中，如何将处理机分配给具备运行条件的进程，何时回收一个进程占用的处理机，如何保证一个程序在重新获得处理机后，正确地从上次停止处继续下去，这些都是与进程管理有关的问题。总而言之，协调系统中的多个进程，使它们正确、有效地占用处理机，就是进程管理的主要工作。

### 3.1.1 进程的引入和定义

**1. 多道程序设计技术的引入**

在早期的单道程序处理系统中，内存中只有一道程序，系统的各种资源均由当前正在运行的程序所独占，程序的运行一般不会受到其他因素的制约和影响，因此处理机的管理功能比较简单。在现代计算机操作系统中，迫切需要提高系统资源的利用率，实现 CPU 与外设的并行工作。在硬件方面，引入了通道技术和中断技术，通道能独立地控制外设和内存之间的信息传递，从而使 CPU 和通道之间、CPU 和外设之间、通道和通道之间、外设和外设之间均可并行工作。在软件方面，引入了多道程序设计技术。在多道程序系统中，内存中存在的几个程序可以同时运行，它们共享各种系统资源，从而引发了对系统资源的竞争问题。操作系统必须具备对各种资源进行分配和调度的功能，特别是在某一时刻，多个程序的同时运行引发了对 CPU 的竞争问题，因而必须进行 CPU 调度。进程是多道程序设计技术为进行 CPU 调度而提出的概念。进程用来描述程序运行的过程，是实现多道程序设计的基础。进程是程序的一次运行过程，同时也是操作系统进行资源分配的单位。

在多道程序设计技术出现以前，程序的最大特点是“顺序性”，即程序是顺序运行的。我们把一个具有独立功能的程序独占 CPU 直至得到最终结果的过程，称为程序的顺序运行。一个程序通常由若干个程序段组成，它们必须按照某种先后次序运行，前一个操作运行完毕后，后继操作才能运行。假如每个程序都可分为输入(I)、计算(C)、输出(O)3 个程序段，则多个程序的顺序运行过程如图 3-1 所示。

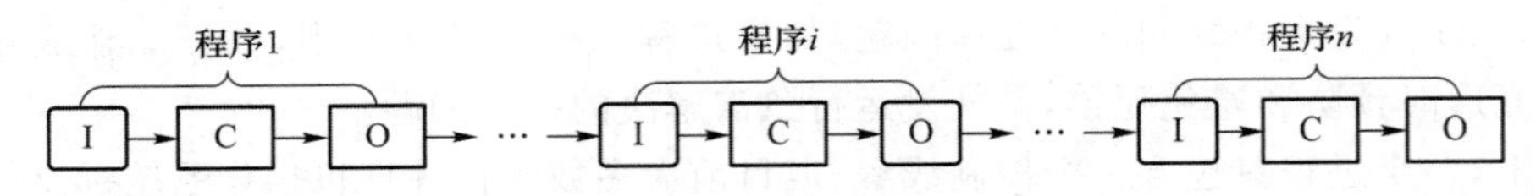


图 3-1 程序的顺序运行

为了提高系统的吞吐量，上述操作可以由顺序运行转为并发运行。程序的并发运行是指若干个程序(或程序段)同时在操作系统中运行，这些程序(或程序段)的运行在时间上是重叠的，即一个程序(或程序段)的运行尚未结束，另一个程序(或程序段)的运行已经开始。例如，输入程序段在输入第 3 个程序($I_3$)的同时，计算程序段对第 2 个程序进行计算($C_2$)，以及输出程序段输出第 1 个程序的计算结果($O_1$)。多个程序的并发运行如图 3-2 所示。

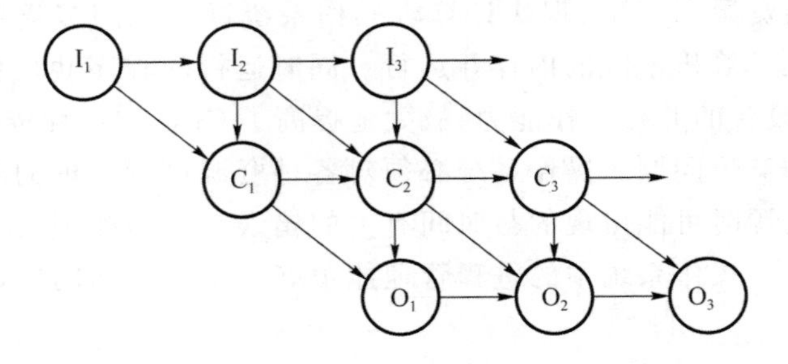


图 3-2 多个程序的并发运行

程序的并发运行提高了系统吞吐量，也产生了一些与顺序运行不同的新特点：

(1) 具有制约性。程序并发运行时，由于共享资源或为完成同一项任务而相互合作，并发程序之间形成了相互制约的关系。如图 3-2 所示，若输入程序段尚未完成 $I_2$ 的处理，或计算程序段尚未完成 $C_1$ 的计算，那么 $C_2$ 将得不到运行，必须暂停等待。因此，程序并发运行时，其前驱操作是否完成、是否获得了必要的资源等都制约着程序的运行。并发程序不再像单道程序那样连贯顺序运行，而是走走停停，呈现出运行-暂停-运行的活动规律。

(2) 失去封闭性。程序并发运行时，多个程序共享操作系统中的各种资源，这些资源的状态将由多个程序共同改变。资源共享以及相互协作打破了程序单道运行时所具有的封闭性，致使程序和计算机运行程序段的活动不再一一对应，从而失去程序运行的封闭性。

(3) 具有不可再现性。程序并发运行时，由于失去了封闭性，程序在运行过程中会受到其他程序的影响，其运算结果将与程序的运行速度有关，失去了可再现性。即，同一程序经过多次运行，得到的结果可能不相同。

多道程序的并发运行和资源共享，打破了单道程序由于独占资源而具有的运行过程的封闭性，使得并发程序在并发运行过程中相互之间会有干扰或制约，而这些干扰和制约的不可预知性给操作系统实现多道程序并发的管理和控制带来了一系列需要解决的问题：

(1) 在多道程序设计系统中，并行运行的程序共享计算机系统的硬件和软件资源，为解决多道程序对资源的竞争，在操作系统中要引入同步互斥机制；

(2) 多道程序运行必然导致内存紧张，提高内存使用的效率成为关键，因此出现了覆盖、交换、虚拟等一些技术来扩充内存；

(3) 系统还必须为内存中的多道程序提供安全和保护，所以在多道程序中还必须解决内存的保护问题。

因此，为了保证多道程序的正确运行，要考虑以下四个方面的内容。

(1) 在处理机管理方面，要考虑如何使处理机既能满足各程序运行的需要又能有较高的利用率。

(2) 在内存管理方面，要考虑如何为每道程序分配必要的内存空间，使它们各得其所又不会因相互重叠而丢失信息；并考虑如何防止因某道程序出现异常情况而破坏其他程序。

(3) 在设备管理方面，要考虑如何分配 I/O 设备，做到既方便用户对设备的使用，又能提高设备的利用率。

(4) 在文件管理方面，要考虑如何组织信息才能既便于用户使用又能保证数据信息的安全性和一致性。

**2. 进程的定义**

程序的并发运行产生了一系列的新特点，程序这个静态的概念已经不能如实地反映程序在运行期间的动态特征了。为了描述程序在并发运行时对系统资源的共享，我们需要跟踪程序的运行轨迹，于是引入了进程的概念。进程是具有一定独立功能的程序在一个数据集合上的一次动态运行过程，是系统进行调度和资源分配的基本单位。当然，在引进线程的系统中，线程是系统调度的基本单位，但进程仍然是资源分配的基本单位。

进程与线程

进程主要由 3 部分组成：

(1) 进程所运行的程序(进程所要完成的功能)；

(2) 进程所使用的数据集合(程序运行时所需的数据和工作区)；

(3) 进程控制块(记录进程的外部特征，描述进程的状态变化)。

程序段和数据段是进程存在的物质基础，即进程的实体；进程控制块是进程动态特征的集中反映。不同的操作系统中的进程控制块的内容和信息量不同。

作为描述程序运行过程的概念，进程具有以下基本特征：

(1) 动态性。进程的动态性一方面表现为动态的“程序运行过程”；另一方面表现为它的动态“产生和消亡”。系统需要完成某个任务时，就会“创建”一个进程；而在完成预定的任务后，系统会“撤销”这个进程，并回收它所占用的资源。从创建到撤销的过程，代表一个进程的“生命周期”。

(2) 并发性。进程的并发性表现为多个进程实体同时在系统中运行，它们轮流占用CPU和各种资源。从宏观上看，各进程在同一时间内并发运行。

(3) 制约性。并发运行的各个进程间必然会相互制约。在对有限资源的共享和竞争中，这种制约关系表现为相互排斥。由于进程之间需要相互传递数据信息，这时的制约表现为相互合作。

(4) 独立性。各个进程虽然在同一个内存空间运行，但是各自运行的地址空间相互独立，除非采用进程间通信的手段。这种独立性确保了各个进程的数据私密性和安全性。

(5) 异步性。在多道程序操作系统中，每个进程都以相对独立的、不可预知的速度向前推进。

(6) 结构化。即进程是由程序段、数据段和PCB组成的。

**3. 进程与程序的关系**

进程和程序是既有联系又有区别的两个概念。它们之间的联系在于程序是进程的组成部分，如果没有程序，进程就失去了存在的意义。它们之间的区别表现如下：

(1) 进程是动态的概念，而程序是静态的概念。进程是程序的一次运行过程。程序一旦运行，进程就会被创建，该进程因调度而运行，因得不到资源而暂停运行，因运行结束而撤销。因此，进程是一个具有生命周期的动态实体。而程序是指令的有序集合，没有任何运行过程的动态描述，也不能揭示并发程序间的内在联系。因此，程序作为一种永久性的软件资源，可长期保存，是一个静态实体。

(2) 程序和进程并非一一对应关系。一个程序运行时必须创建一个进程，该进程在运行过程中也可创建多个子进程，父、子进程共享同一个程序内容，即一个程序对应多个进程。这种一对多关系还表现在一个程序多次运行时，程序每运行一次，操作系统便为其创建一个进程。虽然这些进程运行的是同一个程序，但由于各自的调度运行过程、运行环境及进程控制块内容的动态变化过程不同，因而程序每次运行时对应的都是不同的进程。在数量上，程序与进程之间存在 $1:n(n\geqslant 1)$ 的关系。

(3) 进程具有并行特性，而程序没有。进程作为资源申请和调度的基本单位，能独立运行，也具有并发运行特性。各进程在并发运行过程中会产生相互制约关系，具有异步性。进程能够通过数据结构确切地描述其并发活动，记录运行过程中的状态和信息；而程序则不具备这些特性。也就是说，程序既没有相应的数据结构进行描述，又不能作为调度运行的单位，仅代表一组语句的集合。

**4. 进程举例**

在Windows系统中，通过任务管理器，可以查看系统中所有正在运行的进程。一个正在运行的程序就对应着一个进程。例如，正在运行的Web浏览器对应一个进程，正在运行的Windows资源管理器对应一个进程，正在运行的Visual C++编程软件也对应一个进程。

在计算机中，处于运行状态的任何一个程序都对应一个进程，一个进程享有内存、CPU时间等一系列资源。

**5. 进程与作业的关系**

通常，作业由多个程序（作业步）组成，如图 3-3 所示。因此，系统会为一个运行的作业创建一个或多个进程。

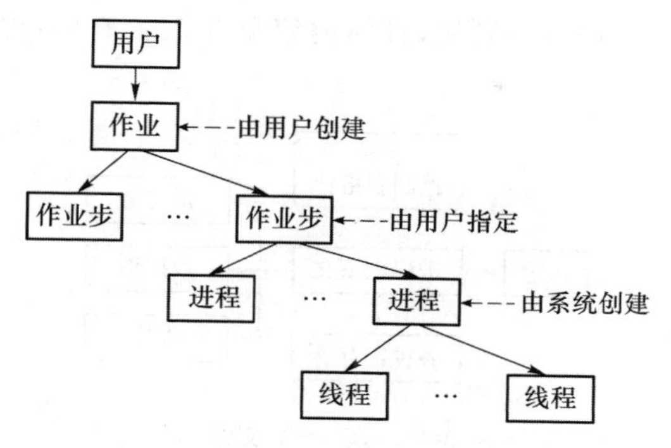


图 3-3 进程与作业的关系

进程与作业有如下关系：

(1) 作业是用户向计算机提交的任务实体。在用户向计算机提交作业之后，系统将它放入外存的作业阻塞队列中等待运行。进程则是用户任务的运行实体，是向系统申请分配资源的基本单位。任一进程被创建后，总有相应的部分存在于内存中。

(2) 一个作业由至少一个进程组成，但反过来不成立。

(3) 作业的概念主要用在早期批处理系统中；而进程的概念用在几乎所有的多道程序系统中。

**6. 进程的组成**

进程的组成采用一个等式表示：

进程＝程序段＋数据段＋PCB

(1) 程序段是进程不可缺少的组成部分，是实现进程功能的主体；

(2) 数据段是进程处理的对象，是进程运行中的加工材料；

(3) PCB 是进程的控制结构，是进程运行过程中的控制信息。

### 3.1.2 进程上下文

进程在内存运行时需要一些必需的环境，包括 CPU、内存资源以及运行过程中各种动态信息，包括处理机状态字(Processor Status Word，PSW)等，这个运行的环境就是进程上下文。

进程上下文实际上是进程运行过程中顺序关联的静态描述。进程上下文是一个与进程切换和处理机状态发生交换有关的概念。在进程运行过程中，由于中断、等待或程序出错等原因造成进程调度，这时操作系统需要知道和记忆进程已经运行到什么地方或新的进程将从何处运行。另外，进程运行过程中还经常出现调用子程序的情况。在调用子程序运行后，进程将返回何处继续运行，运行结果将返回或存放到什么地方等都需要记忆。因此，进程上下文是一个抽象的概念，它包含了每个进程运行过的、运行时的以及待运行的指令和数据，在指令寄存器、堆栈(存放各调用子程序的返回点和参数等)、状态寄存器等中的内容。

我们把已运行过的进程指令和数据在相关寄存器与堆栈中的内容称为上文，把正在运行的指令和数据在寄存器与堆栈中的内容称为正文，把待运行的指令和数据在寄存器与堆栈的内容称为下文。在不发生进程调度时，进程上下文的改变都是在同一进程内进行的，此时每条指令的运行对进程上下文的改变较小，一般反映为指令寄存器、程序计数器以及保存调用子程序返回接口用的堆栈值等的变化。同一进程的上下文的结构由与运行该进程有关的各种寄存器中的值、程序段经过编译后形成的机器指令代码集（或称正文段）、数据集、各种堆栈值以及PCB（Process Control Block，进程控制块，具体内容见 3.1.4 节）结构组成。进程上下文结构如图 3-4 所示。

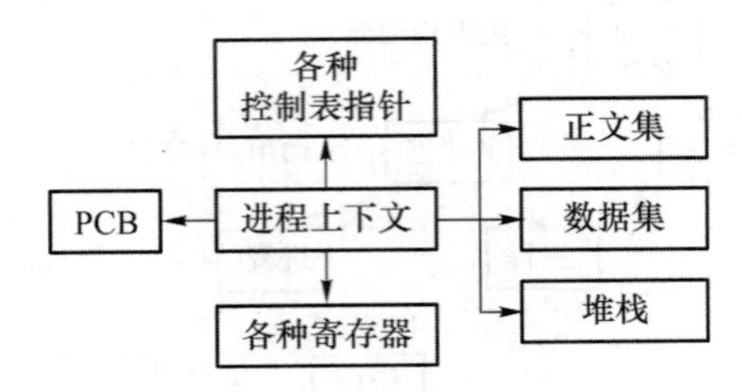


图 3-4 进程上下文结构

这里有关寄存器和栈区的内容是重要的。例如，没有程序计数器（PC）和程序状态寄存器（PS），CPU 将无法知道有关下条待运行指令的地址和控制操作。

### 3.1.3 进程状态

进程状态
与进程控制

#### 1. 进程的 3 种基本状态

在多道程序系统中，可能同时存在多个进程，各个进程争用系统资源，得到资源的进程可以运行，暂时没有得到资源的进程就要等待。同时，某些进程互相合作完成任务时需要相互等待进行通信，也会引起系统中部分进程的间断运行。因此，各进程在其整个生命周期中可能处于不同的活动状态。

根据进程占用 CPU 和内存的情况，将进程的基本状态分为以下 3 种：

(1) 就绪状态。处于就绪状态的进程已获得除 CPU 以外的所有资源，一旦该进程分配到了 CPU 即可立即运行。在一个操作系统中，处于就绪状态的进程可能有多个，通常将它们排成一个就绪队列。如果系统中共有 $N$ 个进程，则就绪进程至多为 $N-1$ 个。

(2) 运行状态，又称执行状态，是指当前进程已经分配到 CPU，它的程序正在处理机上运行时的状态。处于这种状态的进程个数不能大于 CPU 的数目。在一个单处理机系统中，任何时刻处于运行状态的进程至多是 1 个；而在多处理机系统中，同时处于运行状态的进程可以有多个（最多等于处理器的个数，最少为 0 个）。

(3) 阻塞状态，又称阻塞状态或封锁状态，是指进程因等待某种事件发生（如等待某个输入/输出操作的完成，或等待其他进程发来的信号等）而暂时不能运行的状态。也就是说，处于阻塞状态的进程尚不具备运行条件，即使 CPU 空闲，它也无法使用。系统中处于这种状态的进程可以有多个，它们按照阻塞的不同原因组成多个阻塞队列，并在等待事件发生后结束等待转为就绪状态。

上述 3 种状态是最基本的进程状态。因为如果不设立运行状态，就不知道哪个进程正在占有 CPU；如果不设立就绪状态，就无法有效地挑选出适合运行的进程，或许选出的进程根本就不能运行；如果不设立阻塞状态，就无法判定各个进程是否缺少除 CPU 之外的其他资源。这将导致准备运行的进程和不具备运行条件的进程混杂在一起。

进程的状态随着自身的推进和外界条件的变化而发生变化。图 3-5 所示的是进程的三状态及转换模型，该模型列出了系统中每个进程可能具备的基本状态，以及这些状态发生转换的可能原因。

由图 3-5 可知，进程有 3 种基本状态以及 4 个状态转换过程。4 个状态的转换过程如下：

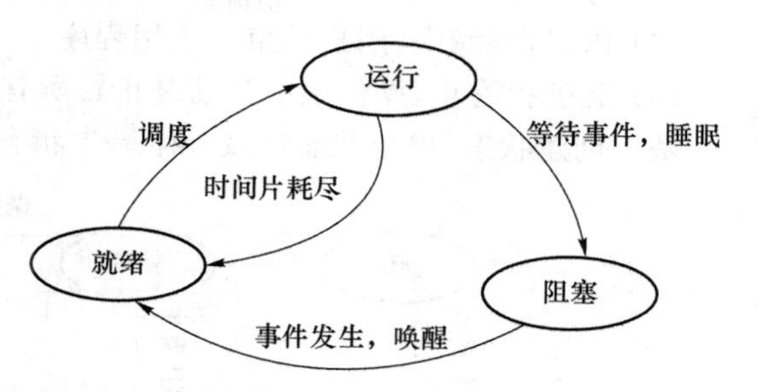


图 3-5 进程的三状态及转换模型

(1) 就绪→运行。处于就绪状态的进程，在进程调度程序为其分配处理机后，该进程由就绪状态变为运行状态，这个状态转换过程又称为进程调度。

(2) 运行→阻塞(等待)。正在运行的进程因发生某个事件而无法继续运行(如进程提出输入/输出请求，或等待输入/输出完成)，进程由运行状态变为阻塞状态。

(3) 阻塞→就绪。处于阻塞状态的进程，在其等待的事件已经发生(如输入/输出完成)后，进程由阻塞状态变为就绪状态。

(4) 运行→就绪。正在运行的进程，如因时间片耗尽而被暂停运行，进程由运行状态转变为就绪状态。

并发活动的进程在任何时刻都处于某一种状态。在运行过程中，进程自身的进展情况和外界条件发生变化，进程的状态也会随之发生变化。但必须注意，进程状态之间的转换并不都是可逆的。例如，一个进程可以从阻塞状态转换到就绪状态，但不能由就绪状态回到阻塞状态，也不能由阻塞状态转换到运行状态。各进程状态之间的转换也并非都是主动的，例如，由运行状态转换到阻塞状态的原因是进程主动放弃 CPU，而由运行状态转换到就绪状态的原因是进程被迫放弃 CPU(即时间片耗尽)。尽管进程的状态在进程运行过程中会发生变化，但一个进程在某一时刻只能处于某一种状态。

在一些实际的操作系统中，为了调度的需要，进程的状态会被分得更细一些。比如把就绪状态细分为高优先级就绪和低优先级就绪，把阻塞状态根据等待的原因细分为页面等待、I/O 等待、文件等待等。

在进程的整个生命周期中，除 3 种基本状态外，还存在着其他状态。

**2. 创建状态**

操作系统已完成创建一进程所必要的工作，包括构造进程标识符和创建管理进程所需的表格，但该进程还没有被允许运行(尚未同意)。这主要是因为内存资源有限，尽管操作系统所需的关于该进程的信息已被保存在内存的进程表中，但进程自身还未进入内存，操作系统也没有为与这个进程相关的数据段分配空间，即进程仍保留在外存中。进程创建成功的标志是为进程建立了 PCB。

引起进程创建的原因主要有：

(1) 批处理环境中，被选中的新作业即将进入内存运行；

(2) 交互环境中，新用户登录系统；

(3) 由现有进程生成，即父进程生成子进程。

**3. 终止状态**

当一个进程已完成任务或者因其他原因而退出时，进程无法恢复而终止，之后就进入终止状态。处于终止状态的进程不再有运行资格，其在内存中的 PCB 也被撤销，但它的表格和其他信息暂时保留在内存中。

引起进程终止的原因主要有：

(1) 分时操作系统中，用户注销或者退出系统；

(2) PC 机环境中，用户结束一应用程序；

(3) 父进程终止，操作系统自动终止其所有后代进程。

基于创建状态、终止状态以及 3 个基本状态的五状态进程转换模型如图 3-6 所示。

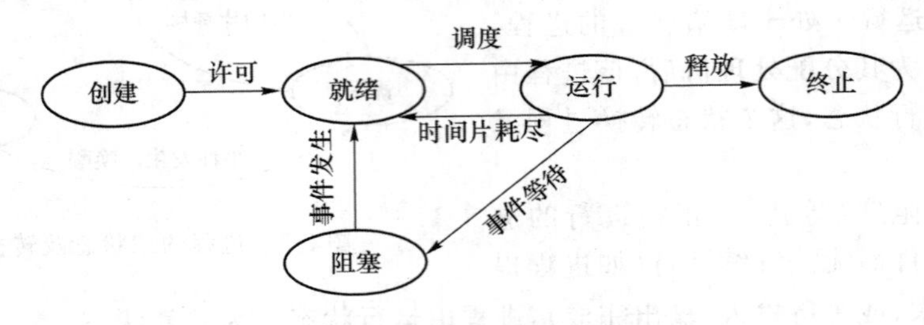


图 3-6 五状态进程转换模型

相对于 3 种基本状态的转换，在五状态进程转换模型中，新加了如下两种状态转换过程：

(1) 创建状态→就绪状态。处于创建状态的进程由于系统有空闲内存或者优先级得到提高，其状态将由创建状态转换为就绪状态。

(2) 运行状态→终止状态。正在运行的进程因为运行完毕或者某种原因而退出，进程就从运行状态转换为终止状态。

根据阻塞队列中等待事件的个数，将五状态进程转换模型分为单阻塞队列结构的五状态进程转换模型和多阻塞队列结构的五状态进程转换模型，分别如图 3-7 和图 3-8 所示。

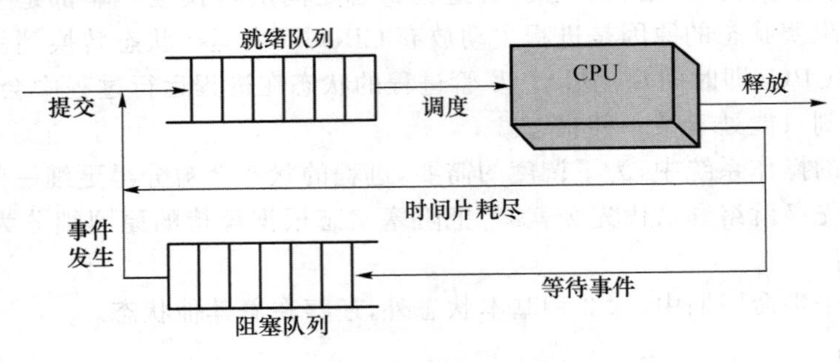


图 3-7 单阻塞队列结构的五状态进程转换模型

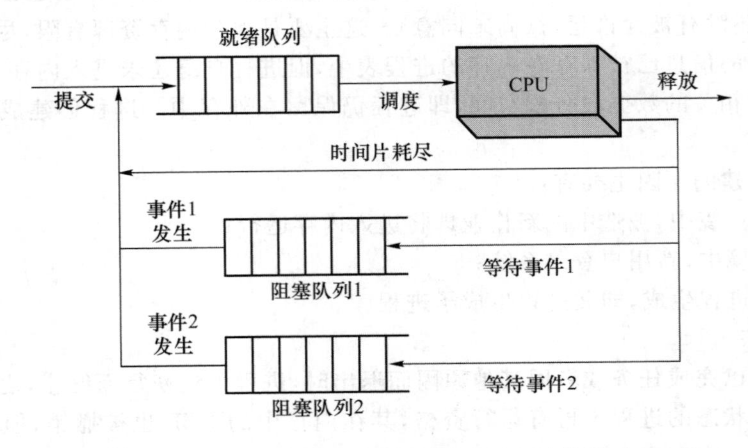


图 3-8 多阻塞队列结构的五状态进程转换模型

**4. 挂起状态**

在引入虚拟存储管理技术的操作系统中，进程还有一种挂起状态，所谓挂起就是把某个进程的大部分内容从内存交换到外存。一些进程由于其等待的事件迟迟没有发生，或者在基于优先权调度的系统中，某些进程的优先级较低，导致长时间无法得到 CPU 而不能运行。为了节省内存空间，有必要将上述进程的主体从内存交换到外存，这时进程就处于挂起状态了。处于挂起状态的进程大部分代码和数据都在外存，只有进程管理信息(如 PCB)在内存。

挂起状态可以分为挂起就绪和挂起阻塞。一个处于阻塞状态的进程可能转换到挂起阻塞状态，一个处于就绪状态的进程也可能转换到挂起就绪状态。挂起就绪是指进程在外存，随着优先级的提高则可进入内存，转为就绪状态；挂起阻塞是指进程在外存并等待某事件的出现，若等待的事件发生则可以转为挂起就绪或就绪状态。如果内存足够，则可以通过激活转化为内存阻塞状态，即把一个进程从外存转到内存。

具有挂起状态的进程转换模型包括六状态进程转换模型和七状态进程转换模型 2 类。

1) 六状态进程转换模型

如图 3-9 所示，在六状态进程转换模型中，涉及挂起与激活状态之间相互转换的过程如下。

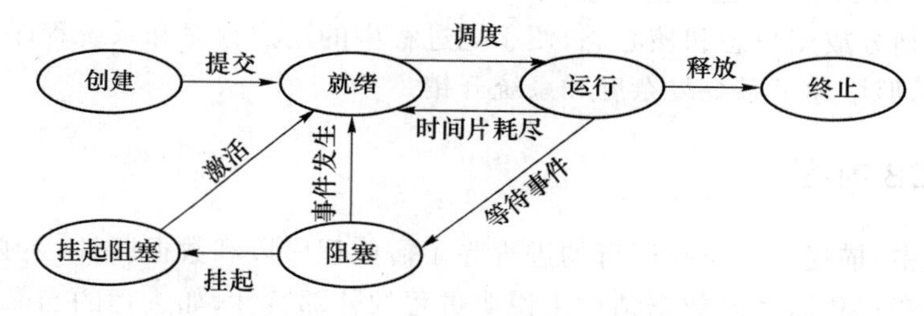


图 3-9　六状态进程转换模型

(1) 阻塞→挂起阻塞。如果当前系统中处于阻塞状态的进程，因为某些原因长期得不到唤醒，这时需要将该进程的大部分内容交换到外存，该进程就从阻塞状态转换为挂起阻塞状态。

(2) 挂起阻塞→就绪。若处于挂起阻塞状态的进程等待的事件发生了，则其状态将修改为挂起就绪状态。

2) 七状态进程转换模型

如图 3-10 所示，在七状态进程转换模型中，涉及挂起与激活的状态之间相互转换的过程如下。

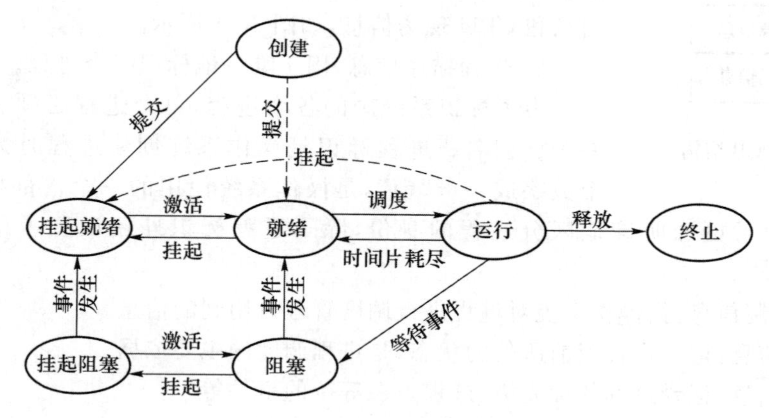


图 3-10　七状态进程转换模型

(1) 阻塞→挂起阻塞。状态转换原因与六状态进程转换模型相同。

(2) 挂起阻塞→挂起就绪。处于挂起阻塞状态的进程因为其等待的事件发生了,则其状态将修改为挂起就绪状态。

(3) 挂起就绪→就绪。处于挂起就绪状态的进程由于其优先级升高或者内存空间足够,这时其状态将转变为就绪状态。

(4) 就绪→挂起就绪。当处于就绪状态的进程因为优先级较低而长期得不到运行时,该进程就会被挂起,变为挂起就绪状态,以便释放一定内存空间给其他进程。

(5) 挂起阻塞→阻塞。处于挂起阻塞状态的进程由于内存有空闲,将通过激活原语转化为阻塞状态。

**5. 进程权限类型**

根据进程运行时的权限不同,可将进程状态分为核心态和用户态。

用户运行状态,又称用户态。进程的用户程序段运行时,该进程处于用户态。当进程处于用户态时,不可直接访问受保护的操作系统代码。

系统运行状态,又称系统态或核心态。进程的系统程序运行时,该进程处于核心态,此时可以运行 OS 代码,可以访问全部进程空间。

将进程状态划分成用户态和核心态,便于把进程中的用户程序和系统程序分开,有利于程序的保护和共享,但增加了系统复杂度和系统开销。

### 3.1.4 PCB 内容

在操作系统中,描述一个正在运行的进程除了需要程序段和数据段外,还必须有一个与所描述的进程动态变化相联系的数据结构来说明进程的外部特性,如进程的当前状态,它与其他进程之间的动态联系等。因此,系统每创建一个进程,都为其开辟一个专用的存储区(即 PCB),用来随时记录它在系统中的动态特性。程序段是进程的静态部分,对用户可见;而 PCB 是进程的动态部分,对用户透明。PCB 由操作系统建立和管理,其内容在进程生命周期中不断伴随进程状态的变化而变化。PCB 随着进程的创建而建立,随着进程的撤销而消亡。因此,系统通过 PCB 来“感知”进程,PCB 是进程存在的唯一标志。

| 进程描述信息 |
| --- |
| 进程控制信息 |
| 进程资源信息 |
| CPU现场信息 |

图 3-11 PCB 结构

PCB 是记录进程动态特性的数据体。根据操作系统的不同,PCB 的格式、大小以及内容也不同,但可以按照功能将其记录的信息大概分成 4 个部分:进程描述信息、进程控制信息、进程资源信息和 CPU 现场信息,如图 3-11 所示。

1) 进程描述信息:用于唯一地标识一个进程。

为了标识系统中的各个进程,每个进程必须有一个且只有一个标识名。进程标识是操作系统创建进程时为其分配的一个数字或字母“串”,是操作系统使用的一个内部标识。在有的操作系统中,为了更加明确地区分进程的身份,除了进程标识外还设置了用户标识和组标识。

2) 进程控制信息:指操作系统对进程进行调度管理时用到的信息。

(1) 状态信息:记录进程当前所处的状态,是进程调度的主要依据。

(2) 调度信息:记录进程的优先级、进程正在等待的事件等。

(3) 数据结构信息:记录进程间的联系,如指向该进程的父进程 PCB 指针、指向该进程的子进程列表的指针等。

(4) 队列指针:在该单元存放下一个进程的 PCB 块首址,将处于同一状态的进程链接成一个队列,以便于对进程实施管理。

(5) 位置信息:记录进程在内存中的位置和大小等信息,如程序段指针、数据段指针。

(6) 通信信息:指进程相互通信时所需的信息,如消息队列(记录可消费资源的列表)指针,进程间的互斥和同步机制。

3) 进程资源信息:记录进程对资源的需求、分配和控制信息。

(1) 特权信息:记录进程访问内存的权限。

(2) 存储信息:记录进程在外存中的位置及大小。

(3) 资源占有/使用信息:记录进程的可重用资源和可消费资源,即对进程占有和使用 CPU 及 I/O 设备情况的记录。

4) CPU 现场信息:记录进程使用 CPU 时的各种现场信息,主要有 CPU 通用寄存器的内容、CPU 状态寄存器的内容以及栈指针等。

在多道程序系统中,有许多进程同时运行,需要创建多个 PCB 记录。如果有许多 PCB 记录,系统则需要设计相应的数据结构,以便快速找到进程对应的 PCB。

图 3-11 中所示的程序段是某个进程的相关指令集合,数据段是这个程序段正在操作的那部分数据。实际上,图 3-11 中所示的信息是一个进程的切换现场,又称为进程上下文(context)。进程上下文由进程的程序段、数据段、CPU 寄存器以及有关的数据结构组成。对于处理机而言,进程上下文是当前终止运行的进程现场(上文)与即将运行的进程现场(下文),上下文切换的主要任务是保存当前进程的现场信息,并加载或恢复新进程的现场信息,实现处理机在进程之间的切换。

**2. PCB 表的组织方式**

系统把所有 PCB 组织在一起,并把它们放在内存的固定区域中,就构成了 PCB 表。PCB 表的大小决定了系统中最多可同时存在的进程个数,称为系统的并发度。

1) 链表

将同一状态的进程的 PCB 制成一个链表,多个状态对应多个不同的链表。如图 3-12 所示,各状态的进程形成不同的链表,如就绪链表、阻塞链表等。

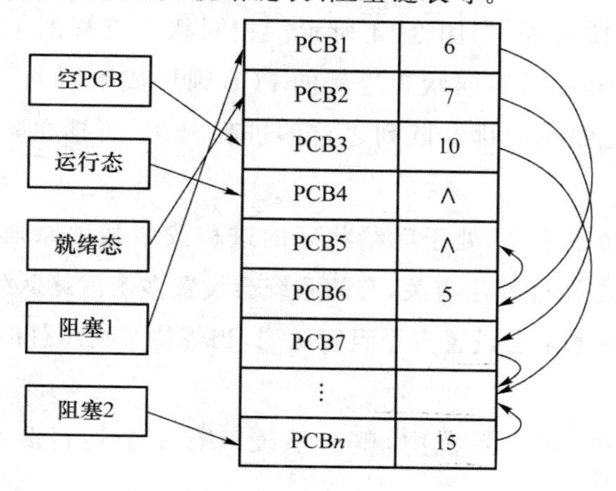


图 3-12 PCB 表的链式存储

2）索引表

将同一状态的进程归入一个索引(index)表(由索引指向 PCB)，多个状态对应多个不同的索引表。如图 3-13 所示，各状态的进程进行形成不同的索引表，如就绪索引表、阻塞索引表等。

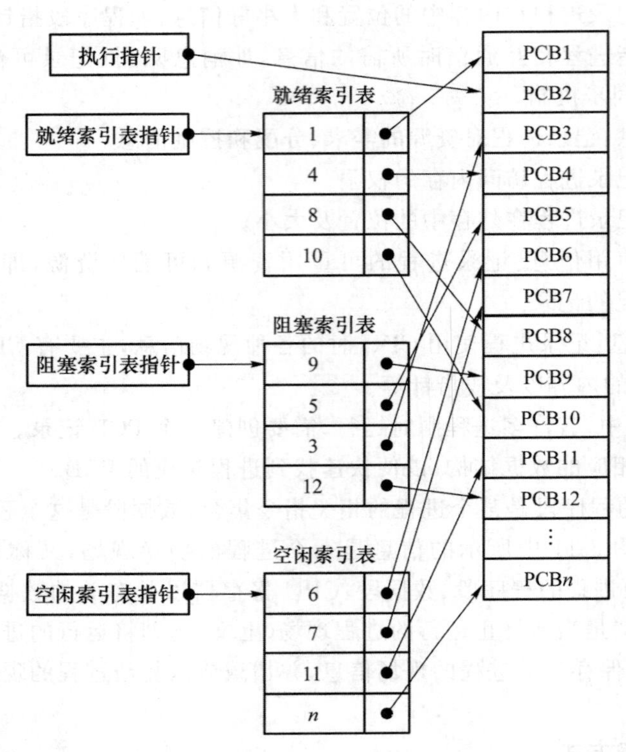


图 3-13　PCB 表的索引存储

**3. 进程队列**

在多道程序设计环境中，系统能同时创建多个进程。但当计算机系统只有一个 CPU 时，每次就只能让一个进程运行，其他的进程或处于就绪状态，或处于阻塞状态。操作系统采用队列的方式管理这些进程，如图 3-14 所示。相同状态进程的 PCB 通过各自的队列指针链接在一起，形成一个队列，不同状态进程的 PCB 则形成不同的队列。为每一个队列设立一个队列头指针，它总是指向排在队列之首的进程 PCB，而排在队尾的进程 PCB 的指针域为空。

(1) 就绪队列。整个系统中，处于就绪状态的进程按照某种原则排在就绪队列中，进程 PCB 入队和出队的次序与调度算法有关，有的系统会设置多个就绪队列。

(2) 阻塞队列。系统通常会设置多个阻塞队列，当等待某一事件时，进程将进入与该事件相对应的阻塞队列。

(3) 运行队列。在单 CPU 系统中，整个系统只有一个运行队列，队列中只有一个进程 PCB。

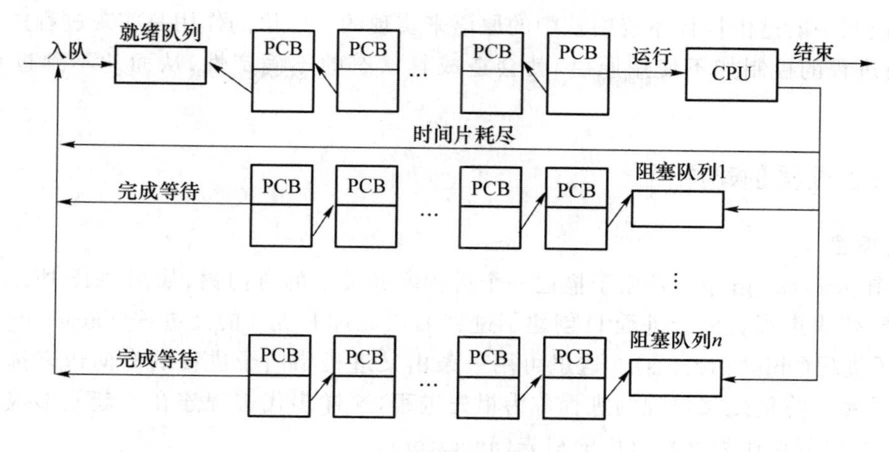


图 3-14 进程队列

## 3.2 进程控制

进程控制是进程管理中最基本的功能。所谓进程控制，就是系统使用一些具有特定功能的程序段(内核)来创建、撤销进程以及完成进程在各状态间的转换，从而达到多进程高效率并发运行、协调和共享资源的目的。为了防止操作系统及关键数据(如 PCB 等)受到用户有意或无意的破坏，通常将处理机的状态分为核心态和用户态两种。进程控制一般是由操作系统的内核来实现的。

在进行层次设计时，往往把一些与硬件紧密相关的模块或运行频率较高的模块以及为许多模块公用的一些基本操作，安排在靠近硬件的层次中，并使它们常驻内层，以提高操作系统的运行效率，通常将这些模块和基本操作称为操作系统的内核，即操作系统内核是常驻内存的程序和数据。它的主要作用如下。

(1) 中断处理:这是操作系统内核的最基本功能，也是整个操作系统的活动基础。通常，内核只对中断进行“有限的处理”，然后便转给有关进程继续处理。

(2) 进程管理:进程管理的任务为进程的建立和撤销；进程状态的转换；进行处理机的重新分配和控制进程的并发运行；保证进程间的同步，从而实现相互协作进程间的通信。

(3) 资源管理中的基本操作:包括对时钟、I/O 设备和存储器管理等基本操作。

在运行过程中，根据进程运行权限不同，操作系统始终处于两种状态，分别为核心态和用户态。当进程处于核心态时，可以运行任何指令，可以访问全部内存；而处于用户态时，不允许运行特权指令，只允许访问受限定的内存。

原语(primitive)是一个由若干条指令组成的原子操作(atomic operation)完成一定功能的过程。原语可分为两类:一类是机器指令级的，其特点是运行期间不允许中断；另一类是功能级的，其特点是作为原语的程序段不允许并发运行。它与一般系统调用或函数调用的区别在于:它是原子操作。所谓原子操作，是指一个操作中的所有动作要么全做，要么全不做。换言之，它是一个不可分割的基本单位。因此，原语在运行过程中不允许被中断。原语在核心态下运行，常驻内存。许多系统调用就是原语，从二者关系来说，原语必定是系统调用，但反过来不一定。

进程控制一般是由操作系统内核中的原语来实现的。原语的作用是实现进程的通信和控制，系统对进程的控制如不使用原语，就会造成其状态的不确定性，从而达不到进程控制的目的。

### 3.2.1 进程创建原语

**1. 进程图**

进程图(process graph)是用于描述一个进程家族关系的有向树，如图 3-15 所示。图中的节点(圆圈)代表进程。由于进程 D 创建了进程 I，因此称 D 是 I 的父进程(parent process)，称 I 是 D 的子进程(child process)。这里可用一条由父进程指向子进程的有向边来描述它们之间的父子关系。将创建父进程的进程称为祖先进程，这样多代进程连在一起便形成了一棵进程树，把树的根节点作为进程家族的祖先(ancestor)。

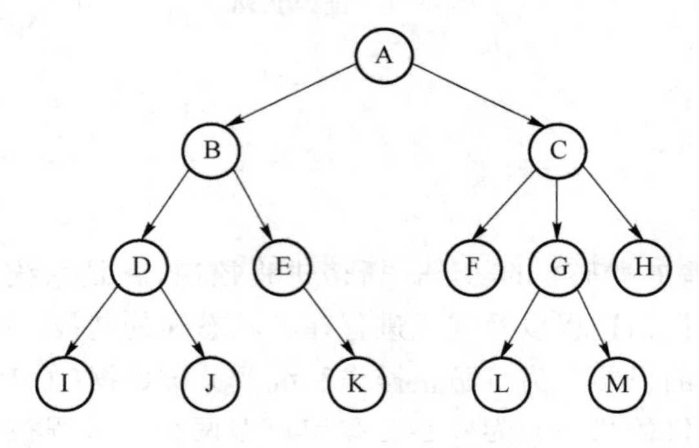


图 3-15 进程树

了解进程间的关系是十分重要的。因为子进程可以继承父进程所拥有的资源，例如父进程打开的文件和父进程所分配到的缓冲区等。当子进程被撤销时，应将其从父进程那里获得的资源归还给父进程。此外，当撤销父进程时，也撤销了其所有的子进程。为了标识进程之间的家族关系，在 PCB 中设置了家族关系表项，以标明某进程的父进程及其所有的子进程。

**2. 引起进程创建的事件**

在多道程序环境中，只有进程才能在系统中独立运行。因此，为使程序能运行，就必须为它创建进程。引发进程创建的典型事件有以下 4 类：

(1) 用户登录。在分时操作系统中，用户在终端键入登录命令后，如果该用户是合法用户，系统将为该终端建立一个进程，并把它插入就绪队列。

(2) 作业调度。在批处理操作系统中，当作业调度程序按一定的算法调度某作业时，便将该作业装入内存，并立即为它创建进程，再为该进程分配必要的资源，最后将其插入就绪队列。

(3) 提供服务。在运行中的用户程序提出某种请求后，系统将专门为其创建一个进程来提供相应的服务。例如，用户程序要求进行文件打印，操作系统将为它创建一个打印进程，这样不仅可使打印进程与该用户进程并发运行，而且还便于计算出完成打印任务所需要花费的时间。

(4) 应用请求。上述 3 种情况都是由系统为用户操作或用户程序创建一个新进程，而应用请求则是基于应用进程的需求，由它自己创建的一个新进程，以便使新进程以并发运行的方式完成特定任务。例如，某应用程序需要不断地从键盘终端输入数据，继而又要对输入数据进行相应的处理，然后再将处理结果以表格的形式在屏幕上显示。该应用程序为使这几个操作能并发运行以加速任务的完成，可以分别建立键盘输入进程、表格输出进程。

**3. 进程创建**

一旦操作系统发现了要求创建新进程的事件后，便调用进程创建原语按下述步骤创建一个新进程：

(1) 申请空白 PCB。为新进程申请唯一的数字标识符，并从 PCB 集合中索取一个空白 PCB。

(2) 为新进程分配资源。为新进程的程序、数据以及用户栈分配必要的内存空间。显然，此时的操作系统必须知道新进程所需内存的大小。对于批处理作业，其大小可在用户提出进程创建的要求时提供；对于为应用进程创建的子进程，应该在该进程提出子进程创建的请求中给出所需内存的大小；对于交互型作业，用户可以不给出内存要求而直接由系统分配一定的空间。如果新进程要共享某个已在内存中的地址空间(即已装入内存的共享段)，则必须建立相应的链接。

(3) 初始化 PCB。PCB 的初始化包括：①初始化标识信息，将系统分配的标识符和父进程标识符填入新的 PCB 中；②初始化处理机状态信息，使程序计数器指向程序的入口地址，使栈指针指向栈顶；③初始化处理机控制信息，将进程的状态设置为就绪状态或挂起就绪状态，默认将它设置为最低优先级，除非用户以显式方式提出高优先级要求。

(4) 将新进程插入就绪队列。如果进程就绪队列能够接纳新进程，便将新进程插入就绪队列。

### 3.2.2 进程终止原语

**1. 引起进程终止的事件**

1) 正常结束

在任何计算机系统中，都应有一个用于表示进程已经运行完成的指令。例如，在批处理操作系统中，通常在程序的最后安排一条 Halt 指令或表示终止的系统调用。当程序运行到 Halt 指令时，将产生一个中断，以通知操作系统本进程已经完成。在分时操作系统中，用户可利用 Log off 语句表示进程运行完毕，此时同样可产生一个中断，以通知操作系统进程已运行完毕。

2) 异常结束

在进程运行期间，由于出现某些错误和故障而迫使进程终止的情况，叫作异常结束。这类异常事件很多，常见的有下述几种。

(1) 越界错误：指程序所访问的存储区已超出该进程的区域。

(2) 保护错误：指进程试图访问一个不允许访问的资源或文件，或者以不适当的方式进行访问。例如，进程试图写一个只读文件。

(3) 非法指令：指程序试图运行一条不存在的指令。出现该错误的原因，可能是程序错误地转移到数据区，把数据当成了指令。

(4) 特权指令：指用户进程试图运行一条只允许操作系统运行的指令。

(5) 运行超时：指进程的运行时间超过了指定的最大值。

(6) 等待超时：指进程等待某事件的时间超过了规定的最大值。

(7) 算术运算错误：指进程试图运行一个被禁止的运算，例如被 0 除。

(8) I/O 故障：指在 I/O 过程中发生了错误。

3）外界干预

外界干预并非指在本进程运行中出现了异常事件，而是指进程应外界的请求而终止运行。这些干预有以下几种。

(1) 操作员或操作系统干预：由于某种原因，例如发生了死锁（详见 3.5 节），操作人员或操作系统终止该进程。

(2) 父进程请求：由于父进程具有终止自己任何子孙进程的权力，因而当父进程提出请求时，系统将终止其子进程。

(3) 父进程终止：当父进程终止时，操作系统也将它所有的子孙进程终止。

**2. 进程的终止过程**

如果系统中发生了要求终止进程的某事件，操作系统便调用进程终止原语，按下述步骤终止指定的进程：

(1) 根据被终止进程的标识符，从 PCB 集合中检索出该进程的 PCB，并从中读出该进程的状态；

(2) 若被终止进程正处于运行状态，应立即终止该进程的运行，并置调度标识为“真”，用于指示该进程被终止后应调度新的进程；

(3) 若该进程还有后代进程，还应将其所有后代进程予以终止，以防它们成为不可控的进程；

(4) 将被终止进程所拥有的全部资源，或者归还其父进程，或者归还系统；

(5) 将被终止进程（或 PCB）从所在队列（或链表）中移出，然后等待其他程序来搜集信息。

### 3.2.3 进程阻塞与唤醒原语

**1. 引起进程阻塞或唤醒的事件**

有下述几类事件会引起进程阻塞或唤醒。

1）请求系统服务

当正在运行的进程请求操作系统提供服务时，由于某种原因，操作系统并不能立即满足该进程的要求，这时该进程只能转换为阻塞状态。例如，一个进程请求使用某资源，如打印机，由于系统已将打印机分配给其他进程，因此不能分配给该请求进程，这时请求进程只能阻塞，仅在其他进程释放出打印机后，操作系统才将请求进程唤醒。

2）启动某种操作

当进程启动某种操作时，该进程必须在该操作完成之后才能继续运行，即该进程阻塞以等待该操作完成。例如，一个进程启动了某 I/O 设备，只有在 I/O 设备完成了指定的 I/O 操作任务后该进程才能运行，即：该进程在启动了 I/O 操作后自动进入阻塞状态，在指定的 I/O 操作完成后，再由中断处理程序或中断进程将该进程唤醒。

3）新数据尚未到达

对于相互合作的进程，如果其中一个进程需要先获得其合作进程提供的数据才能进行后续操作，那么只要其所需数据尚未到达，该进程就进入阻塞状态。例如，有两个进程，进程 A 用于输入数据，进程 B 用于对输入数据进行加工，假如进程 A 尚未将数据输入完毕，此时进程 B 将因没有所需处理的数据而阻塞；一旦进程 A 把数据输入完毕，操作系统便唤醒进程 B。

4）无新工作可做

系统往往设置一些具有某特定功能的系统进程，每当完成任务时，这种进程便进入阻塞状态以等待新任务到来。例如，系统中的发送进程，其主要工作是发送数据，当已有的数据全部发送完成而又无新的发送请求时，发送进程将进入阻塞状态；仅当又有进程提出新的发送请求时，操作系统才将发送进程唤醒。

**2. 进程阻塞过程**

当发生上述某事件时，正在运行的进程将无法继续运行，于是进程便通过调用阻塞原语 block 把自己阻塞。可见，进程的阻塞是自身的一种主动行为，即进程能够阻塞自己。进入阻塞过程后，由于此时该进程还处于运行状态，所以应先立即停止运行，把 PCB 中的现行状态由"运行"改为"阻塞"，并将 PCB 插入阻塞队列。如果系统中设置了因不同事件而阻塞的多个阻塞队列，则应将本进程插入到具有相同事件的阻塞队列。最后，调度程序进行重新调度，将处理机分配给另一就绪进程并进行切换，即保留阻塞进程的处理机状态（在 PCB 中），再按新进程 PCB 中的处理机状态设置 CPU 环境。

**3. 进程唤醒过程**

当阻塞进程所期待的事件出现时，如 I/O 完成或其所期待的数据已经到达，则由有关进程（比如用完并释放了该 I/O 设备的进程）调用唤醒原语 wakeup，将等待该事件的进程唤醒。显然，进程自己不能唤醒自己，而由其他相关进程唤醒。

唤醒进程的方法有两种：一种是由系统进程唤醒；另一种是由事件发生进程唤醒。当由系统进程唤醒阻塞进程时，系统进程统一控制事件的发生并将"事件发生"这一消息通知阻塞进程，从而使该进程进入就绪队列。当由事件发生进程唤醒阻塞进程时，事件发生进程和阻塞进程之间是合作关系。因此，唤醒原语既可被系统进程调用，也可被事件发生进程调用。即，唤醒原语既可以返回原调用程序，也可以转向进程调度，我们将调用唤醒原语的进程称为唤醒进程。

唤醒原语运行的过程是：首先把阻塞进程从阻塞队列中移出，将其 PCB 中的现行状态由等待改为就绪，然后再将该 PCB 插入就绪队列。应当指出，阻塞原语和唤醒原语是一对作用刚好相反的原语。因此，如果在某进程中调用了阻塞原语，则必须在与之相合作的另一进程中或其他相关的进程中安排唤醒原语，以能唤醒阻塞进程；否则，阻塞进程将会因不能被唤醒而长久地处于阻塞状态，从而再无机会继续运行。

### 3.2.4 进程挂起与激活原语

**1. 进程的挂起**

当出现了引起进程挂起的事件时，比如用户进程请求将自己挂起或父进程请求将自己的某个子进程挂起，系统将利用挂起原语 suspend 将指定进程挂起。进程挂起的过程如下：

(1) 找到需要挂起进程的 PCB，将其从相应队列移出；

(2) 将其占用的空间归还系统（由系统存储管理模块负责回收）；

(3) 判断被挂起进程的状态，如为阻塞状态，则将其状态修改为挂起阻塞状态，如为就绪状态，则修改为挂起就绪状态；

(4) 申请交换区（外存）空间，将部分或全部进程映像写入交换区，并将交换区地址记入 PCB；

(5) 如被挂起的进程为当前进程，则转向进程调度。

**2. 进程的激活过程**

当发生激活进程的事件时，例如父进程或用户进程请求激活指定进程，若该进程驻留在外存而内存中已有足够的空间,则可将外存上处于挂起状态的该进程换入内存。这时,系统将利用激活原语 active 将指定进程激活。激活原语先将进程从外存调入内存,然后检查该进程的现行状态,若是挂起就绪状态,便将之改为(活动)就绪状态;若为挂起阻塞状态,便将之改为等待(活动阻塞)状态。假如采用的是抢占式调度策略,则每当有新进程进入就绪队列时,应检查是否要进行重新调度,即由调度程序将刚被激活的进程与当前进程进行优先级的比较:如果刚被激活进程的优先级更低,就不必重新调度;否则,立即停止当前进程的运行,并把处理机分配给刚被激活的进程。

## 3.3 进程的同步与互斥

进程同步与互斥

多道程序操作系统中并发运行的进程通常有多个,这些进程之间的关系可表现为两种形式:相关进程和无关进程。如果一个进程的运行依赖其他进程,或者一个进程的运行可能影响其他进程的结果,那么这些进程就是相关进程。如果一些进程的运行完全是独立的,进程之间在功能上和逻辑上没有任何联系,那么这些进程称为无关进程。相关进程之间的制约关系一般表现为进程之间的合作关系,而无关进程之间的制约关系表现为进程之间的互斥关系。如果没有协调好这些关系,会出现什么情况呢?我们来看一个例子。

如图 3-16 所示,设由写进程 PW 和读进程 PR 对同一缓冲区进行读、写操作,两个进程并发运行。并发运行过程中,如果写进程的运行速度比读进程的运行速度快,写操作就会覆盖还没有来得及读出的数据,从而出现丢失数据的错误。如果写进程的运行速度比读进程的运行速度慢,读进程就会多次读取同一个数据,从而出现重复数据的错误。

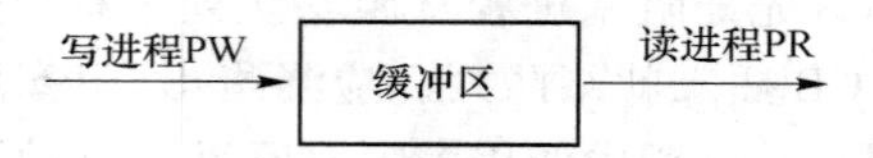


图 3-16 对同一缓冲区进行读写操作

这种"错误"的出现,主要与程序的运行速度有关,即多个运行速度不同的程序共享了同一个变量而操作系统并没有加以控制和协调。

在多道程序并发运行过程中,由于并发运行的程序共享资源或者互相协作,其运行速度的不确定性以及多道程序之间缺乏控制所带来的错误称为"与时间有关的错误"。并发程序运行时所体现出的不确定性是操作系统的特征,这导致操作系统无法给每个进程设置预定的运行速度,而这些进程又不可避免地要共享资源,所以我们只能在资源的分配和使用过程中,通过对进程采取同步操作和互斥操作的措施,来避免发生"与时间有关的错误"、保证程序并发运行结果的正确性。

### 3.3.1 进程之间的制约关系

进程虽然是可独立运行的单位,但进程彼此之间会相互制约,这种制约关系在操作系统中表现为同步关系(直接制约关系)和互斥关系(间接制约关系)。

同步关系是指为完成同一任务的伙伴进程之间,因为需要在某些位置上协调它们的工作而相互等待、相互交换信息所产生的制约关系。例如,两个进程合作完成一个任务,在并发运行中,一个进程要等待其伙伴进程发来消息或者建立某个条件后再继续运行,这种制约关系称为进程的同步。

互斥关系是指进程之间因相互竞争独占型资源(互斥资源)所产生的制约关系。例如,两个进程同时提出使用某种共享资源,而这种资源在某一时间段内只能由其中一个进程使用,另一个进程必须等待。即,两个进程必须互斥地使用这种资源,因此这种制约关系称为进程的互斥。

为了更好地理解同步与互斥的含义,进一步实现进程的同步与互斥,需要了解临界资源与临界区的概念。系统中的多个进程可以共享系统中的各种资源,但是大多数资源一次只能为一个进程所使用。我们把一次仅允许一个进程使用的资源称为临界资源。很多物理设备都属于临界资源,如打印机、扫描仪、绘图机等。除物理设备外,还有很多变量、数据、表格等也由若干进程互斥共享,属于临界资源。相应地,我们把进程中访问临界资源的程序段称为临界区。要保证临界资源被互斥地使用,就要保证临界区被互斥地运行。因此,使用临界资源的进程必须遵守一种约定:进入临界区之前必须先发出请求,被准许后才能进入;退出临界区时必须声明,以便让其他进程进入。

当一个进程进入临界区使用临界资源时,另一个进程必须等待。占用临界资源的进程退出临界区后,另一个进程进入临界区才被允许访问此临界资源。为保证临界区的互斥操作顺利进行,可采用软件算法或用同步机制来协调。无论是软件算法还是同步机制,对临界区的操作都应遵循以下准则。

(1) 空闲让进:当临界资源空闲时,任何有权使用临界资源的进程都可立即进入。

(2) 忙则等待:同时有多个进程申请进入临界区时,只能让一个进程进入临界区,其他进程必须等待。

(3) 有限等待:对于请求访问临界资源的进程,应能在有限时间内得到满足。进入临界区的进程应该在有限的时间内完成操作,释放该资源并退出临界区。

(4) 让权等待:对于那些目前进不了临界区、处于阻塞状态的进程,应当放弃占用CPU,以使其他进程有机会得到CPU的使用权。

总之,临界资源不允许并发访问,访问同一临界资源的进程必须互斥地进入临界区。

并发运行的若干进程,其运行速度是不可预知的。进程的运行速度与资源的使用情况、处理机的调度算法等很多因素有关。怎样控制相关进程之间的运行次序才能不发生"与时间有关的错误",怎样实现对临界资源的互斥使用,这些都是我们在设计程序时必须要解决的问题。试想一下,如果允许多个进程同时操作一个公共变量,那么这个公共变量的值将取决于进程并发运行时的运行速度,而进程的运行速度具有随机性,这样就会使"与时间有关的错误"发生。

### 3.3.2 信号量机制

信号量机制是荷兰学者Dijkstra提出的一种解决并发进程之间同步与互斥关系的算法。信号量S是一个具有非负初值的整型变量,S的值仅能由P操作和V操作来改变。这里的P、V操作是原语操作(P和V分别是荷兰文的"等信号"和"发信号"的首字母,有的教材也写为wait和signal),在运行期间不能被中断,不允许插入别的操作。通过给S设置不同的初值以及对其进行P、V操作,就能实现进程间的互斥与同步。

**1. P、V操作**

对P、V操作的过程描述如下。

1）P 操作

P 操作记为 P(S)，其中，S 代表信号量。P(S)运行时，主要完成下述动作：

① S＝S－1(信号量 S 的值减 1)；

② 若 S≥0，则该进程继续运行；

③ 若 S＜0，则该进程阻塞，并被插入该信号量的阻塞队列中。

P(S)的流程图如图 3-17 所示。

2）V 操作

V 操作记为 V(S)，其中，S 代表信号量。V(S)运行时，主要完成下述动作：

① S＝S＋1(信号量 S 的值加 1)；

② 若 S＞0，则该进程继续运行；

③ 若 S≤0，则从信号量阻塞队列中移出第一个进程，使其转换为就绪状态，再返回原进程继续运行或者调度新的进程。

V(S)的流程图如图 3-18 所示。

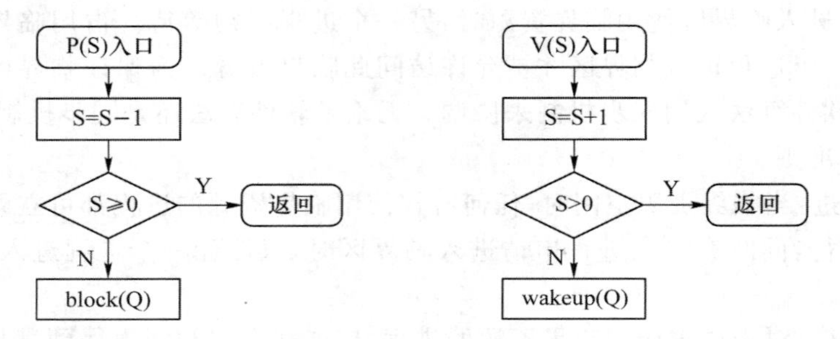


图 3-17　P(S)的流程图　　图 3-18　V(S)的流程图

3）P 操作和 V 操作的物理含义

(1) P 操作表示“等信号”，即测试一个要等的信号是否到达。

(2) V 操作表示“发信号”。这个信号在实现同步时就是“伙伴进程已完成前趋任务”，在实现互斥时就是“临界资源可用”。

在互斥问题中，运行一次 P 操作也可理解为进程请求一个单位的 S 类资源；运行一次 V 操作也可理解为进程释放一个单位的 S 类资源。

**2. 信号量类型**

1）整型信号量

最初由 Dijkstra 把整型信号量定义为一个用于表示资源数目的整型量 S，它与一般整型量不同，除初始化外，仅能由两个标准的原子操作——P 操作和 V 操作来访问。

2）记录型(结构型)信号量

在整型信号量机制的 P 操作中，只要信号量 S≤0，就会不断地进行测试。因此，该机制并未遵循“让权等待”的准则，而是使进程处于“忙则等待”的状态。记录型信号量机制则是一种不存在“忙则等待”现象的进程同步机制。但在采取了“让权等待”的策略后，系统中又会出现多个进程等待访问同一临界资源的情况。为此，在信号量机制中，除了需要一个用于代表资源数目的整型变量 value 外，还应增加一个进程阻塞队列。该队列采用链队列结构，队列头指针设置为 L，用于链接上述的所有阻塞进程。记录型信号量因其采用记录型的数据结构而得名。它所包含两个数据项可描述为

```
struct semaphore
{
    int value;
    queue L;
};
```

相应地，P 操作和 V 操作可分别描述为

```
function P(S)
semaphore S;
S.value = S.value - 1;
if S.value<0
    block(S.L);

function V(S)
semaphore S;
S.value = S.value + 1;
if S.value< = 0
    wakeup(S.L);
```

在记录型信号量机制中，S. value 的初值表示系统中某类资源的初始数目，因而又称为资源信号量。每对它进行一次 P 操作，意味着进程请求一个单位的该类资源，系统中可供分配的该类资源数便减少一个，描述为 S. value＝S. value－1。若 S. value<0，表示该类资源已分配完毕，因此进程应调用 block 原语，进行自我阻塞，放弃处理机，并插入信号量链表 S. L。可见，该机制遵循了"让权等待"准则。此时，S. value 的绝对值表示该信号量链表中处于阻塞状态的进程数目。

对信号量每进行一次 V 操作，意味着进程释放一个单位的该类资源，系统中可供分配的该类资源数增加一个，描述为 S. value＝S. value＋1。若加 1 后仍满足 S. value≤0，则表示该信号量链表中，仍有等待该资源的进程，故应调用 wakeup 原语，将 S. L 链表中的第一个处于阻塞状态的进程唤醒。如果 S. value 的初值为 1，则表示只允许一个进程访问临界资源，此时的信号量转化为互斥信号量，用于进程的互斥。

S. value 的正、负值表示不同的物理含义：为正整数时，代表目前某类资源可用的数量；为负整数时，表示目前等待该资源的进程数量。这一点初学者容易搞错。

3）AND 型信号量

上述的进程互斥问题，是针对各进程之间只共享一个临界资源而言的。在有些应用场合，一个进程需要获得两个或更多个共享资源后方能运行。假定现有两个进程 A 和 B，他们都要求访问共享数据 D 和 E。当然，共享数据都应作为临界资源。为此，可为这两个数据分别设置用于互斥的信号量 Dmutex 和 Emutex，并令它们的初值都是 1。相应地，在两个进程中都要包含两个对 Dmutex 和 Emutex 的 P 操作，即

```
process A:      process B:
P(Dmutex);      P(Emutex);
P(Emutex);      P(Dmutex);
```

若进程 A 和 B 按下述次序交替运行 wait 操作：

```
process A：P(Dmutex)；              //Dmutex = 0
process B：P(Emutex)；              //Emutex = 0
process A：P(Emutex)；              //Emutex = -1,A 阻塞
process B：P(Dmutex)；              //Dmutex = -1,B 阻塞
```

那么，最后进程 A 和 B 将处于僵持状态。若无外力作用，两者都无法从僵持状态中解脱出来。我们称此时的进程 A 和 B 已进入死锁状态。显然，进程同时要求的共享资源愈多，发生进程死锁的可能性也就愈大。

AND 同步机制的基本思想是：将进程在整个运行过程中需要的所有资源，一次性全部分配给进程，待进程使用完后再一起释放。即，对若干个临界资源的分配，采取原子操作方式：要么把所请求的资源全部分配给进程，要么一个也不分配。这样，就可避免上述死锁情况的发生。为此，在 P 操作中增加了一个“AND”条件，称为 AND 同步，或称为同时 P 操作。

### 3.3.3 进程的同步与互斥实现

**1. 利用 P、V 操作实现进程的同步**

进程同步是指多个相关进程在运行过程中的一种合作关系。这种合作关系可表现为多种形式。下面对几种同步关系的实现进行讨论。

1）两个进程共享缓冲区的实现

如图 3-19 所示，进程 A 负责向单缓冲区送入一个数（假设单缓冲区只能放一个数），进程 B 从单缓冲区取出数。当进程 A 未输入数时，单缓冲区为空，进程 B 阻塞；当进程 B 未取出数时，单缓冲区满，进程 A 阻塞。为了实现进程 A、B 的合作，我们利用两个信号量 full（初值为 0）、empty（初值为 1）描述进程 A、B 的同步过程，如图 3-20 所示。

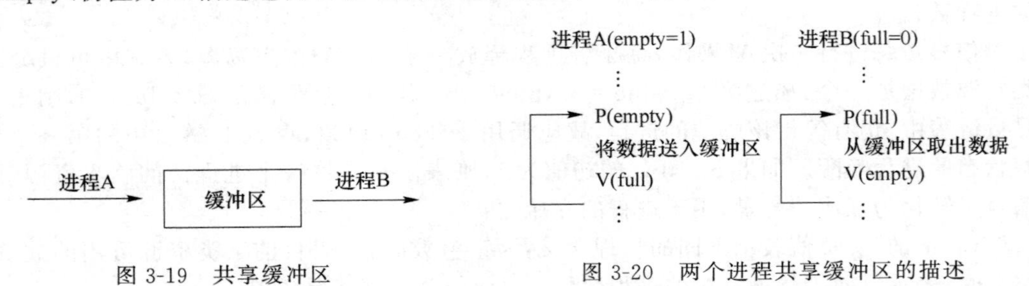


图 3-19　共享缓冲区　　　　图 3-20　两个进程共享缓冲区的描述

进程 A、进程 B 并发运行，进程 A 对信号量 empty 做 P 操作后，empty=0，进程 A 顺利将数据写入缓冲区。进程 B 对信号量 full 做 P 操作后，full=－1，进程 B 阻塞。直到进程 A 对 full 做 V 操作后，进程 B 才被唤醒并从缓冲区读出数据。此时，进程 A 欲第二次对缓冲区写入数据，对信号量 empty 做 P 操作后，其值被修改为－1，进程 A 阻塞。直到进程 B 对信号量 empty 做 V 操作后，进程 A 才被唤醒并将下一个数据写入缓冲区。如此循环反复，交叉控制，才能顺利完成两个进程共享缓冲区的操作。

实现同步操作时，同一信号量的一对 P、V 操作分别设置在两个进程内。一般情况下，P 操作出现在被动的、其进度需要等待对方信号通知的那个消费者进程中，而 V 操作出现在主动的、让对方等待自己通知的那个生产者进程中。每个同步操作都需要有类似的一对 P、V 操

作安排。

2）两个进程相互传递信息的实现

两个并发的进程在运行过程中要相互传递信息，也可以利用信号量来实现。一般，将信号量的初值置为0。两个进程的同步模型如图3-21所示。

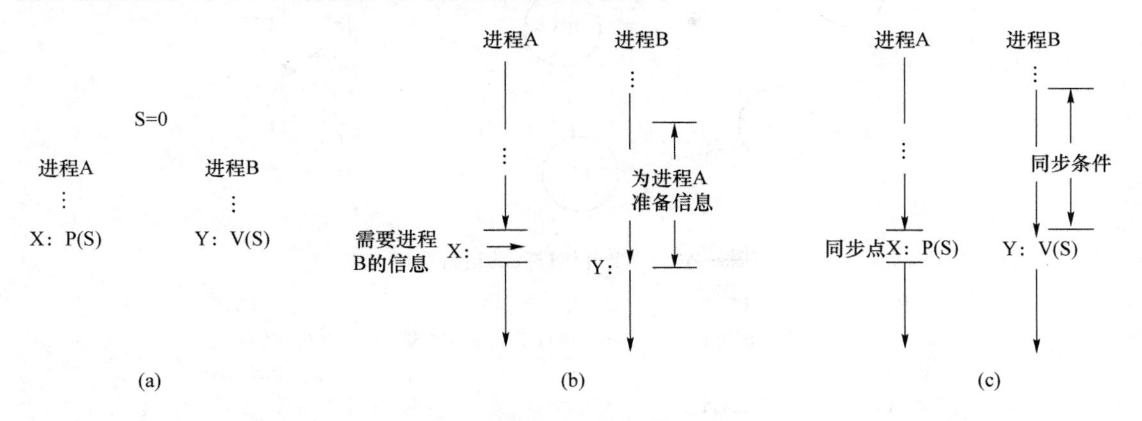


图3-21 两个进程传递信息的同步模型

如图3-21(a)所示，在进程A和进程B的并发运行中，若进程A先到达X点，运行P(S)后，信号量S值被修改为－1；进程A进入阻塞状态并放入信号量S的阻塞队列（此时，还没有收到进程B发来的信息），如图3-21(b)所示；进程B到达Y点后，向进程A发送信息，运行V(S)后，信号量S值被修改为0，唤醒进程A，使其转换为就绪状态；再次调度进程A时，A可在X点继续运行下去。如图3-21(c)所示，若进程B先到达Y点，向进程A发送信息后运行V(S)，将S值修改为1；进程A到达X点后，对S进行P操作，将S值修改为0，此时进程A不会阻塞，可在X点继续运行下去。

可见，进程A在X点必须与进程B同步，即进程A受到进程B的制约。这里P(S)代表挂起进程，V(S)代表唤醒被挂起的进程。

3）一组并发进程前驱后继关系的实现

该类问题是指多个合作进程运行时有先后次序的要求，形成前驱后继关系。在前驱与后继同步的问题中，每个进程是否能够运行，取决于它的所有前驱是否运行结束。前驱结束后，后继才能得以运行。

实现前驱后继同步的算法是：

(1) 分析每个进程，看它有无前驱，如果有前驱，则针对前驱置入对应的信号量（初值均为0）；

(2) 每个进程开始运行时，针对其每个前驱的信号量运行P操作，有几个前驱运行几个P操作；

(3) 在每个进程运行完毕后，针对其每个后继的信号量运行V操作，有几个后继运行几个V操作。

P1、P2、P3、P4、P5是一组合作进程，它们运行的顺序如图3-22所示。任务启动后，P1先运行；P1结束后，P2、P3开始运行；P2完成后，P4开始运行；仅当P3、P4都完成时，P5才开始运行。为了确保这一运行顺序，利用信号量机制设置5个同步信号量S12、S13、S24、S35和S45，其中S12是指P1发给P2的同步信号量，其他信号量的意义类似，初值均为0。5个进程的同步关系如图3-23所示。

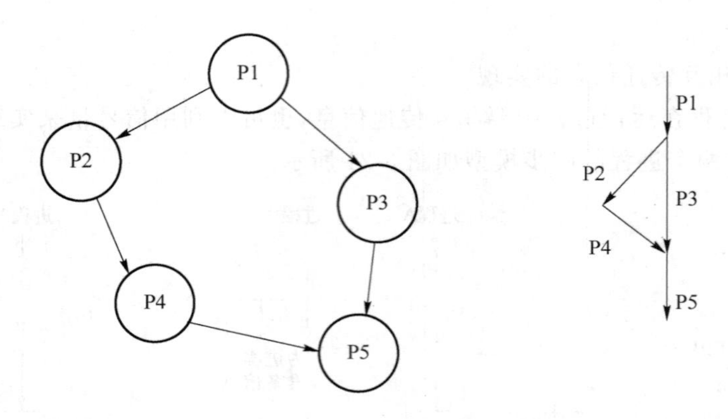


图 3-22　一组合作进程的运行顺序

| P1 | P2 | P3 | P4 | P5 |
|---|---|---|---|---|
| ⋮ | P(S12)； | P(S13)； | P(S24)； | P(S35)； |
| V(S12) | ⋮ | ⋮ | ⋮ | P(S45)； |
| V(S13) | V(S24)； | V(S35)； | V(S45)； | ⋮ |

图 3-23　5 个进程的同步关系

P1 运行时，P2、P3、P4、P5 都会在运行了相应的 P 操作后，因为运行条件不成立而阻塞，挂起到相应信号量的阻塞队列上。P1 运行完毕后，对在等待前驱的 P2、P3 运行该信号量的 V 操作，将它们唤醒。P2 运行完毕后唤醒 P4，P5 在 P3、P4 都运行完毕后才会被唤醒。以上操作保证了这些进程并发运行的顺序遵循给定的同步关系。

**2. 利用 P、V 操作实现进程的互斥**

利用信号量能方便地解决临界区互斥访问的问题。设 S 是用于互斥的信号量，某进程在进入临界区前对 S 进行 P 操作，以考察是否能进入；退出临界区时对 S 进行 V 操作，释放出资源并交给另一个进程。因此，只要把进程进入临界区的操作置于 P(S)和 V(S)之间，即可实现互斥访问。即，利用信号量解决临界区互斥访问时，任何欲进入临界区的进程都必须对信号量运行 P 操作，完成对临界区访问后再运行 V 操作。

以下分析利用信号量实现两个进程 P1、P2 互斥访问一个临界资源的过程。

将互斥信号量 S 的初始值设为 1，第一个进程欲进入临界区时对 S 运行 P 操作申请资源，由于临界资源未被占用，该进程可顺利进入临界区。P 操作后 S 值变为 0。此后第二个进程欲进入临界区，也应先运行 P 操作申请资源，由于临界资源已被占用，此进程阻塞。P 操作后 S 变为－1，S＝－1 表示阻塞队列中有一个进程在等待使用该资源。直到第一个进程运行 V 操作，释放出临界资源，系统才唤醒第二个进程，使其进入临界区。利用信号量实现进程 P1、P2 互斥访问临界区的描述如图 3-24 所示。

从图 3-25 可以看出，对同一个信号量的 P、V 操作必须成对出现。在这里，P 操作意味着请求一个资源，V 操作意味着释放一个资源。换句话说，对资源有一次申请(使用前)，就得有一次释放(使用后)。当实现多个进程互斥访问临界区时，同一信号量的一对 P、V 操作设置在同一个进程或程序之内，P 操作设置在进入临界区之前，V 操作设置在退出临界区之后。每个进程中都需要安排类似的一对 P、V 操作。

在多个进程互斥访问临界区的过程中，信号量 S 的物理含义是：

(1) S 的初值表示某类临界资源的数目；

(2) 当 S＞0 时，其值表示尚可分配的资源数目；

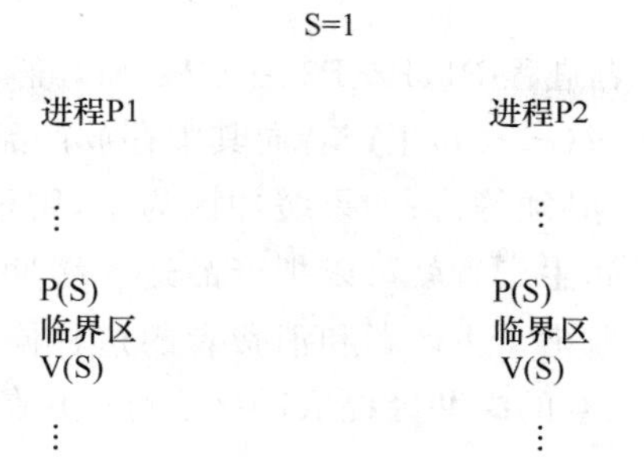


图 3-24 两个进程互斥访问临界区的描述

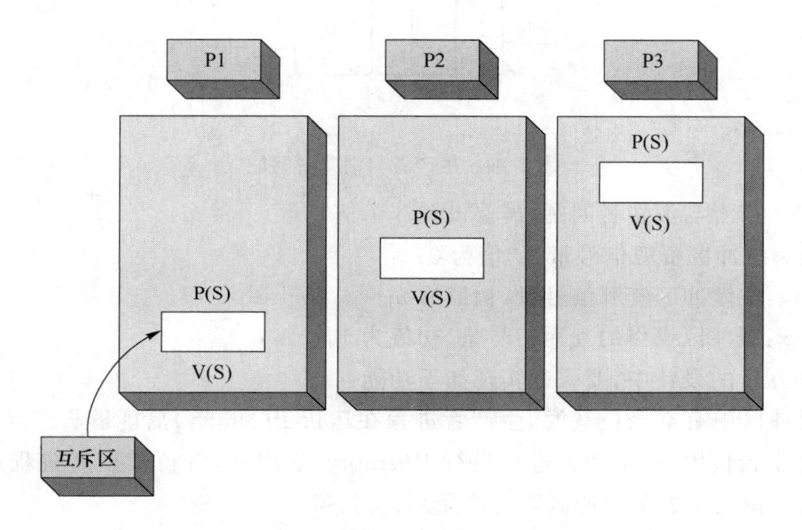


图 3-25 多个进程互斥访问临界区的图形描述

(3) 当 S＝0 时，表示系统中该类临界资源全部被占用，但没有进程在等待该类临界资源；

(4) 当 S＜0 时，信号量值的绝对值表示等待该资源的进程数目。

### 3.3.4 进程的同步与互斥实例分析

经典同步问题

利用 P、V 原语编程实现进程的同步与互斥，需要遵循以下步骤：

(1) 分析题目涉及的进程间的制约关系；

(2) 设置信号量(包括信号量的个数、初值及其物理含义)，合作进程间需要收、发几条消息就设置几个相应的信号量；

(3) 给出进程中相应程序算法的描述或流程控制，并把 P、V 操作加到程序的适当位置处。

**例 3-1** 生产者与消费者问题。

生产者与消费者问题(Producer & Consumer Problem)是经典的同步问题，应用领域很广。生产者与消费者是对同步过程的抽象描述。某进程使用某一个资源的行为，可以看作消费，称该进程为消费者。当该进程归还某个资源时，它就相当于生产者。考虑输入情形时，输入进程是生产者，计算进程是消费者；考虑输出情形时，计算进程是生产者，输出进程则是消费者，等等。因此，该问题的讨论具有普遍性和实用性。

**分析与解答**

如图 3-26 所示，一群生产者进程 P1、P2、P3、…、P$m$ 和一群消费者进程 C1、C2、C3、…、C$k$ 共享一个长度为 $n$ 的有界缓冲区($n>0$)，生产者向其中存放产品，消费者从其中取出产品。如果缓冲区已满，则生产者的请求必须等待；如果缓冲区为空，则消费者的请求必须等待。它们之间的关系是：只要缓冲区未满，生产者就可以把产品送入缓冲区；类似地，只要缓冲区未空，消费者便可以从缓冲区把产品取出。生产者和消费者的这种同步关系，禁止生产者向满的缓冲区输送产品，也禁止消费者从空的缓冲区提取产品。可以用信号量机制来实现上述功能。

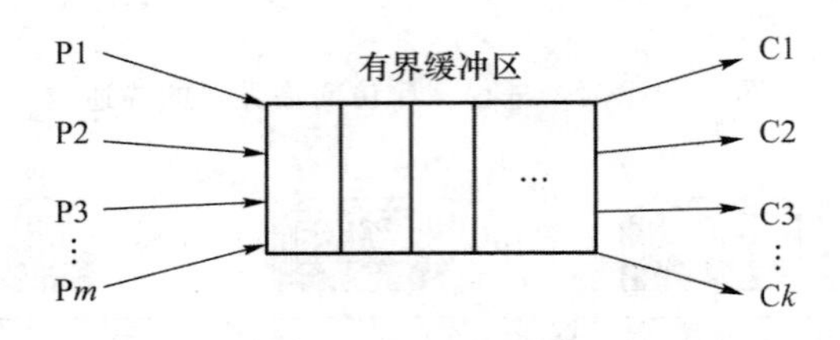


图 3-26　生产者与消费者问题

为了解决生产者与消费者问题，需要设置 3 个信号量。

(1) full：满缓冲区资源信号量，初值为 0；

(2) empty：空缓冲区资源信号量，初值为 $n$；

(3) mutex：缓冲区操作的互斥信号量，初值为 1。

在同步和互斥的设计中，要保证实现如下功能：

(1) 当缓冲区中有空余位置时，生产者进程在运行 P(empty)后能够将产品放进去；如果缓冲区中没有空余位置，则生产者进程运行 P(empty)后阻塞，等待消费者进程运行 V(empty)(实际上是等待消费者从缓冲区取走产品)后将其唤醒。

(2) 类似地，消费者进程进行消费时先对 full 进行 P(full)，判断缓冲区有没有产品供它消费。

(3) 无论是生产者进程还是消费者进程，操作缓冲区前都必须先进行 P(mutex)，退出缓冲区前必须进行 V(mutex)，以保证对缓冲区的互斥使用。

生产者与消费者问题的同步描述如下：

```
//生产者                          //消费者
生产一个产品;                     P(full);
P(empty);                         P(mutex);
P(mutex);                         从有界缓冲区取出产品;
送一个产品到有界缓冲区;           V(mutex);
V(mutex);                         V(empty);
V(full);                          消费一个产品;
```

处理这类问题时要特别注意：如果程序中同时有同步和互斥的控制，并且同步的 P 操作与互斥的 P 操作连在一起，那么同步的 P 操作必须放在互斥的 P 操作之前；一对互斥的 P 操作和 V 操作之间是“临界区”，“临界区”内不能包含同步的 P 操作。否则，在某种条件下可能会引起死锁。

因此，P 操作的位置很重要，若其位置不当则会引起死锁。以下是两种可能引起死锁的生产者与消费者模型：

```
//生产者 Producer_i                    //消费者 Consumer_j
生产出一产品;                          P(full);
P(mutex);                              P(mutex);
P(empty);                              从缓冲区取出一产品;
将该产品放入缓冲区;                    V(mutex);
V(mutex);                              V(empty);
V(full);                               消费该产品;
```

```
//生产者 Producer_i                    //消费者 Consumer_j
生产出一产品;                            P(mutex);
P(empty);                                P(full);
P(mutex);                                从缓冲区取出一产品;
将该产品放入缓冲区;                      V(mutex);
V(mutex);                                V(empty);
V(full);                                 消费该产品;
```

可以看出,两种模型的区别仅仅是两个P操作的位置发生对调。接下来,我们以第二种模型为例,讲述产生死锁的过程。

当 full=0,mutex=1 时,运行顺序:

(1) Consumer. P(mutex);//因为 mutex=1,所以通过,mutex 变为 0

(2) Consumer. P(full);

//由于 full=0,因此 Consumer 进程阻塞,等待 Producer 进程发出的 full 信号

(3) Producer. P(empty);//因为 empty=$n$($n\geqslant1$),所以通过

(4) Producer. P(mutex);

//因为 mutex=0,所以 Producer 进程阻塞,等待 Consumer 进程发出的 mutex 信号

因此,上述运行流程会导致两个进程因为推进顺序不当而产生死锁。

因此,为了避免多个P操作并发运行导致的进程死锁,规定:如果一个进程中同时含有同步与互斥的P操作,通常将P(同步信号量)放在前面,而P(互斥信号量)放在后面。

**例 3-2** 读者与写者问题。

实际系统中,常常会遇到若干个并发进程对数据对象进行读、写的情况。数据对象可以是文件、数据库、记录和某种数据结构中的数据集。读者与写者问题(Readers & Writers Problem)就是多个并发进程共享一个数据对象的问题。其中,有的进程可能只需要读共享对象的内容,这类进程称为读者;有的进程可能要更新共享对象,这类进程称为写者。如果两个读者同时访问共享对象,并不会产生不利的结果。但如果一个写者和其他一些进程(读者或写者)同时访问共享对象,则可能会破坏共享对象的完整性、准确性与一致性。

**分析与解答**

假设两组并发进程分别进行读操作和写操作,此时读者和写者共享某数据区。系统对共享数据区提出的操作要求是:允许多个读者同时进行读操作,但不允许多个写者同时进行写操作,也不允许读者、写者同时进行读和写操作。因此,当一个新读者进入共享数据区时,要进行如下控制:

(1) 如果有写者在等待,同时有其他读者正在进行读操作,则新读者可以开始读操作;

(2) 如果有写者正在进行写操作,则新读者必须等待。

而当一个新写者进程进入共享数据区时,要进行如下控制:

(1) 如果有读者正在进行读操作,则新写者必须等待;

(2) 如果已有其他写者正在进行写操作,则新写者也必须等待。

这里按"读者优先"的原则处理读者与写者的操作顺序问题。即,当有读、写操作同时提出时,先满足读者。"读者优先"的特点是比较简单、容易实现;缺点是写进程有可能长期等待,即如果不断有读进程进入,会使写进程长时间得不到运行。

用P操作和V操作实现上述控制思想。设置互斥信号量RW_mutex,初值为1用于实现写进程与读进程以及写进程与写进程之间的互斥。设置读者计数器reader,初值为0,用于记录已进入共享区的读者数量。由于编程时添加了临时变量reader,因此要设置互斥信号量R_mutex,初值为1,用于实现修改读者计数器的互斥操作。对读者与写者问题的同步描述如下:

```
//读者
while (true)
{
  P(R_mutex);          //进入
  reader = reader + 1;
  if(reader == 1)
      P(RW_mutex);
  V(R_mutex);
  读数据;
  P(R_mutex);          //离开
  reader = reader - 1;
  if(reader == 0)
      V(RW_mutex);
  V(R_mutex);
}

//写者
while (true)
{
  P(RW_mutex);
  写数据;
  V(RW_mutex);
}
```

**例 3-3** 独木桥模型,双向单工通信。

设$A$、$B$两点之间是一段东西向的单行车道,现在要设计一个$AB$路段的自动管理系统,管理规则如下:当$AB$路段有车辆在行驶时,同方向的车可以同时驶入$AB$路段,但另一方向的车必须在$AB$路段外等待;当$AB$路段无车辆行驶时,到达$AB$路段的任一方向的车都可驶入$AB$段,但车不能从两个不同的方向同时驶入,即只能让同方向的车驶入;当某方向的车辆驶出$AB$路段且暂无车辆进入时,应让另一方向的车辆驶入$AB$路段。试用信号量、P操作和V操作设计管理$AB$路段车辆的系统。

**分析与解答**

(1) 双向单工通信,存在互斥关系,对信号量的设置如下:

① 整型变量Car_A,初值为0,用于对从$A$点(东)驶入$AB$路段的车辆进行记数;

② 整型变量Car_B,初值为0,用于对从$B$点(西)驶入$AB$路段的车辆进行记数;

③ 互斥信号量mutex,初值为1,用于实现来自不同方向的第一辆车互斥地驶入$AB$路段;

④ 互斥信号量 ma,初值为1,用于实现由东向西行驶的车互斥地访问计数器变量 Car_A;

⑤ 互斥信号量 mb,初值为1,用于实现由西向东行驶的车互斥地访问计数器变量 Car_B。

(2) P、V 原语编程实现

```
//A→B                                   //B →A
P(ma);                                  P(mb);
若 Car_A = 0 则 P(mutex);               若 Car_B = 0 则 P(mutex);
Car_A 加 1;                             Car_B 加 1;
V(ma);                                  V(mb);
车辆从 A 点通过 AB 路段到达 B 点;       车辆从 B 点通过 AB 路段到达 A 点;
P(ma);                                  P(mb);
Car_A 减 1;                             Car_B 减 1;
Car_A = 0 则 V(mutex);                  Car_B = 0 则 V(mutex);
V(ma);                                  V(mb);
```

**例 3-4** 超市购物模型。

某小型超级市场,可容纳50人同时购物。入口处有篮子,每个购物者可拿一只篮子入内购物;出口处结账,并归还篮子(出、入口禁止多人同时通过)。试用信号量、P 操作和 V 操作写出购物者的同步算法。

**分析与解答**

(1) 所有购物者之间存在着进程的互斥关系。

① 互斥信号量 S,初值为50,用以保证最多可以有50个购物者同时进入超市;

② 互斥信号量 mutex1 和 mutex2,初值均为1,用以保证同时只能有一个购物者在入口处拿起篮子和在出口处结账后放下篮子。

(2) P、V 原语编程实现

```
P(S);
P(mutex1);
从入口处进超市,并取一只篮子;
V(mutex1);
进入超市选购商品;
P(mutex2);
到出口结账,并归还篮子;
V(mutex2);
从出口离开超市;
V(S);
 ↓
结束.
```

**例 3-5** 生产者与消费者的变形问题。

桌上有个只能盛下一个水果的空盘子。爸爸可向盘中放苹果或橘子,儿子专等吃盘中的橘子,女儿专等吃盘中的苹果。规定:当盘子空时,一次只能放入一个水果供吃者取用。试用信号量、P 操作和 V 操作实现爸爸、儿子和女儿这三个循环进程之间的同步。

**分析与解答**

(1) 本题属于生产者与消费者问题的变形,相当于一个能生产两种产品的生产者(爸爸)向两个消费者(儿子和女儿)提供产品的同步问题。因此,可参考生产者与消费者问题的解法。

(2) 所用信号量设置

① 同步信号量 empty,初值为 1,表示盘子是空的,即儿子或女儿已把盘中的水果取走;

② 同步信号量 orange,初值为 0,表示爸爸尚未把橘子放入盘中;

③ 同步信号量 apple,初值为 0,表示爸爸尚未把苹果放入盘中。

(3) P、V 原语编程实现

```
//爸爸进程(P)
P(empty);
将水果放入盘中;
若放入的是橘子,
则 V(orange);
否则,V(apple);
```

```
//儿子进程(C1)
P(orange);
从盘中取出橘子;
V(empty);
吃橘子;
```

```
//女儿进程(C2)
P(apple);
从盘中取出苹果;
V(empty);
吃苹果;
```

**例 3-6** 哲学家进餐问题(信号量联合问题)。

有 5 个哲学家围坐在圆桌旁,他们的生活方式是交替地进行思考和进餐;圆桌上间隔地摆放着 5 把叉子和 5 个装有通心粉的盘子,规定第 $i$ 号哲学家固定坐在第 $i$ 把椅子上($i=0,1,2,3,4$),且每个哲学家必须两手分别拿起盘子左右两旁的叉子,才能吃到通心粉;假定通心粉的数量足够被 5 个哲学家吃。

**分析与解答**

(1) 进程之间关系

① 一种最直接的解法是:强制每个哲学家都先拿起左边的叉子,成功后再去拿起右边的叉子。

② 缺点是:可能会产生严重的"饥饿"问题。即,若 5 个哲学家同时拿起左边的叉子,此时桌子上没有一把未用的叉子,每个哲学家都在等待其右边的邻居进餐完毕后释放叉子给自己,那么所有的哲学家将僵持并永久等待下去,引发长期"饥饿"问题。

(2) 信号量设置

假设这 5 把叉子与相应的椅子按逆时针方向从 0 开始连续编号,即第 $i$ 号哲学家左边摆着第 $i$ 号叉子,右边摆着第($(i+1)$mod 5)号叉子。这里的 mod 代表模运算,即整除取余。

显然,在这个问题中,叉子是哲学家进餐竞争的临界资源,每把叉子应分别用一个初值为 1 的信号量表示,这 5 个信号量构成一个信号量数组 S[5]。

(3) 易死锁的编程

将第 $i$ 号哲学家的进餐过程描述如下:

```
哲学家(i=0,1,2,3,4);
思考;
P(S[i]);
拿起左边的叉子;
P(S[(i+1)mod5]);
拿起右边的叉子;
```

```
吃通心粉；
放下左边的叉子；
V(S[i])；
放下右边的叉子；
V(S[(i+1)mod5])；
```

(4) 解决死锁的方法

AND同步机制的基本思想是：将进程在整个运行过程中需要的所有资源，一次性地分配给进程，等进程使用完毕后再一起释放。也就是说，对若干个临界资源的分配，采取原子操作的方式：要么全部分配，要么一个也不分配。联合型信号量机制就是采用临界资源的静态分配解决死锁问题的。

```
哲学家(i=0,1,2,3,4)；
思考；
P(S[i] and S[(i+1)mod 5])；  //临界资源的全部分配
拿起左边的叉子；
拿起右边的叉子；
吃通心粉；
放下左边的叉子；
V(S[i])；
放下右边的叉子；
V(S[(i+1)mod 5])；  //临界资源的全部释放
```

**例 3-7** 理发师模型。

在理发店中有一位理发师、一把理发椅和n把供顾客等待的等待位。若没有顾客，理发师便在理发椅上睡觉。当第一个顾客到来时，他必须先叫醒理发师为其服务。当理发师正在为顾客服务时，新到来的顾客须先查看是否有空闲的等待位，若有就坐下等待，若无就离开理发店。理发师在服务完当前顾客时，要查看是否有等待的顾客，若有就继续服务，若无就马上去睡。

**分析与解答**

(1) 理发师与顾客进程之间存在同步关系。由于customers为信号量，不能与普通变量比较。为此，为了判断等待顾客的数量是否大于n，需要设置临时变量waitings，它的值与信号量customers相同并保持同步。

(2) 设置3个信号量

① customers：用来记录等待理发的顾客数(不包括正在理发的顾客)。

② barbers：用于记录正在等候顾客的理发师数，其值应为0或1，如果有多个理发师，则值可设为n。

③ mutex：用于理发师和顾客互斥访问waitings值。

此外，还应设置一个变量waitings，它也用于记录等待的顾客数，是customers的一个副本。设置waitings的原因是：customers是一个信号量，无法通过表达式判断其大小。当一个顾客进入理发店时，首先做的就是检查等候的顾客数量waitings，若该数量少于等待位数，顾客则坐下等待，否则离开。

(3) P、V 原语编程实现

```
int CHAIRS = 5;                              //设等待位为 5
semaphore customers = 0;
//等待服务的顾客数
semaphore barbers = 1;
//等待顾客的理发师数
semaphore mutex = 1;
int waitings = 0;
barber()                                     //理发师
{
    while(TRUE) {
        P(customers);
        //等待的顾客数为 0,就进入睡眠状态(阻塞)
        P(mutex);
        //获得对 waitings 的访问权
        waitings = waitings - 1;
        //将等待的顾客数减 1
        V(mutex);
        //释放对 waitings 的访问权
        理发;
        V(barbers);
        //理发师理发完毕
    }
}

customer( )                                  //顾客
{
    P(mutex);                                //进入临界区
    if(waitings<CHAIRS)
    //之所以设置 waitings,是因为信号量 customers 无法进行数学运算
    {//若有空闲位顾客进入等待
        waitings = waitings + 1;
        //将等待的顾客数加 1
        V(customers);
        //如果理发师在睡觉,就唤醒他
        V(mutex);
        //释放对 waiting 的访问权
        P(barbers);
        //若无理发师可提供服务,则顾客等待
```

```
        享受理发服务;
    }
    else
    {//若没有空闲等待位,就离开
        V(mutex);
        //理发店已满,不进入
    }
}
```

## 3.4 进程的通信

进程通信用于实现进程之间的信息交换。根据进程间通信信息量大小的不同,我们将进程通信划分为低级通信和高级通信两大类。低级通信主要用于进程之间的同步、互斥、终止、挂起等控制信息的传递,其传递的信息往往只是一个信号、一个键或一个组合键,缺乏传输信息的能力。在进程之间进行数据块交换和共享时,大批量信息的传输则要使用高级通信。

本节介绍的通信方式是一种能以较高效率在进程之间传送大量数据的高级通信方式。在计算机操作系统内,由于进程使用的是同一个内存系统,相互通信的进程之间设有公共内存,一组进程向该公共内存中写,另一组进程从该公共内存中读,通过这种方式实现两组进程之间大数据量的通信。

常见的高级通信方式可分为 3 种:消息缓冲通信、信箱通信和管道通信。

### 3.4.1 消息缓冲通信

消息缓冲通信是一种直接通信方式,发送进程可直接发送消息给接收进程。消息由消息头和消息正文组成。通信时,使用一对原语 Send(发送原语)和 Receive(接收原语)进行消息的发送与接收。

发送进程采用 Send 向接收进程发送一个消息,接收进程采用 Receive 接收来自发送进程的消息。Send 的主要工作是请求分配一个消息缓冲区,然后将消息正文传送到该缓冲区中,并在缓冲区中填写消息头,再将该缓冲区挂到接收进程的消息队列上。Receive 的主要工作是把消息队列上的消息逐个读到接收进程的接收区并进行处理,图 3-27 描述了发送与接收的流程。

如图 3-28 所示,当发送进程要发送消息时,要运行以下两个步骤。

(1) 根据信息量的大小先向系统申请一个缓冲区,形成发送进程消息发送区,在消息发送区中填写以下内容。

① id:接收进程名;

② size:消息长度;

③ text:消息正文。

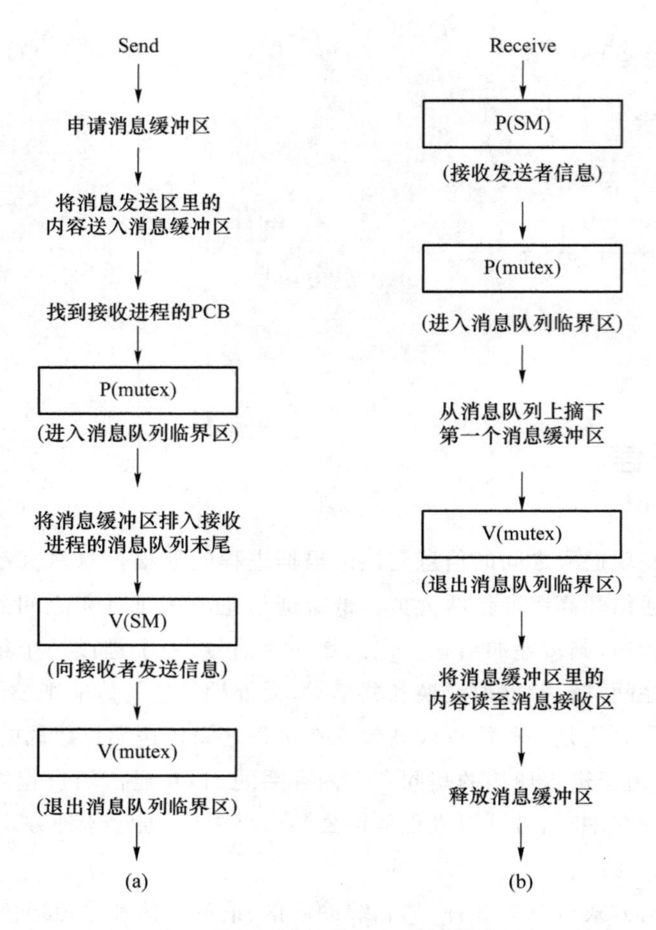


图 3-27 消息缓冲通信的发送与接收流程

(2) 调用发送原语发送消息至接收进程的消息队列,接收进程的消息队列中包含以下内容。

① sptr:指向发送进程的指针;

② size:消息长度;

③ text:消息正文。

每个接收消息的进程都会维护一个信息队列,用以接收其他进程发送来的信息。在消息队列中,hprt 是指向消息队列中第一个消息的头指针,nptr 是指向消息队列中下一个消息的指针。mutex 是消息队列的互斥信号量,用于消息队列在写入消息和读取消息时的互斥操作。SM 是发送进程与接收进程之间的同步信号量,其值表示接收进程信息队列中的消息数。

当进程接收消息时,要运行以下步骤:

(1) 根据信息量向系统申请一个缓冲区,形成接收进程的消息接收区;

(2) 调用接收原语接收消息;

(3) 读取信息后,释放消息缓冲区。

发送进程与接收进程之间需要设置同步操作,发送进程发送消息后,把等待接收消息的接收进程唤醒。由于发送进程和接收进程都必须对消息队列操作,因而它们对消息队列的操作是互斥的。

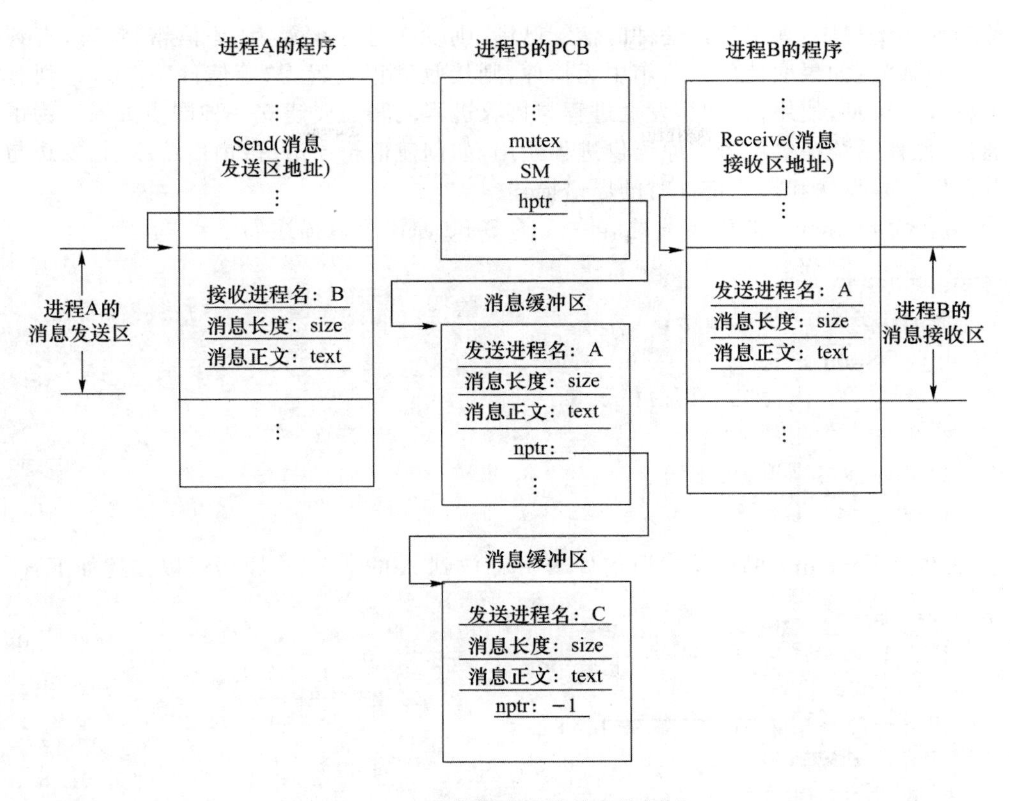


图 3-28 消息缓冲通信的工作原理

### 3.4.2 信箱通信

信箱通信，即通过被称为“信箱”的中间实体进行通信。所谓信箱，是一种公用的数据结构。当一个进程(发送进程)要与另一个进程(接收进程)通信时，可由发送进程创建一个链接两进程的信箱。通信时，发送进程把要传递的信息组成一封“信件”投入信箱，接收进程可在任何时刻从信箱中读取信件。

逻辑上，信箱分成信箱头和信箱体两部分。如图 3-29 所示，信箱头中存放有关信箱的描述；信箱体由若干格子组成，每格存放一个信件，格子的数目和大小在创建信箱时确定。

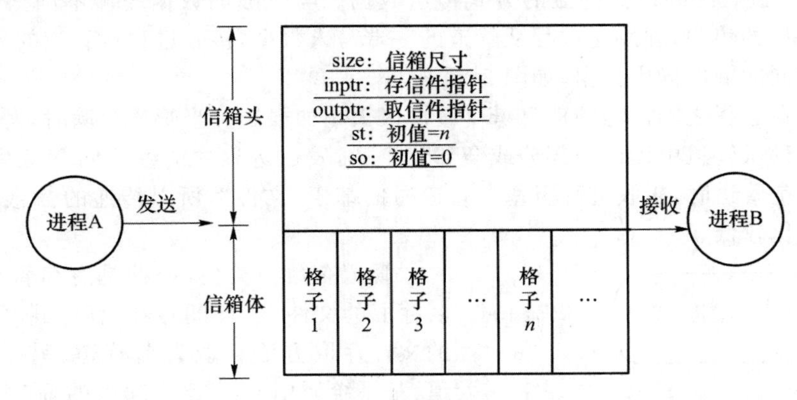


图 3-29 信箱通信的工作原理

信箱使用的规则：如果发送信件时信箱已满，则发送进程被置为“等信箱”状态，直到信箱有空时才被释放；如果取信件时信箱中无信件，则接收进程被置为“等信件”状态，直到有信件时才被释放。可见，使用信箱时，发送进程与接收进程之间需要建立一种同步关系。为了实现信箱通信，操作系统提供了若干原语供进程使用，如创建信箱原语、撤销信箱原语、发送与接收原语等。以下是发送和接收信件时的原语描述。

① 向名为 boxname 的信箱发送信件 A 的 Send 原语可以描述如下：

```
Send (boxname,A)
    根据 boxname 找到信箱；
    P(A-free)；
    申请一个标志为“空闲”的格子 X；
    把信件 A 复制到 X；
    把 X 的标志置为“已用”；
    V(A-number)；
```

② 从名为 boxname 的信箱收取信件 X 并存放到 A 的 receive 原语可以描述如下：

```
Receive (boxname,A)
    根据 boxname 找到信箱；
    P(A-number)；
    选择一个标志为“已用”的格子 X；
    把信件 X 复制到 A；
    把 X 的标志置为“空闲”；
    V(A-free)；
```

### 3.4.3 管道通信

管道通信以文件系统为基础。所谓“管道”，是一个连接两个进程的、打开的共享文件，专用于进程之间的数据通信。管道连接读进程和写进程，以实现它们之间的通信。向管道提供消息的发送进程(即写进程)，以字符流形式将大量的数据送入管道，而接收管道输出的接收进程(即读进程)可从管道中接收数据。

管道通信原来是 UNIX 系统中的通信机制，而管道是用于进程通信的一种共享文件(又称 pipe 文件)。进程之间以比特流的方式传送数据。与一般的数据缓冲不同，管道以先进先出方式组织数据的传输，即发送进程从管道的一端写入数据，接收进程从管道的另一端以发送进程写入时相同的顺序读出数据，如图 3-30 所示。

管道通信在进程之间传输的信息量受缓冲区大小的限制。当管道写满时，发送进程阻塞，只有当接收进程从管道中读出一部分或全部信息后，发送进程才能继续向管道写信息；反之，当接收进程读空管道时，接收进程阻塞。管道通信基于“文件”，所以传递的信息量可以很大，但通信的速度比较低。

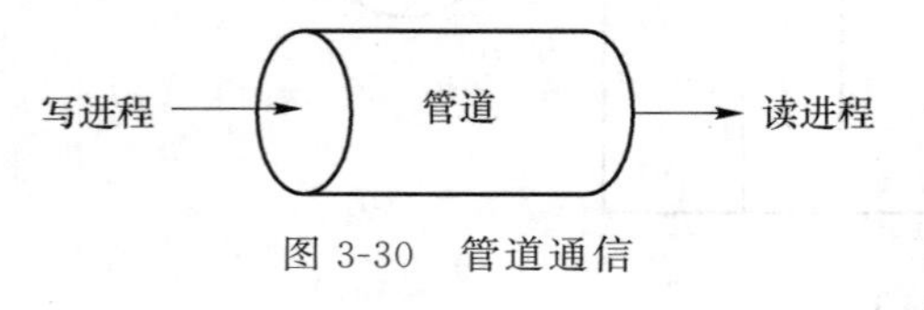

图 3-30 管道通信

管道有两种类型：一种是有名管道，是一个按名存取的文件，可长期存在，任一进程都可按通常的文件存取方法存取有名管道；另一种是无名管道，是系统调用 pipe 建立起来的临时文件，该文件在逻辑上可看作管道文件，在物理上则由文件系统的高速缓冲区构成，很少启动外设，只允许创建管道的进程以比特流方式传送消息。当所有进程都不再需要某个管道时，系统核心就会回收该文件的索引节点。

在 Linux 系统中，一个管道的运行将用到两个 file 结构，两者都指向同一个临时的 VFS(虚拟文件系统)的节点(inode)，再由 inode 指向内存的物理页。图 3-31 表示每一个 file 结构包括指向不同文件操作程序的指针向量，一个用于向管道写，另一个用于从管道读。当写进程写管道时，数据被复制到共享的数据页；当读进程读管道时，从共享数据页复制数据。当有多个读、写进程同时访问 pipe 文件时，必须实现互斥访问。进程写管道时，如果管道中有足够的空间存放要写的数据，每写一次，核心会自动地增加管道的大小，全部写完后，核心修改索引节点中的指针，并唤醒所有等待该管道的进程；如果管道中无足够的空间存放要写入的数据，待管道写满后，对索引节点作出标志，写进程进入睡眠，直到读进程将数据从管道中读出，核心才将写进程唤醒。

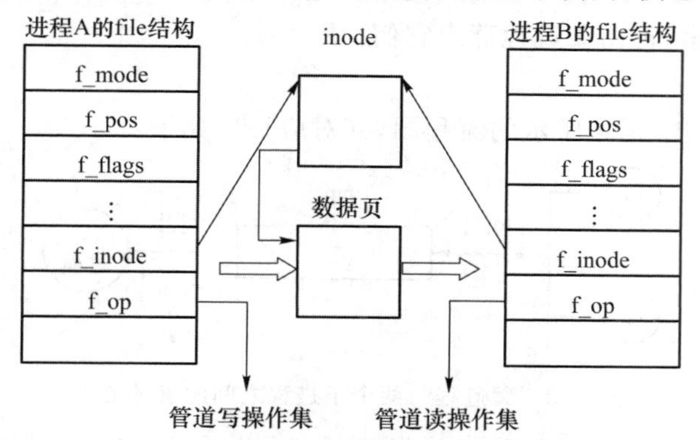


图 3-31　两个文件指向同一个数据块

**例 3-8**　用 C 语言编写一个程序：建立一个管道 pipe，同时父进程生成一个子进程，子进程向 pipe 中写入一个字符串，父进程从 pipe 中读取该字符串。

**分析与解答**

根据描述建立如图 3-32 所示的流程图，其对应程序如下：

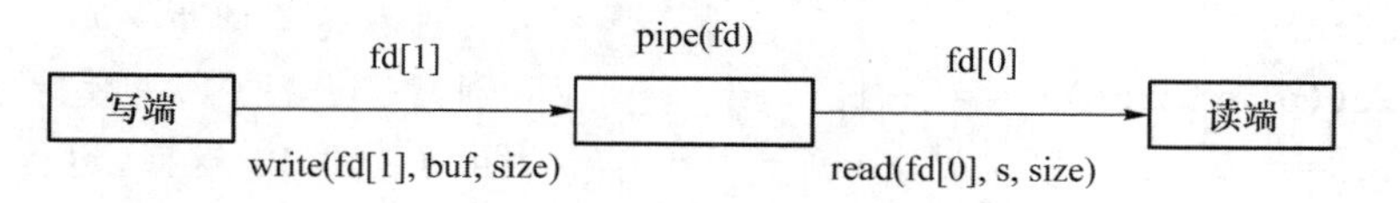


图 3-32　父进程与子进程之间的管道通信

```
# include <stdio.h>
main()
{
    int x, fd[2];
    char buf[30],s[30];
    pipe(fd);                          /* 创建管道 */
    while((x = fork()) ==  -1)         /* 创建子进程失败时，循环 */
    if(x == 0)                         //进入子进程运行
    {
        sprintf(buf,"This is an example\n");
        write(fd[1],buf,30);           /* 把 buf 中字符写入管道 */
        exit(0);
```

```
    }
    else                          /* 父进程返回 */
    {
        wait(0);
        read(fd[0],s,30);         /* 父进程读取管道中字符 */
        printf("%s",s);
    }
}
```

**例 3-9** 编写一程序：建立一个管道，同时父进程生成子进程 P1、P2，这两个子进程分别向管道写入各自的字符串，再由父进程读出它们。

**分析与解答**

根据描述，建立如图 3-33 所示的流程图，其对应程序如下：

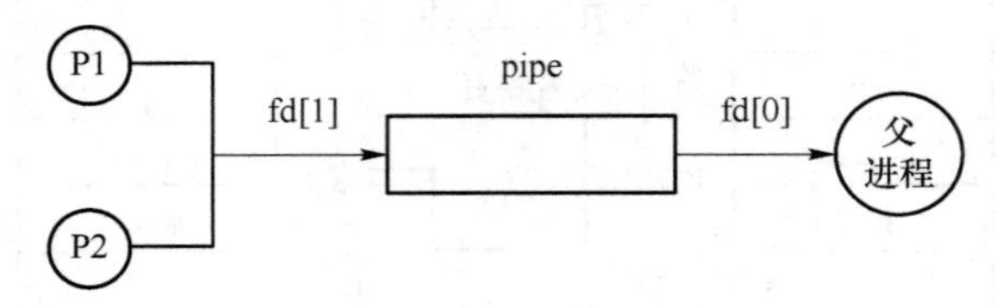


图 3-33 父进程与两个子进程之间的管道通信

```
#include <stdio.h>
main( )
{
    int i,r,p1,p2,fd[2];
    char buf[50],s[50];
    pipe(fd);                              /* 父进程建立管道 */
    while((p1 = fork()) == -1);            /* 创建子进程 P1,失败时循环 */
    if(p1 == 0 )                           /* 由子进程 P1 返回,运行子进程 P1 */
    {
        lockf(fd[1],1,0);                  /* 加锁锁定写入端 */
        sprinrf(buf,"child process P1 is sending messages! \n");
        printf("child process P1! \n");
        write(fd[1],buf, 50);              /* 把 buf 中的 50 个字符写入管道 */
        sleep(5);                          /* 睡眠 5 秒,让父进程读取 */
        lockf(fd[1],0,0);                  /* 释放管道写入端 */
        exit(0);                           /* 关闭 P1 */
    }
    else                                   /* 从父进程返回,运行父进程 */
    {
        while((p2 = fork()) == -1);        /* 创建子进程 P2,失败时循环 */
        if(p2 == 0)                        /* 从子进程 P2 返回,运行 P2 */
```

```
    {
        lockf(fd[1],1,0);                    /*锁定写入端*/
        sprintf(buf,"child process P2 is sending messages \n");
        printf("child process P2 ! \n");
        write(fd[1],buf,50);                 /*把 buf 中字符写入管道*/
        sleep(5);                            /*睡眠等待*/
        lockf (fd[1],0,0);                   /*释放管道写入端*/
        exit(0);                             /*关闭 P2*/
    }
        wait(0);
    if (r = read(fd[0],s, 50) == -1)
        printf("can't read pipe \n");
    else
    printf("%s\n",s);
    exit(0);
  }
}
```

## 3.5 死　锁

死锁

### 3.5.1 死锁的基本概念

现代计算机操作系统中存在多进程的并发。虽然并发提高了系统资源的利用率,但也引发了进程对各种资源的竞争,增加了系统的复杂性。与进程的需求相比,系统的资源总是不足的,各进程在对资源竞争的过程中有可能发生死锁。所谓死锁,就是若干进程由于相互等待已被对方占有的资源而处于的一种僵持状态,即各并发进程相互等待对方拥有的资源,且这些并发进程在得到对方的资源前不会释放自己拥有的资源,从而造成一个资源相互等待的环路,各并发进程都不能继续向前推进。

例如,图 3-34 所示的系统中有一台输入机和一台打印机,且两个进程 P1 和 P2 正在运行。进程 P1 正占用输入机,同时又提出使用打印机的请求;此时打印机正被进程 P2 占用,且 P2 在释放打印机前又提出使用输入机的请求,但输入机正被进程 P1 占用。这样,两个进程都将因阻塞进入阻塞队列,相互无休止地等待下去,无法继续运行,即两个进程陷入死锁状态。

系统发生死锁不仅浪费了资源,甚至还会导致整个系统崩溃,带来灾难性的后果。因为一旦系统中有一组进程陷入死锁状态,那么要求使用被这些死锁进程占用的资源或者需要与它们进行某种合作的其他进程就会相继陷入死锁状态,最终导致整个系统处于瘫痪状态。

因此,死锁产生的原因有两个:一是竞争资源,系统提供的资源有限,不能满足每个进程的需求;二是多道程序运行时,进程的推进顺序不合理。

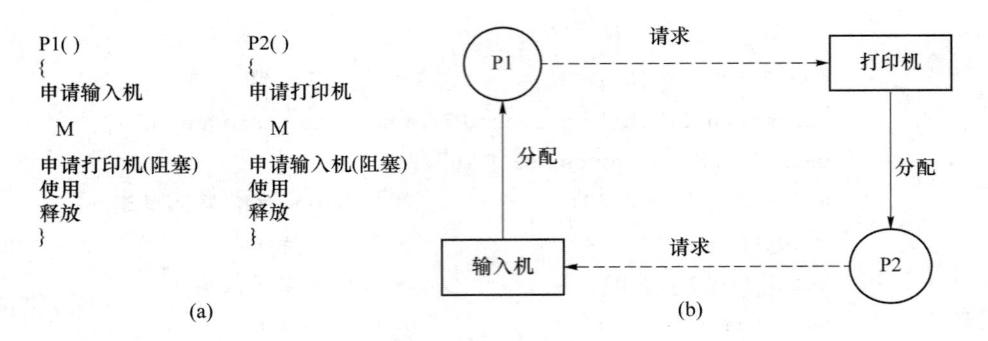


图 3-34　一种死锁状态

**1. 竞争资源引起死锁**

供多个进程共享的资源不足，将引起并发进程对资源的竞争而产生死锁。系统中的资源分为可剥夺性资源和不可剥夺性资源。例如，处理机是可剥夺性资源，优先权高的进程可剥夺优先权低的进程的处理机；而扫描仪、打印机等资源被分配给某个进程后，不能强行回收，只能在进程用完后自行释放，是不可剥夺性资源。多个进程对不可剥夺性资源的竞争得不到满足可能会发生死锁。当然，资源分配不当也会引发死锁。

**2. 进程推进顺序不当引起死锁**

进程的推进顺序不当时，也会引起死锁。在 3.3.4 节介绍的生产者与消费者进程中，如果将生产者进程的 P 操作顺序调换，缓冲区全满时就会造成进程的死锁，如图 3-35 所示。若将先 P(empty)后 P(mutex)的推进顺序改为先 P(mutex)再 P(empty)，在缓冲区全满时，生产者进程首先通过运行 P(mutex)获得缓冲区的使用权，然后再运行 P(empty)。由于没有空缓冲区，生产者进程阻塞，要等待消费者进程消费后产生了空缓冲区，生产者进程才能得到唤醒。但是，由于作为临界资源的缓冲区已被不能存放产品的生产者进程占用，消费者进程无法进入缓冲区消费，因此造成了生产者进程等待空缓冲区、消费者进程无法获得缓冲区使用权的“死锁”局面。

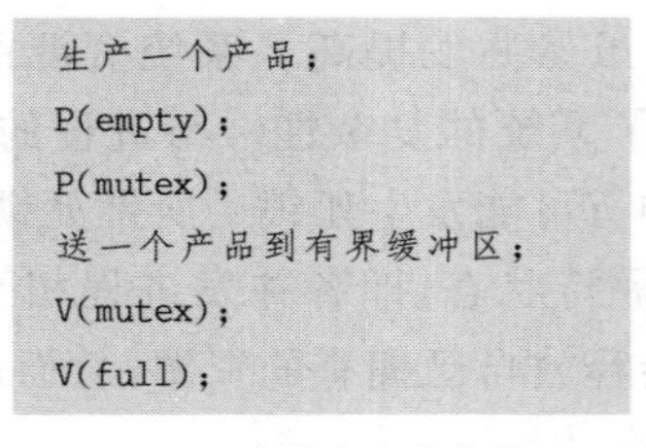

```
生产一个产品;
P(empty);
P(mutex);
送一个产品到有界缓冲区;
V(mutex);
V(full);
```

(a) 正确的生产者进程

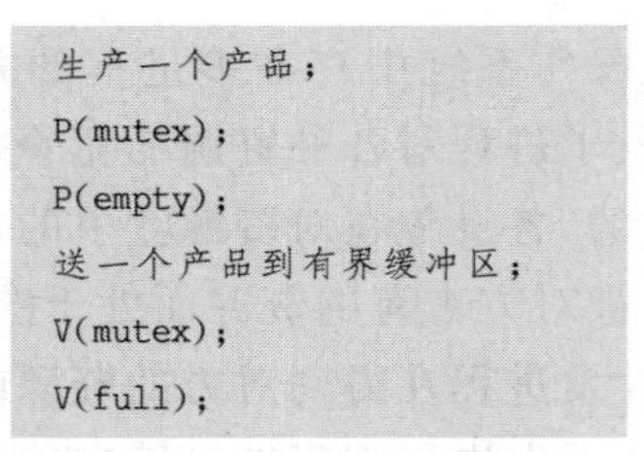

```
生产一个产品;
P(mutex);
P(empty);
送一个产品到有界缓冲区;
V(mutex);
V(full);
```

(b)会发生死锁的生产者进程

图 3-35　不同推进顺序下的生产者进程

当一个进程需要对多个信号量进行 P 操作时，要防止上述现象的发生。一般情况下，每个进程首先应对自己的私有信号量提出申请，申请满足后再申请公用信号量。

**3. 死锁产生的必要条件**

死锁的产生与并发进程的相对速度有关，它涉及进程的并发运行、资源共享和资源分配等因素。死锁产生的必要条件有 4 个。

(1) 资源互斥：并发进程所请求的资源是互斥使用的独占资源，一个进程使用时另一个进程无法使用，具有排他性。

(2) 资源不可剥夺：进程所获得的资源在未使用完毕之前，不能被其他进程强行剥夺，只有在被占用资源的进程释放后其他进程才能占用。

(3) 资源部分分配:进程每次申请所需要的一部分资源,在申请新资源的同时,继续占有已分配到的资源。

(4) 循环等待:系统中各并发进程对于资源的占用和请求形成环路。当死锁发生时,存在一种进程资源的循环等待链,链中的每一个进程已获得的资源同时被链中的下一个进程所请求。

以上 4 个条件中,前 3 个是产生死锁的必要条件,但不是充分条件,只有加上第 4 条,才必定产生死锁。

### 3.5.2 死锁的预防与避免

死锁会造成系统资源的浪费,甚至会造成整个系统的瘫痪。一旦发生了死锁,不借助外力的作用是无法解除的。按照采取措施的时机不同,操作系统解除死锁的办法有 3 种,即:在系统运行前,"预防死锁";在系统运行中,"避免死锁";在死锁发生后,"检测与解除死锁"。

**1. 预防死锁**

预防死锁是针对发生死锁的 4 个必要条件来设置某些限制,以破坏产生死锁的 4 个必要条件中的一个或几个来预防死锁的发生。

(1) 破坏资源互斥条件。独占设备具有互斥性,互斥性是资源自身的特性,不能改变。例如,打印机不能同时被多个进程所共享。所以,预防死锁不能破坏资源互斥条件,即通过破坏互斥条件来预防死锁是不现实的。但可以采用虚拟设备技术,将部分独占设备(如打印机等)改造成共享设备,不仅提高了资源效率,而且破坏了互斥条件,预防了该设备的死锁。

(2) 破坏资源不可剥夺条件,即进行可剥夺分配。可以规定,已获得某些资源的进程,如果其新的资源请求不能立即得到满足,必须释放所有已经获得的资源,若以后需要这些资源再重新申请。这样,一个进程在运行中已经获得的资源可以被抢占,从而破坏资源不可剥夺条件,避免死锁的发生。这种策略的实施比较复杂,且释放已获得的资源可能造成前一段工作的失效,重复申请和释放资源也会增加系统开销,降低系统的吞吐量。破坏资源不可剥夺条件以预防死锁的方法适用于状态容易保存和恢复的资源类型。

(3) 破坏资源部分分配条件。在系统中采用资源静态分配策略,即每个进程必须得到其工作所需的全部资源后才能开始运行。采用资源静态分配策略,进程在运行过程中不再申请资源,故不会出现占有了某些资源再等待其他资源的情况。这种资源申请方法可破坏资源部分分配条件,避免死锁发生,但资源利用率很低,因为一个进程一次性获得其所需的全部资源并且独占,其中有些资源有可能很少使用;同时有些资源可能长期被其他进程占用,致使需要该资源的进程延迟运行。

(4) 破坏循环等待条件。可以采用有序资源分配法,将系统中的所有资源按类型赋予一个编号,并且要求每一个进程均严格地按照编号递增的次序请求资源。一个进程只有得到了编号小的资源,才能申请编号大的资源,否则系统不予分配。任何时候总会有一个进程已经占有的资源序号在所分配资源中是最大的,而且该进程以后再申请的资源只能是序号更大,也就是肯定能分配的。对资源请求做了这样的限制后,操作系统中不会再出现几个进程对资源的请求形成环路的情况,即破坏了循环等待条件。在有序资源分配法中,一般的原则是较为紧缺的资源编号较大,但这种硬性规定申请资源的方法,会给用户编程带来限制,资源编号后不易修改,限制了新设备的增加,并且资源申请顺序和使用顺序的不同,也会造成资源的浪费。

从以上介绍的预防死锁方法中可以看到，为了预防死锁，需要对系统的资源分配做出种种限制，实现简单却严重影响了系统性能，也会使资源利用率很低。因此，预防死锁付出的系统代价是相当大的。

**2. 避免死锁**

避免死锁不是严格限制产生死锁的必要条件，而是对进程发出的每一个资源申请进行动态检测，并根据检查结果决定是否能分配资源。如果操作系统分配资源后可能发生死锁，则不予分配。在资源的动态分配过程中，用某种方法防止操作系统进入不安全状态，从而避免死锁的发生。

避免死锁与预防死锁的区别在于：预防死锁是设法破坏产生死锁的4个条件之一，严格地预防死锁的发生；而避免死锁则不那么严格地限制产生死锁的必要条件，因为即使死锁的必要条件存在，也不一定发生死锁。避免死锁是在操作系统的运行过程中注意避免死锁的最终发生。

避免死锁算法实际上是避免系统进入不安全状态的算法。所谓安全状态，是指操作系统能按照某种进程顺序（P1，P2，…，P$n$）为每个进程 P$i$($i$=1，2，…，$n$)分配所需资源，直到满足每个进程对资源的最大需求，使每个进程都能顺利地完成。把＜P1，P2，…，P$n$＞序列称为安全序列，如果找不到这样的安全序列，则系统处于不安全状态。

当一个进程申请一个可以使用的资源时，系统必须作出判断：将该资源立即分配给该进程后，是否能保证系统仍然处于一种安全状态。为此，要求每个进程一开始就要声明它可能需要的每种类型资源的最大数量，系统根据资源总量、已分配情况和各进程的最大需求量判断分配后系统是否处于安全状态。

假定系统中有3个进程P1、P2和P3竞争某资源，该资源数为12个。其中，进程P1需要10个资源，进程P2和P3分别需要4个资源和9个资源。

(1) 第一次分配后，系统的资源分配情况如表3-1所示。

**表3-1 第一次资源分配表**

| 进　程 | 最大需求 | 已分配 | 还　需 | 系统剩余 |
|---|---|---|---|---|
| P1 | 10 | 5 | 5 | 3 |
| P2 | 4 | 2 | 2 | |
| P3 | 9 | 2 | 7 | |

第一次分配后，可以确定系统处于安全状态。这时，存在一个安全序列＜P2，P1，P3＞，即系统将剩余的资源取2个分配给P2，使其运行，结束后释放出4个资源，系统可用资源增加至5个。再将这些资源全部分配给P1，待P1完成后，释放出的资源可满足P3的需求，从而使P1、P2、P3都能顺利完成。

(2) 若在第一次分配后，进程P3提出申请1个资源的请求，系统予以响应。分配后的情况如表3-2所示。

**表3-2 第二次资源分配表**

| 进　程 | 最大需求 | 已分配 | 还　需 | 系统剩余 |
|---|---|---|---|---|
| P1 | 10 | 5 | 5 | 2 |
| P2 | 4 | 2 | 2 | |
| P3 | 9 | 3 | 6 | |

从表 3-2 可见，系统剩余的资源已无法满足进程 P1、P3 的需求，无法让进程 P1、P3 推进到完成，即无法再找到一个安全序列，使系统进入安全状态。为了避免死锁的发生，系统对于进程 P3 的请求应不予响应。

避免死锁的办法是否有效与算法有很大的关系。有效的算法必须在死锁发生前就能预见其存在，代表算法是 Dijkstra . E. W 于 1968 年提出的银行家算法。由于该算法的提出基于银行家向客户贷款及安全收回贷款的考虑，故称为银行家算法。当一个客户提出贷款时，为了保证资金的安全，银行家会做如下的考虑。

(1) 如果客户的贷款额度不超出银行家的可用资金，则可以接纳贷款请求。

(2) 对每个客户可进行分期贷款，但总数不能超过事先申请的额度。

(3) 客户在得到所需的全部资金后，能在有限的时间内归还贷款。

操作系统在给进程分配资源时，基本上就是按照上述的银行家算法来进行的。在这里，客户是进程，银行家代表操作系统。银行家算法对每一个进程的资源分配请求进行检查，以保证该分配不会使系统进入不安全状态，避免可能产生的死锁。检查是否存在安全序列的过程称为安全性算法，这是银行家算法的核心。在资源分配过程中安全序列并不唯一，只要找出其中一个序列，就可以对安全性进行判定。其基本思想如图 3-36 所示。

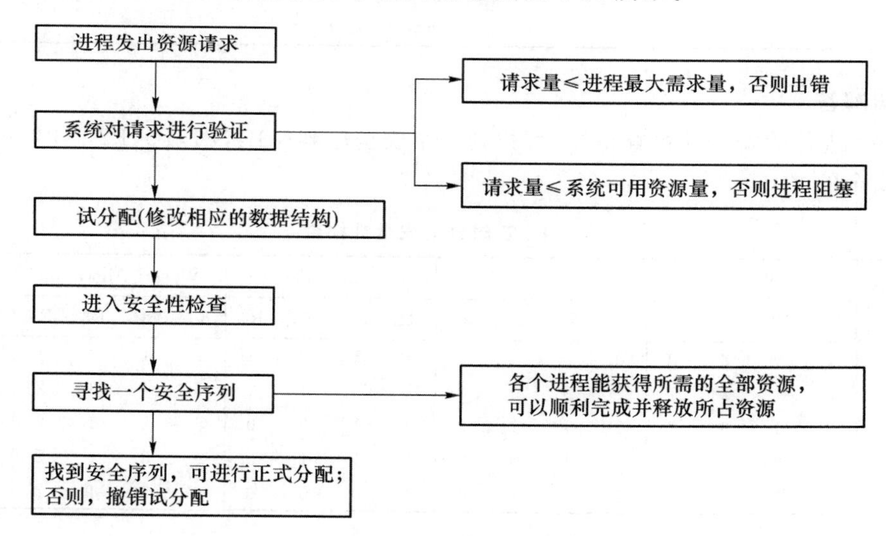


图 3-36　安全性算法的基本思想

在银行家算法中要求进程预先提出自己的最大资源请求，并且假设系统拥有固定的资源总量。但是，在实际应用中，进程的个数可能不固定，进程的最大资源需求也很难确定，而且操作系统在运行中，有可能出现原本可用的资源突然间变成不可用的情况，等等。诸多不确定因素，使得银行家算法在实际应用时不易实现。考查每个进程对各类资源的申请也需要花费较多的时间，过于谨慎及较大的开销成为实现银行家算法的主要障碍。

银行家算法中所用的主要数据结构如下。

① Available〔可用(剩量)资源向量〕：记录系统中当前各类资源的可用数目。

② Max(最大需求矩阵)：记录每个进程对各类资源的最大需求量。

③ Allocation(已分配矩阵)：记录当前每个进程对各类资源的占有量。

④ Need(需求矩阵)：记录每个进程对各类资源尚需要的数目，Need＝Max－Allocation。

⑤ Work(工作向量):表示系统可提供给进程继续运行所需要的各类资源的数目。当安全检查开始时,Work=Available。

⑥ Finish(完成向量):表示进程已获得足够的资源支持其运行完毕。当有足够的资源分配给进程时,将 Finish 的值由 False 修改为 True。

⑦ Request(请求向量):记录某个进程当前对各类资源的申请量。

**例 3-10** 一个银行家算法的例子。

假设系统资源用 R*i* 表示,进程用 P*j* 表示。操作系统中有 5 个进程 P1、P2、P3、P4、P5,4 种类型的资源 R1、R2、R3、R4,资源的数量分别是 6、3、4、2。在 $T_0$ 时刻,系统资源分配情况如表 3-3 所示,分析 $T_0$ 时刻系统是否处于安全状态?

**表 3-3 $T_0$ 时刻的资源分配表**

| 资源/进程 | Allocation(已分配) | | | | Need(还需要) | | | | Available(剩余数) | | | |
|---|---|---|---|---|---|---|---|---|---|---|---|---|
| | R1 | R2 | R3 | R4 | R1 | R2 | R3 | R4 | R1 | R2 | R3 | R4 |
| P1 | 3 | 0 | 1 | 1 | 1 | 1 | 0 | 0 | 1 | 0 | 2 | 0 |
| P2 | 0 | 1 | 0 | 0 | 0 | 1 | 1 | 2 | | | | |
| P3 | 1 | 1 | 1 | 0 | 3 | 1 | 0 | 0 | | | | |
| P4 | 1 | 1 | 0 | 1 | 0 | 0 | 1 | 0 | | | | |
| P5 | 0 | 0 | 0 | 0 | 2 | 1 | 1 | 0 | | | | |

**分析与解答**

由表 3-4 进行的安全性检查得知,可找到一个安全序列<P4,P1,P5,P2,P3>。因此,操作系统是安全的。

**表 3-4 $T_0$ 时刻的安全性检查**

| 资源/进程 | Work | | | | Need | | | | Allocation | | | | Work+Allocation | | | | Finish |
|---|---|---|---|---|---|---|---|---|---|---|---|---|---|---|---|---|---|
| | R1 | R2 | R3 | R4 | R1 | R2 | R3 | R4 | R1 | R2 | R3 | R4 | R1 | R2 | R3 | R4 | |
| P4 | 1 | 0 | 2 | 0 | 0 | 0 | 1 | 0 | 1 | 1 | 0 | 1 | 2 | 1 | 2 | 1 | True |
| P1 | 2 | 1 | 2 | 1 | 1 | 1 | 0 | 0 | 3 | 0 | 1 | 1 | 5 | 1 | 3 | 2 | True |
| P2 | 5 | 1 | 3 | 2 | 0 | 1 | 1 | 2 | 0 | 1 | 0 | 0 | 5 | 2 | 3 | 2 | True |
| P3 | 5 | 2 | 3 | 2 | 3 | 1 | 0 | 0 | 1 | 1 | 1 | 0 | 6 | 3 | 4 | 2 | True |
| P5 | 6 | 3 | 4 | 2 | 2 | 1 | 1 | 0 | 0 | 0 | 0 | 0 | 6 | 3 | 4 | 2 | True |

**例 3-11** 若操作系统中仅有一类独占资源,进程一次只能申请一个资源,但操作系统中有多个进程竞争该类资源。试判断下述哪些情况会发生死锁,为什么?

(1) 资源数为 4,进程数为 3,每个进程最多需要 2 个资源;

(2) 资源数为 6,进程数为 2,每个进程最多需要 4 个资源;

(3) 资源数为 8,进程数为 3,每个进程最多需要 3 个资源;

(4) 资源数为 20,进程数为 8,每个进程最多需要 2 个资源。

**分析与解答**

(1) 不会发生死锁。因为操作系统中只有 3 个进程,每个进程的最大资源需求量为 2,且资源总数为 4,无论资源怎样分配,总有一个进程能满足需求顺利运行完毕,并将资源归还系统。

其中一种不会发生死锁的分配情况如表 3-5 所示。

表 3-5 不会发生死锁的一种分配情况

| 进 程 | 已分配 | 系统剩余资源 |
|---|---|---|
| 1 | 1 | 1 |
| 2 | 1 | |
| 3 | 1 | |

(2) 分配不当时有可能发生死锁。表 3-6 所示的是不会发生死锁的一种分配情况，表 3-7 所示的是可能会发生死锁的一种分配情况。

表 3-6 不会发生死锁的一种分配情况

| 进 程 | 已分配 | 系统剩余资源 |
|---|---|---|
| 1 | 4 | 2 |
| 2 | 0 | |

表 3-7 可能会发生死锁的一种分配情况

| 进 程 | 已分配 | 系统剩余资源 |
|---|---|---|
| 1 | 3 | 0 |
| 2 | 3 | |

(3) 不会发生死锁。由于系统中只有 3 个进程，每个进程的最大资源需求量为 3，且资源总数为 8，无论资源怎样分配，总有一个进程能满足需求顺利运行完毕，并将资源归还系统。表 3-8 所示的是其中一种不会发生死锁的分配情况。

表 3-8 不会发生死锁的一种分配情况

| 进 程 | 已分配 | 系统剩余资源 |
|---|---|---|
| 1 | 2 | 2 |
| 2 | 2 | |
| 3 | 2 | |

(4) 不会发生死锁。由于操作系统中有 8 个进程，每个进程最大资源需求量为 2，8 个进程需求的最大资源数为 16，而系统资源总数为 20，足以满足每个进程的最大需求，故不会产生死锁。

### 3.5.3 死锁的检测与解除

死锁的避免和预防都是以牺牲系统效率和浪费资源为代价的，也与操作系统的设计目标相违背。而死锁的检测与解除的基本思想是允许系统在运行过程中发生死锁：系统为进程分配资源时，并不采取任何措施来限制系统进入死锁状态，而是通过系统中设置的检测机构定时运行一个“死锁检测”程序，及时检测死锁的存在并识别出与死锁有关的进程和资源，以供系统采取适当的措施解除死锁，清除发生的死锁。检测死锁的算法比较复杂，所花时间长，因此系统的开销比较大。

**1. 检测死锁**

检测死锁的基本思想是在操作系统中保存资源的请求和分配信息，利用某种算法对这些信息加以检查，以判断是否存在死锁。进程的死锁问题可以用资源分配图来准确而形象地描述。在资源分配图中，进程和资源间的申请和分配关系被描述成一个有向图。

资源分配图由一组节点和一组边组成，如图 3-37 所示。用圆形节点集 P＝{P1，P2，P3，…，P$n$}表示进程，用方形节点集 R＝{R1，R2，…，R$n$}表示资源，用有向边 P→R 表示进程 P 正在申请资源 R，用有向边 R→P 表示资源 R 已分配给进程 P。从资源分配图中可见，进程 P1 获得了所需要的全部资源，因而能继续运行；进程 P2 因为申请资源 R1 的请求不能满足而处于阻塞状态。该系统状态是否会处于死锁呢？

用资源分配图简化的方法可检测系统状态是否会处于死锁。简化的方法如下：

(1) 在资源分配图中找出一个既不阻塞又非孤立的进程节点 P$i$（即从进程集合中找到一个边与其相连，且资源申请能够得到满足的进程），消去 P$i$ 的所有请求边和分配边，使之成为孤立节点。由于 P$i$ 已获得了所需要的全部资源，因而能运行完成，然后释放占用的资源。因此，图 3-37 中的 P1 是一个既不阻塞又非孤立的进程节点。进程 P1 获得了所需要的全部资源后，可以运行完毕，然后将占用的资源归还系统，最后将 P1 的所有请求边和分配边消去，得到图 3-38 所示的情况。

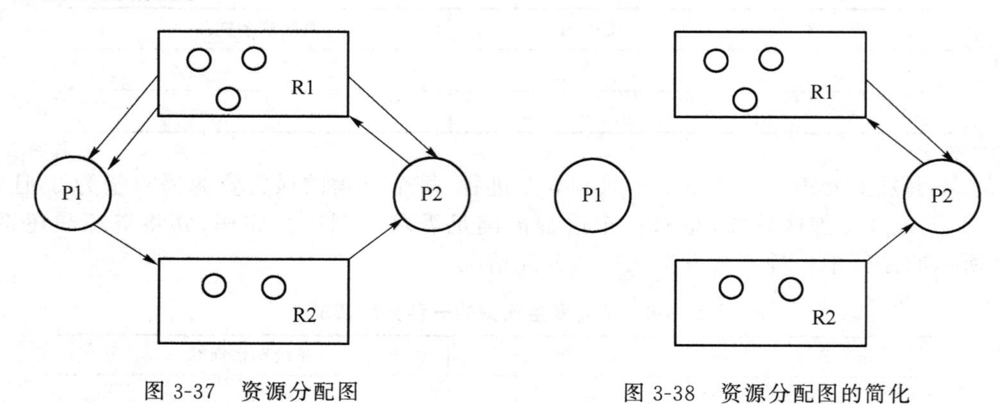


图 3-37　资源分配图　　　　图 3-38　资源分配图的简化

(2) 进程 P$i$ 释放资源后，可以唤醒由于等待这些资源而阻塞的进程，从而可能使原来阻塞的进程变为非阻塞进程。由图 3-38 可见，P2 已变为非阻塞进程，可依据第一步的简化办法进一步消去所有请求边和分配边，如图 3-39 所示。

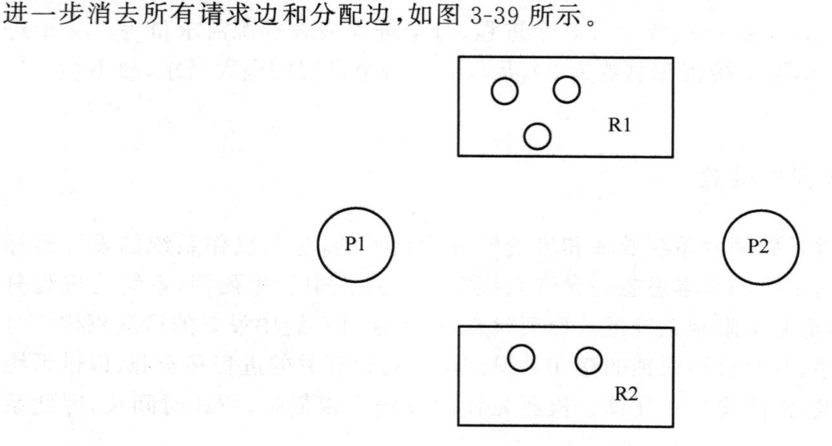


图 3-39　资源分配图的进一步简化

经过一系列简化后，若能消除图中所有的边，使所有进程都成为孤立节点，则称该图是可完全简化的;若不能消除图中所有的边,则称该图是不可完全简化的。可以证明,所有的简化顺序都将得到相同的不可简化图。

基于上述资源分配图的定义,可以给出系统处于死锁状态的充分必要条件:当且仅当系统的资源分配图不可完全简化时。

**2. 解除死锁**

一旦检测出系统中出现了死锁,系统将通过改变某些进程的状态解除死锁。解除死锁的一些常用方法如下。

(1) 重新启动:这是一种比较粗暴的方法,也是操作系统常用的方法,虽然实现简单,但会使之前的工作全部白费,造成很大的损失和浪费。

(2) 撤销进程:在死锁时,系统可以撤销造成死锁的进程,解除死锁。

(3) 剥夺资源:在死锁时,系统可以保留进程,只剥夺死锁进程占有的资源,直到解除死锁。选择被剥夺资源进程的方法和选择被撤销进程的方法相同。

(4) 进程回退:在死锁时,系统可以根据保留的历史信息,让死锁的进程从当前状态向后退回某种状态,直到死锁解除。

一般说来,只要让某个进程释放一个或多个资源就可以解除死锁。死锁解除后,释放资源的进程应恢复它原来的状态,才能保证该进程的运行不会出错。因此,死锁解除实质上就是让释放资源的进程能够继续运行的做法。

死锁解除算法可归结为两大类:剥夺资源和撤销进程。

(1) 剥夺资源:使用挂起/激活机制挂起一些进程,抢占其占用的资源以解除死锁,待以后条件满足时,再激活被挂起的进程。

(2) 撤销进程:撤销全部死锁进程,或按照某种顺序逐个的撤销死锁进程,直至有足够的资源可用,直到死锁状态解除。

剥夺资源时应该考虑的问题是:应该剥夺哪个进程的哪些资源;被剥夺资源的进程是回退到某一点还是撤销;如何保证并不总是剥夺同一进程的资源而避免该进程处于"饥饿"状态。选择需要挂起或撤销的进程时,首先要考虑以下因素,以使进程撤销带来的开销最小:

(1) 进程的优先级最低;

(2) 进程已运行的时间最短;

(3) 进程完成其任务还需要的时间最长;

(4) 进程已使用的资源数量最少;

(5) 进程已产生的输出量最少;

(6) 涉及的进程数最少。

总之,解除死锁时,应使系统的损失尽量减少。

由以上分析可知,死锁的预防和避免策略是对资源的分配加以限制,这些限制可以预防和避免死锁的发生,代价是系统的并发程度减小和效率降低。死锁的检测和解除策略对资源的分配不加限制,只要有剩余的资源,就可把资源分配给申请的进程,这样做的结果是可能会造成死锁。死锁的检测和解除策略的目的是当死锁发生时系统能够尽快检测到,以便及时解除死锁,使系统恢复正常运行,因此这种方法最关键的问题:一是何时检测死锁的发生;二是如何判断系统是否出现了死锁;三是当发现死锁发生时如何去解除死锁。

死锁检测算法允许系统发生死锁,最好的情况是一旦死锁产生,就能立即检测到,即死锁发现得越早越好。死锁一般在资源分配时发生,将死锁的检测时机定在有资源请求时是比较合理的。但是,用这种方法检测的次数过于频繁,若没有死锁,检测将占用 CPU 非常大的时间开销。另一种方法是周期性地进行检测,即每隔一定时间检测一次;或者根据 CPU 的使用效率去检测:先为 CPU 的使用率设定一个最低的阈值,每当发现 CPU 使用率降到该阈值以下时便启动检测程序,以减少死锁造成的 CPU 无谓操作。

## 3.6 线　　程

在批处理时代的早期,只有作业的概念,用户交给计算机完成的任务被称为作业。操作系统以作业为分配资源的单位,多个作业同时装入内存,作业与作业之间可以并发运行,但同一作业中的各个作业步是不能并发运行的。引入了进程以后,系统分配资源的单位变成了进程,操作系统为每个作业步都建立一个进程,来实现同一作业中各个作业步的并发运行,提高了操作系统的整体效率。事实上,每个作业步的工作还可以再进一步的细分。每个进程可建立多个可并发运行的线程实体,程序的运行依赖于线程。面对不同的用户数据和用户请求,操作系统建立若干可并发运行的线程,每个线程完成一个相对独立的任务,大大提高了操作系统的并发性。

### 3.6.1 线程的概念

进程包含两个基本特征:资源分配的基本单位和处理机调度的基本单位。传统操作系统把这两个特征看成是不可分割的。在研究如何提高系统并发性时,我们发现,一个携带资源的进程,在操作系统实施调度的过程中,会因为进程映像过大导致进程切换的时空开销增加。当操作系统中创建的进程过多或进程切换的频率过高时,时空开销会使系统效率下降,限制了并发度的进一步提高,同时进程间通信也受到限制。也就是说,具有进程结构的系统,在并发程序设计时带来了一系列的问题:进程切换开销大;进程通信代价大;进程之间的并发性粒度较粗,并发度不高;不满足并行计算和分布并行计算的要求;不满足客户/服务器工作模式的要求。

为了解决上述问题,我们把传统操作系统的两个特征分离开来:资源分配的基本单位不再作为调度分派的对象,不需要进行频繁地切换;而调度分派的基本单位不参与资源的分配,使其轻装运行。

现代操作系统引入了线程(Thread)这种新的运行实体。线程是由进程派生出来的一组代码(指令组)的运行过程,是进程内的一个运行单元,或是进程内的一个调度实体。可以把线程看作一个运行流,它拥有记录自己状态和运行现场的少量数据(栈段和上下文),但没有单独的程序段和数据段,而且与该进程的其他线程共享进程内部的各种资源。

如果说操作系统引入进程是为了使多个程序并发运行,以改善资源使用率和提高系统效率,那么操作系统中引入线程则是为了减少程序并发运行时所付出的时空开销,使得并发粒度更细、并发性更好。

一个进程包括多个线程,这些线程可以并发工作,如图 3-40 所示。当一个程序由几个独立的部分组成,而且这几个部分不需要顺序运行时,每个部分都可以用线程来实现。例如,一个 Web 服务程序,如果用传统的单进程工作,每一时刻只能为一个客户服务,其他客户只能等待;如果采用多线程 Web 服务器,其中一个线程用于监听客户请求,一旦有请求即可建立一个新线程响应客户请求，而原线程可继续监听其他客户请求。可见，引入线程可以提高操作系统的并发程度，提高操作系统的服务质量。

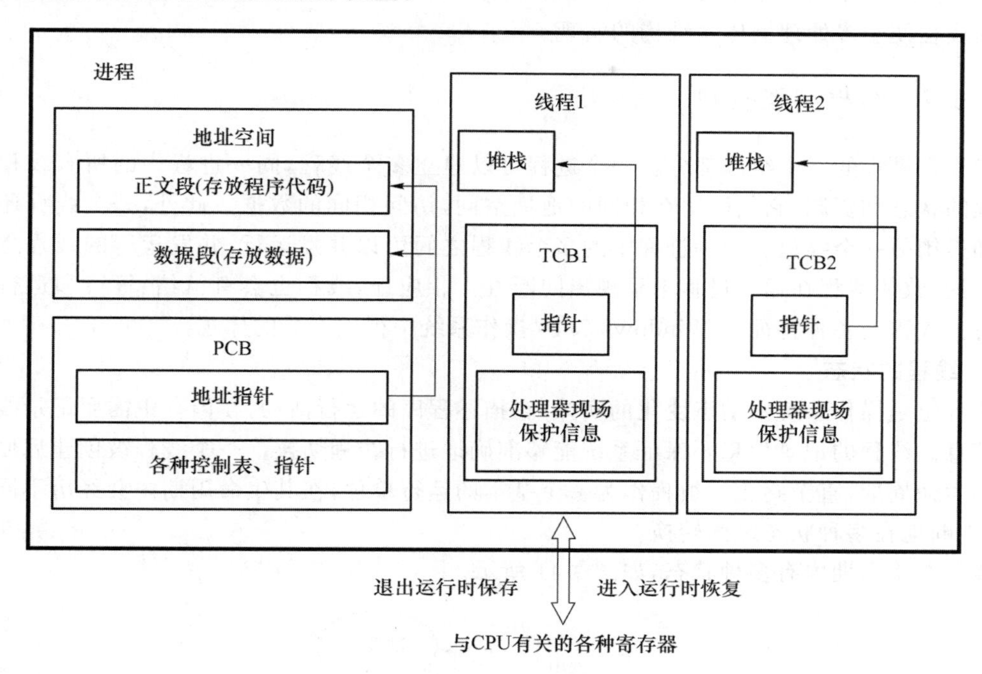


图 3-40　包含多线程的进程

线程由线程控制块(TCB)及其使用的堆栈组成。TCB包含线程标识等描述信息和线程的处理机现场保护信息(一组状态寄存器)。在多线程结构中，进程的两个属性被分开：进程作为系统分配资源的独立单位(不进行频繁切换)，而线程作为处理机调度分派的基本单位(不拥有资源)。

由于线程不是资源分配的实体(不拥有资源的线程又称为轻权进程)，在一个进程内部进行线程切换时，现场保护工作量小，现场切换的效率高。另外，由于线程共享进程的外设、文件等资源，切换时不涉及资源保存和内存地址变换等操作，可以节约大量的空间，同时也减轻了系统开销。多任务操作系统中由于切换频繁，多线程方式比多进程方式能提供更高的响应速度。一般，进程间通信必须通过系统提供的进程通信机制实现，而线程间通信要容易得多，因为由同一进程建立的多个线程处于同一地址空间中。

综上所述，线程具有以下特点：

(1) 线程是操作系统中的基本调度单位，是进程中一个相对独立的可运(执)行单元；

(2) 一个进程至少包含一个线程，线程还可以创建其他线程，线程也有生命周期和状态的变化；

(3) 线程不拥有资源，它与同一进程中的其他线程共享该进程所拥有的资源；

(4) 一个进程内的多个线程并发，效率高，因为线程间切换时需要换进/换出的内容远比进程少，切换迅速，便于为多个用户服务；

(5) 同一进程中的线程由于共享同一地址空间，通信时不需要借助内核功能，所以同一进程内的各个线程之间通信方便，通信效率高；

(6) 线程建立、撤销、调度切换等的系统开销少，因此无论从时间的长短上，还是从占用内存空间的大小上，线程都比进程具有优势；

(7) 在多处理机操作系统中，对进程的个数是有限制的，但对线程的个数不存在限制，因此使用线程便于多处理器体系结构的实现。

### 3.6.2 线程实现机制

线程是进程的一个组成部分。一个进程可以建立多个线程，同一进程中的所有线程共享该进程的状态和资源，它们驻留在相同的地址空间，访问相同的数据。此外，一个线程还可以创建和撤销另一个线程。同一进程中的多个线程之间可以并发运行，并发运行的线程之间会相互制约，致使线程在运行过程中呈现出间断性。相应地，线程也会有就绪、等待和运行等多种状态。线程的各种特征在 Windows 7/10 操作系统中得到充分的体现。

**1. 线程的状态**

线程也是操作系统中动态变化的实体，它描述程序的运行活动，在内存中需要记录线程的活动信息。线程的记录信息要保证系统能够准确地进行线程切换。一个线程被创建后便开始了它的生命周期，直至终止。线程作为一个基本的运行单位，在其生命周期内会经历不同的状态，并不断地在多种状态之间转换。

线程在生命期内有多种状态，如图 3-41 所示。

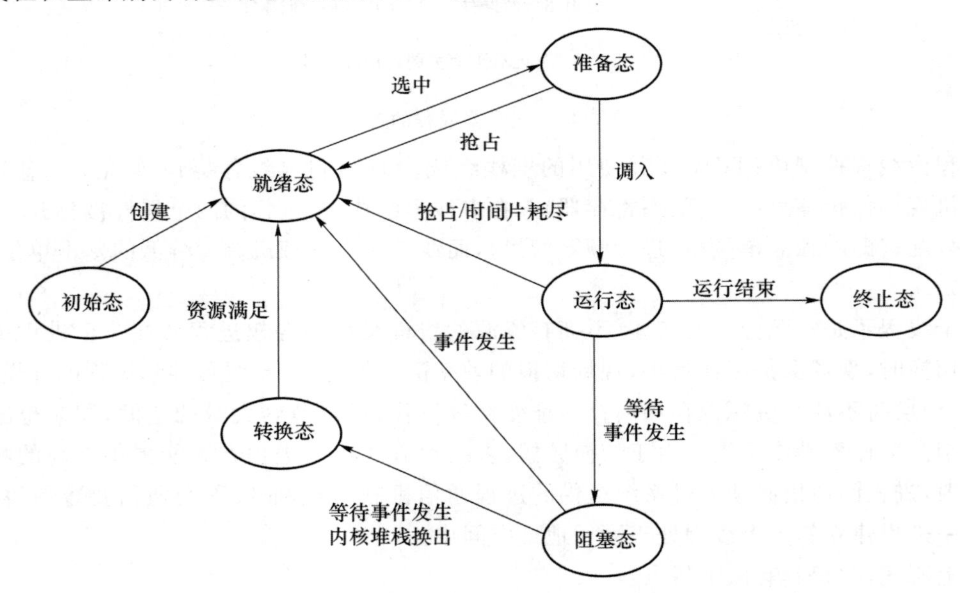


图 3-41 Windows 操作系统中线程的状态变迁

(1) 初始态(initialized)：表示线程正在初始化。

(2) 就绪态(ready)：线程未阻塞，等待分得时间片运行。

(3) 准备态(standby)：线程已被选为某一特定处理器的下一个运行对象，等待条件合适时调度程序就对其进行切换。

(4) 运行态(running)：调度程序完成对线程的上下文切换后，线程就进入运行态立即开始运行。

(5) 阻塞态(waiting)：正在运行的线程因为等待某个事件的发生而进入阻塞状态。

(6) 转换态(transition)：线程在准备运行而其内核堆栈却仍处于外存(换出状态)时，线程进入转换态。

(7) 终止态(terminated):线程在运行完成后进入终止态。

**2. 用户级线程和内核级线程**

线程的调度由操作系统完成。根据线程类型的不同,线程可以由操作系统调度(内核级线程),也可以由用户进行调度(用户级线程)。按照操作系统的管理策略,线程可以分为两种基本类型:用户级线程(User-Level Thread,ULT)和内核级线程(Kernel-Level Thread,KLT)。

用户级线程由用户程序创建,并由用户程序对其进行调度和管理。用户级线程不需要内核支持,对它的创建、撤销和切换都无须利用系统调用来实现,因此用户级线程不需要额外的内核开销。用户程序可以通过一些接口函数对线程进行控制和管理。用户级线程的切换通常发生在一个应用进程的诸线程之间,无须通过中断进入操作系统的内核,切换规则简单,切换速度快。

内核级线程由内核调度并提供相应的系统调用。内核级线程的创建、撤销和切换都由内核来实现。内核级线程比用户级线程占用更多的系统开销,效率也相对低一些。内核可以调度一个进程中的多个线程,使其同时在多个处理器上并发运行,从而提高运行的速度和效率。内核级线程的调度与切换和进程的调度与切换十分相似,采用抢占和非抢占两种调度方式,调度算法也有时间片轮转、优先级算法等,只是所花费的时空开销要比进程调度小得多。

### 3.6.3　线程与进程的比较

进程与线程的区别主要体现在以下几个方面。

**1. 拥有资源方面**

进程是资源分配的基本单位,它拥有自己的地址空间和各种资源。而线程只是处理机的调度单位,基本不拥有系统资源,但它和其他线程共享其隶属进程的资源。

**2. 可调度性**

系统以进程为单位进行处理机切换和调度时,切换时间长,资源利用率降低。而系统以线程为单位进行处理机切换和调度时,发生在同一进程中的诸线程之间的切换不会引起进程的切换,由于不涉及资源,地址空间不会发生变化,所以处理机切换时间较短、效率较高;而在不同的进程中进行线程的切换,比如从一个进程中的线程切换到另一个进程中的线程,将会引起进程的切换。

**3. 并发性**

引入线程的操作系统,不仅进程之间可以并发运行,同一进程内的多个线程之间也可并发运行,因而使操作系统具有更好的并发性,减少了用户的等待时间,提高了系统的响应速度,也提高了系统的吞吐量。

**4. 系统开销**

创建一个进程必须分配给它独立的地址空间,建立众多的数据表来维护它的程序段、堆栈和数据段,而线程的创建只需设置少量的寄存器内容,所以操作系统创建进程的开销远大于创建线程的开销。操作系统为进程切换付出的开销也远大于为同一进程内的线程切换付出的开销。另外,由于同一进程内的多个线程共享进程的同一地址空间,多个线程之间的同步与通信也非常容易实现,甚至不需要操作系统内核的干预。

**5. 系统感知**

进程的调度、同步等由操作系统内核完成；而线程的调度既可以由操作系统内核控制，也可以由用户控制，增加了灵活性。使用线程的最大好处在于：当有多个任务需要处理机处理时，能够减少处理机切换的时空开销，特别有利于共享存储器的对称多处理机系统和客户/服务器(C/S)模型。例如，C/S 模式中的文件服务器对每一个访问文件的要求都派生一个线程，以对其进行处理，多线程并行提高了服务质量。在多处理机操作系统中，这些并行的线程还可以被操作系统安排到不同的处理机上运行，提高了并行的效率。此外，使用线程还有利于操作系统进行前、后台处理。

尽管线程可以提高操作系统的并发性，但线程的设置也会占用一些内存空间和寄存器。所以在一些任务比较单一，进程调度和切换频率较低的操作系统中，比如实时系统、个人数字助理系统等，就不适合使用线程。

因此，那些对实时性要求不高、不那么紧急的大型任务将被操作系统设置为后台线程，安排在处理机空闲时运行，而紧迫的任务将被设置为前台线程，安排在前台运行，优先占用处理机。

## 3.7 管　　程

虽然信号量及其 P、V 操作是一种既方便又有效的进程同步工具，但如果采用这种同步机制来编写并发程序，对共享变量及信号量变量的操作将被分散于各个进程中，会表现出如下几个缺点：

(1) 程序易读性差。如果要了解对一组共享变量及信号量的操作是否正确，则必须通读整个系统或者并发程序。

(2) 不利于修改和维护。因为程序的局部性很差，所以任意一组变量或一段代码的修改都可能影响全局。

(3) 正确性难以保证。因为操作系统或并发程序通常很大，所以要保证这样一个复杂的系统没有逻辑错误是很难的。

### 3.7.1　管程概念

Dijkstra 于 1971 年提出，把所有进程对某一种临界资源的同步操作都集中起来，构成一个所谓的“秘书”进程，凡要访问该临界区的进程，都需先报告“秘书”，由“秘书”来实现各个进程对同一临界资源的互斥使用。1973 年，Hansan 和 Hoare 又把“秘书”进程发展为管程概念，把并发进程间的同步操作，分别集中到相应的管程中。

Hansan 为管程下的定义是，一个管程定义了一个数据结构和在该数据结构上能被并发进程运行的一组操作，这组操作能同步进程和改变管程中的数据。管程是一个程序设计语言结构，提供了与信号量同样的功能，更易于控制，在高级语言 Java、C＋＋中可以实现。

由定义可知，管程在结构上由 3 个部分组成：

(1) 管程所管理的共享数据结构(变量)，这些数据结构是对相应临界资源的抽象；

(2) 建立在该数据结构上的一组操作(函数)；

(3) 对上述数据结构置初值的语句。

此外，还需为管程赋予一个名字。图 3-42 是管程的结构示意图。

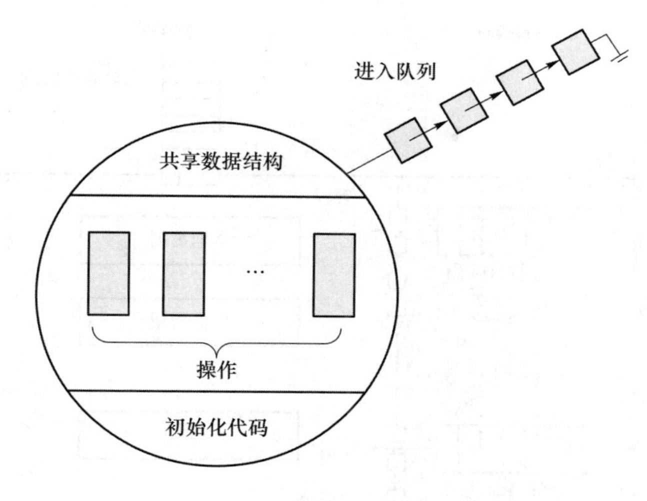


图 3-42 管程的结构示意图

### 3.7.2 管程语法与应用

**1. 管程语法**

```
Monitor monitor-name                    /*管程名字*/
{
  condition 共享变量列表;
  define 本管程内所定义、本管程外可调用的函数列表;
  use 系统所定义、本管程内将调用的函数列表;
  外部接口函数实现;
  条件变量和普通变量初始化语句;
}
```

在上述定义中,管程管理的数据结构,仅能由管程内定义的函数访问,而不能由管程外的函数访问。管程内定义的函数又分两种类型:一是外部接口函数(define 后面定义的函数),二是内部函数(use 后面定义的函数)。外部接口函数是进程可以从外部调用的函数,而内部函数是只能由管程内的外部接口函数调用的函数。整个管程的功能相当于一道"围墙",它把共享变量所代表的资源和对它进行操作的若干函数围了起来,所有进程要访问临界资源,都必须经过管程这道门;而管程每次只准许一个进程进入,即便它们调用的是管程中的不同函数,从而自动地实现临界资源在不同进程间的互斥使用。在图 3-42 中,进入队列排队的就是那些要求进入管程但因互斥使用而暂时不能进入的进程。

**2. 条件变量**

如图 3-43 所示,因为管程是互斥进入的,所以当一个进程试图进入一个已被占用的管程时,它应当在管程的入口处等待,因而在管程的入口处应当有一个进程阻塞队列,称作入口阻塞队列。

如果进程 P 唤醒进程 Q,则 P 等待、Q 继续,如果进程 Q 在运行时又唤醒进程 R,则 Q 等待、R 继续,……,如此,在管程内部,由于运行唤醒操作,可能会出现多个等待进程,因而还需要有一个进程阻塞队列,这个阻塞队列被称为紧急阻塞队列,它的优先级应当高于入口阻塞队列。

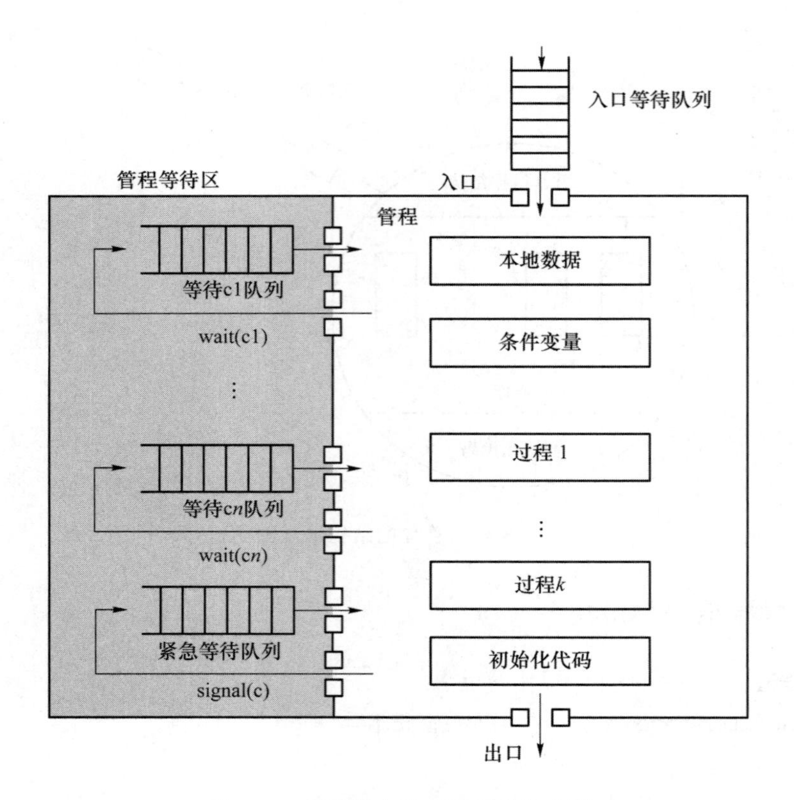


图 3-43 设置阻塞队列的管程组成图

为了区分各种等待原因，在管程内设置若干条件变量，局限于管程，并仅能从管程内访问条件型变量 c；对于条件型变量 c，可以运行 wait 和 signal 操作。

wait(c)指将自己阻塞在 c 队列中。如果紧急阻塞队列非空，则唤醒第一个等待者；否则，释放管程的互斥权，运行此操作的进程排入 c 队列尾部。

signal(c)指将 c 队列中的一个进程唤醒。如果 c 队列为空，则相当于空操作，运行此操作的进程继续；否则，唤醒第一个等待条件变量 c 的进程，运行此操作的进程排入紧急阻塞队列的尾部。

当一个进入管程的进程运行等待操作时，它应当释放管程的互斥权。当一个进入管程的进程运行唤醒操作时(如 P 唤醒 Q)，管程中便存在两个同时处于活动状态的进程，决定哪个进程运行、哪个进程等待的方法有 3 种：

(1) P 等待、Q 继续，直到 Q 终止或阻塞；

(2) Q 等待、P 继续，直到 P 终止或阻塞；

(3) 规定唤醒为管程中最后一个可运行的操作。

### 3.7.3 管程的主要特征

管程具有以下特征。

(1) 模块化：一个管程是一个基本程序单位，可以单独编译。

(2) 抽象数据类型：管程是一种特殊的数据类型，其中不仅有数据，而且有对数据进行操作的代码。

（3）信息掩藏：管程是半透明的，管程中的外部过程（函数）实现了某些功能，至于这些功能是怎样实现的，在其外部是不可见的。

管程实现进程的同步与互斥时，将系统按资源管理的观点分解成若干模块，用数据表示抽象的系统资源，同时分析了共享资源和专用资源在管理上的差别；按不同的管理方式定义模块的类型和结构，使同步操作相对集中，从而增加了模块的相对独立性，提高了代码的可读性，便于修改和维护，使正确性易于保证；采用集中式同步机制，一个操作系统或并发程序由若干个这样的模块构成，一个模块通常较短，且模块之间关系清晰。

## 习　题

### 一、选择题

1. 下列选项中，引起创建新进程的操作是（　　）。

Ⅰ. 用户成功登陆　　Ⅱ. 设备分配　　Ⅲ. 启动程序运行

A. 仅Ⅰ和Ⅱ　　B. 仅Ⅱ和Ⅲ　　C. 仅Ⅰ和Ⅲ　　D. Ⅰ、Ⅱ、Ⅲ

2. 设与某资源相关联的信号量初值为3，当前值为1，若M表示该资源的可用个数，N表示等待资源的进程数，则M，N分别是（　　）。

A. 0，1　　B. 1，0　　C. 1，2　　D. 2，0

3. 在支持多线程的系统中，由进程P创建的若干个线程中不能共享的是（　　）。

A. 进程P的程序段　　B. 进程P中打开的文件

C. 进程P的全局变量　　D. 进程P中某线程的栈指针

4. 若某单处理器多进程系统中有多个就绪态进程，则下列关于处理机调度的叙述中，错误的是（　　）。

A. 在进程结束时能进行处理机调度

B. 创建新进程后能进行处理机调度

C. 进程处于临界区时不能进行处理机调度

D. 系统调用完成并返回用户态时能进行处理机调度

5. 下列关于进程和线程的叙述中，正确的是（　　）。

A. 不管系统是否支持线程，进程都是资源分配的基本单位

B. 线程是资源分配的基本单位，进程是调度的基本单位

C. 系统级线程和用户级线程的切换都需要内核的支持

D. 同一进程中的各个线程拥有各自不同的地址空间

6. 某系统正在运行3个进程P1、P2和P3，各进程的计算时间（CPU时间）和I/O时间所占比例如表3-9所示：

**表3-9　进程的计算时间和I/O时间比例表**

| 进程 | 计算时间 | I/O时间 |
|---|---|---|
| P1 | 90% | 10% |
| P2 | 50% | 50% |
| P3 | 15% | 85% |

为提高系统资源利用率,合理的进程优先级设置是(　　)。

A. P1>P2>P3　　B. P3>P2>P1　　C. P2>P1=P3　　D. P1>P2=P3

7. 下列关于银行家算法的叙述中,正确的是(　　)。

A. 银行家算法可以预防死锁

B. 当系统处于安全状态时,系统中一定无死锁进程

C. 当系统处于不安全状态时,系统中一定会出现死锁进程

D. 银行家算法破坏了死锁必要条件中的"请求和保持"条件

8. 有两个并发进程 P1 和 P2,共享初值为 1 的变量 x。P1 对 x 加 1,P2 对 x 减 1。加 1 和减 1 操作的指令序列分别如下所示。

```
//加 1 操作                                 //减 1 操作
load R1, x      //取 x 到寄存器 R1 中       load R2, x
inc R1                                      dec R2
store x,R1      //将 R1 的内容存入 x        store x,R2
```

两个操作完成后,x 的值是(　　)。

A. 可能为-1 或 3　　B. 只能为 1

C. 可能为 0、1 或 2　　D. 可能为-1、0、1 或 2

9. 进行 P0 和 P1 的共享变量定义及其初值为

```
boolean flag[2];
int turn = 0;
flag[0] = FALSE;flag[1] = FALSE;
```

若进行 P0 和 P1 访问临界资源的类 C 伪代码实现如下:

```
void P0()     //进程 P0                         void P1()     //进程 P1
{                                               {
    while(TRUE)                                     while(TRUE)
    {                                               {
        flag[0] = TRUE;turn = 1;                        flag[1] = TRUE; turn = 0;
        while (flag[1] && (turn == 1));                 while (flag[0] && (turn == 0));
        临界区;                                          临界区;
        flag[0] = FALSE;                                flag[1] = FALSE;
    }                                               }
}                                               }
```

则并发运行进程 P0 和 P1 时产生的情况是(　　)。

A. 不能保证进程互斥进入临界区,会出现"饥饿"现象

B. 不能保证进程互斥进入临界区,不会出现"饥饿"现象

C. 能保证进程互斥进入临界区,会出现"饥饿"现象

D. 能保证进程互斥进入临界区,不会出现"饥饿"现象

10. 下列选项中会导致进程从运行态变为就绪态的事件是(　　)。

A. 运行P(wait)操作　　B. 申请内存失败
C. 启动I/O设备　　D. 被高优先级进程抢占

11. 若系统S1采用避免死锁方法,S2采用检测死锁方法,下列叙述中正确的是(　　)。
Ⅰ. S1会限制用户申请资源的顺序
Ⅱ. S1需要所需资源总量信息,而S2不需要
Ⅲ. S1不会给可能导致死锁的进程分配资源,而S2会
A. 仅Ⅰ、Ⅱ　　B. 仅Ⅱ、Ⅲ　　C. 仅Ⅰ、Ⅲ　　D. Ⅰ、Ⅱ、Ⅲ

12. 某计算机系统中有8台打印机,有K个进程竞争使用,每个进程最多需要3台打印机。该系统可能会发生死锁的K的最小值是(　　)。
A. 2　　B. 3　　C. 4　　D. 5

**二、应用题**

1. 简化如图3-44所示的资源分配图,并说明有无进程处于死锁状态。

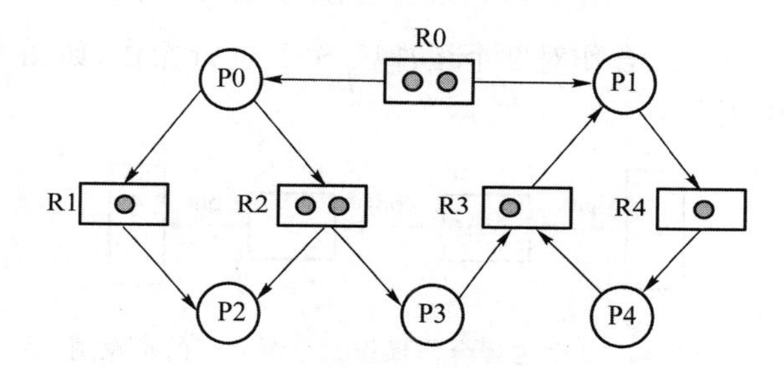


图3-44　资源分配图

2. 在银行家算法中,出现表3-10所示的资源分配情况。

**表3-10　银行家算法中出现的资源分配情况**

| 进程＼资源 | Allocation(已分配) | | | | Need(还需要) | | | | Available(剩余数) | | | |
|---|---|---|---|---|---|---|---|---|---|---|---|---|
| | R1 | R2 | R3 | R4 | R1 | R2 | R3 | R4 | R1 | R2 | R3 | R4 |
| P0 | 0 | 0 | 3 | 2 | 0 | 0 | 1 | 2 | 1 | 6 | 2 | 2 |
| P1 | 1 | 0 | 0 | 0 | 1 | 7 | 5 | 0 | | | | |
| P2 | 1 | 3 | 5 | 4 | 2 | 3 | 5 | 6 | | | | |
| P3 | 0 | 3 | 3 | 2 | 0 | 6 | 5 | 2 | | | | |
| P4 | 0 | 0 | 1 | 4 | 0 | 6 | 5 | 6 | | | | |

① 该状态是否安全?
② 如果进程P2提出请求Request2(1,2,2,2)后,系统能否将资源分配给它?

3. 两个进程P1、P2的程序段描述如下:

```
进程P1            进程P2
Y=1;              X=1;
Y=Y+2;            X=X+1;
V(S1);            P(S1);
Z=Y+1;            X=X+Y;
P(S2);            Z=X+Z
Y=Z+Y;            V(S2);
```

其中，信号量的初值为 S1＝S2＝0。试求它们并发运行结束后变量 X、Y、Z 的值。

**三、编程题**

1. 设 6 个进程 P1、P2、P3、P4、P5、P6 有图 3-45 所示的并发关系。试用 P、V 操作实现这些进程间的同步。

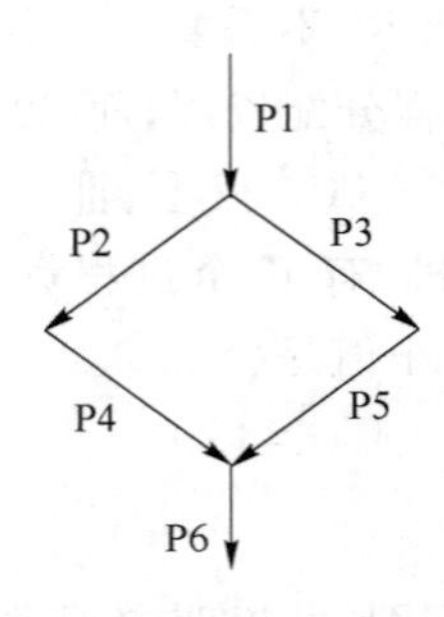


图 3-45　6 个进程的并发关系

2. 3 个进程 get、copy、put 合作对 2 个缓冲区 S、T 进行操作，如图 3-46 所示。利用 P、V 操作实现 3 个进程之间的同步。

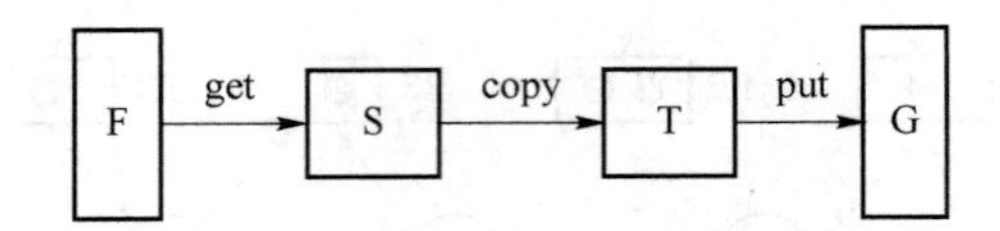


图 3-46　3 个进程合作操作 2 个缓冲区的示意图

3. 设有一个可以装 A、B 两种物品的仓库，其容量有限（为 N），但要求仓库中 A、B 两种物品的数量满足下述不等式：

$$-M \leqslant \text{A 物品数量} - \text{B 物品数量} \leqslant M$$

其中 M 和 N 为正整数，N＞M。另外，还有一个进程用于消费 A、B，一次取一个 A 和一个 B 组装成 C。试用信号量和 P、V 操作描述 A、B 两种物品的入库和消费过程。

4. 某寺庙有小和尚和老和尚各若干人，水缸一只，由小和尚提水入缸给老和尚饮用。水缸可容水 10 桶，水取自同一口水井。水井直径窄，每次仅能容一只水桶取水，水桶总数为 3 个。若每次入、取水仅为 1 桶，而且入、取不可同时进行。试用一种同步工具写出小和尚和老和尚入水、取水的活动过程。

5. 某工厂有一个可以存放设备的仓库，总共可以存放 100 台设备。生产的每一台设备都必须入库，销售部门可从仓库提出设备供应给客户。设备的入库和出库都必须借助运输工具。现只有 1 台运输工具，每次只能运输一台设备。

请添加必要的信号量和 P、V（或 wait()、signal()）操作，实现上述过程中的协同工作。要求写出完整的过程，并说明信号量的含义并赋初值。

6. 3 个进程 P1、P2、P3 互斥使用一个包含 N（N＞0）个单元的缓冲区。P1 每次用 produce() 生成一个正整数，并用 put() 将其送入缓冲区某一空单元；P2 每次用 getodd() 从该缓冲区中取出一个奇数，并用 countodd() 统计奇数的个数；P3 每次用 geteven() 从该缓冲区中取出一个偶数，并用 counteven() 统计偶数的个数。请用信号量机制实现这 3 个进程的同步与互斥活动，并说明所定义的信号量的含义。要求用伪代码描述。

# 第4章 处理机调度

在支持多道程序设计技术的操作系统中，几乎所有资源在使用前都需经过系统调度。处理机是计算机中最重要的系统资源，多个并发运行的进程在系统中运行时竞争处理机。此时需要操作系统对处理机进行合理分配，这是操作系统的基本功能之一。

处理机调度是设计者在设计操作系统时必须仔细考虑的内容。操作系统类型决定了处理机调度的实现策略，调度算法的好坏直接关系到操作系统的整体性能。

本章主要讲解处理机调度相关的基本概念、调度层次、调度目标与方式、调度的基本准则和指标、典型调度算法、实时调度等。

## 4.1 作　　业

### 4.1.1 作业和作业步

**1. 作业**

作业是一个比程序更为广泛的概念，它不仅包含了通常的程序和数据，而且还应配有一份作业说明书，系统根据作业说明书来对作业的运行进行控制。在批处理系统中，以作业为基本单位将程序和数据从外存调入内存。

系统接纳作业的道数由系统资源决定，特别是处理器和内存资源。如果内存中运行的作业过多，会影响系统的服务质量及程序的正常运行。操作系统为了保证进入系统的作业能够正常运行，往往限制系统中的作业数量。当作业数量达到峰值后，只有一个作业完成后另一个作业才能进入系统。

**2. 作业步**

通常，在作业运行期间，每个作业都必须经过若干个相对独立又相互关联的顺序加工步骤才能得到结果。我们把其中的每一个加工步骤称为一个作业步，各作业步之间存在着相互联系，往往是把上一个作业步的输出作为下一个作业步的输入。例如，一个典型的作业可分成3个作业步：①“编译”作业步，通过运行编译程序对源程序进行编译，产生若干个目标程序段；②“连结装配”作业步，将“编译”作业步产生的若干个目标程序段装配成可运行的目标程序；③“运行”作业步，将可运行的目标程序读入内存并控制其运行。

作业通常被分成若干个既相对独立又互相关联的加工步骤，每个步骤称为一个作业步。每个作业步可能对应一个或多个进程。例如，一个用 Java 语言编写的程序可看作一个作业，该作业运行时，首先经过 JDK 编译程序进行编译，形成后缀名为.class 的字节码文件；字节码文件再通过 JDK 的运行程序进行解释、运行，用户才能看到最终的运行结果。对上述两个步骤，系统可以通过创建两个进程来完成，如系统中此时还有其他进程运行，这两个进程与其他进程并发运行。

**3. 作业流**

若干个作业进入系统后，被依次存放在外存上，这便形成了输入作业流；在操作系统的控制下，作业被逐个处理，于是便形成了处理作业流。

### 4.1.2 作业控制块

为了管理和调度作业，在多道批处理系统中为每个作业设置了一个作业控制块（Job Control Block，JCB）。如同进程控制块是进程在系统中存在的标志，JCB 是作业在系统中存在的唯一标志，其中保存了系统对作业进行管理和调度所需的全部信息。JCB 中所包含的内容因系统而异，通常应包含的内容有：作业名、资源需求、资源使用情况、类型级别，以及作业状态。表 4-1 给出了典型作业控制块的主要内容。

**表 4-1 作业控制块的主要内容**

| 作业名 | 由用户提供，系统将其写到作业控制块中 |
|---|---|
| 资源需求 | 预计运行时间<br>最迟完成时间<br>要求内存大小<br>要求外设类型、台数<br>要求的文件量和输出量 |
| 资源使用情况 | 进入系统的时间<br>开始运行的时间<br>已经运行的时间<br>内存<br>外部设备 |
| 类型级别 | 控制方式（分为联机或脱机）<br>作业类型（CPU 繁忙型、I/O 繁忙型作业、批处理输入作业和终端作业）<br>优先级（反映作业运行的紧急程度） |
| 作业状态 | 后备/运行/完成 |

每当作业进入系统时，系统便为每个作业建立一个 JCB，根据作业类型将它插入相应的后备队列中。作业调度程序依据一定的调度算法来调度它们，被调度的作业将会进入内存。在作业运行期间，系统将按照 JCB 中的信息对作业进行控制。当一个作业运行结束进入完成状态时，系统负责回收分配给它的资源，撤销它的作业控制块。

JCB 中记录了作业所需资源及资源使用情况，但作业所需资源的分配和释放不是由作业调度程序完成的，而是由存储器管理和设备管理程序完成的。作业调度程序只是将对内存的需求和对设备的需求转交给相应的内存管理程序和设备管理程序。

### 4.1.3 作业状态及相互转换

作业一般要经历“提交”“后备”“运行”和“完成”4 个状态，如图 4-1 所示。用户向系统提交一个作业时，该作业所处的状态为提交状态。例如，将一套作业卡片交给机房管理员，由管理员将它们放到读卡机上读入机器，或者用户通过键盘向机器输入作业等。用户提交的作业经输入设备(如读卡机)送入输入井(磁盘的一部分)后，等待进入内存的状态为后备状态。处于后备状态作业的数据已经转换成机器可读的形式，作业请求资源等信息也交给了操作系统。系统中往往有多个作业处于后备状态，它们通常被组织成队列形式。后备状态作业被作业调度程序选中后调入内存，获得所需资源且正在处理机上运行时，称作业处于运行状态。处于运行状态的作业占用了内存，但不一定占用 CPU 资源，这和处于运行状态的进程必须占用 CPU 不同。作业运行完毕，其结果被放到硬盘中专门用来存放结果的某个固定区域或打印输出，系统回收分配给它的全部资源，此时的作业处于完成状态。

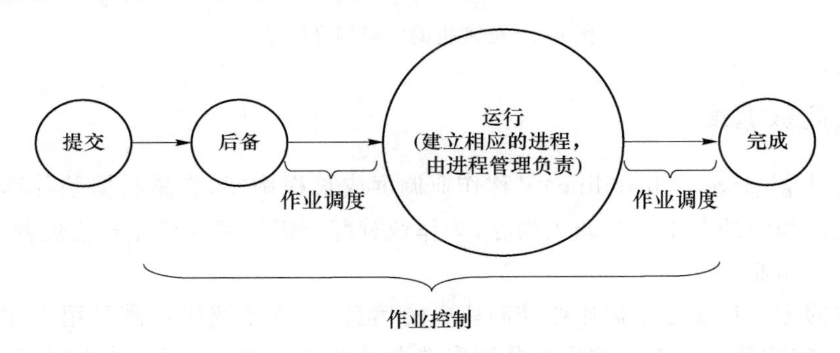


图 4-1　作业状态及其转换

## 4.2 处理机调度层次

处理机调度主要是对处理机运行时间进行分配，即按照一定算法或策略将处理机运行时间分配给各个用户进程，同时要尽量提高处理机的使用效率。调度算法的优劣、调度程序的实现方法直接影响到系统并发运行的整体效率。

一个进程在处理机上运行之前，必须占有一定的系统资源(如 CPU、内存和 I/O 设备等)。为了合理地安排进程占用的这些资源，为进程在处理机上运行做准备，操作系统也需要对其他资源进行调度，选择进程占用系统的其他资源。例如，系统满足某进程的磁盘 I/O 请求进行磁盘输入/输出，这称为磁盘调度。

在现代操作系统中，按照调度所实现的功能来分，通常把处理机分配给进程或线程的调度称为低级调度，除此之外，还有中级调度和高级调度，它们一起构成三级调度体系，如图 4-2 所示。其中，低级调度是该体系中不可缺少的最基本调度。将调度层次分为高、中和低三级调度，主要根据调度的信息量和频度划分的，没有技术的高低之分。

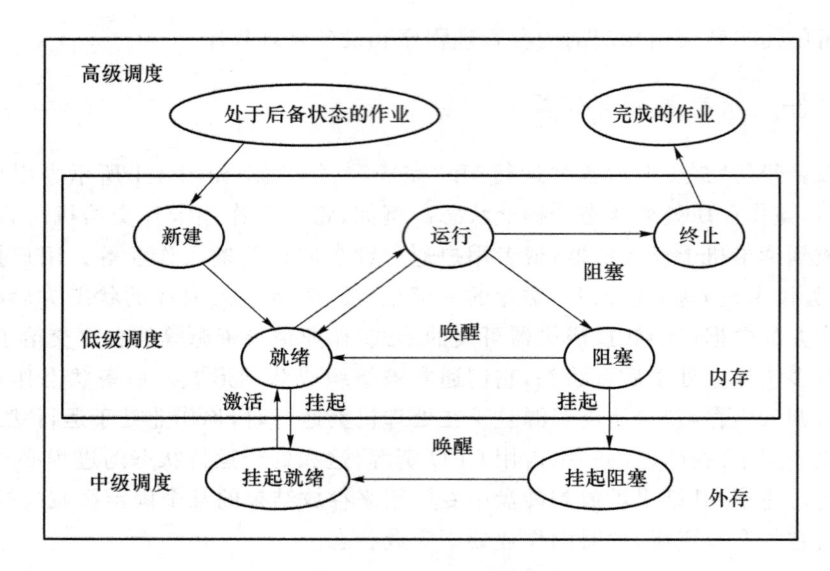


图 4-2　处理机的三级调度体系

### 4.2.1　高级调度

高级调度(high level scheduling)又称作业调度或长程调度,它是根据某种算法将外存上处于后备作业队列中的若干作业调入内存,为作业分配所需资源并建立相应进程。也就是说,它的调度对象是作业。

作业调度的主要功能是根据作业控制块中的信息,审查系统能否满足用户作业的资源需求,以及按照一定的算法从外存的后备队列中选取某些作业调入内存,并为它们新建进程、分配必要的资源,然后再将新建的进程插入就绪队列,准备运行。因此,有时也把作业调度称为接纳调度(admission scheduling)。

对用户而言,总希望自己作业的周转时间尽可能的少,最好周转时间就等于作业的运行时间。然而,系统则希望作业的平均周转时间尽可能少,因为这有利于提高 CPU 的利用率和系统的吞吐量。为此,每个系统在选择作业调度算法时,应既考虑到用户的要求,又考虑到系统具有较高的效率。

### 4.2.2　中级调度

中级调度(middle level scheduling) 又称内存调度或中程调度,它是进程在内存和外存之间的对换。引入中级调度的目的是提高内存利用率和系统吞吐量,提高系统并发度,降低系统开销。当内存空间非常紧张或处理机无法找到一个可运行的就绪进程时,需把某些暂时不能运行的进程换到外存上去等待,释放出其占用的宝贵内存资源给其他进程使用。此时,被换到外存的进程状态变为挂起状态。当这些进程重新具备运行条件且内存又有空闲空间时,由中级调度程序把外存上的某些进程重新调入内存,并修改其状态,为占用处理机做好准备。例如,Linux 操作系统专门要设置一个交换分区,主要用于中级调度。

具有中级调度的系统中,进程除了具有 3 个基本状态外,还具有挂起就绪和挂起阻塞两个状态。中级调度如图 4-3 所示,图中带箭头的直线表示中级调度程序所做的工作。

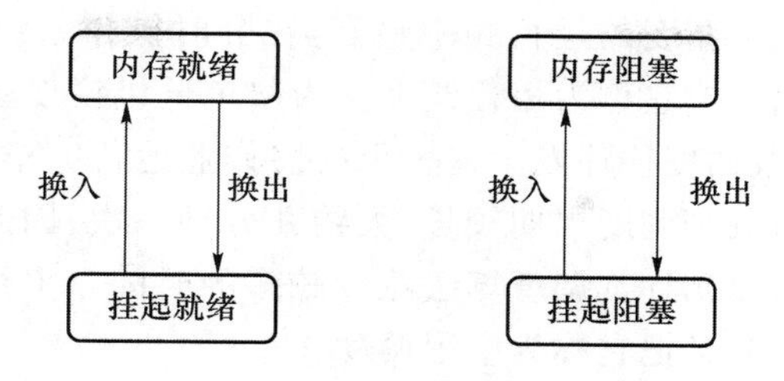


图 4-3　中级调度

中级调度实际上是存储管理中的对换功能，它控制进程对内存的使用。在虚拟存储管理系统中，进程只有被中级调度选中，才有资格占用内存。中级调度可以控制进程对内存的使用，从某种意义上讲，中级调度可通过设定内存中能够接纳的进程数来平衡系统负载，在一定时间内起到平滑和调整系统负载的作用。

### 4.2.3　低级调度

低级调度(low level scheduling)又称进程调度、短程调度，它决定哪个就绪态进程获得处理机，即选择某个进程从就绪态变为运行态。在引进线程的操作系统中，低级调度包括线程调度。进行低级调度的原因多是处于运行态的进程由于某种原因放弃或被剥夺处理机。进程调度见图 4-4。

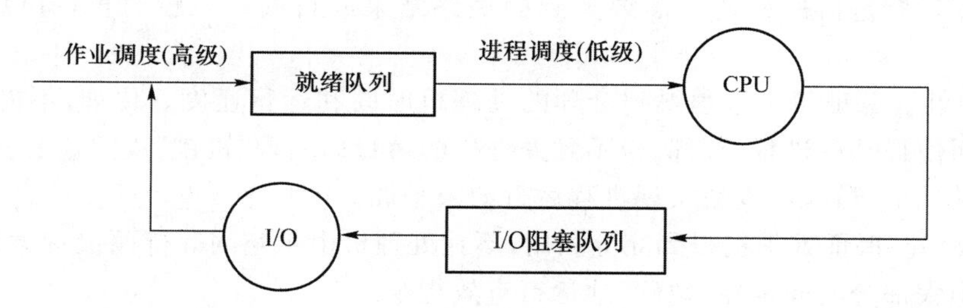


图 4-4　进程调度

进程调度是三级调度中的最终调度，又称底层调度。在这级调度中真正实现了处理机的分配，它是系统不可缺少的最基本调度。

进程调度的功能主要包括以下两部分：

(1) 选择就绪进程。动态查找就绪队列中各进程的优先级和资源(主要是内存)使用情况，按照一定的进程调度算法确定处理机的分配对象。

(2) 进程切换。进程切换是处理机分配的具体实施过程。正在处理机上运行的进程释放处理机，将调度程序选中的就绪态进程切换到处理机上运行。进程切换中主要完成的工作有：保存当前被切换进程的运行现场；统计当前就绪进程的运行时间、剩余时间片、动态变化优先级等。调度程序根据进程调度策略选择一个就绪态进程，把其状态转换为运行态，并把处理机分配给它。

进程的运行现场往往保存在自己的 PCB、用户栈和系统栈中，常包括以下寄存器内容：处理机状态寄存器、指令地址寄存器、通用寄存器、堆栈起始地址、栈顶指针和存储管理寄存器。

进程切换的核心工作是完成两个进程运行现场的切换。一旦操作系统内核将被调度程序选中的进程运行现场恢复到上述寄存器中，处理机就开始运行新调度的进程了。

在上述 3 种调度中，低级调度的运行频率最高，在分时操作系统中通常每隔 10～100 ms 便进行一次低级调度，因此又把它称为短程调度。为避免低级调度占用太多的 CPU 时间，其调度算法不宜太复杂。高级调度往往发生在一个（批）作业运行完毕、退出系统而需要重新调一个（批）作业进入内存时，故其调度周期较长，大约几分钟一次，因此把它称为长程调度。由于高级调度运行频率较低，故允许其调度算法花费较多的时间。中级调度的运行频率基本上介于上述两种调度之间，因此又把它称为中程调度。

在引入线程的操作系统中，还存在线程调度。所谓线程调度，就是选取一个处于就绪态的线程进入运行态，线程间可以共享所属进程的一些资源。相对于进程调度来说，线程调度更为频繁，调度的代价更低。

所以，在引入线程的操作系统中，调度可以分为作业调度、交换调度、低级调度（进程调度和线程调度）。

## 4.3 进程调度目标和调度方式

### 4.3.1 进程调度目标

进程调度目标是指进程调度需要达到的最终结果或目的。一般而言，有以下几种调度目标：

（1）公平性。保证每个进程得到合理的处理机时间和运行速度。比如，不能由于采用某种调度算法而使得某些进程长时间得不到处理机的运行而出现“饥饿”现象。要在保证某些进程优先权的基础上，最大限度地实现进程运行的公平性。

（2）高效率。保证处理机得到充分利用，不让处理机由于空闲等待而浪费大量时间，力争使处理机的绝大部分时间都在“忙碌”地运行有效指令。

（3）低响应时间。保证交互式命令的及时响应和运行。对于交互式命令或交互性较强的进程，不能让用户等待过长时间，必须保证在规定时间内给出运行结果。

（4）高吞吐量。要实现系统高吞吐量，缩短每个进程的等待时间。

（5）特殊应用要求。保证优先运行实时进程或特殊应用进程，以满足用户的特殊应用要求。

不同类型的操作系统有不同的调度目标。下面介绍一下常见操作系统作业/进程的调度目标。设计操作系统时，设计者选择哪些调度目标在很大程度上取决于操作系统自身的特点。

（1）多道批处理操作系统。多道批处理操作系统强调高效利用系统资源和高作业吞吐量。进程提交给处理机后就不再与外部进行交互，系统按照调度策略安排它们运行，直到各个进程完成为止。

（2）分时操作系统。分时操作系统更关心多个用户的公平性和及时响应性，它不允许某个进程长时间占用处理机。分时操作系统多采用时间片轮转调度算法或在其基础上改进的其他调度算法，但处理机在各个进程之间频繁切换会增加系统的时空开销，延长各个进程在系统中的存在时间。因此，分时系统最关注的是交互性和各个进程的均衡性，对进程的运行效率和系统开销要求并不苛刻。

（3）实时操作系统。实时操作系统必须保证实时进程的请求得到及时响应，往往不考虑处理机的使用效率。实时操作系统采取的调度算法和其他类型操作系统采取的调度算法有很大不同，其调度算法的最大特点是可抢占性。

(4) 通用操作系统。通用操作系统对进程调度没有特殊限制和要求，选择进程调度算法时，主要追求处理机使用的公平性以及各类资源使用的均衡性。

### 4.3.2　进程调度方式

有两种基本的进程调度方式，分别为非抢占式(non-preemptive)和抢占式(preemptive)。

**1. 非抢占式**

进程一旦获得处理机变为运行态，其他进程就不能中断它的运行，即使当前阻塞进程中出现了优先级更高的请求，运行态进程也不允许该进程抢占处理机，直到该进程运行完成或发生某个事件使其主动放弃处理机，才能调度其他进程获得处理机。

采用非抢占式调度时，引起进程调度的常见原因有：

(1) 正在运行的进程运行完毕或因发生某事件而不能再继续运行；

(2) 运行中的进程提出 I/O 请求而暂停运行，如等待慢速的 I/O 设备传输数据等；

(3) 在进程通信或同步过程中运行了某种原语操作，如 P 原语、阻塞原语等，如正在运行的进程所需资源不能被满足，该进程通过运行某些原语“主动”放弃处理机的使用权。

这种调度方式的优点是实现简单、系统开销小，适用于大多数批处理操作系统，但它难以满足实时任务的要求。因此，在要求比较严格的实时操作系统中，一般不宜采用此类调度方式。

**2. 抢占式**

抢占式调度是指在进程并发运行中，如果就绪进程中某个进程优先级比当前运行进程的优先级还高，无论当前正在运行的进程是否结束，都允许高优先级进程抢占当前的处理机并立即运行。

抢占式调度可确保高优先级进程立即获得处理机。抢占式调度在实际系统中具有重要意义。为了帮助大家理解抢占式调度的必要性，我们不妨举一个源于现实生活的例子。一个父亲有两个孩子，儿子 5 岁，女儿 4 岁。一天，父亲正在为今天过生日的女儿做蛋糕，两个孩子在院里玩耍。制作过程中，儿子突然跑进来说，他的手在玩耍时被划破了，正在大量流血，让父亲赶紧给包扎一下伤口。在这个例子中，为女儿做蛋糕的过程可看作一个进程，给儿子包扎伤口的过程可看作另一个进程。父亲正在运行做蛋糕进程，该进程需要的时间较长。如果系统不允许抢占式调度，那么父亲就不能及时终止做蛋糕进程给儿子包扎伤口，这显然不符合日常逻辑。父亲应马上终止当前的做蛋糕进程，并要保存好现场，记录好蛋糕做到了什么环节。然后立即切换，运行包扎伤口进程，包扎完后恢复做蛋糕现场，继续做蛋糕。

在某些计算机系统中，为了实现某种目的，有些进程需要优先运行，只有采用抢占式调度才能满足它们的需求。抢占式调度对提高系统吞吐率、加速系统响应时间都有好处。

(1) 在支持抢占式调度的系统中，一般的抢占原则如下。

① 优先权原则：就绪的高优先权进程有权抢占低优先权进程的 CPU。

② 短作业优先原则：就绪的短作业有权抢占长作业的 CPU。

③ 时间片原则：一个时间片耗尽后，系统重新进行进程调度。

(2) 引起抢占式调度的事件可归纳为 3 类：

① 运行进程的时间片耗尽。为了让所有就绪态进程都有机会在处理机上运行，因此把

CPU的运行时间按一定长度分成时间片。每个进程获得CPU后只运行一个时间片，时间片耗尽后，系统把CPU切换给其他进程。当内核发生时钟中断时，系统便检查和计算进程的剩余时间片。如果运行态进程的时间片耗尽，内核程序马上剥夺其处理机，并分配给下一个轮转进程。

② 当实时信号或实时事件发生时，内核必须立即将处理机分配给相应的实时进程，以满足实时处理任务的需求。

③ 当某个就绪态进程的优先级高于当前进程优先级时，内核进程剥夺低优先级进程占有的处理机，并分配给高优先级进程。

任何操作系统都必须支持非抢占式调度，而对抢占式调度的支持可视具体需要而定。一般情况下，通用操作系统都支持基于时间片的抢占式调度，实时操作系统则必须支持严格的、满足规定的抢占式调度。

## 4.4 调度队列模型和选择调度算法的准则

### 4.4.1 调度队列模型

前面所介绍的高级调度、低级调度以及中级调度，都涉及作业或进程的队列，由此形成了如下3种类型的调度队列模型。

**1. 仅有进程调度的调度队列模型**

在分时操作系统中，通常仅设置了进程调度，用户键入的命令和数据都直接送入内存。其中，命令是由操作系统建立一个进程。系统可以把处于就绪态的进程组织成栈、树或一个无序链表，至于到底采用哪种形式，则与操作系统类型和所采用的调度算法有关。例如，在分时操作系统中，常把就绪态进程组织成队列形式。每当操作系统创建一个新进程时，便将它挂在就绪队列的末尾，然后按时间片轮转方式运行。

每个进程在运行时都可能出现以下3种情况：

(1) 若任务在给定的时间片内已经完成，该进程便在释放处理机后进入完成状态；

(2) 若任务在本次分得的时间片内未完成，操作系统便将该任务再放入就绪队列的末尾；

(3) 在运行期间，进程因为某事件而阻塞后，被操作系统放入阻塞队列。

图4-5示出了仅具有进程调度的调度队列模型。

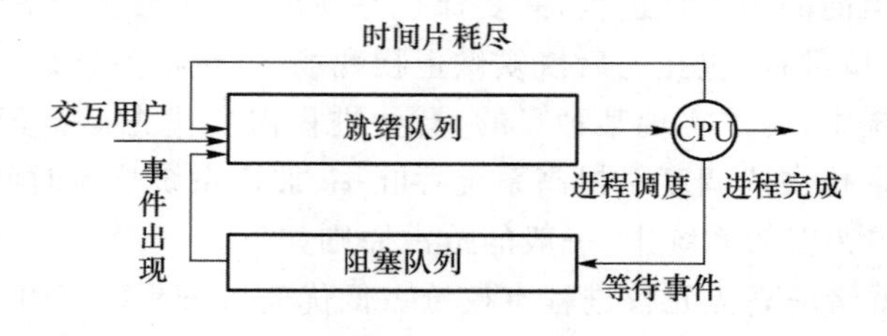


图4-5 仅具有进程调度的调度队列模型

**2. 具有高级调度和低级调度的调度队列模型**

在批处理系统中，不仅需要进程调度，还需要作业调度。由后者按一定的作业调度算法，从外存的后备队列中选择一批作业调入内存，为它们建立进程，并把它们送入就绪队列，然后才由进程调度按照一定的进程调度算法选择一个进程，把处理机分配给该进程。图 4-6 示出了具有高、低两级调度的调度队列模型。该模型与图 4-5 所示模型的主要区别在于以下两个方面。

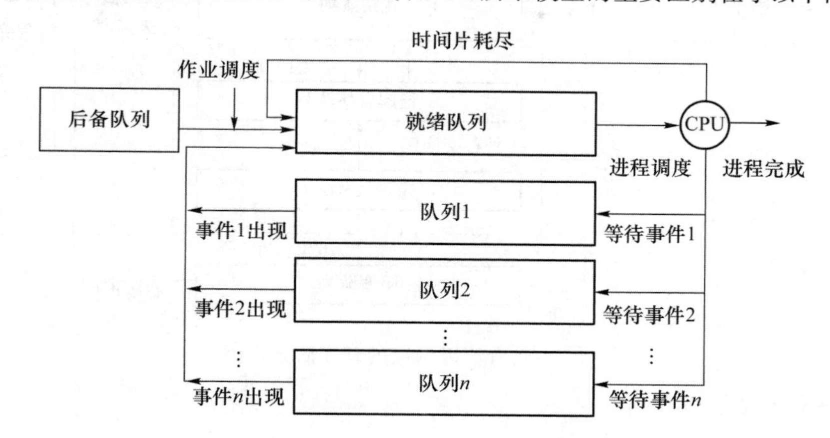


图 4-6　具有高、低两级调度的调度队列模型

（1）就绪队列的形式

在批处理操作系统中，最常用的是最高优先权优先调度算法；相应地，最常用的就绪队列形式是优先权队列。进程在进入优先权队列时，根据其优先权的高低，插入具有相应优先权的位置上；相应地，调度程序总是把处理机分配给就绪队列中的队首进程。在最高优先权优先调度算法中，也可采用无序链表方式，即每次把新到的进程挂在链尾；而调度程序每次调度时，依次比较该链中各进程的优先权，从中找出优先权最高的进程，将其从链中摘下，并把处理机分配给它。显然，无序链表方式与优先权队列相比，调度效率较低。

（2）设置多个阻塞队列

对于小型系统，可以只设置一个阻塞队列；但当系统较大时，若仍只有一个阻塞队列，队列中的进程数可以达到数百个，其长度必然会很长，这将严重影响对阻塞队列操作的效率。故在大、中型系统中通常都设置了若干个阻塞队列，每个队列对应某一种进程阻塞事件。

**3. 同时具有三级调度的调度队列模型**

在分级调度系统中，各级调度分别在不同的调度时机进行。对于一个用户作业来说，通常要经历高级调度、中级调度和低级调度才能完成整个作业程序的运行。

在批处理操作系统中，不同状态的作业和进程会加入不同的队列，这样便于调度和管理。作业进入系统后加入后备队列。内存中处于就绪态的进程形成就绪队列，处于等待态的进程形成阻塞队列，而在外存中处于挂起态的进程形成挂起就绪队列和挂起阻塞队列。

具有三级调度的系统中，各级调度队列、发生时机及切换过程如图 4-7 所示。

### 4.4.2　选择调度算法的若干准则

在一个操作系统的设计中，如何选择调度方式和算法，在很大程度上取决于操作系统的类型及其目标。例如，在批处理操作系统、分时操作系统和实时操作系统中，通常采用不同的调度方式和算法。选择调度方式和算法的准则，有的是面向用户的，有的是面向系统的。

**1. 面向用户的准则**

用户最希望的是进程能尽快地被调度，快速完成所有指令并尽快给出结果。因此，面向用

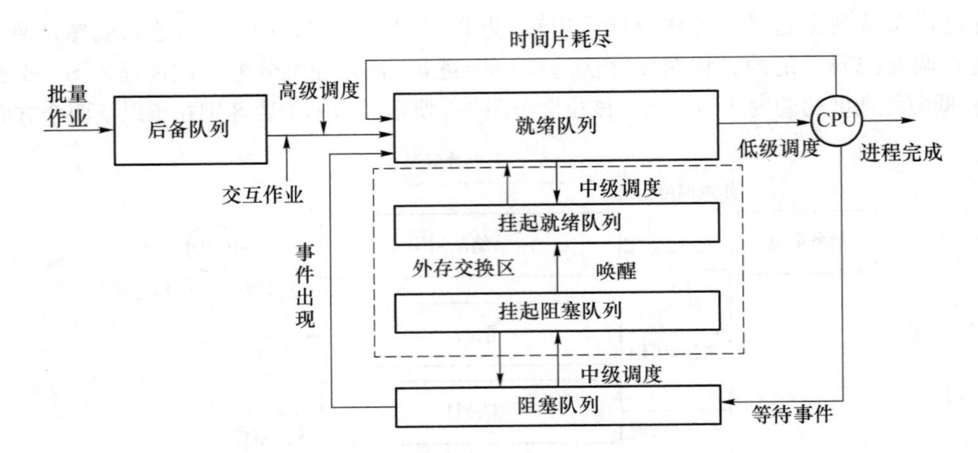


图 4-7　具有三级调度的调度队列模型

户的常见调度指标有以下几个。

(1) 作业周转时间

所谓作业周转时间是指从作业被提交给系统到作业完成的这段时间间隔。作业的周转时间越短越好，它由 4 个时间部分组成：作业在外存后备队列中的等待时间、进程在就绪队列上等待进程调度的时间、进程在 CPU 上运行的时间、进程等待输入/输出操作完成的时间。其中，后 3 项在一个作业的处理过程中可能会发生多次。

单个作业的周转时间往往具有片面性，不能用于全面衡量调度算法的优劣，通常采用平均周转时间($T$)评价调度算法：

$$T=\frac{1}{n}\sum_{i=1}^{n}T_i \tag{4-1}$$

其中，$T_i(1\leqslant i\leqslant n)$为第 $i$ 个作业的周转时间，$T$ 为 $n$ 个作业的平均周转时间。

作业的平均周转时间 $T$ 与系统为它提供服务的运行时间 $T_R$ 之比，即 $T/T_R$，称为带权周转时间，没有单位，平均带权周转时间可表示为

$$W=\frac{1}{n}\sum_{i=1}^{n}\frac{T_i}{T_{Ri}} \tag{4-2}$$

其中，$T_{Ri}$ 为第 $i$ 个作业的运行时间，$W$ 为 $n$ 个作业的平均带权周转时间。

(2) 响应时间

响应时间是指从进程输入第一个请求到系统给出首次响应的时间间隔。用户请求的响应时间越短，用户的满意度越高。响应时间通常由 3 部分组成：进程请求传送到处理机的时间、处理机对请求信息进行处理的时间、响应信息回送到显示器的时间。其中，第一、三部分时间很难减小，只能通过合理的调度算法缩短第二部分时间。

(3) 截止时间

截止时间是指用户或其他系统对运行进程可容忍的最大延迟时间。在实时操作系统中，通常用截止时间的长短衡量一个调度算法是否合格。在实际系统评价中，主要考核的是开始截止时间和完成截止时间。

(4) 优先权准则

在批处理、分时和实时操作系统中选择调度算法时，为保证某些紧急作业能够得到及时处

理，必须遵循优先权准则。因此，系统需对不同进程设立优先级，使高优先级进程优先获得处理机的使用权。

**2. 面向系统的准则**

对计算机系统而言，在保证用户请求被高效处理的基础上，尽量使计算机系统中的各类资源得到充分利用。面向系统的调度指标如下。

（1）系统吞吐量

单位时间内处理的进程数目为CPU的工作效率，单位时间内完成的进程数目为系统的吞吐量。在处理大而长的进程时，吞吐量可能每小时只有一个；在处理小而短的进程时，吞吐量达到每秒几十个甚至上百个。

系统吞吐量可以考察一个系统的最大处理能力，它是从系统效率角度评价系统性能的指标参数，它通常是选择批处理作业调度算法的重要依据。影响系统吞吐量的主要因素有进程平均服务时间、系统资源利用率、进程调度算法等。进程调度算法同时也影响进程平均周转时间和系统资源利用率。

（2）处理机利用率

处理机利用率为CPU有效工作时间与CPU总的运行时间之比。CPU总的运行时间为CPU有效工作时间与CPU空闲时间之和。

大、中型计算机都非常重视处理机的利用率。早期处理机价格昂贵，致使处理机利用率成为衡量系统性能的最重要指标。在当今的计算机系统中，随着硬件技术的发展，处理机的价格不断下降，但在操作系统的设计中还是要充分重视处理机利用率，否则会影响整个系统性能。

（3）各类资源均衡利用

在系统内部，不仅要使处理机的利用率高，还要能有效地利用其他各类系统资源，例如内存、外存和输入/输出设备等。系统管理的进程包括多种类型，有些是处理机繁忙型进程，有些是输入/输出繁忙型进程。进程调度要考虑进程对处理机的实际需要，最好是让不同类型的进程相互搭配运行，使处理机和其他各类资源都能得到均衡利用。

（4）调度算法实现准则

调度算法实现的准则包括两方面：调度算法的有效性和易实现性。调度算法能否有效地解决实际问题是选择调度算法的根本准则。如果某个算法不能很好地满足用户或系统的某种特定要求，那么该算法不是一个优秀的调度算法，应考虑采用其他调度算法替换它。

调度算法本身是否容易实现，也是操作系统设计者考察调度算法时的一个重要准则。一个算法再好，如果它不容易实现或实现的系统开销太大，也会影响调度性能或使调度工作无法进行。实际系统中，容易实现的调度算法往往调度效率较低，而调度效率较高的算法又较为复杂、不容易实现。不同的调度算法可满足不同的要求，要想得到一个满足所有用户和系统要求的算法，几乎是不可能的，因此设计者在考察一个调度算法时要统筹兼顾、有所取舍。

## 4.5　调度算法

处理机调度

在操作系统中，调度的实质是一种资源分配，因而调度算法是指系统的资源分配策略所规定的资源分配算法。对于不同的系统和系统目标，通常采用不同的调度算法。例如，在批处理操作系统中，为了照顾众多的短作业，应采用短作业优先的调度算法；又如在分时操作系统中，为了保证系统具有合理的响应时间,应采用轮转法进行调度。目前存在的多种调度算法中,有的算法适用于作业调度,有的算法适用于进程调度,但也有的调度算法既可用于作业调度,也可用于进程调度。

### 4.5.1 先来先服务调度算法

先来先服务(First-Come First-Served,FCFS)调度算法是最简单的调度算法,该算法既可用于作业调度,也可用于进程调度。当在作业调度中采用该算法时,系统将按照作业到达的先后次序来进行调度,或者说它是优先考虑在系统中等待时间最长的作业,而不管该作业所需运行时间的长短,从后备作业队列中选择几个最先进入该队列的作业,将它们调入内存,为它们分配资源和创建进程,然后把它放入就绪队列。当在进程调度中采用 FCFS 调度算法时,从就绪的进程队列中选择一个最先进入该队列的进程,为之分配处理机,使之投入运行,直到该进程运行到完成或发生某事件而阻塞,进程调度程序才将处理机分配给其他进程。

顺便说明,FCFS 调度算法在单处理机系统中已很少作为主调度算法,但其经常与其他调度算法结合形成一种更为有效的调度算法。例如,可以在系统中按进程的优先级设置多个队列,给每个优先级设置一个队列,对每一个队列的调度都基于 FCFS 调度算法。

### 4.5.2 短作业优先调度算法

由于在实际情况中,短作业(进程)占有很大比例,为了能使它们能比长作业优先运行,产生了短作业优先(Short Job First,)调度算法。

SJF 调度算法以作业的长短来计算优先级,作业越短,优先级越高。作业的长短是以作业所要求的运行时间来衡量的。SJF 调度算法可以分别用于作业调度和进程调度。当把 SJF 调度算法用于作业调度时,它将从外存的作业后备队列中选择若干个估计运行时间最短的作业,优先将它们调入内存运行。

虽然 SJF 调度算法比 FCFS 调度算法有明显的改进,但仍然存在不容忽视的缺点:

(1) 必须预知作业的。然而,即使是程序员也很难准确估计作业的运行时间,如果估计过低,则系统按估计的时间终止运行时作业并未完成,故运行时间一般都会偏长估计。

(2) 对长作业非常不利,使长作业周转时间明显增长。更严重的是,该算法完全忽视作业的等待时间,可能会使作业等待时间过长,从而引起饥饿现象。

(3) 采用 FCFS 调度算法时,人-机无法实现交互。

(4) 该调度算法完全未考虑作业的紧迫程度,故不能保证及时处理紧迫性作业。

### 4.5.3 高优先级优先调度算法

每个进程都有一个优先级,它反映了进程的重要程度、运行的紧迫程度,系统将把 CPU 分配给就绪态中优先级最高的那个进程。高优先级优先调度算法的基本思想是按照进程优先级进行调度,使高优先级进程得到优先处理。各个进程优先级的确定方式分为静态和动态两种。静态优先级是在创建进程时确定的优先数,并保持到进程结束。动态优先级是进程在创建时被赋予的优先级数,在进程运行过程中可以自动改变,以获得更好的调度性能。高优先级优先调度算法的特点为:进程的优先级可以由系统按照一定的原则自动赋予,在进程运行过程中允许被修改;优先级可以由系统外部安排,甚至可以由用户支付高费购买。

系统给进程确定优先级的依据如下：

（1）静态优先级方式。进程索取的资源越多，估计运行时间越长，优先级越低；系统进程优先级比用户进程高；I/O繁忙的进程比CPU繁忙的进程的优先级高。

（2）动态优先级方式。一个进程的优先级随着它占有处理机时间的增长而降低，随着它等待处理机时间的增长而升高。

### 4.5.4 最高响应比优先调度算法

在批处理操作系统中，短作业优先算法是一种比较好的算法，其主要的不足之处是长作业的运行得不到保证。如果我们能为每个作业引入前面所述的动态优先级，并使作业的优先级随着等待时间的增加以一定的速率提高，则长作业在等待一定的时间后，必然有机会分配到处理机。最高响应比优先调度（HRN）算法中作业优先级的变化规律（响应比）可描述为

$$R = \frac{\text{系统响应时间}}{\text{估计运行时间}} = \frac{(\text{作业等待时间} + \text{估计运行时间})}{\text{估计运行时间}}$$

$$= 1 + \text{作业等待时间} / \text{估计运行时间}$$

由上式可以看出：

（1）如果作业的等待时间相同，则要求服务的时间愈短，其优先级愈高，因而该算法有利于短作业；

（2）当要求服务的时间相同时，作业的优先级决定于其等待时间，等待时间愈长，其优先级愈高，因而它实现的是先来先服务。

（3）对于长作业，作业的优先级可以随等待时间的增加而提高，当其等待时间足够长时，其优先级便可升到很高，从而可获得处理机。简言之，该算法既照顾了短作业，又考虑了作业到达的先后次序，不会使长作业长期得不到服务。因此，该算法是先来先服务算法和短进程优先调度算法的综合，实现了一种较好的折中。当然，使用该算法时，在进行调度之前，都须先做响应比的计算，这会增加系统开销。

### 4.5.5 基于时间片的轮转调度算法

如前所述，在分时操作系统中，为保证能及时响应用户的请求，必须采用基于时间片的轮转调度算法。早期的分时操作系统中采用的是简单的时间片轮转（RR）法；20世纪90年代后，广泛采用多级反馈队列调度算法。

基于时间片的轮转调度算法的基本思想是将CPU的处理时间分割成许多某一大小的时间片，每个进程一旦占有处理机仅能使用一个时间片。时间片耗尽，无论程序是否运行完毕该进程都必须释放出处理机给下一个就绪进程，并等待下一轮调度；同时，进程调度又去选择就绪队列中的另一个进程，分配给它一个时间片，以投入运行。如此轮流调度，使得就绪队列中的所有进程在一个有限的时间内都可以依次轮流获得一个CPU时间片，从而满足了操作系统对用户分时的相应要求。在基于时间片的轮转调度算法中，进程按FCFS原则排成一个队列，每次调度都将处理机分派给队首进程，时间片耗尽的进程返回就绪队列末尾，排队等待下一次调度的到来，并通过上下文切换调用下一个进程。

根据时间片的设置方式，基于时间片的轮转调度算法可分为固定时间片循环轮转调度算法和可变时间片轮转调度算法。

(1) 固定时间片循环轮转调度算法。就绪队列中的进程在轮转过程中使用固定的时间片。如果就绪队列中有 $n$ 个进程,用户所能接受的响应时间为 $t$,时间片 $q$ 可以由 $q=t/n$ 计算得到,通常为几十毫秒到几百毫秒。

(2) 可变时间片轮转调度算法。当一轮循环开始时,系统根据就绪队列中已有的进程数目计算一次 $q$ 值,然后进行轮转。在此期间,新到达的进程暂不进入就绪队列,要等到该次轮转完毕后再一并进入。之后,系统根据就绪队列中的进程数目重新计算 $q$ 值,开始下一轮循环。

基于时间片的轮转调度算法的特点:算法性能依赖于时间片的大小。时间片大小将直接影响系统开销和响应时间:时间片太大,会使其他就绪状态的进程等待时间太长,占用 CPU 的进程可能在一个时间片内就运行完毕,该算法将退化为 FCFS 算法;时间片太小,处理机在进程之间的上下文切换过于频繁,导致系统开销增加,降低 CPU 的实际使用效率。具体的时间片值由各个系统根据需求自行设定,且随系统的负荷不同而变化。

### 4.5.6 多级反馈队列调度算法

不同的调度算法各有所长,为了达到最好的调度效果,操作系统往往把几种调度算法综合起来应用。多级反馈队列调度算法综合了 FCFS、SJF 和 HRN 这 3 种算法,如图 4-8 所示。

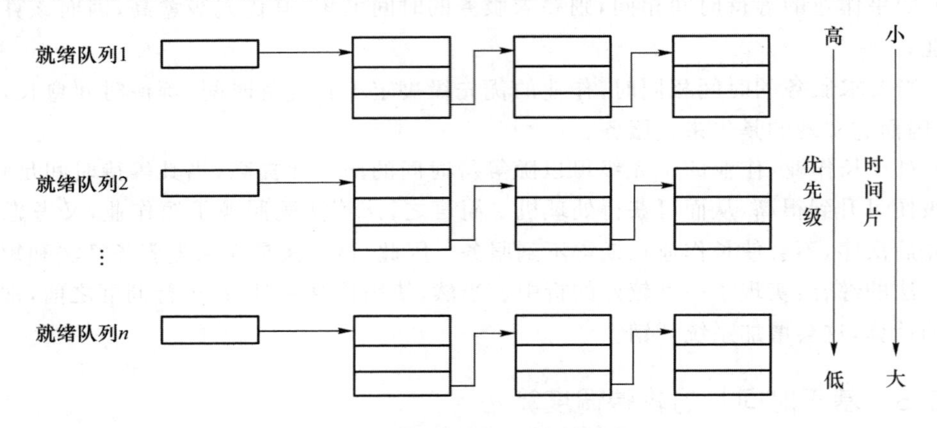


图 4-8 多级反馈队列调度算法模型

多级反馈队列调度算法的实施过程如下:

(1) 组织多个就绪队列,并为各个队列赋予不同的优先级,第一个队列的优先级最高,其余各队列的优先级逐个降低;各队列的时间片长度也不同,优先级越高的队列,时间片就越小。

(2) 一个新进程进入内存后,放入第一个队列的末尾,按 FCFS 原则排队等待调度。

(3) 如果进程在分配的时间片内完成全部工作,则撤离操作系统;如果在时间片没有用完时提出输入/输出请求,或要等待某事件发生,则进入相应的阻塞队列等待;在等待的事件出现时,再回到原队列末尾,参与下一轮调度。

(4) 本轮时间片耗尽进程尚未完成任务时,调度程序将该进程转入下一个队列的末尾,参与那个队列的调度;当进程依次降到最后一个队列时,在最后一个队列中采取 RR 算法轮转运行,直到进程结束。

(5) 仅当上一个队列空闲时,调度程序才调度下一个队列中的进程运行。

多级反馈队列调度算法的优点:调度算法灵活,能较好地照顾到各种类型用户作业的需要。无论是交互式作业还是批量型作业,无论是以 I/O 操作为主的作业还是以 CPU 计算为主的作业,都能得到大体上均衡的对待。

**例 4-1** 设有 5 个作业,它们的估计运行时间和优先级数被记录在表 4-2 中。

**表 4-2 作业的估计运行时间和优先级数**

| 作业 | 估计运行时间/h | 优先级数 | 作业 | 估计运行时间/h | 优先级数 |
|---|---|---|---|---|---|
| J1 | 10 | 4 | J4 | 1 | 5 |
| J2 | 1 | 1 | J5 | 5 | 2 |
| J3 | 2 | 3 | | | |

其中,作业优先级数越大,越优先运行。在 $T=0$ 时刻,它们按 J1、J2、J3、J4、J5 的顺序到达,等它们全部到达便开始调度运行。如果这是一个单道系统,即每次只允许一个作业运行,按 FCFS、SJF 和 HRN 这 3 种调度算法调度运行,请分别计算各种算法的作业平均周转时间。

**分解与解答**

在图 4-9 中分别画出按照 3 种调度算法实施调度时作业的运行顺序与时间标志。

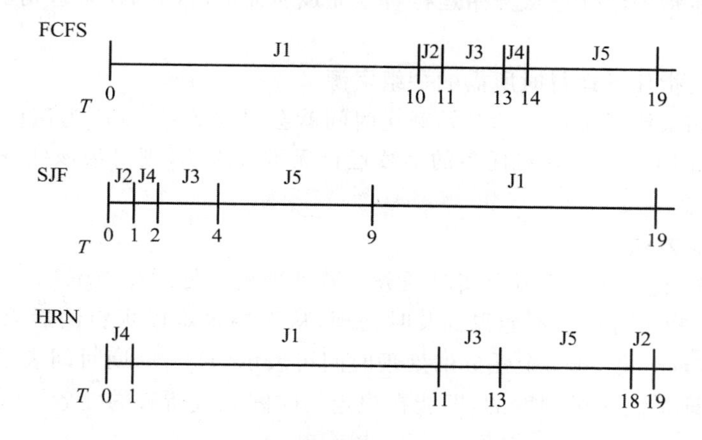


图 4-9 作业的运行顺序与时间标志

将各个算法的作业周转时间展示在表 4-3 中。其中,采用 SJF 算法时,J1 和 J2 作业的运行顺序可以互换,$T$ 是平均周转时间。

**表 4-3 各算法的作业周转时间**

| 调度算法 | 周转时间/h | | | | | $T$/h |
|---|---|---|---|---|---|---|
| | J1 | J2 | J3 | J4 | J5 | |
| FCFS | 10 | 11 | 13 | 14 | 19 | 13.4 |
| SJF | 19 | 1 | 4 | 2 | 9 | 7 |
| HRN | 11 | 19 | 13 | 1 | 18 | 12.4 |

## 4.6 实时调度

由于在实时系统中存在着若干个实时进程或任务,它们用来应对或控制某个(些)外部事件,往往带有某种程度的紧迫性,因而对实时系统中的调度提出了某些特殊要求。前面所介绍的多种调度算法并不能很好地满足实时系统对调度的要求，为此需要引入一种新的调度类型，即实时调度。

### 4.6.1 实时调度的基本条件

在实时系统中，硬实时任务和软实时任务都与截止时间相联系。为保证系统能正常工作，实时调度必须能满足实时任务对截止时间的要求。为此，实现实时调度应具备下述几个条件。

**1. 提供必要的信息**

为了实现实时调度，系统应向调度程序提供有关任务的下述信息。

(1) 就绪时间：这是该任务成为就绪态的起始时间，在周期任务的情况下，它就是事先知道的一串时间序列；而在非周期任务的情况下，它也可能是预知的。

(2) 开始截止时间和完成截止时间：对于典型的实时应用，只需知道开始截止时间，或者知道完成截止时间。

(3) 处理时间：指一个任务从开始运行直至完成所需的时间。在某些情况下，该时间也是由系统提供的。

(4) 资源要求：指任务运行时所需的一组资源。

(5) 优先级：如果错过某任务的开始截止时间就会引起故障，则应为该任务赋予"绝对"优先级；如果开始截止时间的推迟对任务的继续运行无重大影响，则可为该任务赋予"相对"优先级，供调度程序参考。

**2. 系统处理能力强**

在实时系统中，通常都有着多个实时任务。若处理机的处理能力不够强，则有可能因处理机忙不过来而使某些实时任务不能得到及时处理，从而导致难以预料的后果。假定系统中有 $m$ 个周期性的硬实时任务，第 $i$ 个任务的处理时间可表示为 $C_i$，周期时间表示为 $P_i$，则在单处理机情况下，为保证系统是可调度的，即能在规定的时间完成所有的任务，必须满足限制条件：

$$\sum_{i=1}^{m} \frac{C_i}{P_i} \leqslant 1 \tag{4-3}$$

假如系统中有 6 个硬实时任务，它们的周期时间都是 50 ms，而每次的处理时间为 10 ms，则不难算出，此时式(4-3)不成立，因而系统是不可调度的。解决的方法是提高系统的处理能力，途径有二：其一是仍采用单处理机系统，但须增强其处理能力，以显著地减少对每一个任务的处理时间；其二是采用多处理机系统。

假定系统中的处理机数为 $N$，则式(4-3)所示的限制条件将改为

$$\sum_{i=1}^{m} \frac{C_i}{P_i} \leqslant N \tag{4-4}$$

顺便说明一下，式(4-3)和式(4-4)所示的限制条件并未考虑到任务的切换时间，包括运行调度算法、进行任务切换，以及消息传递等的时间开销。因此，当利用上述限制条件来确定系统是否可调度时，还应适当地留有余地。

**3. 采用抢占式调度机制**

在含有硬实时任务的实时系统中，广泛采用抢占式调度机制。当一个优先级更高的任务到达时，允许将当前任务暂时挂起，而令高优先级任务立即投入运行，这样便可满足该硬实时任务对截止时间的要求。但这种调度机制比较复杂。

对于一些小型实时系统，如果能预知任务的开始截止时间，则可对实时任务的调度采用非

抢占式调度机制，以简化调度程序和降低对任务调度时所花费的系统开销。但在设计这种调度机制时，应使所有的实时任务都比较小，并在运行完关键性程序和临界区后，任务能及时地将自己阻塞，以便释放出处理机，供调度程序去调度其他开始截止时间即将到达的任务。

**4. 具有快速切换机制**

为保证要求较高的硬实时任务能及时运行，在实时系统中还应具有快速切换机制，以保证能进行任务的快速切换。该机制应具有以下两方面的能力：

(1) 对外部中断的快速响应能力。为使紧迫的外部事件请求中断时系统能及时作出响应，不仅要求系统具有快速硬件中断机构，而且要求禁止中断的时间间隔尽量短，以免耽误时机(或其他紧迫任务的运行)。

(2) 快速的任务分派能力。在完成任务调度后，便应进行任务切换。为了提高分派程序的任务切换速度，应使系统中的每个运行功能单位适当地小，以减少任务切换的时间开销。

### 4.6.2 实时调度算法的分类

可以按不同方式对实时调度算法加以分类。根据实时任务性质的不同，可将实时调度算法分为硬实时调度算法和软实时调度算法；而按调度方式的不同，又可将其分为非抢占式调度算法和抢占式调度算法；还可根据程序调度时间的不同将调度算法分成静态调度算法和动态调度算法。其中，静态调度算法是指在进程运行前，调度程序便已经决定了各进程的运行顺序；而动态调度算法则是在进程的运行过程中，由调度程序根据情况临时决定将哪一进程投入运行。在多处理机环境下，还可将调度算法分为集中式调度算法和分布式调度算法。这里，我们仅按调度方式的不同对实时调度算法的分类进行介绍。

**1. 非抢占式调度算法**

由于非抢占式调度算法比较简单、易于实现，故在一些小型实时系统或要求不太严格的实时控制系统中经常采用该算法。我们又可把它分成以下两种算法。

1) 非抢占式轮转调度算法

该算法常用于工业生产的群控系统，由一台计算机控制若干个相同的(或类似的)对象，为每一个被控对象建立一个实时任务，并将它们排成一个轮转队列。调度程序每次选择队列中的第一个任务投入运行。该任务完成后，便被挂在轮转队列的末尾，等待下次调度运行，而调度程序再选择下一个(队首)任务投入运行。这种调度算法可获得数秒至数十秒的响应时间，可用于要求不太严格的实时控制系统中。

2) 非抢占式优先权调度算法

如果在实时操作系统中存在着要求较为严格(响应时间为数百毫秒)的任务，则可采用非抢占式优先权调度算法为这些任务赋予较高的优先级。这些实时任务到达后，便被安排在就绪队列的队首，等当前任务自我终止或运行完成后就能被调度运行。这种调度算法在做了精心的处理后，有可能获得仅为数秒至数百毫秒级的响应时间，因而可用于有一定要求的实时控制系统中。

**2. 抢占式调度算法**

在要求较严格的(响应时间为数十毫秒以下)的实时控制系统中，应采用抢占式优先权调度算法。可根据抢占发生时间的不同将其进一步分成以下两种调度算法。

1) 基于时钟中断的抢占式优先权调度算法

在某个实时任务到达后，如果该任务的优先级高于当前任务的优先级，这时该任务并不立即抢占当前任务的处理机，而是等到时钟中断时，调度程序才打断当前任务的运行，将处理机分配给新到的高优先权任务。这种调度算法能获得较好的响应效果，其调度延迟可降为几十毫秒至几毫秒。因此，此算法可用于大多数的实时系统中。

2）立即抢占的优先权调度算法

在立即抢占(immediate preemption)的优先权调度算法中，要求操作系统具有快速响应外部中断的能力。一旦出现外部中断，只要当前任务未处于临界区，便立即剥夺当前任务的处理机，并将其分配给请求中断的紧迫任务。这种算法能获得非常快的响应，可把调度延迟降低到几毫秒至一百微秒，甚至更低。

图4-10中的(a)、(b)、(c)、(d)分别示出了采用非抢占式轮转调度算法、非抢占式优先权调度算法、基于时钟中断抢占的优先权调度算法和立即抢占的优先权调度算法4种调度算法的实时进程调度时间。

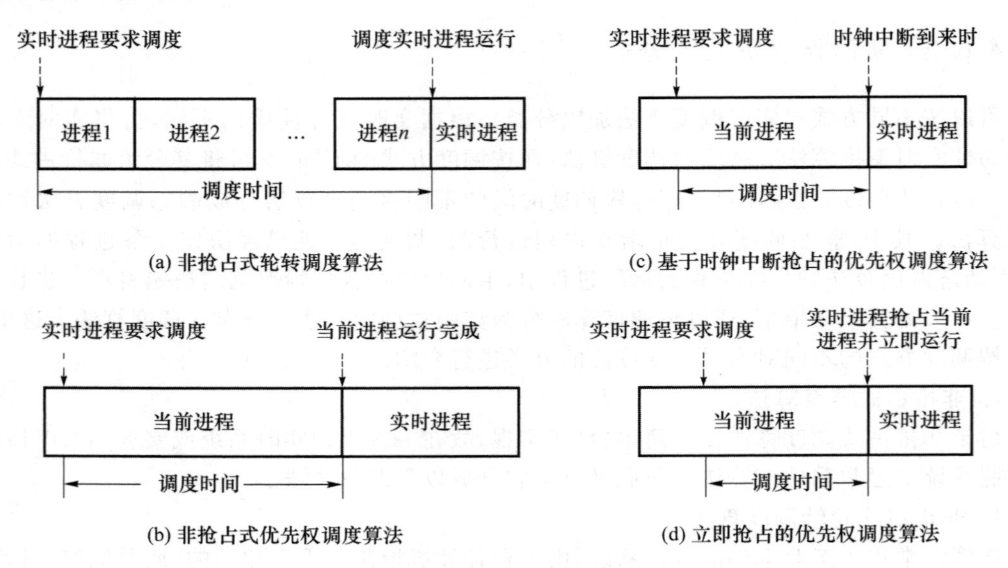


图4-10　4种调度算法的实时进程调度时间

### 4.6.3　常用的实时调度算法

目前已有许多用于实时系统的调度算法，其中有的算法仅适用于抢占式或非抢占式调度，而有的算法则既适用于非抢占式算法，也适用于抢占式调度方式。下面介绍一种常用的最早截止时间优先(Earliest Deadline First，EDF)调度算法。

EDF调度算法根据任务的开始截止时间来确定任务的优先级：截止时间愈早，其优先级愈高。该算法要求在系统中保留一个实时任务就绪队列，该队列按各任务开始截止时间的早晚排序。当然，具有最早开始截止时间的任务排在队列的最前面。调度程序在选择任务时，总是先选择就绪队列中的第一个任务，为之分配处理机，使之投入运行。EDF算法既可用于抢占式调度方式，也可用于非抢占式调度方式。

**1. 用于非抢占式调度方式运行非周期实时任务**

图4-11示出了将EDF调度算法用于非抢占式调度方式之例。该例中有4个非周期任务，它们先后到达。系统首先调度任务1运行，在任务1运行期间，任务2、3又先后到达。由

于任务 3 的开始截止时间早于任务 2，故系统在任务 1 后将调度任务 3 运行。在此期间任务 4 又到达，其开始截止时间仍是早于任务 2 的，故在任务 3 运行完后，系统又调度任务 4 运行，最后才调度任务 2 运行。

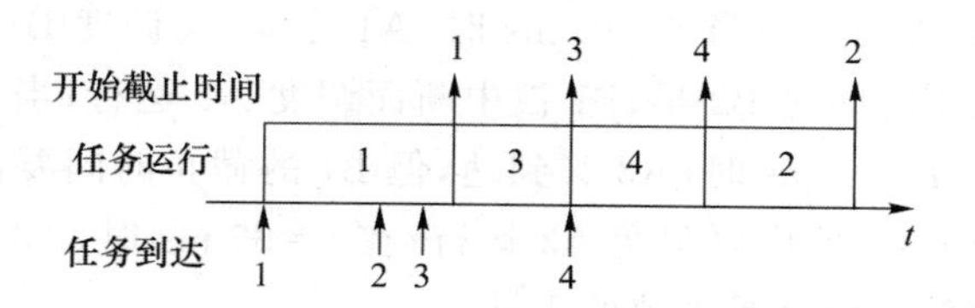


图 4-11 EDF 调度算法用于非抢占式调度方式

**2. 用于抢占式调度方式运行周期实时任务**

图 4-12 示出了将 EDF 调度算法用于抢占式调度方式之例。在该例中有两个周期性任务，任务 A 的周期时间为 20 ms，每个周期的处理时间为 10 ms；任务 B 的周期时间为 50 ms，每个周期的处理时间为 25 ms。图 4-12 中的第一行示出了两个任务的到达时间、最后期限和运行时间。其中，任务 A 的到达时间分别为 0、20、40、…，任务 A 的最后期限分别为 20、40、60、…，任务 B 的到达时间分别为 0、50、100、…，任务 B 的最后期限分别为 50、100、150、…（注：单位皆为 ms）。

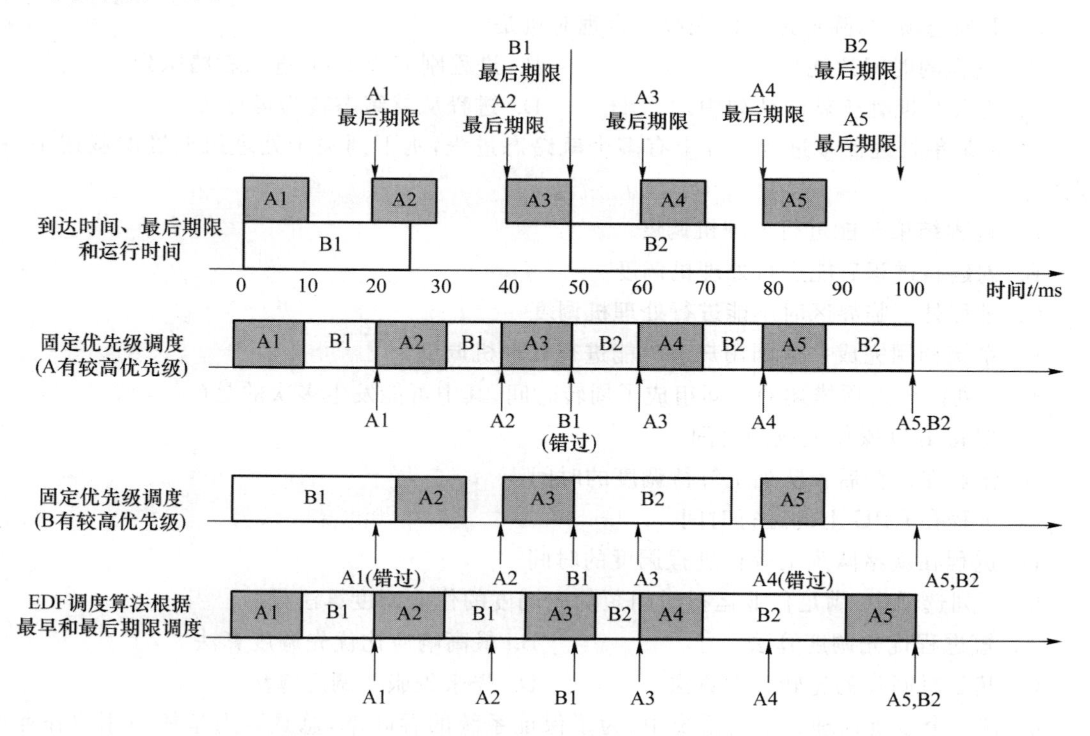


图 4-12 固定优先级调度和 EDF 调度算法用于抢占式调度方式

为了说明固定优先级调度不适用于实时系统，图 4-12 特增加了第二和第三行。在第二行中，假定任务 A 具有较高的优先级，所以当 $t=0$ 时，先调度 A1 运行，在 A1 完成后（$t=10$ ms）才调度 B1 运行；当 $t=20$ ms 时，调度 A2 运行；在 $t=30$ ms 时，A2 完成，又调度 B1 运行；在 $t=40$ ms 时，调度 A3 运行；当 $t=50$ ms 时，虽然 A3 已完成，但 B1 已错过了它的最后期限，这说明了利用固定优先级调度已经失败。第三行与第二行类似，只是假定任务 B 具有较高的优先级。

第四行是采用 EDF 调度算法的时间轴。当 $t=0$ ms 时，A1 和 B1 同时到达，由于 A1 的截止时间比 B1 早，故调度 A1 运行；当 $t=10$ ms 时，A1 完成，又调度 B1 运行；当 $t=20$ ms 时，A2 到达，由于 A2 的截止时间比 B2 早，B1 被中断而调度 A2 运行；当 $t=30$ ms 时，A2 完成，又重新调度 B1 运行；当 $t=40$ ms 时，A3 又到达，但 B1 的截止时间要比 A3 早，仍应让 B1 继续运行直到完成($t=45$ ms)，然后再调度 A3 运行；在 $t=55$ ms 时，A3 完成，又调度 B2 运行。在该例中，利用 EDF 算法可以满足系统的要求。

## 习　　题

### 一、选择题

1. 下列进程调度算法中，综合考虑进程等待时间和运行时间的是(　　)。

A. 基于时间片的轮转调度算法　　B. 短进程优先调度算法

C. 先来先服务调度算法　　D. 最高响应比优先调度算法

2. 下列选项中，降低进程优先级的合理时机是(　　)。

A. 进程的时间片耗尽　　B. 进程刚完成 I/O，进入就绪队列

C. 进程长期处于就绪队列中　　D. 进程从就绪态转为运行态

3. 若某单处理器多进程系统中有多个就绪态进程，则下列关于处理机调度的叙述中，错误的是(　　)。

A. 进程结束时能进行处理机调度

B. 创建新进程后能进行处理机调度

C. 进程处于临界区时不能进行处理机调度

D. 系统调用完成并返回用户态时能进行处理机调度

4. 下列四个选项描述的时间组成了周转时间，其中可能发生多次的是(　　)。

A. 等待 I/O 操作完成的时间

B. 作业在外存后备队列上等待调度的时间

C. 进程在 CPU 上的运行时间

D. 进程在就绪队列上等待进程调度的时间

5. 下列选项中，满足作业运行时间短优先调度的作业调度算法是(　　)。

A. 短进程优先调度算法　　B. 最高响应比优先调度算法

C. 基于时间片的轮转调度算法　　D. 先来先服务调度算法

6. 在一个以批处理为主的系统中，为了保证系统的吞吐率，总是要力争缩短用户作业的(　　)。

A. 周转时间　　B. 运行时间　　C. 提交时间　　D. 完成时间

7. 作业在系统中存在与否的唯一标志是(　　)。

A. 源程序　　B. 作业说明书　　C. 作业控制块　　D. 目的程序

8. 作业调度从处于__①__状态的队列中选取适当的作业投入运行。从作业提交给系统

到作业完成的时间间隔叫作 ② 。 ③ 是指作业从进入后备队列到被调度程序选中时的时间间隔。

A. 运行　B. 提交　C. 后备　D. 完成
E. 终止　F. 周转时间　G. 响应时间　H. 运行时间
I. 等待时间　J. 触发时间

9. 在批处理操作系统中,周转时间是(　　)。
A. 作业运行时间
B. 作业等待时间和运行时间之和
C. 作业的相对等待时间
D. 作业被调度进入内存到运行完毕的时间

10. 一个作业处于运行状态,则所属该作业的进程可能处于(　　)状态。
A. 运行　B. 就绪　C. 阻塞　D. A 或 B 或 C

11. 作业调度算法中,短进程优先调度算法使得(　　)。
A. 每个作业的等待时间较短　B. 作业的平均等待时间最短
C. 系统效率最高　D. 长作业的等待时间较短

12. 一个进程处于阻塞状态,则该进程所属的作业存在于(　　)中。
A. 内存　B. 外存　C. 高速缓存　D. 寄存器

**二、计算题**

1. 在一个批处理单道系统中,采用最高响应比优先调度算法,不允许抢占调度,且第一个作业进入系统后就可以开始调度。现有 4 个作业,进入系统的时间和需要计算的时间如表 4-4 所示。

**表 4-4　作业周转时间和带权周转时间计算表**

| 作业 | 进入系统时间 | 需要计算时间/min | 开始时间 | 完成时间 | 周转时间/min | 带权周转时间/min |
|---|---|---|---|---|---|---|
| 1 | 11:00 | 60 | | | | |
| 2 | 11:20 | 30 | | | | |
| 3 | 11:30 | 10 | | | | |
| 4 | 11:50 | 5 | | | | |

(1) 求出每个作业的开始时间、完成时间和周转时间及带权周转时间,并填入表中。
(2) 计算 4 个作业的平均周转时间和平均带权周转时间。

2. 有 5 个任务 A、B、C、D、E,它们几乎同时到达,预计它们的运行时间分别为 10 min、6 min、2 min、4 min、8 min。它们的优先级数分别为 3、5、2、1 和 4,这里 5 为最高优先级。对下列每一种调度算法,计算进程的平均周转时间(进程切换开销可不考虑)。
(1) 先来先服务算法(按 A、B、C、D、E 的顺序);
(2) 高优先级优先调度算法;
(3) 基于时间片的轮转调度算法。

# 第5章 存储管理

存储器是计算机系统的重要资源之一。近年来，由于大规模集成电路(LSI)和超大规模集成电路(VLSI)技术的发展，存储器容量虽然一直在扩大，但仍不能满足现代软件发展的需要，因此存储器仍然是一种宝贵而紧俏的资源。如何对它们进行有效的管理，直接影响到了存储器的利用率，而且因为程序和数据以及各种用于控制的数据结构都必须占用一定的存储空间，因此存储管理也直接影响系统的性能。

存储器是冯·诺依曼型计算机的五大功能部件之一，用于存放程序(指令)、操作数(数据)以及操作结果。计算机系统中，存储器一般分为主存储器(简称主存或内存，以下统称内存)和辅助存储器(也叫外存)两大类。CPU 可以直接访问内存中的指令和数据，但不能直接访问外存。在 I/O 控制系统的管理下，外存与内存之间可以进行信息传递。

内存可分为系统区和用户区两个区域。当系统初始化启动时，操作系统内核将自己的代码和静态数据结构加载到内存的底端，这部分内存空间将不再释放，也不能被其他程序或数据覆盖，通常称为系统区。在系统初始化结束之后，操作系统内核开始对其余空间进行动态管理，为用户程序和内核服务例程的运行动态地分配内存，并在运行结束时释放内存空间，这部分空间通常称为用户区。

存储管理是对内存中的用户区进行的管理，其目的是尽可能提高内存空间的利用率，使内存在成本、速度和规模之间获得较好的平衡。

## 5.1 存储管理的功能

内存管理的概念

存储管理主要是指对内存的管理。一个进程在计算机上运行，操作系统必须为其分配内存空间，使其部分或全部驻留在内存中，因为 CPU 仅能从内存中读取程序指令并运行，不能直接读取外存上的程序。在多道程序系统中，存储管理更加复杂。不论何种操作系统的存储管理都必须能够实现内存分配和回收、地址变换、存储保护、存储共享和存储扩充等功能。具体地说，存储管理主要有以下功能。

### 5.1.1 内存空间的分配和回收

内存空间允许同时容纳各种软件和多个用户作业，必须解决内存空间的分配问题。当作业装入内存时,必须按规定的方式向操作系统提出申请,由存储管理进行具体分配。由于受到多种因素的影响,不同存储管理方式所采用的内存空间分配策略是不同的。当内存中某个作业撤离或主动回收内存资源时,存储管理则回收它所占有的全部或部分内存空间。

内存分配的主要任务是:为每道程序分配内存空间,使它们“各得其所”;提高存储器的利用率,以减少不可用的内存空间;允许进程动态地申请内存空间。内储分配有以下 3 种方式。

**1. 直接指定方式**

程序员编写程序时,或编译器对源程序进行编译时,使用的是实际的内存地址。采用直接指定方式的前提是存储器的可用容量已知,这对单用户计算机系统是不成问题的;在多道程序发展初期,通常把内存空间划分成若干个固定的分区,并把不同的作业存放在不同的分区,因此对编程人员或编译器而言,存储器的空间是可知的。

**2. 静态分配方式**

静态分配方式中,编译器编译的目标程序都采用从 0 开始的编址方式,用这种编址方式得到的是程序的逻辑地址。把目标程序装入内存时,需要为它们分配存储空间,才能确定它们在内存中的实际位置,这种实际位置就是物理地址。这种静态存储方式要求一个作业装入内存时必须被分配其所要求的所有内存空间,如果没有足够的内存空间,就不能装入该作业。此外,一旦一个作业装入内存,在它退出系统之前,它一直占用着分配给它的内存空间,且在其运行过程中不能再申请额外的内存空间。

**3. 动态分配方式**

动态分配方式是一种更加有效的使用内存的方法。作业在内存空间中的位置也是在其装入时才确定,但是在其运行过程中可以根据需要申请附加的内存空间,并且一个作业不再需要其已占用的部分内存空间时,可以要求归还给系统。因此,这种存储分配机制能接受不可预测的分配和释放内存区域的请求,实现个别存储区域的分配和回收。采用动态存储分配策略时,存储区域的大小是可变的。动态分配方式的另一个特点是,它允许进程在内存中搬家,这个特点通过 5.3.1 节介绍的重定位技术来实现。

### 5.1.2 地址变换

地址变换是逻辑地址到物理地址的变换。为此,我们必须先分清两个概念:地址空间和存储空间。

**1. 地址空间**

一个程序可以访问的地址是有限的。一个程序可以访问的地址范围称为地址空间,也可以说是程序访问信息所用的地址单元的集合,这些单元的编号称为逻辑地址。地址空间对于寻址、保护和系统结构都非常重要。程序地址空间的大小是由计算机体系结构决定的,早期的计算机地址长度是 16 位,只能访问 64 KB 的地址空间;而后来典型的计算机地址长度是 32 位,允许直接寻址 4 GB,我们说这样的体系结构中有 4 GB 的虚拟地址空间;目前的计算机地址长度为 64 位,理论上逻辑地址空间为 $2^{34}$ GB,特定计算机上配置的实际物理内存的数量可能比这个值小得多。目前,主流内存空间大小为 8 GB 或者 16 GB。

通常,编译程序在对一个源程序进行编译时,总是从 0 号单元开始为其分配地址,其他所有地址编号都是从这个起始地址顺次排下来的,所以地址空间中的所有地址都是相对于起始地址的,我们称之为相对地址,也称作逻辑地址。每个程序的逻辑地址都是从 0 开始编号的,两个不同的程序可以有相同的逻辑地址。

**2. 存储空间**

存储空间是能够访问的内存的范围。一个数据在内存中的位置称为物理地址或绝对地址。存储空间的大小取决于内存的实际容量。

地址空间是逻辑地址的集合,存储空间是物理地址的集合;一个是“虚”的概念,一个是“实”的物质。一个编译好的程序存在于它自己的地址空间中,采用的是逻辑地址;当它在计算机上运行时,它才被装入存储空间,转换成物理地址。图 5-1 说明了一个作业的地址空间和存储空间的变换情况。

**3. 地址变换**

一般情况下,一个作业在装入内存时分配到的存储空间和它的地址空间是不一致的。因此,作业在 CPU 上运行时,其所要访问的指令和数据的物理地址与地址空间中的逻辑地址是不同的,如图 5-1 所示。如果在作业装入内存或者在它运行时不对相关地址加以修改就会导致错误的结果。这种由于一个作业装入与其地址空间不一致的存储空间所引起的对有关地址部分的调整,就是我们所说的地址变换,又称为地址重定位。实际上就是把逻辑地址变换成物理地址,这种地址变换的过程也称为地址映射。

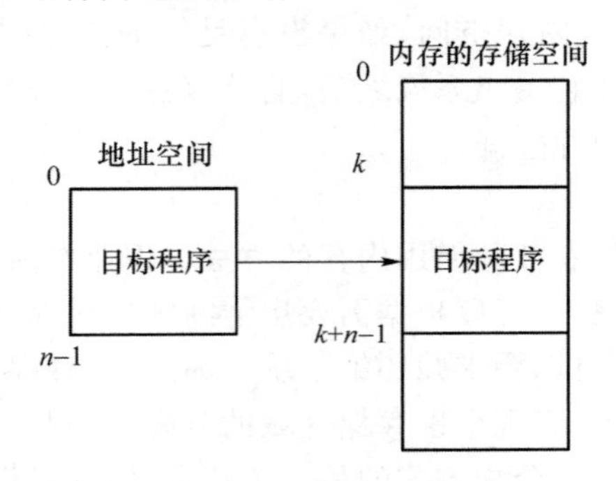


图 5-1 进程逻辑地址空间和物理地址空间转换

### 5.1.3 内存空间的共享和保护

内存空间的共享可以提高内存空间的利用率。内存空间的共享有以下两方面的含义:

① 共享内存资源。在多道程序系统中,若干个作业同时装入内存,各自占用了某内存区域,共同使用一个内存。

② 共享内存中的某些区域。不同的作业可能有共同的程序段或数据,可以将这些共同的程序段或数据存放在一个存储区域中,各个作业运行时都可以访问它们。这个内存区域又称为各个作业的共享区域。

内存中不仅有系统程序,还有若干用户作业程序。为了防止各作业相互干扰,保护各区域内的信息不受破坏,必须实现存储保护。存储保护的工作由硬件和软件配合实现,即操作系统把程序可访问的区域通知硬件,程序运行时由硬件机构检查其物理地址是否在可访问的区域内:若在此范围内,则运行;否则,产生地址越界中断,由操作系统的中断处理程序进行处理。一般,可采取如下措施对内存区域进行保护。

① 程序对属于自己内存区域中的信息,既可读又可写;

② 程序对共享区域中的信息或获得授权可使用的其他用户信息,只可读不可修改;

③ 程序对非共享区域或非自己的内存区域中的信息,既不可读又不可写。

### 5.1.4　内存空间的扩充

物理内存的容量有限，会影响系统的性能，难以满足用户的需要。在计算机软、硬件的配合下，利用程序的局部性原理（即程序在运行时将呈现出局部性规律，在一较短的时间内，程序的运行仅局限于某个部分），可把磁盘等外存作为内存的扩充部分使用，使用户编写程序时不必考虑内存的实际容量，即允许程序的逻辑地址空间大于内存的物理地址空间，使用户感到计算机系统提供了一个容量极大的内存空间。实际上，这个容量极大的内存空间并不是物理意义上的内存，而是操作系统的一种存储管理方式，这种方式为用户提供了一个虚拟的存储器，它比实际内存的容量大，起到了扩充内存空间的作用。为了能在逻辑上扩充内存，系统必须能具有下述功能。

**1. 请求调入功能**

利用程序的局部性原理，把程序的一部分装入内存，使其先运行；在运行的过程中如果需要访问的数据没有装入内存，可向操作系统发出申请，由操作系统从磁盘上把进程所需要的部分调入内存，继续运行。

**2. 置换功能**

若发现在内存中已经没有空间能装入需要的数据，系统应该能将内存中暂时不用的程序和数据调出内存，存放到磁盘上，以释放内存空间，来装载进程所需的数据。

## 5.2　存储器的层次结构

在理想情况下，存储器的速度应当非常快，能跟上处理机的速度，容量也应非常大，而且价格还应很便宜。但目前的存储器无法同时满足这样 3 个条件。于是在现代计算机系统中，存储部件通常是采用层次结构来组织的。

### 5.2.1　多级存储器结构

对于通用计算机而言，存储层次至少应具有三级：最高层为 CPU 寄存器，中间为内存，最底层是外存。在高级计算机系统中，根据具体的功能分工，将存储层次细划为寄存器、高速缓存（cache）、内存、外存等 4 层，如图 5-2 所示。在存储层次中，越往上，存储介质的访问速度越快，价格也越高，相对存储容量也越小。其中，寄存器、高速缓存、内存和外存中的磁盘缓存（不是磁盘）均属于操作系统存储管理的管辖范畴，断电后它们存储的信息不再存在。外部存储介质（硬盘、移动硬盘和光盘）属于设备管理的管辖范畴，它们存储的信息将被长期保存。

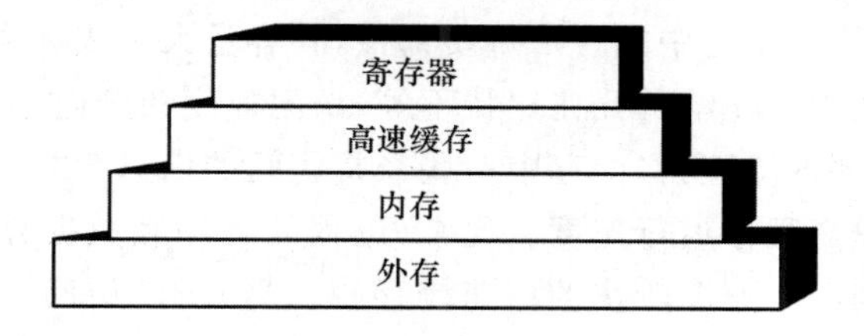


图 5-2　计算机系统存储层次示意图

在计算机系统存储层次中，寄存器和内存又被称为可运行存储器，存放于其中的信息与存放于外存中的信息相比较而言，计算机所采用的访问机制是不同的，所需耗费的时间也是不同的。进程可以在很少的时钟周期内使用一条 load 或 store 指令对可运行存储器进行访问，但对外存的访问则需要通过 I/O 设备来实现。因此，访问中将涉及中断、设备驱动程序以及物理设备的运行，所需耗费的时间远远高于对可运行存储器访问的时间，一般相差 3 个数量级甚至更多。这里所讲的相差 3 个数量级是指相差 1 000 倍。

不同层次的存储介质由操作系统进行统一管理。操作系统的存储管理，负责对可运行存储器的分配、回收以及提供在存储层次间数据移动的管理机制，例如内存与磁盘缓存间、高速缓存与内存间的数据移动等。在设备和文件管理中，根据用户的需求提供对外存的管理机制。本章主要讨论有关内部存储管理的问题，对于外存部分，则放在第 6 章中进行讨论。

存储结构层次化符合计算机程序运行在空间上的局部性原理。由于程序中循环语句的存在，在较短的一个时间段内，只有一个区域内的程序参与运行，而大部分程序不参与运行。因此，可以将反复运行的代码和数据存放在寄存器中，将一部分代码放在内存中以备将来运行，而将今后不再运行的代码存储在外存中。所以，存储空间层次化设计既可以满足进程的快速运行，又能够节省大量的经济投入。

### 5.2.2 内存与寄存器

**1. 内存**

内存是计算机系统中的一个重要部件，用于保存进程运行时的程序和数据，也称可运行存储器。对于当前的计算机系统，其容量一般为数吉比特，目前主流的内存容量为 8 GB 或 16 GB，而且还在不断增加，而嵌入式计算机系统内存容量一般仅有数百兆比特到几吉比特。CPU 的控制部件只能从内存中取得指令和数据并将它们装入寄存器，或者从寄存器存入内存。CPU 与外部设备交换的信息一般也依托于内存。由于内存的访问速度远低于 CPU 运行指令的速度，为缓和这一矛盾，在计算机系统中引入了寄存器和高速缓存。

**2. 寄存器**

寄存器访问速度最快，完全能与 CPU 协调工作，但其价格十分昂贵，因此容量不可能做得很大，一般以字为单位。在当前的微机系统和大中型机中，可能有几十个甚至上百个寄存器；而嵌入式计算机系统一般仅有几个到几十个寄存器。寄存器用于加快存储器的访问速度，如用寄存器存放操作数或用地址寄存器加快地址转换速度等。

### 5.2.3 高速缓存和磁盘缓存

**1. 高速缓存**

高速缓存是现代计算机结构中的一个重要部件，其容量大于或远大于寄存器，而比内存约小两到三个数量级，从几十千比特到几兆比特不等，访问速度快于内存。

根据程序运行的局部性原理，将内存中一些经常访问的信息存放在高速缓存中，减少访问内存的次数，可大幅度提高程序运行速度。通常，进程的程序和数据存放在内存中，每当使用时，它们便被临时复制到一个速度较快的高速缓存中。当 CPU 访问一组特定信息时，首先检查该组信息是否在高速缓存中，如果已存在，则可直接从中取出使用，以避免访问内存，否则再从内存中读出信息。例如，大多数计算机都有指令高速缓存，用来暂存下一条欲运行的指令；

如果没有指令高速缓存，CPU 将会空等若干个周期，直到下一条指令从内存中取出。由于高速缓存的速度越高价格越贵，故有的计算机系统中设置了两级或多级高速缓存。紧靠 CPU 的一级高速缓存的速度最高，而容量最小；与一级高速缓存相比，二级高速缓存离内存稍远，容量稍大，速度稍低。

**2. 磁盘缓存**

由于目前磁盘的 I/O 速度远低于对内存的访问速度，因此将频繁使用的一部分磁盘数据和信息，暂时存放在磁盘缓存中，可减少访问磁盘的次数。磁盘缓存本身并不是一种实际存在的存储介质，它依托于固定磁盘，实现对内存空间的扩充，即利用内存中的存储空间，来暂存从磁盘中读出（或写入）的信息。内存也可以看作外存的高速缓存，因为外存中的数据必须复制到内存才能使用；反之，数据也必须先存在内存中，才能输出到外存。

一个文件的数据可能出现在不同的存储层次中，例如，一个文件数据通常被存储在外存中（如硬盘），当其需要运行或被访问时，就必须被调入内存；也可以暂时存放在外存的磁盘缓存中。大容量的外存常常使用磁盘，磁盘数据经常备份到磁带或可移动磁盘组上，以防止硬盘故障时丢失数据。有些系统可以自动地把老文件数据从外存转储到海量存储器中，如磁带，这样做还能降低存储价格。

## 5.3　程序的装入和链接

为了便于对内存储器进行有效的管理，我们把整个存储器分成若干个区域。即使在最简单的单用户系统中，也要把它分成两个区域：在一个存储区域内存放系统软件，如操作系统本身；而另一个存储区域则用于安置用户作业和程序。显然，在多用户系统中，为了提高系统的利用率，需要将存储器划分出更多的区域，以便同时存放多个用户作业。这就引发了存储器分配问题及随之产生的其他问题。

在多道程序环境下，程序运行前必须先装入内存。而一个用户源程序变为一个可以在内存中运行的程序，通常要经过编译、链接和装入 3 个步骤。

(1) 编译：用户源程序经过编译生成目标模块，目标模块以 0 作为开始地址。目标模块中的地址称为相对地址或逻辑地址。

(2) 链接：将编译后形成的多个目标模块以及它们所需要的库函数链接在一起形成装入模块。装入模块虽然具有统一的地址空间，但它仍以 0 作为参考地址。

(3) 装入：将装入模块的程序和数据装入内存（实际物理地址空间），并修改程序中与地址有关的代码，这一过程称作地址重定位。

所谓存储分配，主要是讨论和解决多道作业之间共享内存空间的问题。存储管理方式是随着操作系统的发展而发展的。早期的存储管理方式发展的推动力，主要来自“千方百计地提高存储器利用率”的想法。内存分配方式从固定式分区存储管理方式演变为页式存储管理方式，此时的存储器利用率已达到令人较为满意的程度。而后，存储管理方式发展的动力，主要来自更好地满足用户需要，特别是对内存共享的需要，这样又产生了段式存储管理方式和虚拟存储器。

有 3 种安排编译后的目标代码地址的方式：第一种方式是按照它们在物理存储器中的位置赋予它们实际物理地址（称为直接指定方式、绝对指定方式）；第二种方式是使用静态分配方式(也叫可重定位方式);第三种方式是使用动态分配方式(也叫动态运行时装入方式)。

存储分配所要解决的问题是:要确定什么时候、以什么方式,是把一个作业的全部信息还是把作业运行时首先需要的信息分配到内存中,并使这些问题对用户来说尽可能是"透明"的。

### 5.3.1 装入与重定位

重定位是指由于一个作业装入与其地址空间不一致的存储空间所引起的对有关地址部分的调整过程。地址重定位又称为地址映射,完成的是相对地址(逻辑地址)变换成内存中的绝对地址(物理地址)的工作。按照重定位的时机,可将其分为绝对重定位、静态重定位和动态重定位。

**1. 绝对装入**

在装入时,如果事先知道程序将驻留在内存的什么位置,那么编译程序将产生绝对地址的目标代码。例如,事先知道用户程序(进程)驻留在R位置的开始处,则编译程序所产生的目标代码,便从R开始向上扩展,在这种条件下可以采用绝对装入方式。绝对装入模块如图5-3所示。

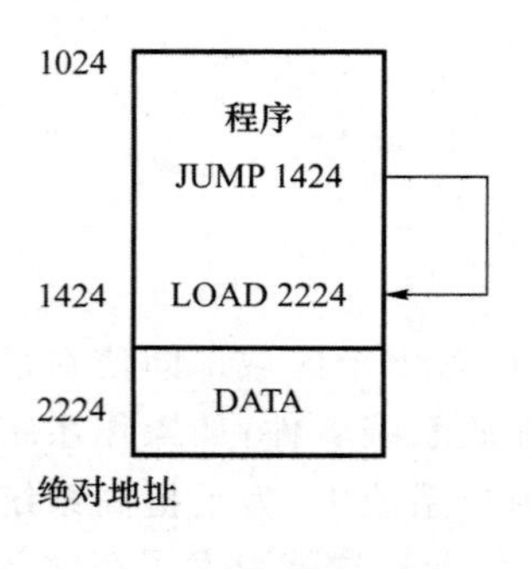


图5-3 绝对装入模块

绝对装入程序按照装入模块中的地址,将程序和数据装入内存。装入模块被装入内存后,无须对其中的程序和数据的地址进行修改,程序中所使用的绝对地址,既可在编译或汇编时给出,也可由程序员直接赋予。这种方法的好处是CPU运行目标代码时的运行速度高。但是,由于内存的容量限制,能装入内存并发运行的进程将会大大减少,对于某些较大的进程来说,当其所要求的内存容量超过总内存容量时将会无法运行。另外,由于编译程序必须知道当前内存的空闲部分及其地址,并且把一个进程的不同程序段连续地存放起来,因此编译程序将会变得非常复杂。

显然,采用绝对装入方式进行分配的前提是存储器的可用空间已经给定或可以指定。这对单用户计算机系统是不成问题的。在多道程序系统发展的初期,通常把存储空间划分成若干个大小不同的固定分区,并对不同的作业指定相应的分区。因此,对编程人员或编译程序而言,存储器的可用空间是可知的。这种分配方式的实质是:由编程人员在编程序时或由编译程序在编译源程序时,确定一个作业的所有信息在内存空间中的位置。

**2. 静态可重定位方式**

在多道程序环境下,由于编译程序不能预知所编译的目标模块在内存的什么位置,因此目标模块的起始地址通常是从0开始的,即用户编写的程序或由编译程序产生的目标程序,均可从其地址空间的零地址开始;当装配程序对其进行连接装入时才确定它们在内存中的相应位置,从而生成可运行程序。

利用可重定位方式装入程序时,根据内存的当前使用情况,将装入模块装入内存的某个位置。例如,从X位置开始装入。显然,这时装入模块中的各个逻辑地址与实际装入内存中的物理地址是不相同的,如图5-4所示。在用户程序的1000号单元处有一条指令"LOAD 1,2500",该指令的功能是将2500号单元中的整数365取至寄存器1。若将该用户程序装入内存的10000~15000号单元而不进行地址变换,则在运行11000号单元中的上述指令时,它将仍从2500号单元中把数据取至寄存器1,导致数据出错。由图5.4可看出,正确的方法是该指令从 12500 号单元中取出数据。为此,应将取数指令中的地址 2500 修改成 12500,即把逻辑地址(相对地址)与本程序在内存空间中的起始地址相加,才能得到正确的物理地址。

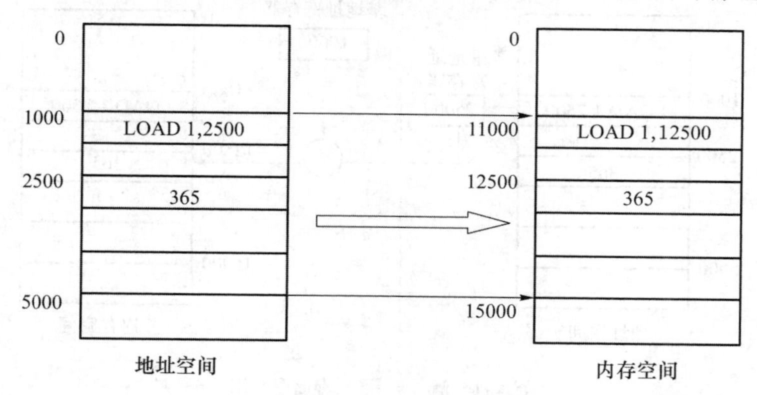


图 5-4 作业装入内存空间时的情况

除修改数据地址外,指令地址同样需要修改。我们把装入时对目标程序中的指令和数据地址的修改过程称为重定位。又因为地址变换只是在装入时一次完成的,以后不再改变,故该过程又称为静态重定位(程序装入时由重定位装配程序完成)。

**3. 动态装入方式**

绝对装入方式只能将装入模块装到内存中事先指定的位置。由于在多道程序环境下,不可能事先知道每一道程序在内存中的位置,因此这种装入方式只能用于单道程序环境。可重定位装入方式可将装入模块装到内存中任何允许的位置,故可用于多道程序环境;然而,它并不允许程序运行时在内存中移动位置。因为程序在内存中移动,意味着它们的物理地址都发生了变化,此时必须对程序和数据的地址进行修改,程序才能正常运行。然而,实际情况是程序在内存中的位置可能经常要改变。例如,在具有交换功能的系统中,一个进程有可能被多次换进换出,每次换进后的位置通常是不相同的,在这种情况下,就应该采用动态装入方式。

动态装入方式在把装入模块装入内存后,并不立即把装入模块中的相对地址变换为绝对地址,而是把地址变换推迟到程序要真正运行时,因此装入模块装入内存后的所有地址仍是相对地址。这种地址变换方式需要一定的特殊硬件支持,这个特殊硬件被称为地址变换机构。通过地址变换机构在程序的运行过程中实施的地址变换过程,被称为动态重定位。

动态重定位是一种允许作业运行时在内存中移动的技术。地址变换是在程序运行期间由动态地址变换机构随着每条指令的数据访问自动地、连续地进行的,即动态重定位是靠硬件地址变换机构实现的。最简单的办法是利用一个重定位寄存器(也叫基地址寄存器,base register),该寄存器的值是由进程调度程序根据作业分配到的存储空间的起始地址来设定的。在具有这种地址变换机构的计算机系统上运行作业时,不是用 CPU 给出的逻辑地址去访问内存,而是用将逻辑地址与基地址寄存器中的内容相加得到的地址去访问内存。图 5-5 展示出了动态重定位地址变换过程。

动态重定位的具体操作过程如下:

① 设置基地址寄存器 BR,虚地址寄存器 VR;

② 将程序段装入内存,且将其占用的内存区域首地址送入 BR,如图 5-5 中的BR=1 000;

③ 在程序运行过程中,将所要访问的虚地址送入 VR,如图 5-5 中运行“LOAD 1,2500”语句时,将所要访问的虚地址 2500 放入 VR;

④ 地址变换机构把 VR 和 BR 的内容相加，得到实际访问的物理地址。

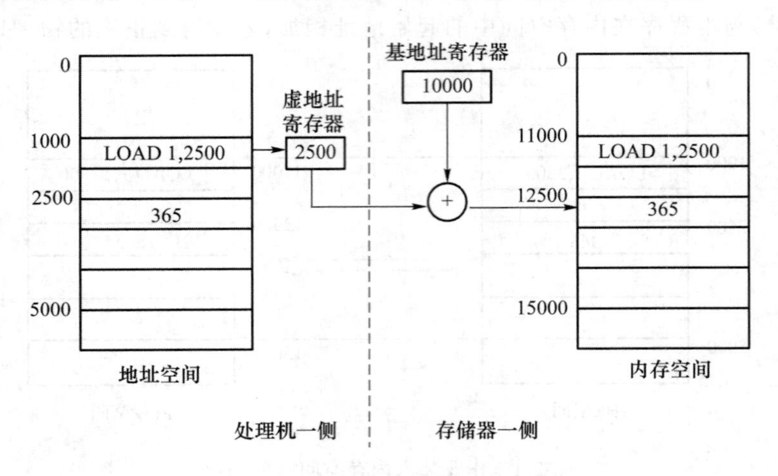


图 5-5 动态重定位地址变换图

由此可以看出，采用动态重定位技术后，程序中所有指令和数据的实际地址是在运行过程中最后访问的时刻确定的。因此，设置了这种地址变换机构的计算机系统允许我们采用动态存储分配策略。也就是说，在作业运行过程中临时申请分配附加的存储区域或释放占用的部分存储空间都是被允许的。

## 5.3.2 链接

链接程序的功能是将经编译得到的一组目标模块以及它们所需要的库函数装配成一个完整的装入模块。实现链接的方法有 3 种，分别为静态链接、装入时动态链接和运行时动态链接。

**1. 静态链接**

图 5-6 所示为经编译得到的两个目标模块 MAIN 和 SUB，它们的长度分别是 $L1$ 和 $L2$。在模块 MAIN 中有一条语句 CALL SUB，用于调用模块 SUB。SUB 属于外部符号引用。将这两个目标模块链接在一起时，需要解决以下两个问题。

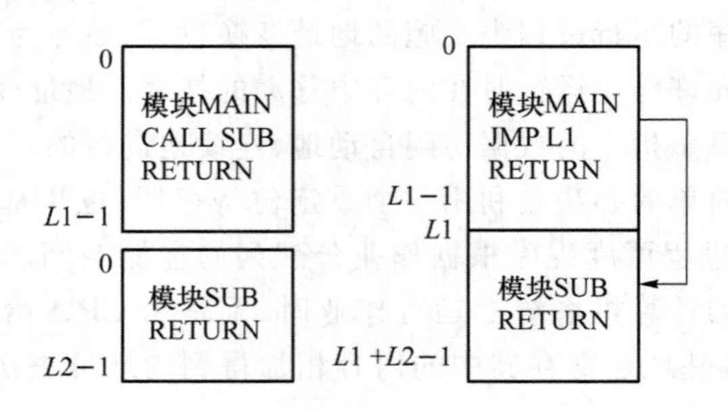


图 5-6 静态链接示意图

(1) 相对地址的修改

由编译程序生成的目标模块起始地址为 0，每个模块的地址都是相对于 0 的。在链接成一个装入模块后，模块 SUB 的起始地址不再是 0，而是 $L1 \sim L1+L2-1$，此时需要修改模块 SUB 中所有与地址相关的指令，即将模块 SUB 中的相对地址加上 $L1$。

（2）外部符号引用的变换

模块中所用的外部符号引用要变换成相对地址，如把 CALL SUB 变换成相对地址 $L1$ 的引用。

链接形成的完整装入模块又称为可运行文件。经过链接的文件通常不会再拆开，要运行时可直接将它装入内存。这种在程序运行之前进行的链接称为静态链接。

**2. 装入时动态链接**

上述链接可以在程序装入内存时边装入边链接。如编译得到的两个目标模块 MAIN 和 SUB，在装入 MAIN 时，遇到了一个外部符号引用 CALL SUB，此时引用装入程序去找出相应的外部目标模块 SUB，并把它装入内存，同时修改目标模块 SUB 中的相对地址。

装入时动态链接有以下两个优点：

（1）便于软件版本的更新。一个新的软件推出后经常需要排错、更新版本。有时错误的出现只限于某几个模块，如果采用装入时动态链接的方法，可以在装入的过程中将新版本换入，方便易行。

（2）便于实现目标模块的共享。采用装入时动态链接的方法，操作系统可以将一个目标模块链接到几个应用模块上，从而实现目标模块的共享。

**3. 运行时动态链接**

装入时动态链接虽然比起静态链接优点较多，但也有不足之处，主要表现在如下两个方面：

（1）程序的整个运行期间，装入模块是不改变的。实际应用中有时需要不断修改某些装入模块，并希望在程序不停止运行的情况下把修改后的装入模块与正在运行的应用模块链接在一起并运行。

（2）每次运行时的装入模块是相同的，而在许多实际应用中，每次运行的模块可能是不同的。例如，操作系统调用的驱动程序，由于每台机器的硬件配置可能发生变化，所以与硬件相关的驱动程序都是不同的。

解决这两个问题的有效方法是采用运行时动态链接的方式，即将目标模块的链接推迟到程序运行时再进行。在运行过程中，若发现被调用模块还没有装入内存，再去找出该模块，将它装入内存，并链接到调用模块上。

目前，大部分操作系统采用运行时动态链接方式，不仅能够减小程序的规模，而且容易更新链接库。Windows 系统的动态链接库就采用了运行时动态链接。此种方式的缺点是：程序在运行过程中，如果所需要的动态链接库找不到，则程序无法正常运行。

下面几节主要介绍内存四大管理技术，分别为分区存储管理、页式存储管理、段式存储管理以及段页式存储管理。

## 5.4 分区存储管理

连续分配管理方式

分区存储管理又称连续分配，是指为用户程序分配一个连续的内存空间。这种分配方式曾被广泛地应用于 20 世纪 60～70 年代的操作系统。连续分配的方式有单一连续分区、固定分区、可变分区和动态重定位分区。

### 5.4.1 单一连续分区

单一连续分区是最早出现的一种存储管理方式，在1960年以前用得非常普遍。它只能用于单用户、单任务的操作系统中。在该方案中，整个内存区域被分成系统区域和用户区域两部分。

(1) 系统区域：提供给操作系统使用的内存区域，它可以驻留在内存的低地址部分，也可以驻留在内存的高地址部分。

(2) 用户区域：用户程序使用的内存区域。

图5-7所示为操作系统和用户程序的3种组织方案。图5-7(a)所示为操作系统位于内存最低端的随机存储器(RAM)中；图5-7(b)所示为操作系统位于内存最高端的只读存储器(ROM)中；图5-7(c)所示为设备驱动程序位于内存最高端的只读存储器中，而操作系统的其他部分位于1 MB内存的低地址端随机存储器中。IBM PC使用的就是图5-7(c)所示的方案。其中，位于ROM的设备驱动程序处于8 KB内存最高的地址空间中，ROM中的这些程序称为BIOS(基本输入/输出系统)。

为了防止操作系统程序受到用户程序有意或无意的破坏，可设置一个保护机构，常用的方法是使用界限寄存器。当用户程序运行每条指令时，将其物理地址与界限寄存器的地址进行比较。当确定没有超出用户地址范围时，再运行该指令，否则产生越界中断，并停止用户程序的运行。

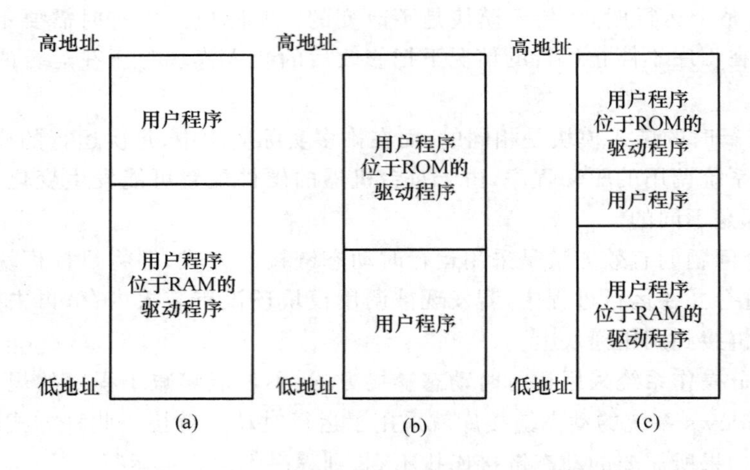


图5-7　操作系统和用户程序的3种组织方案

### 5.4.2 固定分区

单道程序设计除了用在简单的嵌入式系统上，很难有其他方面的应用。大多数现代计算机操作系统允许多个程序同时运行，这样内存管理变得非常复杂。对单一连续分区方式的自然的扩展是把内存空间划分为多个分区，这些分区的大小在操作系统初始化的时候就确定了，并且运行时不会改变，这种机制称为固定分区分配(fixed-memory partitioning)。在固定分区方式下，每个分区中只装入一道作业，这样把用户空间划分为几个分区，便允许几道作业并发运行。当有空闲分区时，便可以再从外存的后备作业队列中选择一个合适大小的作业装入该分区。

**1. 划分分区的方法**

固定分区可以有下面两种划分方法：

(1) 所有的分区大小相等。其缺点是程序大小不同，分区的大小不好确定：太大了，造成系统浪费；太小了，程序无法运行。尽管如此，该划分方式仍被用于一些实时控制系统，在这类实时控制系统中，一台计算机控制多个相同对象，这些对象所需的内存大小是相同的。例如，工业数据采集等。

(2) 分区大小不同。用户空间中的分区大小是不同的，在运行过程中，这些分区的大小不能改变。当一个作业请求时，可以给它分配合适的分区。

**2. 内存管理**

为了记录每个分区的大小、起始地址和该分区是否已经分配的说明，系统会建立一个分区说明表，如图 5-8 所示。当有一个用户进程要装入时，由内存分配程序负责检索该表，从表中找出一个能满足要求的、尚未分配的分区，并将它分配给该进程，然后修改分区说明表中的状态位；若找不到大小足够的分区，则拒绝为该用户进程分配内存空间。

| 分区号 | 大小 | 首址 | 状态 |
|---|---|---|---|
| 1 | 4 MB | 8 MB | 1 |
| 2 | 8 MB | 12 MB | 1 |
| 3 | 8 MB | 20 MB | 0 |
| 4 | 12 MB | 28 MB | 1 |
| 5 | 16 MB | 40 MB | 0 |

(a) 分区说明表

| 操作系统 8 MB |
|---|
| 进程A 4 MB |
| 进程B 8 MB |
| 空闲 8 MB |
| 进程C 12 MB |
| 空闲 16 MB |

(b) 内存空间说明情况

图 5-8 固定分区分配

**3. 分配策略**

当一个作业到达时，它被放到能容纳这个作业的最小分区中。因为在这种方案中分区的大小是固定的，所以一个分区中没有被作业使用的空间就不得不浪费掉。这种带有若干独立输入队列的固定分区可用图 5-9(a)表示。

在图 5-9(a)方案中，由于小分区的队列很长，而大分区的队列却很空。在这种情况下，把输入的作业排成若干个队列的缺点就显现出来了。小作业不得不等待进入内存，尽管此时内存中有大量的空闲空间。图 5-9(b)给出了另一种组织方法，即只有一个输入进程队列。只要某一个分区空闲，就把可被这个分区容纳的作业中最前面的作业选择出来调入分区运行。

采用这种内存分配技术，虽可以使多个用户进程共驻内存，但一个进程的大小刚好等于某个分区大小的情况非常少，于是每个分区中总有一部分被浪费。把一个已分配分区中剩余的无法使用的存储空间称为内碎片，之所以称它为内碎片是因为它位于分区的内部。如图 5-8(b)所示的情况，如果有一个大小为 20 MB 的进程申请内存将被系统拒绝，因为分区的大小是预先分配好的，此时分区说明表显示有两个分区是未分配状态，而它们的大小分别为 8 MB 和 16 MB，均不能满足用户进程 20 MB 的要求；如果有一个大小为 15 MB 的进程申请内存，将把 16 MB 的分区分配给该进程，但是分区中会有 1 MB 的内存空间剩余，这个 1 MB 的剩余内存空间就称为内碎片。

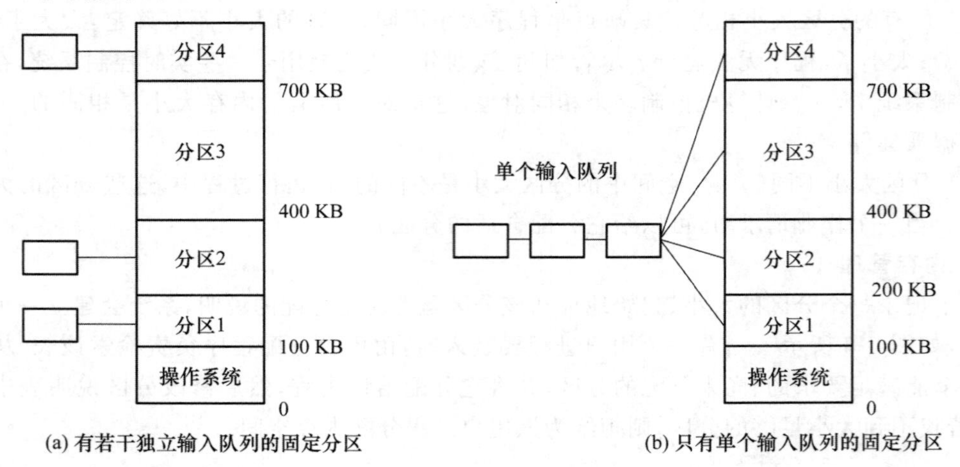


图 5-9 固定分区的分配示意图

固定分区技术简单,但内存利用率不高,适用于进程的大小及数量能够预知的系统。

### 5.4.3 可变分区

可变分区是指在进程装入内存时,把可用的内存空间"切出"一个连续的区域分配给进程,以适应进程大小的需要。整个内存分区的大小和分区的个数不是固定的,而是根据装入进程的大小进行动态划分,因此也称为动态分区。

系统初启时,内存中除了常驻的操作系统程序外,其余是一个完整的大空闲区域。随后,根据进程的大小划分出一个分区。当系统运行一段时间之后,随着进程的撤销和新进程的不断装入,原来整块的内存区域就形成了空闲分区和已分配分区相间的局面,如图 5-10 所示。

**1. 可变分区中的数据结构**

为了实现可变分区的分配,必须配置相应的数据结构记录内存的使用情况,常用的数据结构有两种,即空闲分区表和空闲分区链。

(1) 空闲分区表为内存中每个尚未分配出去的分区设置一个表项,每个表项包括分区序号、分区起始地址和分区的大小。

(2) 空闲分区链是由每个空闲分区中设置的用于控制分区分配的信息及用于链接各个分区的指针将内存中的空闲分区链接成的一个链表。

**2. 可变分区分配算法**

为把一个进程装入内存,需要按一定的分配算法从空闲分区表或空闲分区链中选出一分区分配给该进程。常用的可变分区分配算法有以下几种。

1) 最先适应算法

最先适应(First Fit)算法要求空闲分区以地址递增的次序排序。如果采用的是链表结构,分配时则从链表的开始位置顺序地进行查找,直到找到一个能够满足进程大小要求的空闲分区。然后,按进程的大小从分区中"切出"一块内存空间分配给请求者,余下的空闲分区仍然留在链表中。

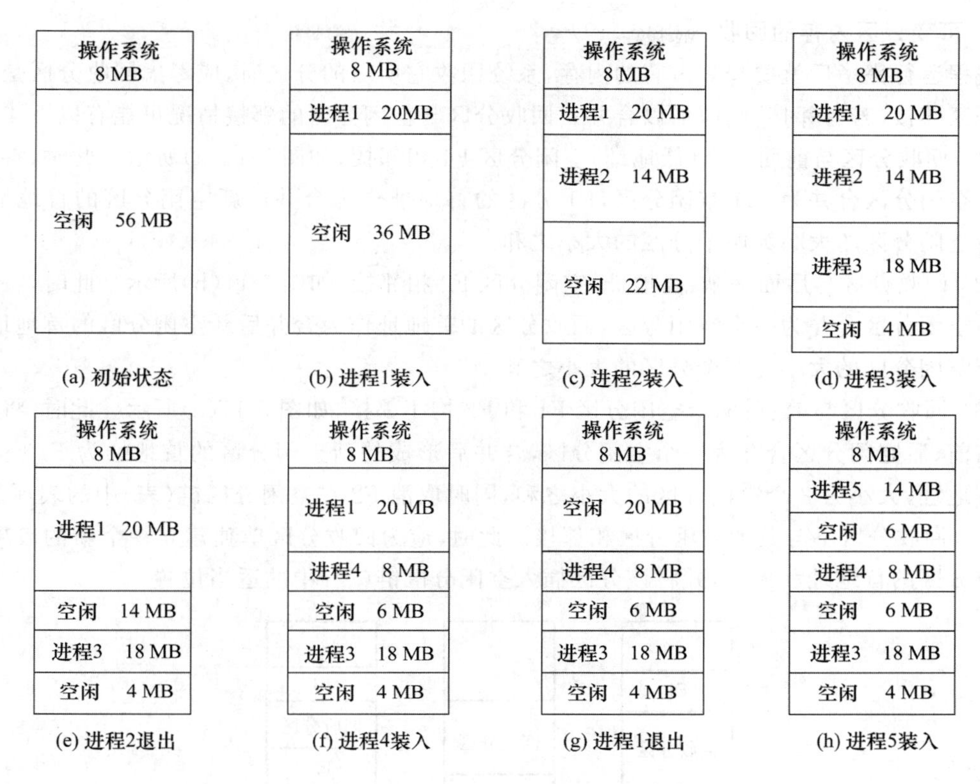


图 5-10 可变分区示意图

该算法倾向于优先使用内存中低地址部分的空闲空间，高地址部分很少被利用，从而保证了高地址部分留有较大的空闲分区。其缺点是低地址部分不断被切割，留下许多难以利用的小空闲分区，而每次查找又都从低地址部分开始，这无疑会影响查找的速度。

2）最佳适应算法

最佳的含义是每次为进程分配内存时，总是把与进程大小最匹配的空闲分区分配出去。最佳适应(Best Fit)算法采用的数据结构若是空闲分区链，则要求首先将空闲分区按分区大小递增的顺序形成一空闲分区链。当进程要求分配内存时，第一次找到的满足要求的空闲区必然是最优的。

该算法的优点是：如果系统中有一空闲分区的大小正好与进程的大小相等，则必然选中该空闲块；另外，系统中可能保留有较大的空闲分区。该算法的缺点是链表的头部会留下许多难以利用的小空闲区，即外碎片，从而影响分配的速度。

外碎片是指独立的、无法使用的小空闲分区，而内碎片是已被使用的分区中剩余的存储空间。

3）最坏适应算法

最坏适应(Worst Fit)算法与最佳适应算法相反，要求空闲分区按分区大小递减的顺序排序，每次分配时，从链首找到最大的空闲分区“切出”一块进行分配。

该算法的特点是基本上不会留下小空闲分区，不易形成外碎片；缺点是大的空闲分区被切割，当有较大的进程需要运行时，系统往往不能满足要求。

**3. 可变分区内存的回收**

进程运行完毕后就要释放占有的内存,系统回收它所占的分区时,应考虑回收分区是否与空闲分区邻接,若有邻接,则应加以合并。回收分区与空闲分区的邻接情况可能有以下 4 种:

(1) 回收分区与前面一个(低地址)空闲分区 F1 相邻接,如图 5-11(a)所示。此时,将回收分区与空闲分区合并为一个空闲分区,F1 分区的首地址作为合并后新空闲分区的首地址,合并后新空闲分区的大小为两个分区的大小之和。

(2) 回收分区与后面一个(高地址)空闲分区 F2 相邻接,如图 5-11(b)所示。此时,将回收分区与空闲分区合并为一个空闲分区,回收分区的首地址作为合并后新空闲分区的首地址,合并后新空闲分区的大小为两个分区的大小之和。

(3) 回收分区与前、后两个空闲分区 F1 和 F2 均相邻接,如图 5-11(c)所示。此时,将回收分区与前、后空闲分区合并为一个空闲分区,合并后形成的新空闲分区的首地址为 F1 空闲分区的首地址,大小为 3 个空闲分区的大小之和,同时取消 F2 在空闲分区链(表)中的表项。

(4) 回收分区不与其他空闲分区相邻接。此时,应为回收分区单独建立一个新的表项,填写回收分区的首地址和大小,并将该分区插入空闲分区链(表)中的适当位置。

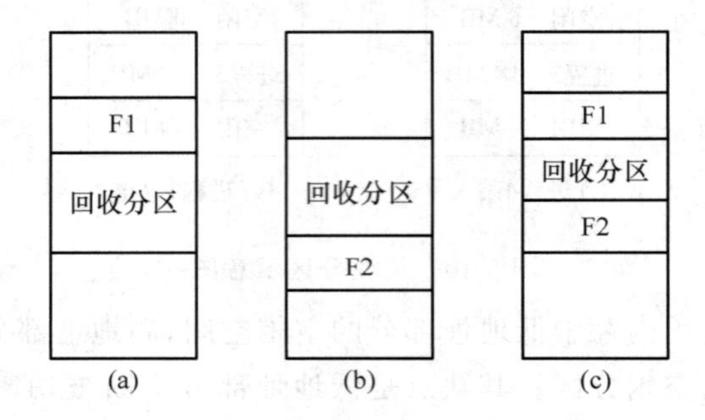


图 5-11　可变分区内存回收时的情况

**4. 可变分区管理的特点**

(1) 可变分区相对于固定分区,工作复杂化了;

(2) 可变分区相对于固定分区,提高了内存空间利用率,但仍存在空间的浪费,主要是外部存储碎片。

### 5.4.4　动态重定位分区

在前文所述的可变分区分配方案中,由于必须把一个用户进程转入一个连续的空闲分区,尽管系统中存在若干个小的空闲分区,其总容量大于要装入的进程,但由于每个空闲分区的大小都小于进程的大小,故该进程不能装入。如图 5-12(a)所示,内存中有 3 个空闲分区,它们的大小分别为 15 MB、12 MB 和 20 MB,3 个分区的总容量是 47 MB,现在有一个大小为 25 MB 的进程,由于必须给进程分配一连续的空闲分区,所以进程无法装入。

为了解决这一问题,可以采用紧凑的方法,即将内存中原有的所有进程进行移动,使它们互相邻接。这样一来,原来分散的多个空闲分区便拼接成了一个大的空闲分区,如图 5-12(b)所示。由于紧凑后的用户进程在内存中的位置发生了变化,所以要对进程中的地址进行修改,即重定位。允许进程运行过程中在内存中移动,必须采用动态重定位的方法,即将进程中的相对地址转换成物理地址的工作推迟到进程指令真正运行时进行。

要实现进程在内存中的移动,必须获得地址变换机构的支持,即在系统中必须增加一个重定位寄存器,用它存放进程在内存中的起始地址。进程在运行时,真正要访问的内存地址是进程的相对地址加上重定位寄存器中的地址得到的最终地址。

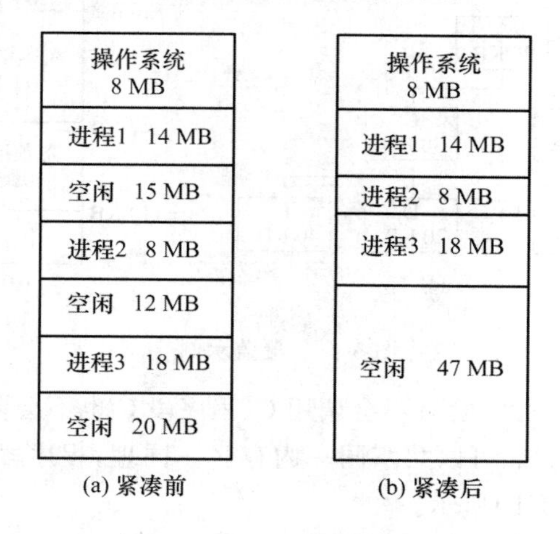


图 5-12　内存分区的紧凑

## 5.5　覆盖技术与交换技术

覆盖技术与交换技术是在多道环境下用来扩充内存的两种方法。覆盖技术主要用在早期的操作系统中,是高级编程语言中的联合体;而交换技术在现代计算机操作系统中仍具有较强的生命力,是当代主流的虚拟内存扩展技术。下面主要介绍覆盖技术与交换技术的基本思想。

### 5.5.1　覆盖技术

覆盖技术是基于这样一种思想提出来的,即一个程序并不需要一开始就把它的全部指令和数据装入内存后再运行。在单 CPU 系统中,每一时刻实际上只能运行一条指令。因此,不妨把程序划分为若干个功能上相对独立的程序段,按照程序的逻辑结构让那些不会同时运行的程序段共享同一块内存区。通常,这些程序段都被保存在外存中,在有关程序段的先头程序段已经运行结束后,再把后续程序段调入内存覆盖前面的程序段。这在用户看来,好像内存扩大了,从而达到了内存扩充的目的。

但是,覆盖技术要求程序员提供一个清楚的覆盖结构,即程序员必须把一个程序划分成不同的程序段,并规定好它们的运行和覆盖顺序。操作系统根据程序员提供的覆盖结构来完成程序段之间的覆盖。一般来说,一个程序究竟可以划分为多少段,以及让其中的哪些程序共享哪些内存区只有程序员清楚。这就要求程序员既要清楚地了解程序所属进程的虚拟空间及各程序段在虚拟空间中的位置,又要求程序员懂得系统和内存的内部结构与地址划分,因此程序员负担较重。所以,覆盖技术大多由对操作系统的虚拟空间和内部结构很熟悉的程序员使用。

例如,设某进程的程序正文段由 A,B,C,D,E 和 F 等 6 个程序段组成,它们之间的调用关系如图 5-13(a)所示。其中,程序段 A 调用程序段 B 和 C,程序段 B 调用程序段 F,程序段 C 调用程序段 D 和 E。

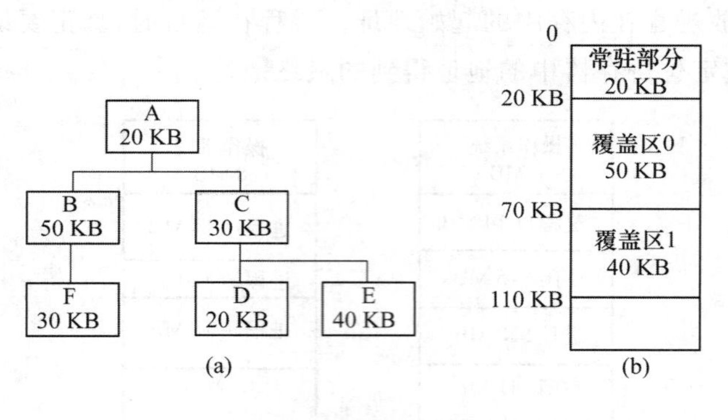


图 5-13 覆盖示例

由图 5-13(a)可以看出,程序段 B 不会调用 C,程序段 C 也不会调用 B。因此,程序段 B 和 C 无须同时驻留在内存中,它们可以共享同一内存区。同理,程序段 D、E、F 也可共享同一内存区。其覆盖结构如图 5-13(b)所示。

整个程序正文段被分为两个部分:一个是常驻部分,该部分与所有的被调用程序段有关,称为根程序,因而不能被覆盖;另一个是覆盖部分,能够被覆盖。在图 5-13(b)中,程序段 A 是根程序,占据常驻部分;覆盖部分被分为两个区,一个覆盖区由程序段 B、C 共享,其大小由 B、C 中所要求容量的较大者决定,另一个覆盖区为程序段 F、D 和 E 共享,其大小由 F、D 和 E 所要求容量的较大者决定,两个覆盖区的大小分别为 50 KB 与 40 KB。这样,虽然该进程正文段所要求的内存空间是 A(20 KB)+B(50 KB)+F(30 KB)+C(30 KB)+D(20 KB)+E(40 KB)=190 KB,但由于采用了覆盖技术,只需 110 KB 的内存空间即可开始运行。

覆盖技术的主要不足之处是:采用覆盖技术实现内存扩充对程序员是不透明的,要求程序模块之间有明确的调用结构,程序员要向系统指明覆盖结构,然后由操作系统来完成自动覆盖,这样大大加重了程序员的负担。

### 5.5.2 交换技术

在多道程序环境下,一方面,在内存中的某些进程由于某事件尚未发生而阻塞,但它却占用了大量的内存空间,甚至有时可能出现内存中所有进程都阻塞而迫使 CPU 停下来等待的情况;另一方面,许多作业在外存上等待,因无空闲内存空间而不能进入内存运行。显然,这对系统资源是一种严重的浪费,且使系统吞吐量下降。

一般来说,内、外存交换数据的等待时间比较长。例如,从外存(磁盘)读一块数据到内存有时要花 0.1~1 s。如果让这些阻塞状态的进程继续驻留内存,将会造成存储空间的浪费。因此,应该把这些处于阻塞状态的进程换出内存。

实现上述目标的方法有很多,其中比较常用的方法之一就是交换技术。广义地说,交换技术是指先将内存中某部分的程序或数据写入外存交换区,再从外存交换区中调取指定的程序或数据到内存中来,并让其运行的一种内存扩充技术。与覆盖技术相比,交换技术不要求程序员给出程序段之间的覆盖结构;交换主要是在进程或作业之间进行,而覆盖主要在同一个作业或进程内进行。当然,采用页式存储管理技术时,同一个进程的不同页面也可以采用交换技术实现内存扩充。另外,覆盖技术只能覆盖那些与覆盖程序段无关的程序段。

交换进程由换出和换入两个过程组成。其中,换出(swap out)过程把内存中的数据和程序换到外存交换区,而换入(swap in)过程把外存交换空间中的数据和程序换到内存分区中。

如果交换是以整个进程为单位的,便称之为“整体交换”或“进程交换”。这种交换被广泛地应用于分时操作系统中,其目的是解决内存紧张问题,并可进一步提高内存的利用率。如果交换是以“页”或“段”为单位进行的,则分别称之为“页面交换”或“分段交换”,又统称为“部分交换”。这种交换方法是实现后面要讲到的请求分页式和请求分段式存储管理的基础,其目的是支持虚拟存储系统。在此,我们只介绍进程交换,而分页交换或分段交换将放在虚拟存储器中介绍。为了实现进程交换,系统必须能实现三方面的功能:交换空间的管理、进程的换出,以及进程的换入。

交换技术大多用在小型机或微机系统中,这样的系统大部分采用页式存储管理和段式存储管理来管理内存。

## 5.6 页式存储管理

非连续分配管理方式

动态分区管理虽然可以解决碎片问题,但由于大量内存信息的移动,为此付出的处理机时间开销很大。因此,用户进程经常受到内存空闲空间容量的限制,而出现不能运行的情况。出现这一情况的主要原因是一个进程必须存放在一个连续的内存空间中。如果允许将一个进程分散地分配到许多不相邻的分区中,就可以解决这一问题。基于这一内存分配思想,产生了内存离散分配方式,页式存储管理技术就是离散分配方式的一种。

### 5.6.1 页式存储管理的基本原理

页式存储管理方式把内存空间分成大小相同的若干个存储块(或称为页框),并为这些存储块进行编号,为 0 块、1 块、……、$(n-1)$块。相应地,将进程的逻辑地址空间分成若干个与内存块大小相等的页(或称为页面)。在为进程分配内存空间时,以页为单位进行。进程的若干页分别装入多个不相邻的存储块,最后一页经常装不满一个存储块,而形成不可利用的碎片,称为页内碎片。相对于分区管理的内碎片来说,页内碎片较少,可以节省内存空间。

**1. 程序分页和内存分块**

图 5-14 说明了页式存储管理系统进程的装入情况。初始时,供用户进程使用的所有内存块都是空闲的,如图 5-14(a)所示。进程 A 由 4 页构成,分别装入存储块 0、1、2 和 3 中,如图 5-14(b)所示。随后,进程 B 和进程 C 装入,进程 B 和 C 分别都有 3 页,如图 5-14(c)和图 5-14(d)所示。然后,进程 B 被挂起退出内存,如图 5-14(e)所示。后来,进程 D 又进入,它由 4 页组成,分别占用了存储块 4、5、6 和 10,如图 5-14(f)所示。从图 5-14(f)可知,页式存储管理能够实现进程在内存的离散存储。

**2. 页表**

在页式存储管理系统中,进程的若干页被离散地存储在内存的多个存储块中,为了能找到每个页所对应的存储块,系统为每个进程建立了一张页表。进程所有页依次在页表中有一页表项,其中记录了逻辑页面在内存中对应的物理块号。配置了页表后,进程运行时通过查找页表,就可以找到每页在内存中的存储块号。可见,页表的作用是实现从逻辑页号到存储块号的地址映射。

图 5-14　页式存储管理系统进程的装入情况

此外，系统除了为每个进程建立一张页表，还应建立一张空闲块表，该表按存储页号从小到大的次序记录了内存未分配存储页面的页号。图 5-15 列出了图 5-14 中进程 D 装入后进程 A、B、C 和 D 的页表和内存空闲页表。

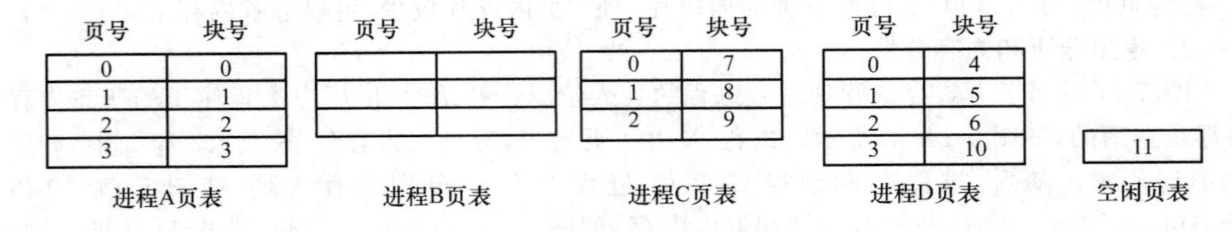

进程A页表

| 页号 | 块号 |
|---|---|
| 0 | 0 |
| 1 | 1 |
| 2 | 2 |
| 3 | 3 |

进程B页表

| 页号 | 块号 |
|---|---|
|  |  |
|  |  |
|  |  |

进程C页表

| 页号 | 块号 |
|---|---|
| 0 | 7 |
| 1 | 8 |
| 2 | 9 |

进程D页表

| 页号 | 块号 |
|---|---|
| 0 | 4 |
| 1 | 5 |
| 2 | 6 |
| 3 | 10 |

空闲页表

| 11 |
|---|

图 5-15　进程的页表和内存空闲块表

**3. 页的大小**

在页式存储管理系统中，页或存储块的大小由机器的地址结构决定，一般使用 2 的幂比特作为页的大小。若选择的页面较小，可以使页内的碎片减小，有利于提高内存的利用率，但同时也使进程要求的页面数增加，从而使页表的长度增大，占用大量内存空间；若选择的页面较大，虽然可以减小页表的长度，却又会使页内碎片增大。因此，页面的大小应适中选择，通常页的大小为 512 B～4 KB。

### 5.6.2 页式存储管理的地址变换机构

为了能将用户地址空间中程序的逻辑地址变换成内存空间中的物理地址，系统中必须设置地址变换机构。该机构的任务是实现逻辑地址到物理地址的动态重定位。

由于页表大多驻留在内存中，因此系统中应设置一个页表寄存器(page table register)，用以存放页表在内存的起始地址(又称页表始址)和页表长度。进程没有运行时，进程的页表始址和长度放在本进程的 PCB 中；当某进程被调度运行时，才将其页表始址和长度放在页表寄存器中。因此，在单处理机环境中，系统只需要一个页表寄存器。

当进程的某个逻辑地址被访问运行时，地址变换机构根据页的大小自动将有效的逻辑地址分成页号和页内位移两部分，如图 5-16 所示，图中的地址是 16 位的。

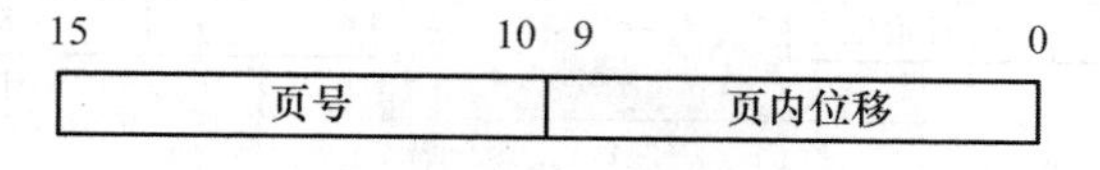


图 5-16 逻辑地址结构

首先将页号与页表寄存器中页表的长度进行比较，如果页号大于页表长度，则表示本次访问的地址超出了进程的地址空间，于是系统发现该错误后将产生一个越界中断；否则，通过页表寄存器中的页表始址找到页表，并根据页号找出相应的页表项，得到该页的物理块号。将物理块号装入物理地址寄存器的页号字段，同时再将页内位移直接送入物理地址寄存器的页内位移字段，这样就完成了逻辑地址到物理地址的变换。

图 5-17 所示为页式存储管理的地址变换机构。其中，页的大小为 1024 B，逻辑地址 1500 的二进制形式为 0000 0101 1101 1100。由于页的大小为 1024 B，故页内位移占 10 位，剩下的 6 位为页号。因此，逻辑地址 1500 对应的页号为 1(二进制形式为 000001)，页内位移为 476 (二进制形式为 0111011100)。查找页表得知，页号为 1 的物理块号为 6(二进制形式为 000110)，页内位移为 476(二进制形式为 0111011100)，二者形成的物理地址为 $6\times1024+476=6620$(16 位二进制数为 0001100111011100)，因此进程要访问的逻辑地址 1500 对应的物理地址为 6620。

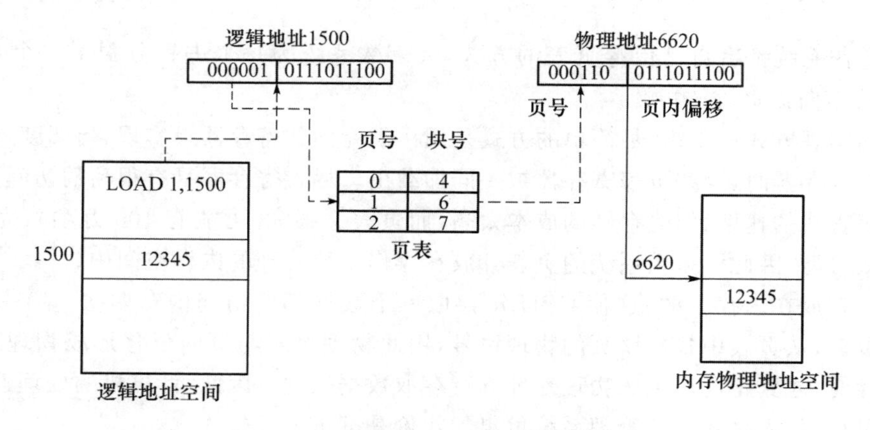


图 5-17 页式存储管理的地址变换机构

### 5.6.3 页式存储管理中逻辑地址到物理地址的计算

页式存储管理中逻辑地址到物理地址的计算步骤如下：

(1) 使用指令给出的一维逻辑地址除以页的长度，得到商和余数，分别为逻辑页号和页内位移；

(2) 查进程页表，由逻辑页号得到物理页号；

(3) 物理页号乘以页的长度＋页内位移得到物理地址。

如图 5-18 所示，逻辑地址 2500 变换为物理地址的过程为：2500/1024＝2…452；查页表，得到逻辑页号 2 对应的物理页号为 8；最终所访问的物理地址为 8×1024＋452＝8644。

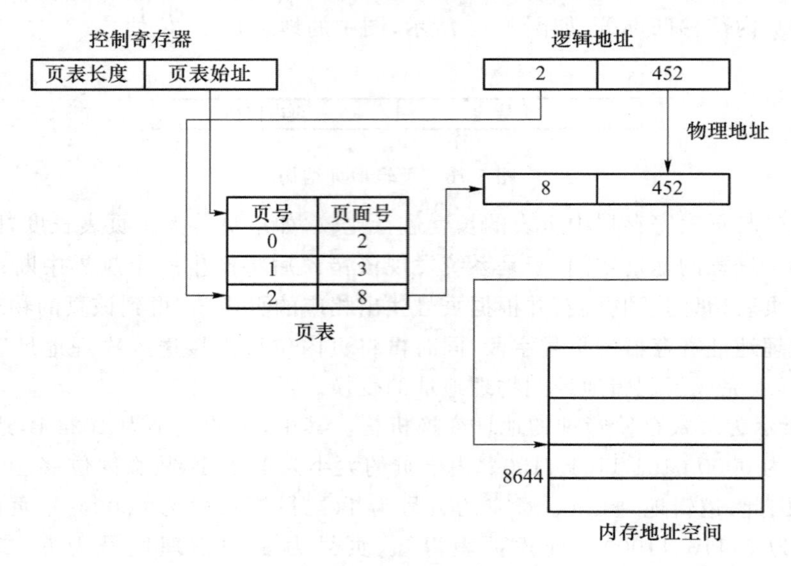


图 5-18　页式存储管理中逻辑地址转换为物理地址的过程

### 5.6.4 页表的硬件实现

每种操作系统都有自己保存页表的方式，大多数系统为每个进程分配了一个页表，并在 PCB 中存放指向该页表的指针。

页表的实现方式有很多，最简单的方式是用一组专门的寄存器来实现，当调度程序为选中的进程加载寄存器时，这些页表寄存器被一同加载出。尽管寄存器具有很高的访问速度，有利于提高页表查找的速度，但寄存器的成本太高，而页表又很大(可能有 100 万项)，完全用寄存器存放不太可能，因此大多数系统的页表都放在操作系统管理的内存空间中。

页表是存放在内存中的，这使 CPU 每存取一个数据都要访问内存两次。第一次是访问内存中的页表，从页表中找到该页的物理块号，用此物理页号与页内位移形成物理地址；第二次访问内存时，才真正向得到的物理地址进行存取数据处理。因此，计算机的处理速度降低了近一半。可见，引入页式存储管理系统付出的代价是沉重的。

为了提高系统的地址变换速度，在地址变换机构中设置一组由高速寄存器组成的小容量联想存储器(associate memory，有时也称为 Translation Look aside Buffer，TLB)构成的快表，用来存放当前访问最频繁的少量活动页。如果用户要找的页在快表中能找到，即可得到相应

页的物理块号,从而形成物理地址;如果找不到,就必须访问页表。有了快表以后的页式存储管理系统地址变换过程如下:

(1) 在处理机得到进程的逻辑地址后,将该地址分成页号和页内位移两部分。

(2) 由地址变换机构自动将页号与快表中的所有页进行比较,若与其中某页相匹配,则从快表中查出对应页的存储块号,并直接进行第(4)个步骤;如在快表中没有找到,则转到第(3)个步骤。

(3) 访问内存中的页表,找到相应页后读出物理页号,同时将该页表项内容存入快表中的一个单元,即修改快表内容。如果联想存储器已满,则将快表中被认为不再需要的页换出。

(4) 由物理块号乘以页长度,再与页内位移相加得到物理地址。出于成本的考虑,联想存储器不可能做得很大,通常只有几十个表项。对于较小的进程,可以将其页表中的所有内容存入联想存储器;对于较大的进程,只能将页表中的一部分内容存入其中。通常,联想存储器的命中率为80%～90%。

上述过程也被称为动态页式存储管理。动态页式存储管理流程图如图5-19所示。

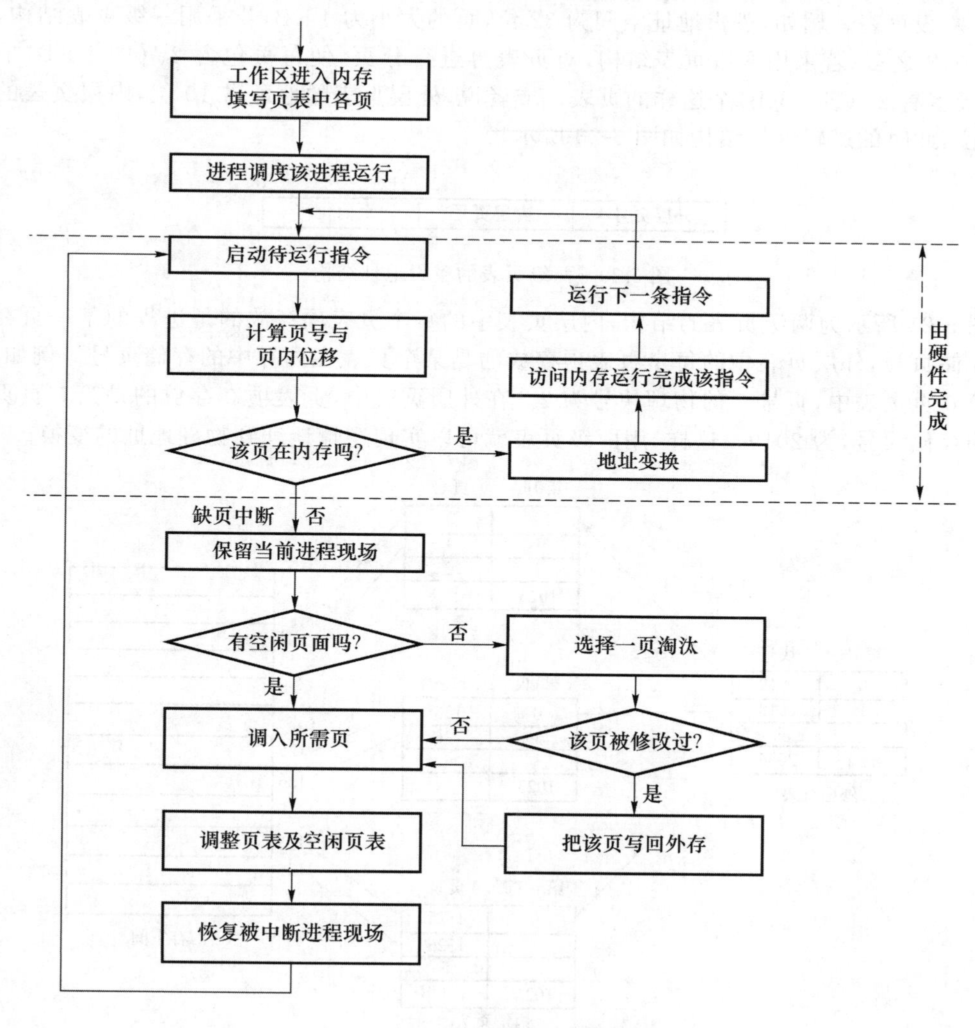


图5-19 动态页式存储管理流程图

### 5.6.5 页表的组织

现代计算机系统大多都支持非常大的逻辑地址空间。在这样的环境中，页表就变得很大，占用相当大的内存空间。例如，对于具有 32 位逻辑地址空间的页式存储管理系统，如果页的大小为 4 KB，即 $2^{12}$ B，则每个进程的页表项将达到 $2^{20}$ B，即 1 MB 之多。又因为每个页表项占 4 字节，每个进程的页表要占用 4 MB 的内存空间，而且还要求是连续的。显然，这是不现实的，解决这一问题的方法如下：

(1) 对于页表所需要的内存空间，采用离散的方式将页表放在多个不连续的内存空间中；

(2) 只将一部分页表项调入内存，其余仍驻留在磁盘上，需要时再调入。

**1. 两级页表**

对于难以找到连续的内存空间存放页表的问题，可将页表分页。将页表分成若干页，即依次为 0 页、1 页、……、(*n*−1)页，这样可以将每一页分别放在一个不同的存储块中。为了记录这些页在内存中的存放情况，同样为离散分配的页表再建立一张页表，称为外层页表，这样就产生了两级页表。例如，逻辑地址空间为 32 位，页的大小为 4 KB，若采用一级页表结构，页表项为 1 MB 之多；若采用两级页表结构，对页表再进行分页，使每页包含 $2^{10}$(即 1 KB)个页表项，则最多有 $2^{10}$(即 1 KB)个这样的页表。或者说，外层页表的地址占 10 位，内层页表的地址占 10 位，此时的逻辑地址结构如图 5-20 所示。

| 31　　　　22 | 21　　　　12 | 11　　　　0 |
|---|---|---|
| 外层页号 | 内层页号 | 页内位移 |

图 5-20　两级页表的逻辑地址结构

图 5-21 所示为两级页表的结构，内层页表中的每个页表项存放的是进程的某一页在内存中的存储页号，外层页表中的每个页表项存放的是某个页表在内存中的存储页号。例如，内层页表第 0 页页表中，页号 0 的物理块号为 2。在外层页表中，页表项 0 存放的是第 0 页页表在内存的存储块号，为 2019。这样，用两级页表就可以实现逻辑地址到物理地址的变换。

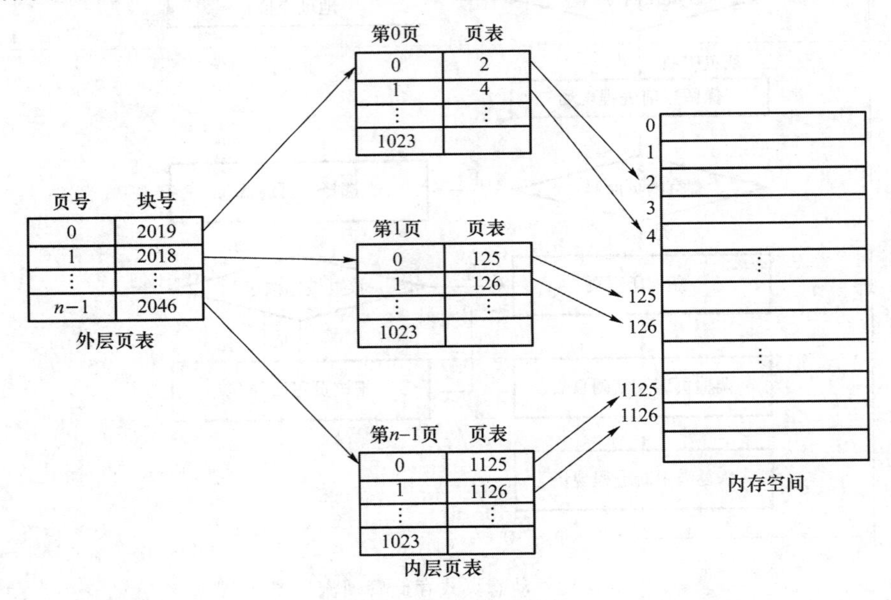


图 5-21　两级页表结构

两级页表可以实现页表的离散存放，另外还可以将部分页表放在内存，其他大多数页表放在磁盘，需要时再调入内存。具体操作是，对于正在运行的进程，先将其外层页表放入内存，然后再根据需要将内层页表中的一页或几页调入内存，为了标明哪些页表在内存，可以在外层页表中增加一个状态位：值为0表示对应的页表不在内存，值为1表示对应的页表在内存。当需要访问不在内存的页表时，产生一缺页中断，再由中断处理程序负责将不在内存的页表调入内存。

**2. 多级页表**

对于32位的计算机，使用两级页表结构是合适的，但对于64位计算机系统，采用两级页表仍然不能解决问题。如果页的大小仍是4 KB(即 $2^{12}$ B)，占用12位，那么将剩下的52位，假定仍按 $2^{10}$ B来划分页表，则还余下42位用于外层页号，此时外层页表有 $2^{41}$ 个页表项；假定按 $2^{20}$ B来划分页表，还余下32位用于外层页号，此时外层页表有 $2^{32}$ 个页表项。可见，无论如何划分，结果都是不能接受的。因此，必须采用多级页表，即对 $2^{32}$ 的页表项再进行分页，这样就有了三级页表和四级页表。在实际的系统中，如SUN公司的SPARC CPU使用的是三级页表结构，而Motorola 68030 CPU使用的是四级页表结构。

## 5.7 页面置换算法

虚拟页式存储管理

在进程运行过程中，若其所要访问的页面不在内存则需把它们调入内存，但内存已无空闲空间时，为了保证该进程能正常运行，系统必须从内存中调出一页程序或数据送到磁盘的交换区中。但应该将哪个页面调出，须根据一定的算法来确定。通常，把选择换出页面的算法称为页面置换算法(page-replacement algorithms)或者页面淘汰算法。置换算法的好坏，直接影响到系统的性能。

一个好的页面置换算法，应具有较低的页面更换频率。从理论上讲，应将那些以后不会再访问的页面换出，或把那些在较长时间内不会再访问的页面调出。目前，存在着许多种页面置换算法，它们都试图更接近于理论上的目标。下面介绍几种常用的页面置换算法。

### 5.7.1 最佳置换算法和先进先出置换算法

最佳(OPT)置换算法是一种理想化的算法，它具有最好的性能，但实际上却难以实现。先进先出(FIFO)置换算法是最直观的算法，由于它可能是性能最差的算法，故实际应用极少。

**1. 最佳置换算法**

OPT置换算法是由Belady于1966年提出的一种理论上的算法。其所选择的被淘汰页面，将是以后永不使用的，或者是在未来的最长时间内不再被访问的页面。采用最佳置换算法，通常可保证获得最低的缺页率。但由于人们目前还无法预知一个进程在内存的若干个页面中，哪一个页面是未来最长时间内不再被访问的，因而该算法是无法实现的，但可以利用该算法去评价其他算法。现举例说明如下。

假定系统为某进程分配了3个存储块，并考虑由以下的页号引用串：

7，0，1，2，0，3，0，4，2，3，0，3，2，1，2，0，1，7，0，1

进程运行时，先将7，0，1三个页面装入内存。之后，当进程要访问页面2时，将会产生缺页中断。此时，操作系统根据OPT置换算法，将页面7淘汰，这是因为页面0将作为第5个被访问的页面，页面 1 是第 14 个被访问的页面，而页面 7 则要在第 18 次页面访问时才需调入。下次访问页面 0 时，因它已在内存而不必产生缺页中断。当进程访问页面 3 时，又将引起页面 1 被淘汰，因为在现有的 1，2，0 页面中，页号 1 将是以后最晚被访问的。表 5-1 展示了采用 OPT 置换算法时的置换过程。可以看出，采用 OPT 置换算法发生了 6 次页面置换，发生了 9 次缺页中断。其中，表格最后一行中的 Y 代表发生了缺页中断。

**表 5-1　OPT 置换算法时的置换过程**

| 页号引用串 | 7 | 0 | 1 | 2 | 0 | 3 | 0 | 4 | 2 | 3 | 0 | 3 | 2 | 1 | 2 | 0 | 1 | 7 | 0 | 1 |
|---|---|---|---|---|---|---|---|---|---|---|---|---|---|---|---|---|---|---|---|---|
| 内存页面 1 | 7 | 7 | 7 | 2 | 2 | 2 | 2 | 2 | 2 | 2 | 2 | 2 | 2 | 2 | 2 | 2 | 2 | 7 | 7 | 7 |
| 内存页面 2 |  | 0 | 0 | 0 | 0 | 0 | 0 | 4 | 4 | 4 | 0 | 0 | 0 | 0 | 0 | 0 | 0 | 0 | 0 | 0 |
| 内存页面 3 |  |  | 1 | 1 | 1 | 3 | 3 | 3 | 3 | 3 | 3 | 3 | 3 | 1 | 1 | 0 | 1 | 1 | 1 | 1 |
| 是否发生缺页中断 | Y | Y | Y | Y |  | Y |  | Y |  |  | Y |  |  | Y |  |  |  | Y |  |  |

**2. 先进先出置换算法**

FIFO 置换算法是最早出现的置换算法。该算法总是淘汰最先进入内存的页面，即将在内存中驻留时间最久的页面淘汰。该算法实现简单，只需把一个进程已调入内存的页面，按先后次序链接成“一个”队列，并设置一个指针(称为替换指针)，使它总是指向最先进入队列的页面。这样，当要进行置换时，只需把置换指针所指的 FIFO 队列最前方的页置换出去，而把换入的页链接在 FIFO 队尾即可。该算法虽然简单，但与进程实际运行的规律不相适应，因为在进程的多个页面中，有些页面经常被访问，比如，含有全局变量、常用函数、循环体语句等的页面，FIFO 置换算法并不能保证这些页面不被淘汰。

这里，我们仍用上面的例子，采用 FIFO 置换算法进行页面置换，如表 5-2 所示。当进程第一次访问页面 2 时，将把第 7 页换出，因为它是最先被调入内存的；在第一次访问页面 3 时，又把第 0 页换出，因为它在现有的 2，0，1 三个页面中是最先进入内存的页。由表 5-2 可以看出，利用 FIFO 置换算法时进行了 12 次页面置换，比 OPT 置换算法正好多一倍。

**表 5-2　FIFO 置换算法时的置换过程**

| 页号引用串 | 7 | 0 | 1 | 2 | 0 | 3 | 0 | 4 | 2 | 3 | 0 | 3 | 2 | 1 | 2 | 0 | 1 | 7 | 0 | 1 |
|---|---|---|---|---|---|---|---|---|---|---|---|---|---|---|---|---|---|---|---|---|
| 内存页面 1 | 7 | 7 | 7 | 2 | 2 | 2 | 2 | 4 | 4 | 4 | 0 | 0 | 0 | 0 | 0 | 0 | 0 | 7 | 7 | 7 |
| 内存页面 2 |  | 0 | 0 | 0 | 0 | 3 | 3 | 3 | 2 | 2 | 2 | 2 | 2 | 1 | 1 | 1 | 1 | 1 | 0 | 0 |
| 内存页面 3 |  |  | 1 | 1 | 1 | 1 | 0 | 0 | 0 | 3 | 3 | 3 | 3 | 3 | 2 | 2 | 2 | 2 | 2 | 1 |
| 是否发生缺页中断 | Y | Y | Y | Y |  | Y | Y | Y | Y | Y | Y |  |  | Y | Y |  |  | Y | Y | Y |

从表 5-2 中，可以看到采用 FIFO 置换算法，系统共发生 15 次缺页中断，如果设缺页率为缺页次数与访问逻辑页面总次数之比，则缺页率为 15/20＝75％。因此，FIFO 置换算法虽然算法简单，但是效果很不理想。由于程序的运行遵循局部性原理，它很可能返回以前已用过的页面，并再次使用它们。所以，在计算机系统中很少使用纯粹的 FIFO 置换算法。

由实验和测试发现 FIFO 置换算法和 RR 算法的内存利用率不高。这是因为这两种算法都是基于 CPU 按线性顺序访问地址空间的这个假设设计的。事实上，许多时候，CPU 不是按线性顺序访问地址空间的，如在运行循环语句时。因此，那些在内存中停留时间最长的页往往也是经常被访问的页，尽管这些页变“老”了，但它们被访问的概率仍然很高。

FIFO 置换算法的另一个缺点是它有一种异常现象。一般来说，对于任一个作业或进程，如果给它分配的内存页面数越接近于它所要求的页面数，即分配给进程的物理页面数越多，则发生缺页的次数会越少。在正常情况下，这个推论是成立的。因为如果给一个进程分配了其所要求的全部页面，则缺页次数等于其所要求的页面数，一般不会发生页面置换现象。但是，使用FIFO置换算法时，在未给进程或作业分配其所要求的全部页面数时，有时会出现分配的物理页面数增多、缺页次数反而增加的奇怪现象，这种现象称为Belady现象，如图5-22所示。

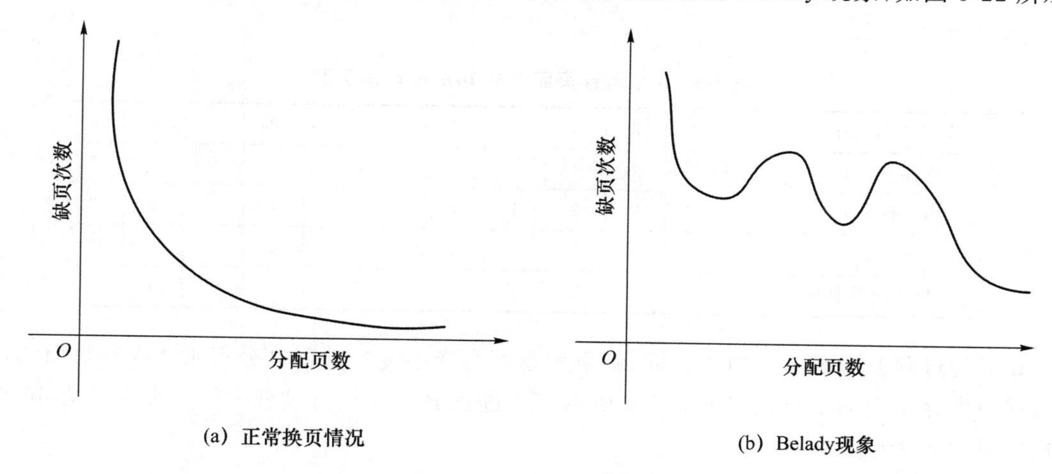


图5-22 FIFO置换算法的Belady现象

下面的例子可以用来说明FIFO置换算法的正常换页情况和Belady现象。

设进程P共有8页，且已在内存中分配有3个页面，程序访问逻辑页号的顺序为7，0，1，2，0，3，0，4，2，3，0，3，2，1，2，0，1。在其运行过程中，内存页面的变化情况如表5-3所示。

**表5-3 3个内存页面时的FIFO正常换页情况**

| 逻辑页号顺序 | 7 | 0 | 1 | 2 | 0 | 3 | 0 | 4 | 2 | 3 | 0 | 3 | 2 | 1 | 2 | 0 | 1 |
|---|---|---|---|---|---|---|---|---|---|---|---|---|---|---|---|---|---|
| 内存页面1 | 7 | 7 | 7 | 2 | 2 | 2 | 2 | 4 | 4 | 4 | 0 | 0 | 0 | 0 | 0 | 0 | 0 |
| 内存页面2 | | 0 | 0 | 0 | 0 | 3 | 3 | 3 | 2 | 2 | 2 | 2 | 2 | 1 | 1 | 1 | 1 |
| 内存页面3 | | | 1 | 1 | 1 | 1 | 0 | 0 | 0 | 3 | 3 | 3 | 3 | 3 | 2 | 2 | 2 |
| 是否发生缺页中断 | Y | Y | Y | Y | | Y | Y | Y | Y | Y | Y | | | Y | Y | | |

由表5-3可以看出，进程在一个运行过程中，发生了12次缺页，则该例中的缺页率为12/17＝70.5％。

如果给进程P分配4个内存页面，则在其运行过程中内存页面的变化情况如表5-4所示。

**表5-4 4个内存页面时的FIFO正常换页情况**

| 逻辑页号顺序 | 7 | 0 | 1 | 2 | 0 | 3 | 0 | 4 | 2 | 3 | 0 | 3 | 2 | 1 | 2 | 0 | 1 |
|---|---|---|---|---|---|---|---|---|---|---|---|---|---|---|---|---|---|
| 内存页面1 | 7 | 7 | 7 | 7 | 7 | 3 | 3 | 3 | 3 | 3 | 3 | 3 | 3 | 3 | 2 | 2 | 2 |
| 内存页面2 | | 0 | 0 | 0 | 0 | 0 | 0 | 4 | 4 | 4 | 4 | 4 | 4 | 4 | 4 | 4 | 4 |
| 内存页面3 | | | 1 | 1 | 1 | 1 | 1 | 1 | 1 | 1 | 0 | 0 | 0 | 0 | 0 | 0 | 0 |
| 内存页面4 | | | | 2 | 2 | 2 | 2 | 2 | 2 | 2 | 2 | 2 | 2 | 1 | 1 | 1 | 1 |
| 是否发生缺页中断 | Y | Y | Y | Y | | Y | | Y | | | Y | | | Y | Y | | |

进程P在分配4个内存页面时,共发生9次缺页,其缺页率为9/17=52.9%。以上是使用FIFO算法正常换页的例子。

下面我们来看另外一种访问串的例子。

设进程P可分为5页,访问逻辑页面号的顺序为1,2,3,4,1,2,5,1,2,3,4,5。当进程P分得3个内存页面时,运行过程中内存页面变化如表5-5所示。进程P在运行过程中共缺页9次,其缺页率为9/12=75%。

**表5-5 3个内存页面时的Belady现象示例**

| 逻辑页号顺序 | 1 | 2 | 3 | 4 | 1 | 2 | 5 | 1 | 2 | 3 | 4 | 5 |
|---|---|---|---|---|---|---|---|---|---|---|---|---|
| 内存页面1 | 1 | 1 | 1 | 4 | 4 | 4 | 5 | 5 | 5 | 5 | 5 | 5 |
| 内存页面2 | | 2 | 2 | 2 | 1 | 1 | 1 | 1 | 1 | 3 | 3 | 3 |
| 内存页面3 | | | 3 | 3 | 3 | 2 | 2 | 2 | 2 | 2 | 4 | 4 |
| 是否发生缺页中断 | Y | Y | Y | Y | Y | Y | Y | | | Y | Y | |

如果为进程P分配4个内存页面,缺页率是否会变小呢?进程P分得4个内存页面时,运行过程中内存页面的变化情况如表5-6所示。当进程P分在运行过程中的缺页次数为10次,即缺页率10/12=83.3%。

**表5-6 4个内存页面时的Belady现象示例**

| 逻辑页号顺序 | 1 | 2 | 3 | 4 | 1 | 2 | 5 | 1 | 2 | 3 | 4 | 5 |
|---|---|---|---|---|---|---|---|---|---|---|---|---|
| 内存页面1 | 1 | 1 | 1 | 1 | 1 | 1 | 5 | 5 | 5 | 5 | 4 | 4 |
| 内存页面2 | | 2 | 2 | 2 | 2 | 2 | 2 | 1 | 1 | 1 | 1 | 5 |
| 内存页面3 | | | 3 | 3 | 3 | 3 | 3 | 3 | 2 | 2 | 2 | 2 |
| 内存页面4 | | | | 4 | 4 | 4 | 4 | 4 | 4 | 3 | 3 | 3 |
| 是否发生缺页中断 | Y | Y | Y | Y | | | Y | Y | Y | Y | Y | Y |

因此,FIFO置换算法产生Belady现象的原因在于它根本没有考虑程序运行的动态特征和局部性原理。

### 5.7.2 最近最久未使用置换算法

#### 1. 最近最久未使用置换算法的描述

FIFO置换算法性能之所以较差,是因为它所依据的条件是各个页面调入内存的时间,而页面调入的先后顺序并不能反映页面的使用情况。最近最久未使用(Least Recently Used,LRU)置换算法,是根据页面调入内存后的使用情况进行决策的。由于无法预测各页面将来的使用情况,只能将"最近的过去"作为"最近的将来"的近似,因此LRU置换算法选择最近最久未使用的页面予以淘汰。该算法赋予每个页面一个访问字段,用来记录一个页面自上次被访问以来所经历的时间t,当须淘汰一个页面时,选择现有页面中t值最大的进行淘汰,即将最近最久未使用的页面淘汰。

利用LRU置换算法对例5-1进行页面置换的结果如表5-7所示。当进程第一次对页面2进行访问时,由于页面7是最近最久未被访问的,故将它置换出去。当进程第一次对页面3进行访问时,页面1成为最近最久未使用的页,故将它换出。由表5-7可以看出,前5个时间的置换与 OPT 置换算法相同,但这并非必然的结果。因为,OPT 置换算法是从“向后看”的观点出发的,即它的依据是以后各页的使用情况;而 LRU 置换算法则是“向前看”的,即根据各页以前的使用情况来判断,而页面过去和未来的走向之间并无必然的联系。

**表 5-7 用 LRU 置换算法对例 5-1 进行页面置换的结果**

| 逻辑页号顺序 | 7 | 0 | 1 | 2 | 0 | 3 | 0 | 4 | 2 | 3 | 0 | 3 | 2 | 1 | 2 | 0 | 1 | 7 | 0 | 1 |
|---|---|---|---|---|---|---|---|---|---|---|---|---|---|---|---|---|---|---|---|---|
| 内存页面 1 | 7 | 0 | 1 | 2 | 0 | 3 | 0 | 4 | 2 | 3 | 0 | 3 | 2 | 1 | 2 | 0 | 1 | 7 | 0 | 1 |
| 内存页面 2 | | 7 | 0 | 1 | 2 | 0 | 3 | 0 | 4 | 2 | 3 | 0 | 3 | 2 | 1 | 1 | 0 | 1 | 7 | 0 |
| 内存页面 3 | | | 7 | 0 | 1 | 2 | 2 | 3 | 0 | 4 | 2 | 2 | 0 | 3 | 3 | 2 | 2 | 0 | 1 | 7 |
| 是否发生缺页中断 | Y | Y | Y | Y | | Y | | Y | Y | Y | Y | | | Y | | Y | | Y | | |

**2. LRU 置换算法的硬件支持**

LRU 置换算法虽然是一种比较好的算法,但要求系统有较多的支持硬件。为了了解一个进程在内存中的各个页面各有多少时间未被进程访问,以及如何快速地知道哪一页是最近最久未使用的页面,须有一类硬件的支持——寄存器或栈。

(1) 寄存器

为了记录某进程在内存中各页的使用情况,须为每个在内存中的页面配置一个移位寄存器,可表示为

$$R = R_{n-1}R_{n-2}R_{n-3}\cdots R_2R_1R_0$$

当进程访问某物理页面时,要将相应寄存器的 $R_{n-1}$ 位置成 1。此时,定时信号将每隔一定时间(例如 100 ms)将寄存器右移一位。如果我们把 n 位寄存器的数看作一个整数,那么具有最小数值的寄存器所对应的页面,就是最近最久未使用的页面。表 5-8 示出了某进程在内存中具有 8 个页面,为每个内存页面配置一个 8 位寄存器时的 LRU 访问情况。这里,把 8 个内存页面的序号分别定为 1~8。由表 5-8 可以看出,第 3 个内存页面的 R 值最小,所以当发生缺页时,首先将它置换出去。

**表 5-8 某进程具有 8 个页面时的 LRU 访问情况**

| 内存页面 | R | | | | | | | |
|---|---|---|---|---|---|---|---|---|
| | $R_7$ | $R_6$ | $R_5$ | $R_4$ | $R_3$ | $R_2$ | $R_1$ | $R_0$ |
| 1 | 0 | 1 | 0 | 1 | 0 | 0 | 1 | 0 |
| 2 | 1 | 0 | 1 | 0 | 1 | 1 | 0 | 0 |
| 3 | 0 | 0 | 0 | 0 | 0 | 1 | 0 | 0 |
| 4 | 0 | 1 | 1 | 0 | 1 | 0 | 1 | 1 |
| 5 | 1 | 1 | 0 | 1 | 0 | 1 | 1 | 0 |
| 6 | 0 | 0 | 1 | 0 | 1 | 0 | 1 | 1 |
| 7 | 0 | 0 | 0 | 0 | 0 | 1 | 1 | 1 |
| 8 | 0 | 1 | 1 | 0 | 1 | 1 | 0 | 1 |

(2) 栈

可利用一个特殊的栈来保存当前使用的各个页面的页面号。每当进程访问某页面时,便将该页面的页面号从栈中移出,将它压入栈顶。因此,栈顶始终是最新被访问页面的页面号,

而栈底则是最近最久未使用页面的页面号。假定现有一进程所访问页面的逻辑页号顺序为

4,7,0,7,1,0,1,2,1,2,6

随着进程的访问,栈中页面号的变化情况如表 5-9 所示。假定分配给该进程的物理页面数为 5 页,则在访问逻辑页面 6 时发生了缺页,此时页面 4 是最近最久未被访问的页,应将它置换出去。

**表 5-9　用栈保存当前使用页面时栈的变化情况**

| 逻辑页号顺序 | 4 | 7 | 0 | 7 | 1 | 0 | 1 | 2 | 1 | 2 | 6 |
|---|---|---|---|---|---|---|---|---|---|---|---|
| | | | | | | | | 2 | 1 | 5 | 6 |
| 栈顶 | | | | | 1 | 0 | 1 | 1 | 2 | 1 | 2 |
| ↑ | | | 0 | 7 | 7 | 1 | 0 | 0 | 0 | 0 | 1 |
| 栈底 | | 7 | 7 | 0 | 0 | 7 | 7 | 7 | 7 | 7 | 0 |
| | 4 | 4 | 4 | 4 | 1 | 4 | 4 | 4 | 4 | 4 | 7 |

### 5.7.3　Clock 置换算法

LRU 置换算法是较好的一种算法,但由于它要求有较多的硬件支持,故在实际应用中,大多采用 LRU 近似算法。Clock 置换算法就是用得较多的一种 LRU 近似算法。

**1. 简单 Clock 置换算法**

当采用简单 Clock 置换算法时,只需为每页设置一个访问位,再将内存中的所有页面都通过链接指针链接成一个循环队列。当某页被访问时,其访问位被置 1。该置换算法在选择一页淘汰时,只需检查页的访问位:如果是 0,就选择该页换出;若为 1,则重新将它置 0,暂不换出,而给该页第二次驻留内存的机会,再按照 FIFO 算法检查下一个页面。当检查到队列中的最后一个页面时,若其访问位仍为 1,则返回队首去检查第一个页面。图 5-23 示出了该算法的流程。由于该算法循环地检查各页面的使用情况,故称为 Clock 置换算法。但因该算法只有一个访问位,只能用它表示该页是否已经被使用过,而置换时是将未使用过的页面换出去,故又把该算法称为最近未用(Not Recently Used,NRU)置换算法。

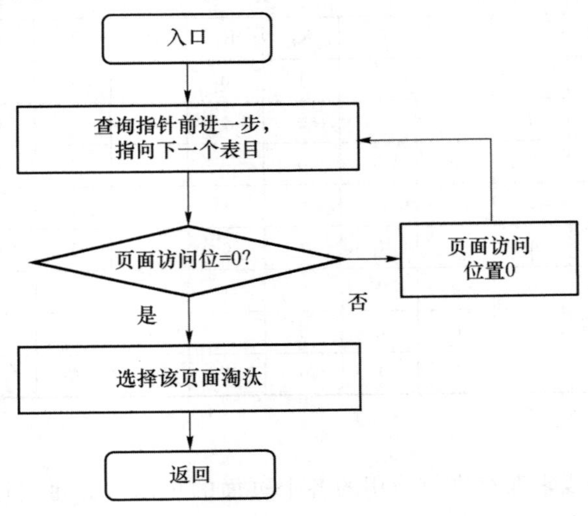


图 5-23　简单 Clock 置换算法的流程

图 5-24 给出了简单 Clock 置换算法的一个例子。系统给一个进程分配了 8 个物理块,圆环外的数字代表逻辑页面号,圆环内的数字代表逻辑页面所分配的物理页面号。假设现在进程需要运行逻辑页面 9,从图 5-24(a)中看出,当前指针指向逻辑页面 1,因为该页所使用的访问位为 1,所以该页不能被置换,系统把该页面的使用位设置为 0,指针下移。同样的道理,逻辑页面 2 也不能被置换。当指针扫描到逻辑页面 3 时,发现该页的访问位为 0,所以把逻辑页面 3 置换出去,将该页访问位置为 1。指针继续前进到逻辑页面 4,如图 5-24(b)所示。

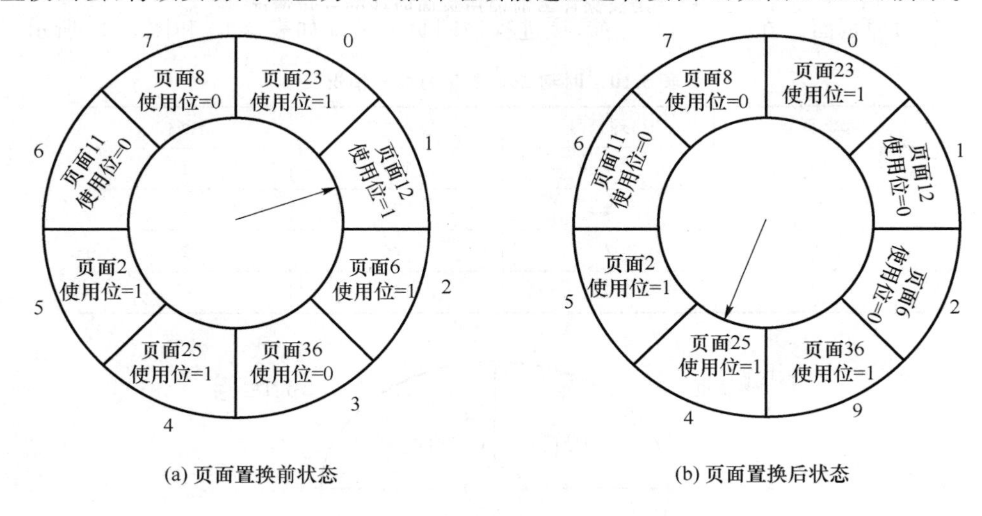


图 5-24　简单 Clock 置换算法的例子

**2. 改进型 Clock 置换算法**

当一个页面换出时,如果该页已被修改过,须将该页重新写回磁盘;但如果该页未被修改过,则不必将它复制回磁盘。在改进型 Clock 置换算法中,除须考虑页面的使用情况,还须再增加一个因素,即置换代价。这样,选择页面换出时,不仅要考虑页面是否未使用过,还要考虑页面是否未被修改过。把同时满足这两个条件(即页面未使用过并且未被修改过)的页面作为首选淘汰的页面。由访问位 U 和修改位 M 可以组合成下面 4 种类型的页面。

1 类(U=0,M=0):表示该页最近既未被访问,又未被修改,是最佳淘汰页。

2 类(U=0,M=1):表示该页最近未被访问,但已被修改,并不是很好的淘汰页。

3 类(U=1,M=0):表示该页最近已被访问,但未被修改,该页有可能再被访问。

4 类(U=1,M=1):表示该页最近已被访问且被修改,该页可能再被访问。

其中,第 1 种情况是最理想的能被置换出去的页,最后一种情况就是最不该被置换出去的页。内存中的每个页面必定是这 4 类页面之一。当进行页面置换时,可采用与简单 Clock 置换算法相类似的改进型 Clock 置换算法,其差别在于该算法须同时检查访问位与修改位,以确定该页是 4 类页面中的哪一种。其运行过程可分成以下 3 步:

(1) 从指针所指示的当前位置开始,扫描循环队列,寻找 U=0 且 M=0 的第 1 类页面,将所遇到的第一个页面作为所选中的淘汰页,并且在第一轮扫描期间不改变访问位 U 的值。

(2) 如果第(1)步失败,即第一轮扫描后未遇到第 1 类页面,则开始第二轮扫描,寻找 U=0 且 M=1 的第 2 类页面,将所遇到的第一个这类页面作为淘汰页,并且在第二轮扫描期间将所有扫描过的页面的访问位都置 0。

(3) 如果第(2)步也失败,即未找到第 2 类页面,则指针返回开始的位置,此时所有页面的访问位都为 0。然后重复第(1)步,如果仍失败,必要时再重复第(2)步,就一定能找到被淘汰的页。

该置换算法同简单 Clock 置换算法相比,减少了磁盘输入/输出的次数。但是,为了找到一个合适的置换页,要经过最多 4 次扫描。

**例 5-1** 设某计算机的逻辑地址空间和物理地址空间均为 64 KB,按字节编址。若某进程最多需要 6 页数据存储空间,页的大小为 1 KB,操作系统采用固定分配局部置换策略为此进程分配 4 个物理页面。在时刻 260 之前,该进程访问页表情况如表 5-10 和图 5-25 所示。

**表 5-10 时刻 260 之前的页表情况**

| 逻辑页号 | 物理页号 | 装入时刻 | 访问位 |
|---|---|---|---|
| 0 | 7 | 130 | 1 |
| 1 | 4 | 230 | 1 |
| 2 | 2 | 200 | 1 |
| 3 | 9 | 160 | 1 |

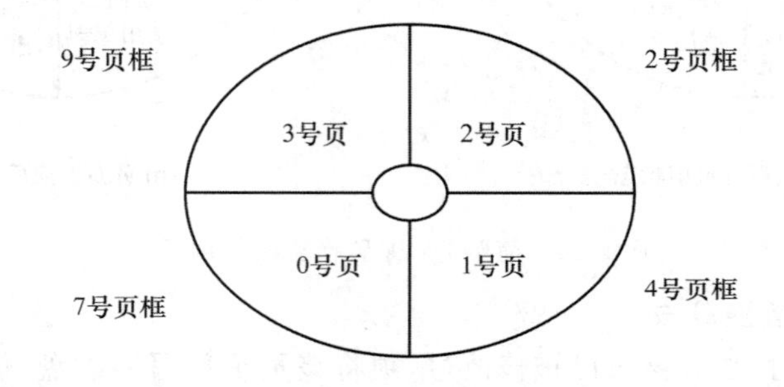


图 5-25 时刻 260 之前的页表情况

当该进程运行到时刻 260 时,要访问逻辑地址为 17CAH 的数据,请回答下列问题:

(1) 该逻辑地址对应的页号是多少?

(2) 若采用 FIFO 置换算法,该逻辑地址对应的物理地址是多少?要求给出计算过程。

(3) 若采用 Clock 置换算法,该逻辑地址对应的物理地址是多少?要求给出计算过程〔设搜索下一页的指针沿顺时针方向移动,且当前指向 2 号逻辑页面(圆圈内的数字)〕。

**分析与解答**

(1) 由于计算机的逻辑地址空间和物理地址空间均为 64 KB=$2^{16}$ B,按字节编址,且页(块)的大小为 1 KB=$2^{10}$ B,所以计算机的逻辑地址结构和物理地址结构均如图 5-26 所示。因为 17CAH=$(0001\ 0111\ 1100\ 1010)_2$,所以 17CAH 对应的页号是$(000101)_2=5$。

| 页(页框)号(6 位) | 页(块)内偏移量(10 位) |
|---|---|

图 5-26 计算机的逻辑地址结构和物理地址结构

(2) 若采用 FIFO 置换算法,则置换装入时间最早的页,故 0 号页被置换,将第 5 页装入 7 号页框,所以 17CAH 对应的物理地址为$(0001\ 1111\ 1100\ 1010)_2$=1FCAH。

(3) 若采用 Clock 置换算法,则从当前指针指示的页框开始查找,若页的访问位为 0,则置换该页;否则,将访问位清零,并将指针指向下一个页框,继续查找。如图 5-25 所示,由于初始时内存中 4 个页的访问位均为 1,因此前 4 次查找并未找到合适的页,但查找时已将对应页的访问位清零。第5次查找时,指针重新指向2号逻辑页面,其中存放的2号页访问位为0,故置换该页,将第5页装入10号页框,所以17CAH对应的物理地址为$(0010\ 1011\ 1100\ 1010)_2$=2BCAH。

**例5-2** 在请求分页管理系统中,假设某进程的页表内容如表5-11所示。

**表5-11 页表和有效位**

| 逻辑页号 | 页框号 | 有效位(存在位) |
| --- | --- | --- |
| 0 | 101H | 1 |
| 1 | — | 0 |
| 2 | 254H | 1 |

其中,页面大小为4 KB,一次内存的访问时间是100 ns,一次快表(TLB)的访问时间是10 ns,处理一次缺页的平均时间为$10^8$ ns(已含更新TLB和页表的时间),进程的驻留集大小固定为2,采用LRU置换算法和局部淘汰策略。假设:①TLB初始为空;②地址转换时先访问TLB,若TLB未命中,再访问页表(忽略访问页表之后的TLB更新时间);③有效位为0表示页面不在内存,产生缺页中断,缺页中断处理后,返回产生缺页中断的指令处重新运行。设有虚地址访问序列2362H、1565H、25A5H,请问:

(1) 依次访问上述3个虚地址,各需多少时间?给出计算过程。

(2) 基于上述访问序列,虚地址1565H对应的物理地址是多少?请说明理由。

**分析与解答**

(1) 因为页大小为4 KB,所以虚地址中的低12位表示页内地址,剩余高位表示页号。则十六进制虚地址的低3位为页内地址,最高位为页号。

2362H:页号为2,页内地址为362H。先访问快表(10 ns),未命中;再访问内存中的页表(100 ns),页表项中的有效位指示该页在内存,根据该页对应的页框号形成物理地址再次访问内存(100 ns),共计10+100×2=210 ns。

1565H:页号为1,页内地址为565H。先访问快表(10 ns),未命中;再访问内存中的页表(100 ns),页表项中的有效位指示该页不在内存,处理缺页($10^8$ ns);再次访问快表(10 ns),命中;根据该页对应的页框号形成物理地址,再次访问内存(100 ns),共计$10+100+10^8+10+100\approx 10^8$ ns。

25A5H:页号为2,页内地址为5A5H。由于访问2362H时已将页2的表项写入TLB,因此访问快表(10 ns),命中;根据该页对应的页框号形成物理地址,访问内存(100 ns),共计10+100=110 ns。

(2) 虚地址1565H的页号为1,页内地址为565H。目前,页0、页2在内存,访问页1时发生缺页。根据LRU置换算法和局部淘汰策略,将页0换出、页1换入,因此页1对应的页框号为101H,又因为页内地址为565H,则虚地址1565H对应的物理地址为101565H。

## 5.8 段式存储管理

段式存储管理方式的引入,主要是为了满足用户在编程和使用上的要求,具体来说有以下几点。

(1) 方便编程

通常,人们写的程序是分成许多子程序段的,每个段有自己的名字和长度,要访问的逻辑地址是由段名(或段号)和段内地址决定的。每个段都从0开始编址,程序在运行过程中用段名和段内地址进行访问。

(2) 段的共享

实现程序和数据的共享都是以信息的逻辑单位为基础的,如共享某个函数或数据段。在页式存储管理系统中,每一页都是存放信息的物理单位,其本身并没有完整的意义,因而不便于实现页信息的共享。而段是信息的逻辑单位,因而实现段信息的共享更有意义。

(3) 段的保护

为了防止其他程序对某程序和数据造成破坏,必须采取某些保护措施。在段式存储管理系统中,对内存中物理信息的保护,同样是对信息逻辑单位的保护。因此,采用段式存储管理方案,对实现保护功能更为有效和方便。

(4) 动态链接

5.3.2节介绍过动态链接的概念,动态链接就是在程序运行过程中实现目标模块的链接。只有在段式存储管理方案中才能实现在程序运行过程中调用某段时,将该段(目标模块)调入内存并进行链接。可见,动态链接也要求以段为存储管理单位。

(5) 动态增长

程序在运行过程中,往往有些段,特别是数据段会不断地增长,而事先又无法确切地知道数据段会增长到多大。这种动态增长的情况在其他几种存储管理方案中是难以应对的,而段式存储管理系统却能很好地解决这一问题。

### 5.8.1 段式存储管理的基本原理

除了页式存储管理外,段式存储管理是另外一种能够实现进程内存离散分配的管理技术。将与进程对应的程序和数据按照其本身的特性分成若干个段,每个段定义了一组有意义的逻辑信息单位,如主程序段MAIN、子程序段SUB、数据段DATA等。每个段有自己的名字,都从0开始编址,段的长度都由相应逻辑信息单位的长度决定。在内存中,每个段占用一段连续的分区。

进程的地址空间由于分成多个段,所以标识某一进程的地址时,要同时给出段名和段内地址。因此,段式存储管理指令中的逻辑地址空间是二维的,而页式存储管理指令中的逻辑地址是一维的。进程地址的一般形式是[S,W],其中S是段号,W是段内地址,如图5-27所示。该地址结构允许一个进程最多有$2^{16}$个段,每个段的最大长度是64 KB。

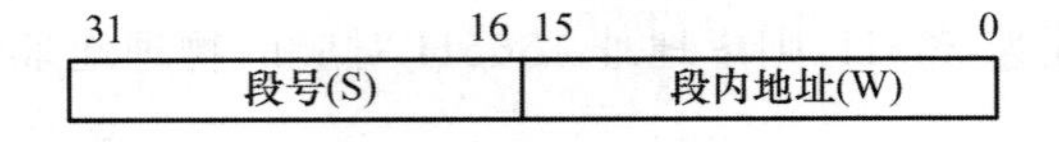


图5-27 段式存储管理指令中的地址结构

在段式存储管理中,为每个段分配一个连续的分区,而进程的每个段都可以离散地放在内存的不同分区中。为了使进程能正常运行,即能够找出进程的每个逻辑地址在内存中的实际物理地址,需要像页式存储管理一样,由系统为每个进程建立一张段表。在段表中,每个段占有一个表项，表项中记录该段在内存的起始地址(简称始址)和段的长度，如图 5-28 所示，通过查找段表，可实现进程的逻辑地址到内存物理地址的映射。

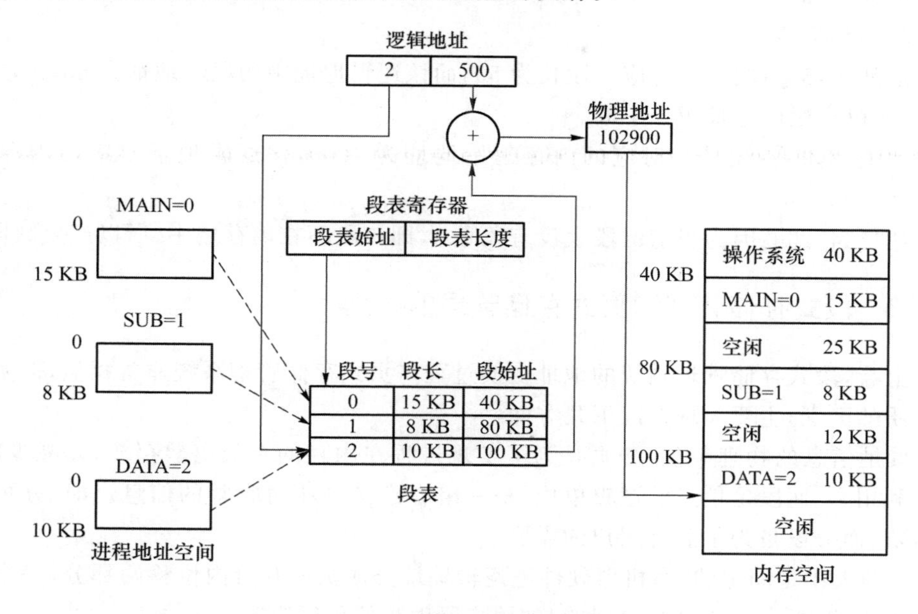


图 5-28 段式存储管理的地址映射

### 5.8.2 段式存储管理系统地址变换过程

段式存储管理系统的地址变换过程如下：

(1) 为了实现进程逻辑地址到内存物理地址的变换，系统中设置了段表寄存器，其中存放了段表始址和段表长度。在进行地址变换时，如果逻辑地址中的段号大于段表寄存器中段表的长度，则产生一个越界中断。

(2) 由段表始址找到段表在内存中的位置，通过逻辑地址中的段号访问相应的段表项。如图 5-28 所示，逻辑地址中的段号为 2，在段表中找到段号为 2 的段表项，得知该段的段长是 10 KB，在内存的起始地址为 100 KB。

(3) 检查逻辑地址中的段内位移是否超过该段的段长。若超过，则发出越界中断；若没有越界，则将该段的内存起始地址与段内位移相加，即得到要访问的内存物理地址。

**例 5-3** 某段式存储管理系统中，有一作业的段表如表 5-12 所示，求逻辑地址[0,65]，[1,55]，[2,90]，[4,20]对应的内存地址(按十进制)。(其中，方括号中的第一个数字为段号，第二个数字为段内地址)

**表 5-12 作业段表**

| 段号 | 段长 | 内存起始地址 | 状态 |
|---|---|---|---|
| 0 | 200 | 600 | 1 |
| 1 | 50 | 850 | 1 |
| 2 | 100 | 1 000 | 1 |
| 3 | 150 | — | 0 |

**分析与解答**

逻辑地址[0,65]：段号0对应的内存起始地址为600，该逻辑地址对应的内存地址为600+65=665。

逻辑地址[1,55]：段号1对应的段长为50，而该逻辑地址中的段内地址为55，因段内地址超过段长，所以产生段地址越界中断。

逻辑地址[2,90]：段号2对应的内存起始地址为1000，该逻辑地址对应的内存地址为1000+90=1090。

逻辑地址[4,20]：因为当前的段表没有段号4，即该段不在内存之中，所以产生缺段中断。

### 5.8.3 段式存储管理和页式存储管理的区别

表面上看，段式存储管理系统的地址变换过程与页式存储管理系统非常相似，但实际上它们有着本质的区别，主要表现在以下几方面：

(1) 页是信息的物理单位，分页是为了实现进程在内存的有效离散存放，以减少碎片，提高内存的利用率；而段是信息的逻辑单位，是一组有意义的相对完整的信息。即，分页是系统管理的需要，而分段是为了满足用户的需要。

(2) 页的大小是固定的，由机器硬件把逻辑地址分成页号和页内位移两部分，一个系统只能有一种大小的页；段的长度是可变的，由用户所编写的程序决定。

(3) 页的逻辑地址空间是一维的，给出页的逻辑地址时只给出一个地址信息；而段的逻辑地址空间是二维的，在给出段的逻辑地址时既要给出段号，又要给出段内地址。

### 5.8.4 段的共享与保护

**1. 页共享与段共享的比较**

段式存储管理系统有一个突出的优点，就是易于实现段共享，即允许多个进程共享一个或多个段，而且对段的保护也十分简单易行。在页式存储管理系统中，虽然也可以实现程序和数据的共享，但远不如段式存储管理系统实现起来方便。下面通过一个例子说明这个问题。

有一个多用户系统，可同时容纳40个用户，他们都运行文本编辑程序。文本编辑程序含有160 KB的代码段和40 KB的数据段，如果不共享，40个用户需要8 MB(40×200 KB)的内存空间。如果代码段能共享，则只需1 760 KB〔即(40×40+160) KB〕的内存空间。注意，数据段不能共享，代码段可以共享。

在页式存储管理系统中，假定页的大小为4 KB，那么160 KB的代码将占用40个页面，40 KB的数据占用10个页面。为了实现代码共享，应在每个进程的页表中建立40个页表项，它们指向相同的物理页号20～59；每个进程的数据段建立10个页表项，它们可以指向不同的存储块号60～69、70～79、…，如图5-29所示。

值得注意的是，在各个进程的页表中，对于共享页面，不仅存储块号相同，其页号也必须相同。这是因为页号是由程序的逻辑地址决定的，而两个进程使用的是同一段程序，所以程序中每条指令的逻辑地址也是一样的。

页面共享的方法是采用内存映射文件。采用内存映射文件的思想是进程可以通过文件映射(file mapping)将文件所在的磁盘块映射成内存的一页(或多页)。当按普通文件访问磁盘时，就将文件的一部分读入物理内存，以后文件的读写就按通常的内存访问来处理交换。

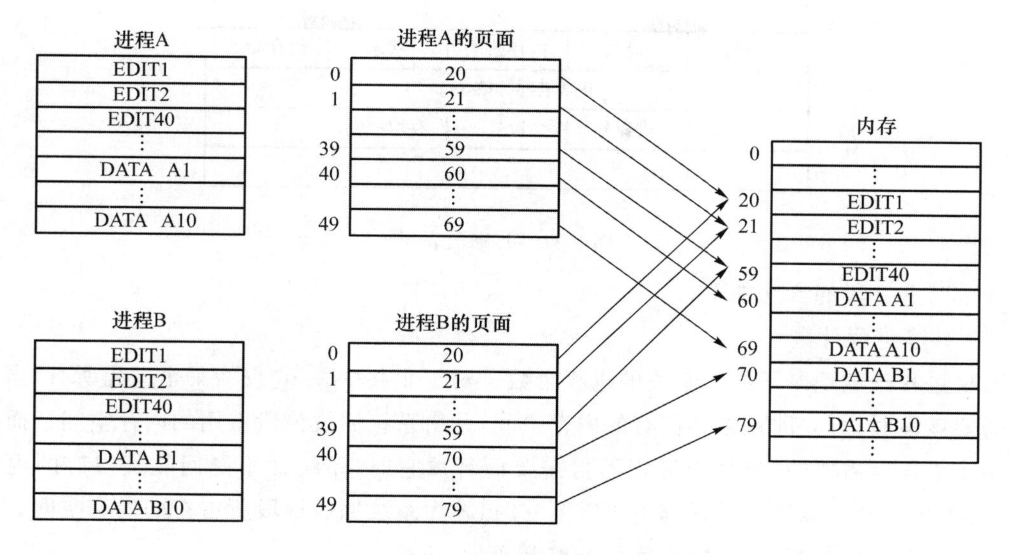


图 5-29 页式存储管理系统共享示意图

如果多个进程将同一文件映射到自己的虚拟内存中，就产生了数据的共享。当一个进程修改虚拟内存中的数据时，就会被其他映射相同文件部分的进程看到。

如果两个或两个以上的进程同时映射了同一个文件，它们就可以通过共享内存来通信。即，如果一个进程在共享内存上完成了写操作，此刻另一个进程在映射到这个文件的虚拟地址空间上进行读操作，它就可以立刻看到上一个进程写操作的结果。因此，这个机制提供了一个进程之间的通信通道。

内存映射对其他设备也适用，如用来连接 Modem 和打印机的串口与并口。通过读/写这些设备的端口，CPU 可以与这些设备传递数据。在段式存储管理系统中实现共享要容易得多，在每个进程的段表中，只需为共享段 EDIT 设置一个段表项即可，如图 5-30 所示。

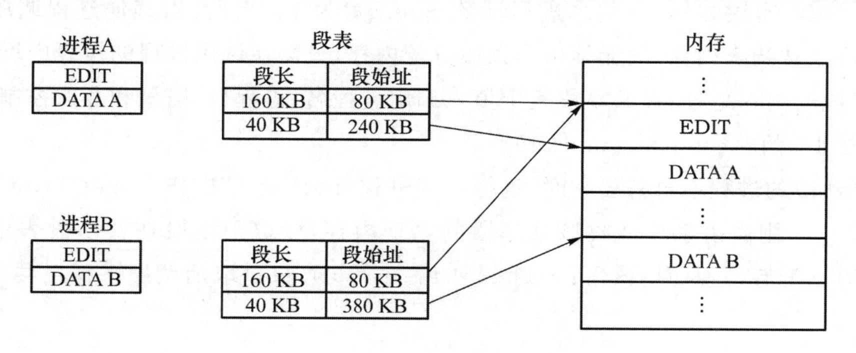


图 5-30 段式存储管理系统共享示意图

**2. 共享段表**

为了更好地实现段的共享，在系统中可配置一张共享段表，所有共享段都在共享段表中有一个表项。表中记录了共享段的段名、段长、内存始址、状态、外存始址（如果采用段式存储管理时需要后两项）及共享该段的进程计数；除此之外，还记录了共享此段的进程情况，如进程名、进程号、该段在某个进程中的段号以及进程对该段的存取控制权限，如图 5-31 所示。

<table>
<tr><td>段名</td><td>段长</td><td>内存始址</td><td>状态</td><td>外存始址</td></tr>
<tr><td colspan="5">共享进程计数count</td></tr>
<tr><td>进程名</td><td>进程号</td><td>段号</td><td>存取控制</td><td></td></tr>
<tr><td colspan="5">…</td></tr>
</table>

图 5-31　共享段表项

表中某些字段的含义如下。

(1) 共享进程计数

共享进程计数记录了共享某段的进程个数。对于非共享段,它仅为某个进程所有,当进程不再需要该段时,可立即释放其占有的内存空间,并由系统回收该段占用的内存空间。而共享段是多个进程所需要的,当某个进程不再需要而释放它时,系统并不能回收其占有的内存空间;只有当所有共享该段的进程都不再需要它时,才由系统回收该段所占有的内存空间。为了记录有多少个进程共享该段,特设置一个整型变量 count。

(2) 存取控制

对于一个共享段,不同的进程可以有不同的存取控制权限。例如,若共享段是数据段,对于建立该数据段的进程则允许对其读和写,对于其他进程则只允许读。

(3) 段号

对于同一共享段,不同的进程可以使用不同的段号去共享该段。

**3. 共享段的分配与回收**

由于共享段是由多个进程所共享的,因此对共享段的内存分配方法与非共享段有所不同。

在分配共享段内存时,当第一个进程请求使用该共享段时,由系统为该共享段分配一内存区域,并把共享段调入其中,同时将该段的始址填入该进程段表的相应项中,并在共享段表中增加一表目,填写有关数据,把共享进程计数 count 置为 1。之后,当其他进程调用该共享段时,由于该段已被调入内存,故无须再为该段分配内存,只需在调用进程的段表中增加一表项,填入该共享段的内存地址;在共享段表中填入调用进程名、进程号、段号和存取控制,运行共享进程计数“加 1”操作(count＝count＋1)。

当共享此段的进程不再需要它时,运行共享进程计数“减 1”操作(count＝count－1)。若减 1 后结果为 0,则需由系统回收该共享段的物理内存,以取消该段在共享段表中的对应表项,表明此时已没有进程使用该段;否则(减 1 后,不为 0),只是取消调用进程在共享段表中的有关记录。

**4. 段的保护**

段式存储管理系统另一个突出的优点是便于对段进行保护。因为段是有意义的逻辑信息单位,即使在进程运行过程中也是这样,因此段的内容可以被多个进程以相同的方式使用。例如,一个程序段中只含指令,指令在运行过程中是不能被修改的,对指令段的存取方式可以定义为只读和可运行;而另一程序段只含数据,数据段则可读可写,但不可运行。在进程运行过程中,地址变换机构对段表中的存取保护位的信息进行检验,防止对段内的信息进行非法存取。

段的保护措施有以下3种。

(1) 存取控制：在段表中增加存取保护位，用于设置对本段的存取方式，如可读、可写或可运行。

(2) 段表保护：每个进程都有自己的段表，段表本身对段起到保护作用。由于段表中记录了段的长度，在进行地址变换时，如果段内地址超过段长，便发出越界中断，这样就限制了各段的活动范围。另外，段表寄存器中有段表长度信息，如果进程逻辑地址中的段号超过段表长度，系统同样产生中断，从而进程也被限制在自己的地址空间中，不会有一个进程访问另外一个进程的地址空间的现象。

(3) 环保护：其基本思想是系统把所有信息按照其作用和相互调用关系分成不同的层次(环)，低编号的环具有较高的权限，编号越高，其权限越低。如图5-32所示，环保护机制支持4个保护级别，0级权限最高，3级最低。

① 0级是操作系统内核，它处理I/O、存储管理和其他关键的操作交换。

② 1级是系统调用处理程序，用户程序可以调用系统提供的系统调用，但只有一些特定的和受保护的系统调用才提供给用户。

③ 2级是库函数，它可能是被很多正在运行的进程共享的，用户程序可以调用这些过程，读取它们的数据，但不能修改它们。

④ 用户程序运行在3级，受到的保护最少。在环保护机制下，程序的访问和调用遵循"一个环内的段可以访问同环或环号更大的环中的数据、一个环内的段可以调用同环内或环号更小的环中服务"的规则。

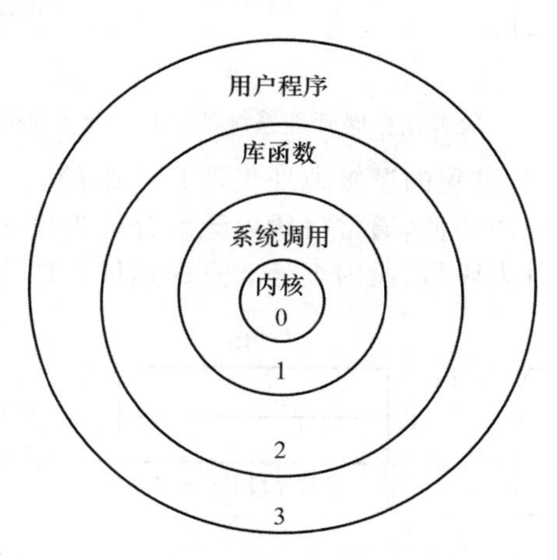


图5-32　环保护机制

在任何时刻，运行程序都处于由PSW中所指出的某个保护级别上。只要程序只使用与它同级的段，一切都会正常。对更高级别数据的存取是被允许的，而对更低级别数据的存取是非法的，并会引起保护中断。调用更低级别的过程是被允许的，但要通过严格的控制。为了运行越级调用，调用指令必须包含一个选择符，该选择符指向一个称为调用门(call gate)的描述符，由它给出被调用过程的地址。因此，要跳转到任何一个级别代码段的中间都是不可能的，只有正式指定的入口点可以使用。

## 5.9 段页式存储管理

段式存储管理系统和页式存储管理系统各有优、缺点。页式存储管理系统能有效地提高内存利用率，但不能实现内存共享；而段式存储管理系统能实现内存共享，但每一个段在内存中必须连续存放，不能实现离散存储。对两种存储管理方案“各取所长”，将二者结合成一种新的存储管理系统，既有段式系统便于实现段的共享、段的保护、动态链接和段的动态增长等一系列优点，又能像页式系统那样很好地解决内存的外部碎片问题。这种新的存储管理系统就是段页式存储管理系统。

### 5.9.1 段页式存储管理的基本原理

段页式存储管理系统是段式存储管理系统和页式存储管理系统的组合。先将进程分段，再将每个段分成若干页。图 5-33 展示了段页式存储管理系统进程地址空间结构。该进程有 3 个段，分别为主程序段、子程序段和数据段，其大小分别是 15 KB、8 KB 和 10 KB；页的大小为 4 KB，主程序段被分成 4 页，子程序段分成 2 页，数据段被分成 3 页。

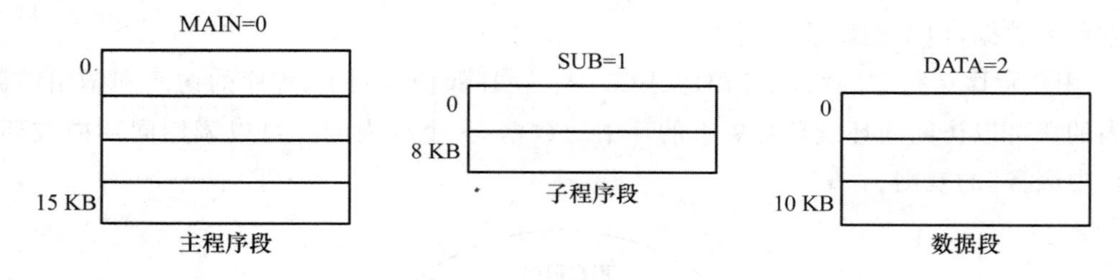


图 5-33 段页式存储管理系统的进程地址空间结构

在段页式存储管理系统中，进程的逻辑地址仍然是二维的，由段号和段内地址组成，但是为了实现逻辑地址到物理地址的转换，通常将段内地址分解为段内页号和页内地址两个部分，因此将段式管理的二维地址分为段号、段内页号和页内地址 3 部分，如图 5-34 所示。

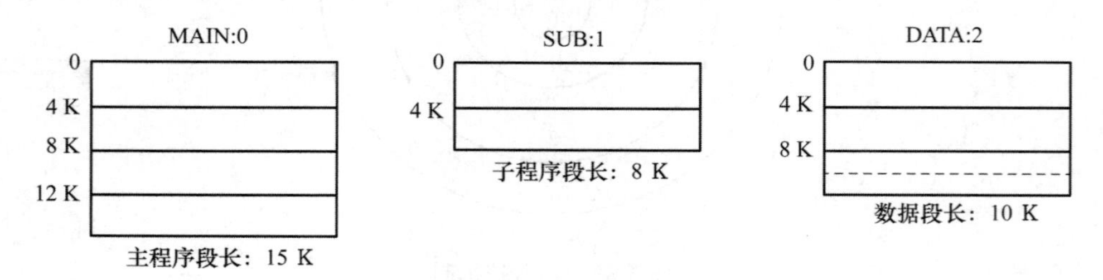


图 5-34 段页式存储管理系统的逻辑地址结构

段页式存储管理系统中，为了实现从进程的逻辑地址到物理地址的变换，系统要配置段表和页表。段页式管理允许将一个段的若干页离散地存放，以实现段内内存的离散存储，而段式管理要求每一段在内存中必须连续存放，这是段式存储管理与段页式存储管理最大的区别。

### 5.9.2 段页式存储管理的地址变换

在段页式存储管理系统中，为了实现地址映射，必须配置段表寄存器，用于存放段表始址能有多个页表。图 5-35 所示为利用段表和页表间地址变换的映射过程。

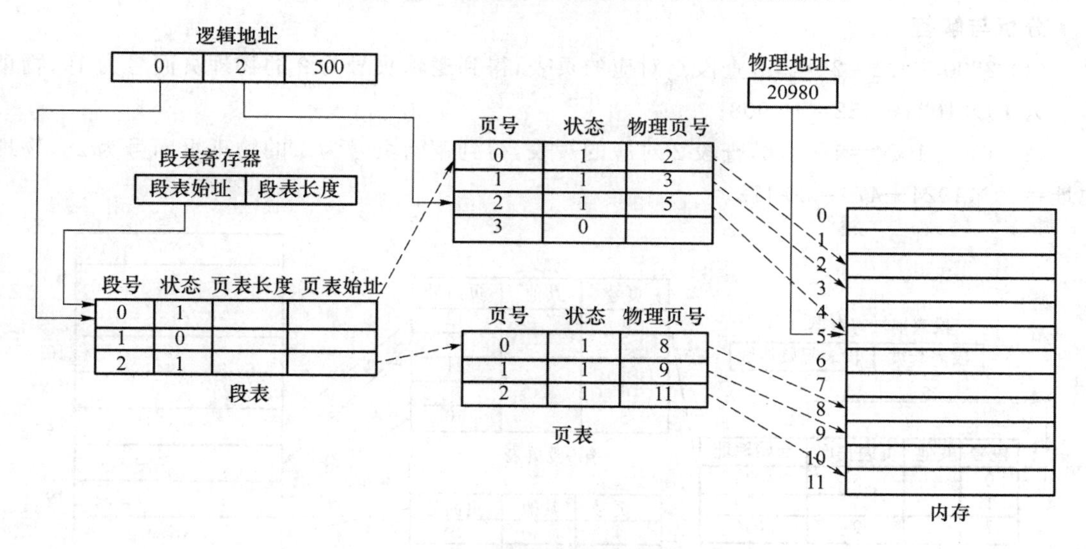


图 5-35 段页式存储管理系统的地址映射

如果页的大小为 4 KB,则图 5-35 中的段页式存储管理系统逻辑地址变换为物理地址的过程如下:

(1) 对于给定的逻辑地址,用段号 S(图 5-35 中逻辑地址的段号为 0)与段表寄存器中段表长度进行比较,若段号大于段表长度,则产生越界中断;

(2) 通过段表寄存器中的段表始址找到该段在内存的段表,从段表中找出段号 S 对应的段表项;

(3) 查看该段的状态位,若该段不在内存,则产生缺段中断,并将所缺段调入内存,如果内存中没有空间则需要进行置换;

(4) 由该段的页表始址找到该段的页表;

(5) 用逻辑地址中的段内页号 P(图中逻辑地址的页号为 2)与页表长度进行比较,若段内页号 P 大于页表长度,则产生越界中断;

(6) 从页表中得到页号 P 对应的页表项,查看该页的状态位,如果该页不在内存,则产生一个缺页中断,如果内存没有空间则需要进行置换;

(7) 得到该页在内存的物理块号(图 5-35 中为 5),并与逻辑地址中的页内位移(为 500 B)构成物理地址(5×4 KB+500 B=20 980 B)。

在段页式存储管理中,逻辑地址是二维的,即[段号|段内地址]。将段页式存储管理的二维地址转换为物理地址的主要步骤如下(假定所访问的段和页都在内存):

(1) 找到段所对应的页表,根据段号,找到该段所对应的页表起始地址,从而找到段所对应的页表;

(2) 用段内地址除以页长度,得到商和余数,其中商就是逻辑页号,余数是页内地址;

(3) 查询该段对应的页表,查找逻辑页号对应的物理页号,然后采用"物理页号×页长度+页内地址=物理地址",得到物理地址。

**例 5-4** 段页式存储管理结构如图 5-36 所示,假定页长度为 1 KB。求下列逻辑地址对应

的物理地址：(1) [0|2500]；(2) [2|1500]

**分析与解答**

(1) 2500/1024＝2…452，查段 0 对应的页表，得到逻辑页号为 2 的物理页面号为 19，物理地址为 19×1024＋452＝19 908；

(2) 1500/1024＝1…476，查段 2 对应的页表，得到逻辑页号为 1 的物理页面号为 29，物理地址＝29×1024＋476＝30 172。

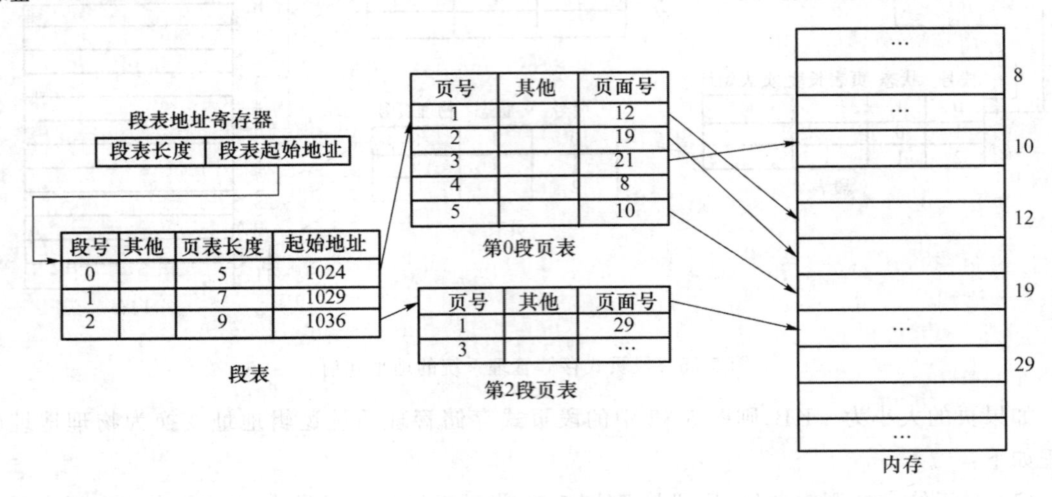


图 5-36　段页式存储管理结构图

在段页式存储管理系统中，在段表项和页表项均在内存的情况下，为了获得一条指令或数据，需要 3 次访问内存。第一次访问内存中的段表得到该段的页表在内存的起始地址；第二次访问该段在内存中的页表，从中取得该页所对应的物理页号，并将物理页号与页内位移一起形成指令或数据的物理地址；第三次用得到的物理地址真正访问指令或数据。显然，访问内存的次数增加了两次。为了提高指令的运行速度，在地址变换时需要增加联想存储器（即快表）将段表和页表的部分内容放入其中，如图 5-37 所示。进行地址变换时，通过查找快表代替查找内存中的段表和页表，可以将访问内存的次数从 3 次降为 1 次。但若在快表中找不到所需的段和页，仍需要访问内存 3 次。

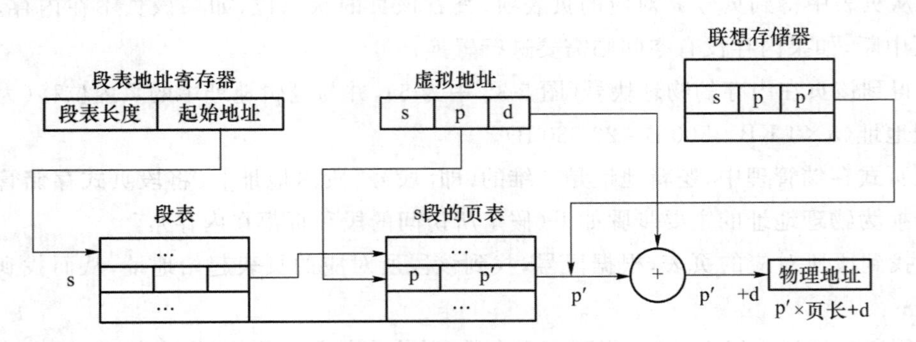


图 5-37　段页式存储管理中的高速联想寄存器

高速联想寄存器的特点：

① 常规访问速度慢，对内存中的指令和数据进行一次存取，至少需要访问 3 次以上的内

存，即访问段表、页表、物理单元；

② 高速联想寄存器用于存放最常用的段号 s、页号 p 和对应的内存页面号；

③ 访问内存空间某一单元时，可在通过段表、页表进行内存地址查找的同时，在高速联想寄存器中查找其段号和页号。

### 5.9.3 段页式存储管理的特点

段页式存储管理的特点为：

(1) 基本上结合了段式存储管理和页式存储管理的优点，克服了二者的缺点；

(2) 段页式存储管理的内存利用率比段式存储管理高、比页式存储管理低，段页式存储管理消除了段式存储管理中的外部碎片，但和页式存储管理一样存在内部碎片，且其内部碎片比页式存储管理多——页式存储管理是平均每个程序最多有一个内部碎片，而段页式存储管理是平均每段有一个内部碎片；

(3) 段页式存储管理的共享和保护实现与段式存储管理一样好，比页式存储管理好；

(4) 段页式存储管理的动态扩充比段式存储管理和页式存储管理都要好，既不受逻辑编址相邻的限制，也不受物理相邻的限制；

(5) 段页式存储管理的表空间支出(进程段表，每个段的页表)大，地址映射时间等管理代价比段式存储管理与页式存储管理都高。

## 5.10 局部性原理和抖动问题

抖动

页式存储管理、段式存储管理以及段页式存储管理都提供了一种将内存和外存统一管理，内存中只存放那些经常被调用和访问的程序段和数据，而进程或作业的其他部分则存放于外存中，待需要时再调入内存的虚拟存储器的实现方法。然而，由于上述实现方法实质上要在内存和外存之间交换信息，同时要不断启动外部设备以及相应的处理过程。一般来说，计算机系统的外部存储器与内存不同，它们具有较大的容量而访问速度并不高，而且为了进行数据的读/写而涉及的一系列处理程序(例如设备管理程序、中断处理程序等)也要耗去大量的时间。如果内存和外存之间数据交换频繁，也就是说，一个进程在运行过程中缺页率或缺段率过高，势必会对输入/输出设备造成巨大的压力，且使得机器的主要开销大多在反复调入、调出数据和程序段上，从而无法完成用户所要求的工作。因此，段式、页式以及段页式虚存实现方法都要求在内存中存放一个不小于最低限度的程序段或数据，而且它们必须是那些正在被调用的、或即将被调用的部分。这就使得内、外存之间的数据交换减少到最低限度。

由模拟实验可知，在几乎所有程序的运行中，CPU 在一段时间内总是集中地访问程序中的某一个部分而不是对程序所有部分具有平均访问概率。人们把这种现象称为局部性原理(principle of locality)。与 CPU 访问局部程序和数据的次数相比，该局部段的移动速率是相当慢的，这就使得前面所讨论的页式存储管理、段式存储管理以及段页式存储管理所实现的虚存系统成为可能。

局限性还表现在下述两个方面：

(1) 时间局限性。程序中的某条指令一旦运行,则不久以后该指令可能再次运行;如果某数据被访问过,则不久以后该数据可能再次被访问。产生时间局限性的典型原因是在程序中存在着大量的循环操作。

(2) 空间局限性。一旦程序访问了某个存储单元,在不久之后,其附近的存储单元也将被访问,即程序在一段时间内所访问的地址可能集中在一定的范围之内,其典型情况便是程序的顺序运行。

但是,如果不能正确地将那些系统所需要的局部段放入内存,则系统的效率会大大降低,甚至无法有效地工作。

试验表明,任何程序在局部段放入时,都有一个临界值要求。当内存分配小于这个临界值时,内存和外存之间的交换频率将会急剧增加;而当内存分配大于这个临界值时,再增加内存分配也不能显著减少交换次数。这个内存要求的临界值被称为工作集。图 5-38 说明了这种情况。

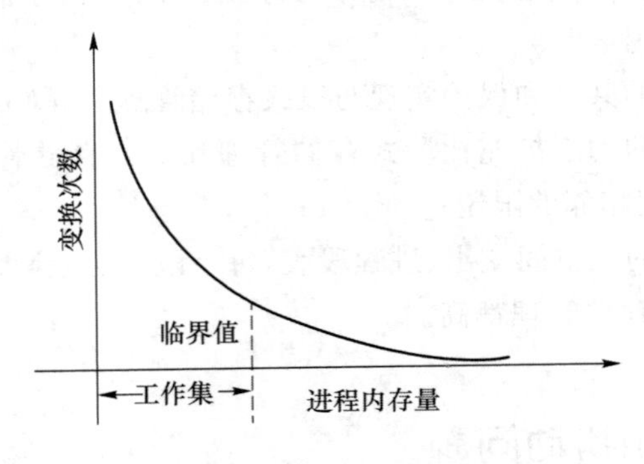


图 5-38 内存与交换次数的关系

一个进程运行过程中,缺页(missing page)的发生有两种可能。一种是并发进程所要求的工作集总和大于内存可提供的可用区。这时,因为缺乏足够的空间装入所需要的程序和数据,系统将无法正常工作。另一种可能是,虽然存储管理程序为每个并发进程分配了足够的工作集,但系统无法在开始运行前选择适当的程序段和数据进入内存。在这种情况下,只能依靠运行过程中,当 CPU 发现所要访问的指令或数据不在内存时,由硬件中断后转入中断处理程序,将所需要的程序段和数据调入,这是一种很自然的处理方法。

当给进程分配的内存小于所要求的工作集时,由于内存、外存之间交换频繁,访问外存时间和输入/输出处理时间大大增加,反而造成 CPU 因等待数据空转,使得整个系统性能大大下降,这就造成了系统抖动(thrashing)。

因此,系统发生抖动的原因主要为:(1) 系统为进程分配的物理页面数过少;(2) 页面淘汰算法不合理。

为了减少系统发生抖动的次数,在实现虚拟存储的系统中,一是要为每个进程分配合理的常驻集存储空间,二是要选择合适的页面置换算法,例如 LRU 和 CLOCK 等置换算法。

## 5.11 内存三大管理技术对比

内存管理三大技术总结及对比,如表 5-13 所示。

表 5-13 内存管理三大技术总结

| 功能 | 方法 | | | | | | |
|---|---|---|---|---|---|---|---|
| | 单一连续区 | 分区式 | | 页式 | | 段式 | 段页式 |
| | | 固定分区 | 可变分区 | 静态 | 动态 | | |
| 适用环境 | 单道 | 多道 | | 多道 | | 多道 | 多道 |
| 虚拟空间 | 一维 | 一维 | | 一维 | | 二维 | 二维 |
| 重定位方式 | 静态 | 静态 | 动态 | 动态 | | 动态 | 动态 |
| 分配方式 | 静态分配连续区 | 静态、动态分配连续区 | | 静态或动态分配页为单位、非连续 | | 动态分配、段为单位、非连续 | 动态分配、页为单位、非连续 |
| 释放 | 运行完成后全部释放 | 运行完成后全部释放 | 分区释放 | 运行完成后释放 | 淘汰与运行完后释放 | 淘汰与运行完成后释放 | 淘汰与运行完成后释放 |
| 保护 | 越界保护或没有 | 越界保护与保护键 | | 越界保护与控制权限保护 | | 越界保护与控制权限保护 | 越界保护与控制权限保护 |
| 内存扩充 | 覆盖、交换 | 覆盖、交换 | | 交换 | 交换 | 交换 | 交换 |
| 共享 | 不能 | 不能 | | 较难 | | 方便 | 方便 |
| 硬件支持 | 保护用寄存器 | 保护用寄存器、重定位机构 | | 地址变换机构、中断机构、保护机构 | | 地址变换结构、中断机构、保护机构 | 地址变换结构、中断机构、保护机构 |

## 习 题

### 一、选择题

1. 分区存储管理方式的主要保护措施是(　　)。

A. 界地址保护　　B. 程序代码保护

C. 数据保护　　D. 栈保护

2. 一个段式存储管理系统中，地址长度为32位，其中段号占8位，则段长最大是(　　)。

A. 2的8次方字节　　B. 2的16次方字节

C. 2的24次方字节　　D. 2的32次方字节

3. 某基于动态分区存储管理的计算机的内存容量为55 MB(初试为空闲)，采用最佳适配(Best fit)算法，分配和释放的顺序为分配15 MB、分配30 MB、释放15 MB、分配8 MB、分配6 MB。此时，内存中最大空闲分区的大小是(　　)。

A. 7 MB　　B. 9 MB　　C. 10 MB　　D. 15 MB

4. 某计算机采用二级页表的页式存储管理方式，按字节编制，页大小为$2^{10}$字节，页表项大小为2字节，逻辑地址结构如图5-39所示。

| 页目录号 | 页号 | 页内偏移量 |
|---|---|---|

图 5-39

逻辑地址空间大小为$2^{16}$页，则表示整个逻辑地址空间的页目录表中包含表项的个数至少是(　　)个。

A. 64　　B. 128　　C. 256　　D. 512

5. 在缺页处理过程中,操作系统运行的操作可能是(　　)。

Ⅰ. 修改页表　Ⅱ. 磁盘 I/O　Ⅲ. 分配页框

A. 仅Ⅰ、Ⅱ　　B. 仅Ⅱ　　C. 仅Ⅲ　　D. Ⅰ、Ⅱ和Ⅲ

6. 当系统发生抖动时,可以采取的有效措施是(　　)。

Ⅰ. 撤销部分进程

Ⅱ. 增加磁盘交换区的容量

Ⅲ. 提高用户进程的优先级

A. 仅Ⅰ　　B. 仅Ⅱ　　C. 仅Ⅲ　　D. Ⅰ、Ⅱ

7. 在虚拟内存管理中,地址变换机构将逻辑地址变换为物理地址,形成该逻辑地址的阶段是(　　)。

A. 编辑　　B. 编译　　C. 链接　　D. 装载

8. 下列关于虚拟存储的叙述中,正确的是(　　)。

A. 虚拟存储只能基于连续分配技术　　B. 虚拟存储只能基于非连续分配技术

C. 虚拟存储容量只受外存容量的限制　　D. 虚拟存储容量只受内存容量的限制

9. 若用户进程访问内存时产生缺页,则下列选项中,操作系统可能运行的是(　　)。

Ⅰ. 处理越界错误　Ⅱ. 置换页　Ⅲ. 分配内存

A. 仅Ⅰ、Ⅱ　　B. 仅Ⅱ、Ⅲ　　C. 仅Ⅰ、Ⅲ　　D. Ⅰ、Ⅱ和Ⅲ

**二、应用题**

1. 考虑一个由 8 个页面,每页 1 K 字节组成的逻辑空间,把它映射到由 32 个物理块组成的存储器上。问:

(1) 有效的逻辑地址有多少位?

(2) 有效的物理地址有多少位?

2. 对访问串:

1,2,3,4,1,2,5,1,2,3,4,5

指出在驻留集大小分别为 3,4 时,使用 FIFO 和 LRU 置换算法的缺页次数。结果说明了什么?

3. 考虑一个分页存储器,其页表存放在内存。

(1) 若内存的存取周期为 0.6 μs,则 CPU 从内存取一条指令(或一个操作数)需多少时间?

(2) 若使用快表且快表的命中率为 75%,则内存的平均存取周期为多少?

4. 设某进程访问内存的页面序列如下:

1,2,3,4,2,1,5,6,2,1,2,3,7,6,3,2,1,2,3,6

则在局部置换的前提下,分别求出当该进程分得的页面数为 1,2,3,4,5,6,7 时,下列置换算法的缺页数。

(1) LRU; (2) FIFO。

5. 考虑一个有快表的请求分页系统,设内存的读写周期为 1 μs,内、外存之间传送一个页面的平均时间为 5 ms,快表的命中率为 80%,页面实际效率为 10%,求内存的有效存取时间。

6. 对于一个使用快表的页式虚存,设快表的命中率为 70%,内存的存取周期为 1 μs;缺页处理时，若内存有可用空间或被置换的页面在内存未被修改过，则处理一个缺页中断需 8 ms，否则需 20 ms。假定 60%的被置换页面属于后一种情况，则为了保证有效存取时间不超过 2 μs，问可接受的最大缺页率是多少？

7. 在页式存储管理系统中，存取一次内存的时间是 8 μs，查询一次快表的时间是 1 μs，处理缺页中断的时间是 20 μs。假设页表的查询与快表的查询同时进行，当查询页表时，如果该页在内存但快表中没有页表项，系统将自动把该页页表项送入快表。一个作业最多可保留 3 个页面在内存中。现开始运行一作业，系统连续对作业的 2、4、5、2、7、6、4、2 页面的数据进行 1 次存取，如分别采用 FIFO 置换算法和 OPT 置换算法，求每种算法下存取这些数据需要的总时间。

8. 页式存储管理系统中，假设某进程的页表内容如表 5-14 所示。

**表 5-14　某进程的页表内容**

| 页号 | 页框号 | 有效位(存在位) |
| --- | --- | --- |
| 0 | 201H | 1 |
| 1 | — | 0 |
| 2 | 386H | 1 |

页面大小为 4 KB，一次内存的访问时间是 100 ns，一次(TLB)的访问时间是 10 ns，处理一次缺页的平均时间为 $10^8$ ns(已含更新 TLB 和页表的时间)，进程的驻留集大小固定为 2，采用 LRU 置换算法和局部淘汰策略。假设：① TLB 初始为空；② 地址转换时先访问 TLB，若 TLB 未命中，再访问页表(忽略访问页表之后的 TLB 更新时间)；③ 有效位为 0 表示页面不在内存，产生缺页中断，缺页中断处理后，返回产生缺页中断的指令处重新运行。

设有虚地址访问序列 0362H、2565H、15A5H，请问：

(1) 访问上述 3 个虚地址，各需多少时间？给出计算过程。

(2) 基于上述访问序列，虚地址 2565H 的物理地址是多少？请说明理由。

9. 某计算机内存按字节编址，逻辑地址和物理地址都是 32 位，页表项大小为 4 字节。请回答下列问题。

(1) 若使用一级页表的页式存储管理方式，逻辑地址结构如图 5-40 所示，则页的大小是多少字节？页表最大占用多少字节？

| 页号(20 位) | 页内偏移量(12 位) |
| --- | --- |

图 5-40

(2) 若使用二级页表的分存储管理方式，逻辑地址结构如图 5-41 所示，设逻辑地址为 LA，请分别给出其对应的页目录号和页表索引。

| 页目录号(10 位) | 页表索引(10 位) | 页内偏移量(12 位) |
| --- | --- | --- |

图 5-41

(3) 采用(1) 中的页式存储管理方式，一个代码段的起始逻辑地址为 0000 8000H，其长度为 8 KB，被装载到从以物理地址 0090 0000H 开始的连续内存空间中。页表从以物理地址

0020 0000H 开始的物理地址处连续存放，如图 5-42 所示（地址大小自下向上递增）。请计算出该代码段对应的两个页表项的物理地址、这两个页表项中的框号以及代码页面 2 的起始物理地址。

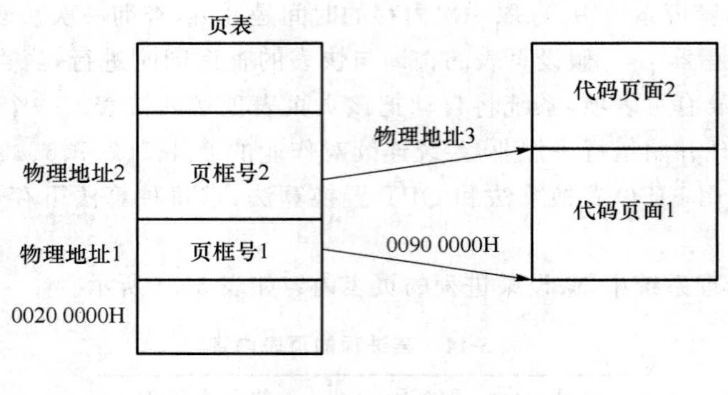


图 5-42

# 第6章 文件管理

对大多数用户来说，文件系统是操作系统中最直接可见的部分。计算机的重要作用之一就是能快速处理大量信息，因此信息的组织、存取和保管就成为一个极为重要的内容。文件系统是计算机组织、存取和保存信息的重要手段。随着云计算技术的兴起，底层的文件系统结构、存储方式也发生了较大的改变。

本章主要讨论文件的组织结构、目录结构、文件存储空间管理、文件共享及保护的手段等问题。

## 6.1 文件与文件系统

现代操作系统，几乎毫无例外地是通过文件系统来组织和管理在计算机中存储的大量程序和数据的；或者说，文件系统的管理功能，是通过把它所管理的程序和数据组织成一系列文件的方法来实现的。而文件是指具有文件名的若干相关元素的集合。元素通常是记录，而记录又是一组有意义的数据项的集合。可见，基于文件系统的概念，可以把数据组成分为数据项、记录和文件三级。

### 6.1.1 数据项和记录

**1. 数据项**

在文件系统中，数据项是最小的数据组织形式，可把它分成以下两种类型。

(1) 基本数据项：这是用于描述一个对象的某种属性的字符集，是数据组织中可以命名的最小逻辑数据单位，即原子数据，又称为数据元素或字段。它的命名往往与其属性一致。例如，用于描述一个学生的基本数据项有学号、姓名、年龄和所在班级等。

(2) 组合数据项：它是由若干个基本数据项组成的，简称组项。例如，工资是个组项，它可由基本工资、工龄工资和奖励工资等基本项组成。

基本数据项除了数据名外，还应有数据类型。因为基本项仅是描述某个对象的属性，所以根据属性的不同，需要用不同的数据类型来描述。例如，当描述学生的学号时，应使用整数；描述学生的姓名时，应使用字符串(含汉字)；描述性别时，可用逻辑变量或汉字。可见，由数据项的名字和类型共同定义了一个数据项的“型”。而表征一个实体在数据项上的数据则称为数据项的"值",例如,学号/30211、姓名/王有年、性别/男等。

**2. 记录**

记录是一组相关数据项的集合,用于描述一个对象在某方面的属性。一个记录应包含哪些数据项,取决于需要描述对象的哪个方面。而一个对象由于所处的环境不同、可被看作不同的对象。例如,一个学生,当把他作为班上的一名学生时,对他进行描述的数据项应使用学号、姓名、年龄及所在班级,也可能还包括他所学过的课程的名称、成绩等数据项,但若把学生作为一个医疗对象时,对他进行描述的数据项则应使用诸如病历号、姓名、性别、出生年月、身高、体重、血压及病史等项。

在诸多记录中,为了能唯一地标识一个记录,必须在一个记录的各个数据项中,确定出一个或几个数据项,把它们的集合称为关键字(key)。或者说,关键字是唯一能标识一个记录的数据项。通常,只需用一个数据项作为关键字。例如,前面的病历号或学号便可用于从诸多记录中唯一地标识出一个记录。然而,有时找不到这样的数据项,只好把几个数据项定为能在诸多记录中唯一地标识出某个记录的关键字。

### 6.1.2 文件分类

文件的分类是为了更好地管理和使用文件。科学地分门别类,对不同的文件进行不同的管理,不仅提高了文件的存取速度,而且对文件的共享和保护也有利。很多操作系统都通过文件扩展名的方式来体现文件类型,文件名和扩展名之间用"."分隔。下面是常用的几种分类方法。

**1. 按性质和用途分类**

(1) 系统文件

系统文件是指由系统软件构成的文件,只允许用户通过系统调用或系统提供的专用命令来运行它们,不允许对其进行读写和修改。

(2) 库文件

库文件是指由系统提供给用户使用的各种标准过程、函数和应用程序文件。这类文件允许用户调用运行,但不允许用户修改。主要由各种标准子程序库组成,例如 C 语言子程序库存放在子目录下的 *.lib 等文件中。

(3) 用户文件

用户文件是指用户委托文件系统保存的文件,如源程序、目标程序、原始数据等。这类文件只能由文件所有者或所有者授权用户使用。例如:*.c, *.h, *.cpp 等。

**2. 按操作权限分类**

(1) 只读文件

只读文件只允许文件主及授权用户读文件,但不允许写。在 Linux 系统中,只读文件标记为 r--。

(2) 可读可写文件

可读可写文件允许文件主及授权用户读和写文件。在 Linux 系统中可读可写文件标记为 rw-。

(3) 可运行文件

可运行文件允许文件主及授权用户调用运行,但不允许读和写。在 Linux 系统中,可运行文件标记为--x。

各个操作系统的保护方法和级别有所不同。例如，Windows 操作系统有 3 种保护，即系统、隐藏、可写；而 UNIX 或 Linux 操作系统有 9 个级别的保护，分为 3 类，即文件主、同组人员、其他人员，每类又分为可读、可写、可运行。

**3. 按使用情况分类**

（1）临时文件

临时文件是指系统在工作过程中产生的中间文件，一般有暂存的目录，在正常工作情况下产生，工作完毕会自动删除，一旦有异常情况往往会残留不少临时文件。

（2）永久文件

永久文件是指一般受系统管理的各种系统和用户文件，以及经过安装或编辑、编译生成的文件，存放在移动硬盘、硬盘或光盘等外存上。

（3）档案文件

档案文件是指系统或一些实用工具软件包在工作过程中记录在案的文档资料文件，以便查阅历史档案。

**4. 按用户观点分类**

（1）普通文件（常规文件）

普通文件是指系统中最一般组织格式的文件，一般是字符流组成的无结构文件。

（2）目录文件

目录文件是由文件的目录信息构成的特殊文件，操作系统将目录也做成文件，便于管理。

（3）特殊文件

在 UNIX 或 Linux 操作系统中，所有的输入/输出外部设备都被看作特殊文件，便于统一管理。操作系统会把对特殊文件的操作直接指向相应的设备操作，真正的设备驱动程序不包含在这种特殊文件中，而是指向操作系统的核心，存放在内存的高端部分。

**5. 按数据形式分类**

（1）源文件

源文件是由源程序和数据构成的文件。通常，由终端或输入设备输入的源程序和数据所形成的文件都属于源文件。源文件一般由 ASCII 码或中文字符组成。

（2）目标文件

目标文件是指源文件经过编译以后，但尚未链接的目标代码形成的文件。目标文件属于二进制文件，例如后缀名为“. obj”（Windows 系统）或“. O”（UNIX 或 Linux 操作系统）的文件。

（3）可运行文件

可运行文件是编译后的目标代码经链接程序链接后形成的可以运行的文件。例如，UNIX 中编译后默认可运行的文件为 a. out，而 windows 中为. exe 文件。

### 6.1.3 文件系统

**1. 文件系统功能**

文件系统是指操作系统中与管理文件有关的软件和数据的集合。从用户角度看，文件系统实现按名存取。从系统角度看，文件系统是对文件存储器的存储空间进行组织、分配，负责文件的存储并对存入的文件实施保护、检索的一组软件集合。文件系统的具体功能如下。

（1）实现按文件名存取文件信息

当用户要求系统保存一个已命名文件时，文件系统应根据一定的格式将用户的文件存放到文件存储器中适当的地方；当用户要使用文件时，系统根据用户所给的文件名能够从文件存储器中找到所需要的文件。也就是说，完成从用户提供的文件名到文件存储器物理地址的映射。这种映射是由文件的文件说明（如文件头）中所给出的有关信息决定的。对用户而言，不必了解文件存取的物理位置和查找方法。

(2) 为用户提供统一和友好的接口

一般来说，用户是通过文件系统提供的接口进入系统而使用计算机的，因此文件系统是操作系统的对外窗口。不同的操作系统提供不同类型的接口，不同的应用程序也往往会使用不同的接口。常见的接口有命令接口、程序接口、菜单式接口和图形化用户接口等。

(3) 实施对文件和文件目录的管理

这是文件系统最基本的功能，它负责为用户建立、撤销、读写、修改和复制文件，以及文件目录的建立和删除。

(4) 文件存储器空间的分配和回收

当建立一个文件时，文件系统应根据文件的大小，为文件分配合适的存储空间；当文件被删除时，系统将回收其存储空间。

(5) 提供有关文件的共享和保护

通过设置文件的共享属性，能够实现多个用户对该文件进行的各种操作，但这些操作必须在授予的权限内。如果出现超越用户权限的操作，应该加以禁止。

**2. 文件系统模型**

图 6-1 示出了文件系统的模型。可将该模型分为 3 个层次：最底层是对象及其属性；中间层是对对象操作和管理的软件集合；最高层是文件系统提供给用户的接口。

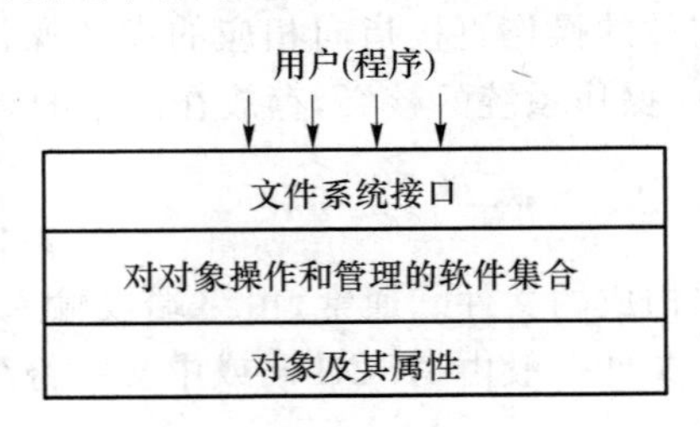


图 6-1 文件系统模型

(1) 对象及其属性

文件管理系统管理的对象有以下 3 种。

① 文件：它作为文件管理的直接对象。

② 目录：为了方便用户对文件的存取和检索，在文件系统中必须配置目录，每个目录项中，必须含有文件名及该文件所在的物理地址（或指针）。对目录的组织和管理是方便用户和提高对文件存取速度的关键。

③ 磁盘存储空间：文件和目录必定占用存储空间，对这部分空间的有效管理，不仅能提高外存的利用率，而且能提高对文件的存取速度。

(2) 对对象操作和管理的软件集合

这是文件管理系统的核心部分。文件系统的功能大多是在这一层实现的，包括对文件存储空间的管理、对文件目录的管理、用于将文件的逻辑地址转换为物理地址的机制、对文件读和写的管理，以及对文件的共享与保护等功能。

（3）文件系统接口

为方便用户使用文件系统，文件系统通常向用户提供以下两种类型的接口。

① 命令接口：这是用户与文件系统交互的接口。用户可通过键盘终端键入命令来取得文件系统的服务。

② 程序接口：这是用户程序与文件系统的接口。用户程序可通过系统调用来取得文件系统的服务。

**3. 文件系统结构**

文件系统详细结构如图6-2所示，根据功能划分为5个层次。

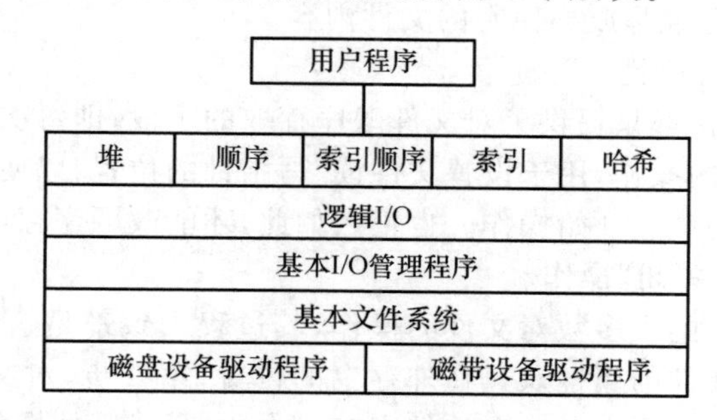


图6-2　文件系统结构

（1）设备驱动程序：负责启动该设备上的I/O操作，处理I/O请求。

（2）基本文件系统（物理I/O层）：处理与磁盘或磁带交换的数据块。

（3）基本I/O管理程序：负责所有文件I/O的开始或结束、选择运行文件的I/O设备和外存的分配。

（4）逻辑I/O：使用户和应用程序能够访问到记录。物理I/O层处理的是数据块，而逻辑I/O处理的是文件记录。

（5）访问方法层：与用户最近的一层。用户程序通过堆、顺序、索引顺序、索引和哈希等进行逻辑结构的设计。

### 6.1.4　文件操作

为使用户能灵活方便地使用和控制文件，文件系统提供了一组进行文件操作的系统调用命令。最基本的文件操作命令有创建文件（create）、删除文件（delete）、打开文件（open）、关闭文件（close）、读文件（read）和写文件（write）等。

**1. 最基本的文件操作**

（1）创建文件

在创建一个新文件时，系统首先要为新文件分配必要的外存空间，并在文件系统的目录中，为之建立一个目录项。目录项中应记录新文件的文件名及其在外存的地址等属性。

（2）删除文件

当已不再需要某文件时，可将它从文件系统中删除。在删除时，系统应先从目录中找到要删除文件的目录项，使之成为空项，然后回收该文件所占用的存储空间。

（3）读文件

所谓读文件，就是把文件中的数据从外存读入内存的用户区。读一个文件时，需在系统调用中给出文件名和存放读出内容的内存地址。此时，系统同样要查找目录，找到指定文件的目录项,从中得到被读文件在外存的地址,然后从外存将数据读入内存。

(4) 写文件

当用户要求对文件添加和修改信息时,可用写文件命令将信息写入文件。写一个文件时,应在系统调用中给出文件名和要写入信息在内存的地址。为此,系统也要查找目录,找到指定文件的目录项,再利用目录中的文件指针将信息写入文件。

(5) 截断文件

当一个文件的内容已经陈旧而需要全部更新时,可采取将此文件删除再创建一个新文件的方法。但当文件名及其属性均无改变时,则可采取另一种所谓的截断文件的方法,即将原有文件的长度设置为0,或者说是放弃原有的文件内容。

(6) 设置文件的读/写位置

前述的文件读/写操作都只提供了对文件顺序存取的手段,即每次都是从文件的始端读或写。设置文件读/写位置的操作,用于设置文件读/写指针的位置,以便每次读/写文件时,不是从起始端而是从所设置的位置开始操作。也正因如此,才能改顺序存取为随机存取。

**2. 文件的"打开"和"关闭"操作**

当前操作系统所提供的大多数对文件的操作,其过程大致都是这样两步:第一步,通过检索文件目录来找到指定文件的属性及其在外存上的位置;第二步,对文件实施相应的操作,如读文件或写文件等。当用户要求对一个文件实施多次读/写或其他操作时,每次都要从检索目录开始。为了避免重复地检索目录,在大多数操作系统中都引入了"打开"这一文件系统调用操作,当用户第一次请求对某文件进行操作时,先利用"打开"系统调用将该文件打开。

所谓"打开",是指系统将指定文件的属性(包括该文件在外存上的物理位置)从外存复制到内存已打开的文件表的一个表目中,并将该表目的编号(或称为索引号)返回用户。以后,当用户再要求对该文件进行相应的操作时,便可利用系统所返回的索引号向系统提出操作请求。这时,系统便可直接利用该索引号到打开的文件表中查找,从而避免了对该文件的再次检索。这样不仅节省了大量的检索开销,也显著地提高了对文件的操作速度。

若文件暂时不用,应将其关闭。关闭文件的功能是指撤销内存中有关该文件的目录信息,切断用户与该文件的联系;若在文件打开期间,该文件做过某种修改,则应将其写回外存。文件关闭之后,若要再次访问该文件,则必须重新打开。

**3. 其他文件操作**

为了方便用户使用文件,通常,操作系统都提供了数条有关文件操作的系统调用。可将这些调用分成若干类:最常用的一类是对文件属性进行的有关操作,即允许用户直接设置和获得文件的属性,如改变已存文件的文件名、改变文件的所有者(文件主)、改变对文件的访问权,以及查询文件的状态(包括文件类型、大小和所有者以及对文件的访问权等);另一类是有关目录的,如创建一个目录、删除一个目录、改变当前目录和工作目录等;此外,还有用于实现文件共享的系统调用和用于对文件系统进行操作的系统调用等。

值得说明的是,有许多文件操作都可以利用上述基本操作的组合来实现。例如,创建一个文件复制的操作,可利用两条基本操作来实现:第一步,利用创建文件的系统调用创建一个新文件;第二步,将原有文件中的内容写入新文件。

## 6.2 文件逻辑结构

文件结构是文件的组织形式,文件的组织分为文件的逻辑组织(即逻辑结构)和文件的物理组织(即物理结构)。文件的逻辑结构是从用户观点出发的文件组织形式,是用户可以直接处理的数据及其结构。文件的物理结构是从系统的角度来看文件,从文件在物理介质上的存放方式来研究文件的,即研究文件在外存上的存储组织形式,它直接关系到存储器空间的利用率。文件的逻辑结构与存储设备特性无关,但文件的物理结构与存储设备的特性有很大关系。

文件的逻辑结构、物理结构及存取方法之间的关系如下:文件的逻辑结构离不开文件的物理结构,同时又与文件的存取方法有关。按存取的次序,文件的存取方法分为顺序存取和直接存取。一般来说,对顺序存取的文件,文件系统可把它组织成顺序文件(sequential file)和链接文件;对于直接存取的文件,文件系统可把它组织成索引文件。此外,索引文件也可以进行顺序存取。

### 6.2.1 文件逻辑结构类型

文件按逻辑结构可分为两大类:其一是有结构文件,是由一个以上的记录构成的文件,故又称为记录式文件;其二是无结构文件,是由字符流构成的文件,故又称为流式文件。

**1. 有结构文件**

有结构文件又称为记录式文件,由一组相关记录组成,用户以记录为单位来组织信息。在记录式文件中,每个记录都用于描述实体集里的一个实体,各记录有着相同或不同数目的数据项。

1)根据长度划分类型

按照记录的长度是否可变,记录式文件可分为定长和不定长两类。

(1)定长记录文件

定长是指文件中所有记录的长度都是相同的,所有记录中的各数据项都处在记录中相同的位置,具有相同的顺序和长度,其格式如图 6-3 所示。文件的长度用记录数目表示。定长记录文件处理方便、开销小,所以是目前较常用的一种记录格式,被广泛用于数据处理中。

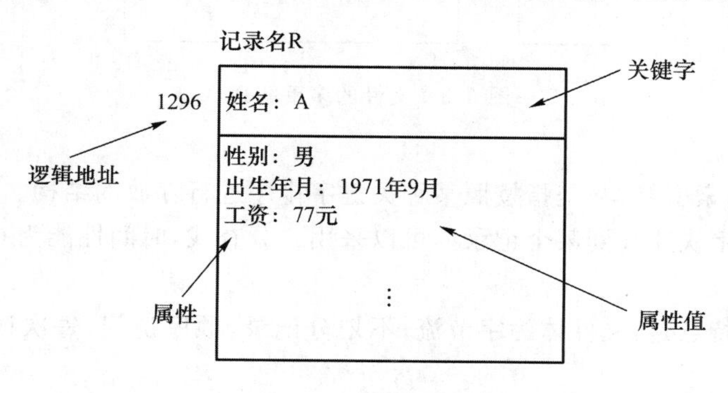


图 6-3 定长记录格式

(2)变长记录文件

变长是指文件中各记录的长度不相同。产生变长记录文件的原因,可能是一个记录中所包含的数据项数目并不相同,如书的著作者、论文中的关键词等;也可能是数据项本身的长度不定,例如:病历记录中的病因、病史,科技情报记录中的摘要等。不论是哪一种,在处理前,每个记录的长度是不可知的。

2）记录式文件逻辑结构类型

（1）连续结构

连续结构是指把记录按生成的先后顺序连续排列的逻辑结构。它的优点是记录的排列顺序与记录内容无关，有利于记录的追加和变更；缺点是查找性能比较差。

（2）多重结构

多重结构是指把记录按关键字和记录名排列成行列式结构，则一个包含 $n$ 个记录名、$m$ 个关键字的文件构成一个 $n\times m$ 维行列式，如图 6-4 所示，其中 $a_{mn}=1$ 或 0。它的优点是能根据关键字和记录名快速定位某条记录；缺点是浪费空间，$n$ 条记录需要 $n\times m$ 的空间。

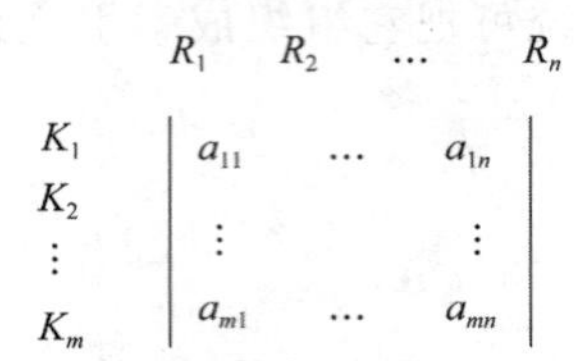


图 6-4 文件的记录名和关键字构成的行列式

（3）多重队列

多重队列是对多重结构的改进。它将行列式中为 0 的项去除，以关键字 $K_i$ 为队首，以包含关键字 $K_i$ 的记录为队列元素构成一个记录队列。$m$ 个关键字就构成了多个队列，如图 6-5 所示。

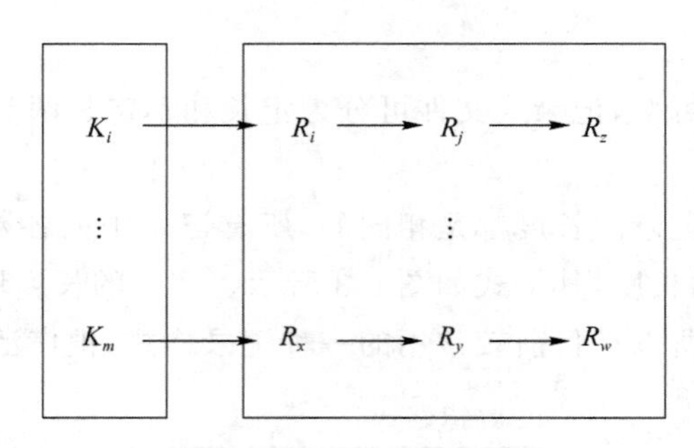


图 6-5 文件的多重队列

（4）顺序结构

顺序结构（也叫索引结构）是指按照某种关键字排序进行存放的结构。它的优点是能够根据待查记录的关键字快速找到某个记录。可以采用二分查找，时间性能为 $O(\log_2 n)$。

**2. 无结构文件**

无结构文件的特点是：文件体为字节流，不划分记录，顺序访问，每次读/写访问可以指定任意数据长度。

如果说大量的数据结构和数据库采用的是有结构的文件形式的话，则大量的源程序、可运行文件、库函数、音/视频、图片等，所采用的就是无结构的文件形式，即流式文件，其长度以字节为单位。对流式文件的访问，则是采用读/写指针来指出下一个要访问的字符。可以把流式文件看作记录式文件的一个特例。在 UNIX 系统中，系统不对文件进行格式处理，所有的文件都被看作流式文件，即使是有结构文件，也被视为流式文件。

### 6.2.2 顺序文件

**1. 逻辑记录的排序**

文件是记录的集合。文件中的记录可以是任意顺序的，因此，它可以按照各种不同的顺序进行排列。一般地，可归纳为以下两种情况：

第一种是串结构，其中各记录之间的顺序与关键字无关。通常的办法是由时间来决定，即按存入时间的先后排列，将最先存入的记录作为第一个记录，其次存入的作为第二个记录，……，依此类推。

第二种是顺序结构，指文件中的所有记录按关键字排列。可以按关键字值的大小从小到大排序，也可以从大到小排序，或按其英文字母顺序排序。具有这种逻辑结构的文件称为顺序文件，如图 6-6 所示。

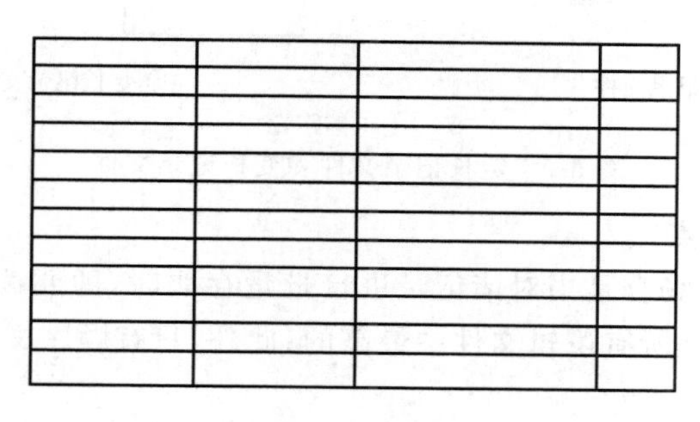

图 6-6 顺序文件

检索串结构的顺序文件时，每次都必须从头开始，逐个记录地查找，直至找到指定的记录，或查完所有的记录为止，检索效率较低。而对顺序结构文件来说，则可利用某种有效的查找算法，如折半查找法、插值查找法、跳步查找法等方法来提高检索效率。

具有顺序结构的文件具有以下特点：

(1) 文件体为大小相同、格式固定的排序记录序列；

(2) 由一个主文件和一个临时文件组成；

(3) 记录按某个关键字域排序，存放在主文件中；

(4) 新记录暂时保存在日志或事务文件(transaction file)等临时文件中，定期并入主文件，并按正确顺序产生一个新文件；

(5) 访问时，可以采用二分搜索。

**2. 对顺序文件的读/写操作**

顺序文件中的记录可以是定长的，也可以是变长的。对于定长记录的顺序文件，如果已知当前记录的逻辑地址，便很容易确定下一个记录的逻辑地址。因此在读一个文件时，可设置一个读指针 $R_{ptr}$，令它指向一个记录的首地址，每当读完一个记录时，便运行"$R_{ptr}=R_{ptr}+L$"操作，使之指向下一个记录的首地址，其中 $L$ 为记录长度。类似地，当写一个文件时，也应设置一个写指针 $W_{ptr}$，使之指向要写的记录的首地址。同样，每写完一个记录，又须运行"$W_{ptr}=W_{ptr}+L$"操作。

对于变长记录的顺序文件，顺序读或写时的情况相似，但应分别为它们设置读或写指针，在每次读或写完一个记录后，须将读或写指针加上 $L_i$。$L_i$ 是刚读或刚写完的记录的长度。图

6-7 所示为定长记录文件和变长记录文件。

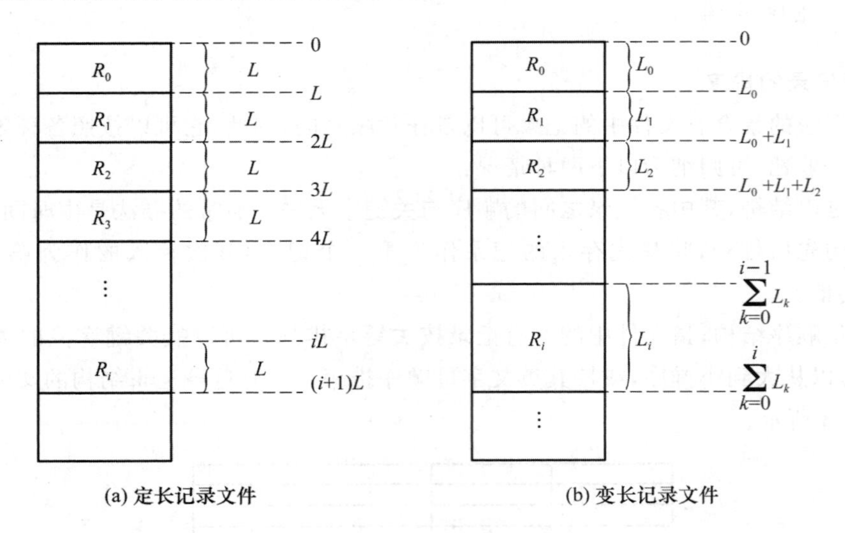


图 6-7　定长记录文件和变长记录文件

**3. 顺序文件的优、缺点**

顺序文件的最佳应用场合是当对诸记录进行批量存取时，即要读或写一大批记录时。此时，顺序文件的存取效率是所有逻辑文件中最高的；此外，只有顺序文件才能存储在磁带上，并能有效地工作。

采用串结构的顺序文件检索效率低，而采用顺序结构的顺序文件检索效率高。在交互应用的场合，若文件记录采用串结构，用户（程序）要求查找或修改单个记录，为此系统便要去逐个地查找记录。这时，串结构文件所表现出来的检索性能就很差，尤其是当文件较大时，情况更为严重。例如，对一个含有 $10^4$ 个记录的串结构文件，只能采用顺序查找法去查找一个指定的记录，则平均需要查找 $5\times10^3$ 个记录；如果是变长记录的串结构文件，则为查找一个记录的开销将更大。但是对于具有顺序结构的文件来说，可以在 $O(\log_2 n)$ 的时间复杂度内找到所需操作的记录。

顺序文件的一个缺点是，增加或删除一个记录比较困难。为了解决这一问题，可以为顺序文件配置一个运行记录文件（log file），或事务文件，把试图增加、删除或修改的信息记录于其中，规定每隔一定时间，例如 4 小时，将运行记录文件与原来的主文件加以合并，产生一个按关键字排序的新文件。

## 6.2.3　索引文件

对于定长记录文件，如果要查找第 $i$ 个记录，则可直接根据 $A_i=(i-1)\times L$ 获得第 $i$ 个记录相对于第一个记录首址的地址。

然而，对于变长记录文件，要查找其第 $i$ 个记录时，须首先计算出该记录的首地址。为此，须顺序地查找每个记录，从中获得相应记录的长度 $L_i$。假定在每个记录前用一字节指明该记录的长度，则第 $i$ 个记录的首址为

$$A_i=\sum_{j=0}^{i-1}L_j+i$$

可见，定长记录除了可以方便地实现顺序存取，还可较方便地实现直接存取。然而，变长记录就较难实现直接存取了，因为用直接存取方法来访问变长记录文件中的一个记录是十分低效的，其检索时间也很难令人接受。为了解决这一问题，可为变长记录文件建立一张索引表，对主文件中的每个记录，都在索引表中设置一个相应的表项，用于记录该记录的长度 $L_i$ 及指向该记录的指针(指向该记录在逻辑地址空间的首址)。由于索引表是按记录键排序的，因此索引表本身是一个定长记录的顺序文件，从而也就可以方便地实现直接存取。图 6-8 示出了索引文件(index file)的组织形式。

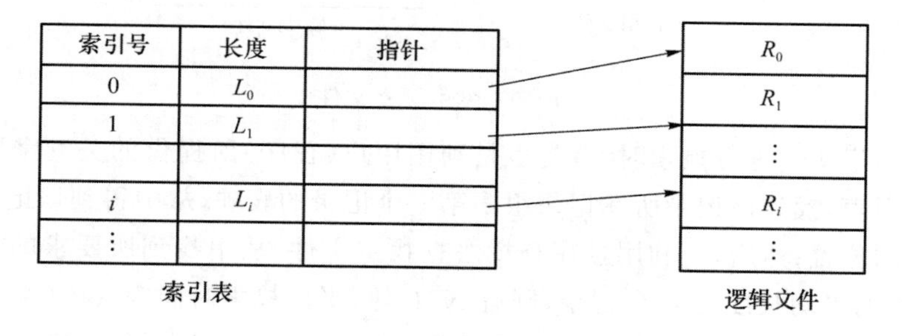


图 6-8 索引文件的组织形式

在对索引文件进行检索时，首先根据用户(程序)提供的关键字，利用折半查找法去检索索引表，从中找到相应的表项；再利用该表项中给出的指向记录的指针值，访问所需的记录。而每向索引文件中增加一个新记录，须对索引表进行修改。由于索引文件可以有较快的检索速度，故它主要用于对信息处理的及时性要求较高的场合，例如飞机订票系统。使用索引文件的主要问题是，它除需要主文件外，还须配置一张索引表，而且每个记录都要有一个索引项，因此存储费用较高。

### 6.2.4 索引顺序文件

索引顺序文件(index sequential file)可能是最常见的一种逻辑文件形式。它有效地克服了变长记录文件不便于直接存取的缺点，而且所付出的代价也不算太大。前已述及，它是块间有序的顺序文件和索引文件相结合的产物。它将顺序文件中的所有记录分为若干个块(例如，50 个记录为一个块)，并为顺序文件建立了一张索引表，在索引表中为每块中的第一个记录建立了一个索引项，其中含有该记录的键值和指向该记录的指针。索引表的记录是有序的，而每个块中的记录是无序的，即块内无序、块间有序。索引顺序文件如图 6-9 和 6-10 所示。

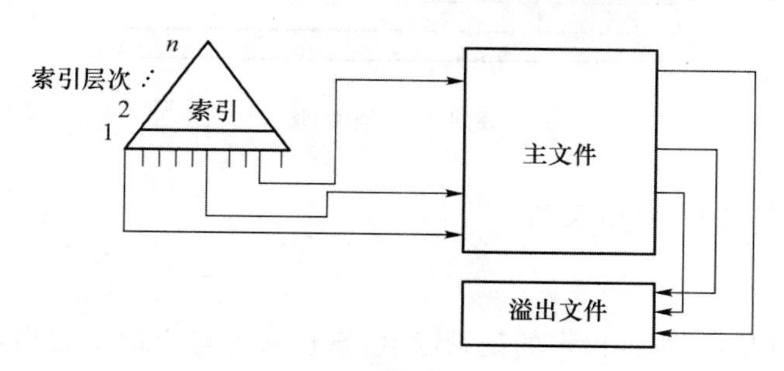


图 6-9 索引顺序文件结构示意图

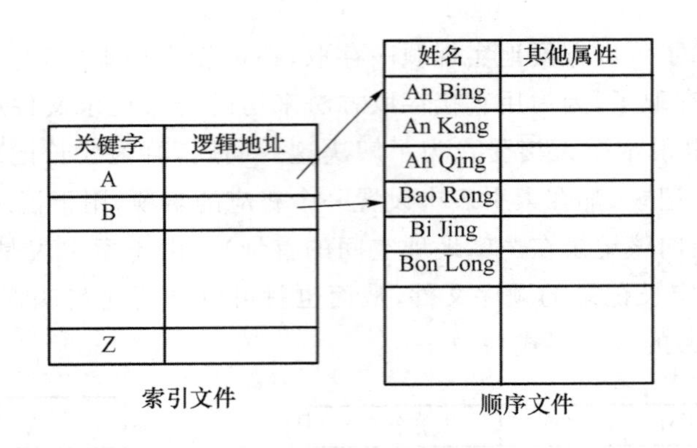


图 6-10 索引顺序文件

当对索引顺序文件进行检索时，首先也是利用用户（程序）所提供的关键字以及某种查找算法去检索索引表，找到该记录所在记录组中第一个记录的表项，从中得到该记录组第一个记录在主文件中的位置；然后，再利用顺序查找法查找主文件，从中找到所要求的记录。假如有 $N$ 个记录，每块的平均长度为 $L$ 个记录，则有 $N/L$ 块，平均检索时间为 $\log_2(N/L)+L/2$。

如果一个无序的顺序文件所含有的记录数为 2 600，采用顺序查找法，则检索到具有指定关键字的记录平均须查找 2 600/2＝1 300 次；但对于一个块内无序、块间有序的索引顺序文件来说，假定块数为 26，每块的平均长度为 100 个记录，则平均查找次数为：$\log_2 26+100/2=55$。因此，索引顺序文件检索速度提高了 25 倍左右。

### 6.2.5 堆文件

如图 6-11 所示，堆文件（累积文件）的文件体为无结构记录序列，通过分隔符来划分记录，各记录大小和组成可变。新记录总是被添加到文件末尾，如日志（log），电子邮件的邮箱文件（mailbox）等。堆文件的检索必须从头开始。这是一种简单的文件组织方式，当数据难以组织时使用。

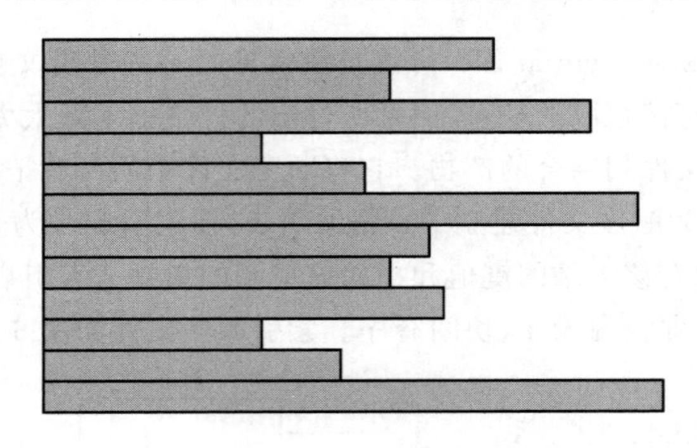

图 6-11 堆文件

### 6.2.6 直接文件和哈希文件

**1. 直接文件**

直接文件的特点是：可根据给定的记录键值，直接获得指定记录的物理地址。换言之，记录键值本身就决定了记录的物理地址。这种由记录键值到记录物理地址的转换被称为键值转换（key to address transformation）。组织直接文件的关键在于，用什么方法进行从记录键值到物理地址的转换。

**2. 哈希文件**

散列文件又称为哈希(Hash)文件，是目前应用最为广泛的一种直接文件。它利用 Hash 函数〔或称散列函数 $H(x)$〕将记录键值转换为相应记录的物理地址。

但为了能实现文件存储空间的动态分配，通常由 Hash 函数求得的并非相应记录的地址，而是指向一个目录表中相应表目的指针，该表目的内容指向相应记录所在的物理块，如图 6-12 所示。例如，若令 $K$ 为记录键值，用 $A$ 作为通过 Hash 函数转换所得到的该记录在目录表中对应表目的物理位置，则有 $A=H(K)$。通常，把 Hash 函数作为标准函数存于系统中，供存、取文件时调用。

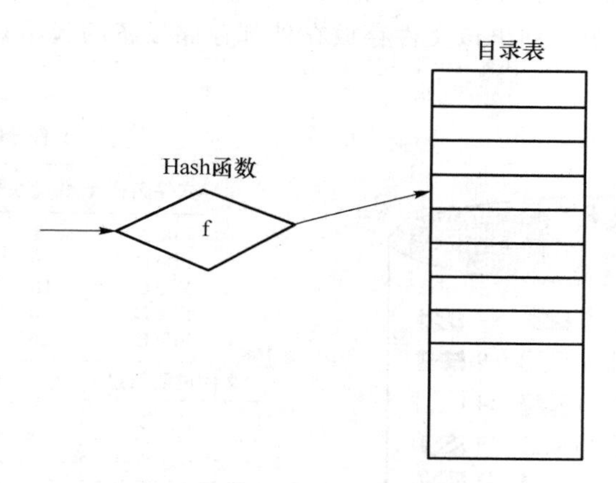


图 6-12　Hash 文件的逻辑结构

## 6.3　文件物理结构

文件物理结构

文件的物理结构是指一个文件在外存上的存储组织形式，它与存储介质的存储特性有关。从逻辑地址到物理地址的映射是和物理结构密切相关的，文件存储设备通常划分为大小相等的物理块，物理块是分配及传输信息的基本单位。物理块的大小与设备有关，但与逻辑记录的大小无关，因此一个物理块中可以存放若干个逻辑记录，一个逻辑记录也可以存放在若干个物理块中。为了有效地利用外存设备，便于进行系统管理，一般也把文件信息划分为与物理存储块大小相等的逻辑块。

如前所述，文件的物理结构直接与外存分配方式有关。采用不同的分配方式，将形成不同的文件物理结构。例如，采用连续分配方式将形成连续存储结构，采用链接分配方式将形成链接存储结构，而采用索引分配方式将形成索引存储结构。

### 6.3.1　连续存储结构

**1. 连续存储结构**

连续存储结构是一种最简单的物理文件结构，它将一个逻辑文件的信息存放在外存的连续物理块中。连续分配(continuous allocation)要求为每一个文件分配一组相邻的物理盘块。一组盘块的地址定义了磁盘上的一段线性地址。例如，起始盘块的地址为 $b$，则第二个盘块的

地址为 $b+1$，第三个盘块的地址为 $b+2$，等等。通常，它们都位于一条磁道上，在进行读/写时，不必移动磁头，仅当访问到一条磁道的结束盘块后，才需要移到下一条磁道，于是又连续地读/写多个盘块。采用连续分配方式时，可把逻辑文件中的记录顺序地存储到邻近的各物理盘块中，这样所形成的文件结构也称为顺序存储结构，此时的物理文件称为顺序文件。

这种分配方式保证了逻辑文件中的记录顺序与存储器中文件占用盘块顺序的一致性。为使系统能找到文件的存放地址，应在目录项的“文件物理地址”字段中，记录该文件起始块号和文件长度(以盘块数进行计量)。图 6-13 展示了连续分配的情况。假定记录与图 6-13(a)的盘块大小相同，将文件的块号和长度记录在图 6-13(b)中。可见 FileA 文件的起始盘块号是 2，文件长度为 3，因此是在盘块号为 2、3 和 4 的盘块中存放文件 FileA 的数据。在连续存储结构中，每个文件的说明信息中会列出该文件存放在外部存储设备的起始盘块号以及文件长度，如图 6-13(c)所示。

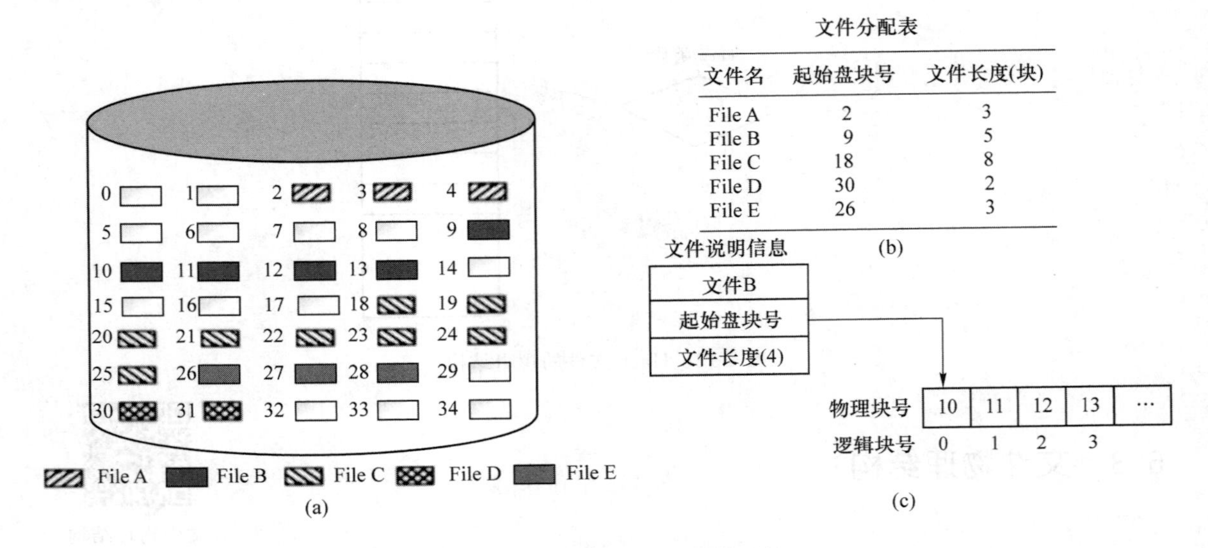


图 6-13　磁盘空间的连续存储结构

如同内存的动态分区分配一样，随着文件创建时空间的分配和文件删除时空间的回收，磁盘空间将被分割成许多小块，这些较小的连续区已难以存储文件，此即外存的碎片。同样，我们也可以利用紧凑的方法，将盘上所有的文件紧靠在一起，把所有的碎片拼接成一大片连续的存储空间，这就是通常所说的磁盘的“碎片整理”。然而，将外存上的空闲空间进行一次紧凑，所花费的时间比将内存紧凑一次所花费的时间多得多。

**2. 连续分配的主要优、缺点**

连续分配的主要优点如下：

(1) 顺序访问容易。访问一个占有连续空间的文件非常容易。系统可从目录中找到该顺序文件的起始块号，从此开始顺序地、逐个盘块地往下读/写。连续分配也支持直接存取。例如，要访问一个从 $b$ 块开始存放的文件中的第 $i$ 个盘块的内容，就可直接访问 $b+(i-1)$ 号盘块。

(2) 顺序访问速度快。因为由连续分配装入的文件所占用的盘块可能是位于一条或几条相邻的磁道上，这时磁头的移动距离最少。因此，这种分配方式对文件访问的速度是几种存储空间分配方式中最高的一种。

连续分配的主要缺点如下：

(1) 要求有连续的存储空间。要为每一个文件分配一段连续的存储空间，这样便会产生许多外存碎片，严重地降低了外存空间的利用率。如果是定期地利用紧凑方法来消除碎片，则又需花费大量的机器时间。

(2) 必须事先知道文件的长度。要将一个文件装入一个连续的存储区中，必须事先知道文件的大小，然后根据其大小，在存储空间中找出一块大小足够的存储区，将文件装入。在有些情况下，知道文件的大小是件非常容易的事，如复制一个已存文件；但有时却很难，在此情况下，只能靠估算。如果估算的文件大小比实际文件小，就可能因存储空间不足而中止文件的复制，须要求用户重新估算，然后再次运行。显然，这样既费时又麻烦。这就促使用户将文件长度估得比实际的大，甚至使所计算的文件长度比实际长度大得多，因此这会严重地浪费外存空间。对于那些动态增长的文件，开始时文件很小，但在运行中逐渐增大，这种增长可能要经历几天或者几个月。在此情况下，即使事先知道文件的最终大小，采用该方法分配存储空间显然也是很低效的，因为它使大量的存储空间长期地空闲着。

### 6.3.2 链接存储结构

同内存管理一样，连续分配所存在的问题就在于：必须为一个文件分配连续的磁盘空间。当把一个逻辑文件存储到外存上时，如果不要求为整个文件分配一块连续的空间，而是可以将文件装到多个离散的盘块中，就可以消除上述缺点。链接存储结构又称串联结构，它将一个逻辑上连续的文件信息存放在外存的不连续(或连续)物理块中。该结构采用链接分配(chained allocation)方式，可通过在每个盘块上的链接指针，将同属于一个文件的多个离散盘块链接成一个链表。我们把这样形成的物理文件称为链接文件。

由于链接分配采取的是离散分配方式，消除了外部碎片，故而显著地提高了外存空间的利用率；又因为是根据文件的当前需要为它分配必需的盘块，当文件动态增长时，可动态地再为它分配盘块，故而无须事先知道文件的大小。此外，该分配方式对文件的增、删、改也十分方便。磁盘空间的链接存储结构图和对应的文件分配表如图 6-14 所示。

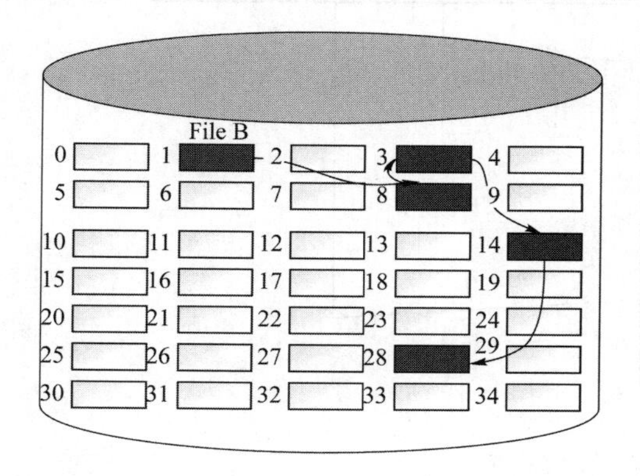


文件分配表

| 文件名 | 起始盘块号 | 文件长度(块) |
|---|---|---|
| … | … | … |
| File B | 1 | 5 |
| … | … | … |

图 6-14 磁盘空间的链接存储结构图和文件分配表

链接分配又可分为隐式链接分配和显式链接分配两种形式。

**1. 隐式链接分配**

采用隐式链接分配方式时，文件目录的每个目录项中，都须含有指向链接文件起始盘块和结束盘块的指针。图 6-14 中示出了一个占用 5 个盘块的链接文件。相应的目录项指示了其起始块号是 9,结束块号是 25。而每个盘块中都含有一个指向下一个盘块的指针,如在起始盘块 9 中设置了第二个盘块的盘块号 16;在 16 号盘块中又设置了第三个盘块的盘块号 1。如果指针占用 4 字节,那么对于盘块大小为 512 字节的磁盘,每个盘块中只有 508 字节可供用户使用。

隐式链接分配方式的主要问题在于:它只适合于顺序访问,而随机访问时极其低效。如果要访问文件所在的第 $i$ 个盘块,则必须先找到文件的起始盘块,根据起始盘块中的指针再找到第二个盘块,依次类推,顺序地查找到第 $i$ 块。当 $i=100$ 时,须启动 100 次磁盘去实现读盘块的操作,平均每次都要花费几十毫秒。可见,顺序访问性能相当低。此外,只通过链接指针将一大批离散的盘块链接起来,可靠性较差,因为只要其中的任何一个指针出现问题,都会导致整个链的断开,从而造成文件部分信息无法找到而造成文件内容的丢失。

为了提高检索速度和减小指针所占用的存储空间,可以将几个盘块组成一个簇(cluster)。比如,一个簇可包含 4 个盘块,盘块分配是以簇为单位进行的,链接文件中的每个元素也是以簇为单位的。这样将会成倍地减小查找指定块的时间,也可减小指针所占用的存储空间;但却增加了内部碎片,而且这种改进也是非常局限的。

**2. 显式链接分配**

显式链接分配把用于链接文件各物理块的指针,显式地存放在内存的一张链接表中。整个磁盘仅设置一张链接表,如图 6-15 所示。表的序号是物理盘块号,从 0 开始,直至 N−1;N 为盘块总数。在每个表项中存放链接指针,即下一个盘块号。在该表中,凡是某一文件的起始块号,或者每一条链的链首指针所对应的盘块号,均作为文件地址被填入相应文件 FCB 的"物理地址"字段中。由于查找记录的过程是在内存中进行的,因而显示链接不仅显著地提高了检索速度,而且大大减少了访问磁盘的次数。由于分配给文件的所有盘块号都放在该表中,故把该表称为文件分配表(File Allocation Table,FAT)。

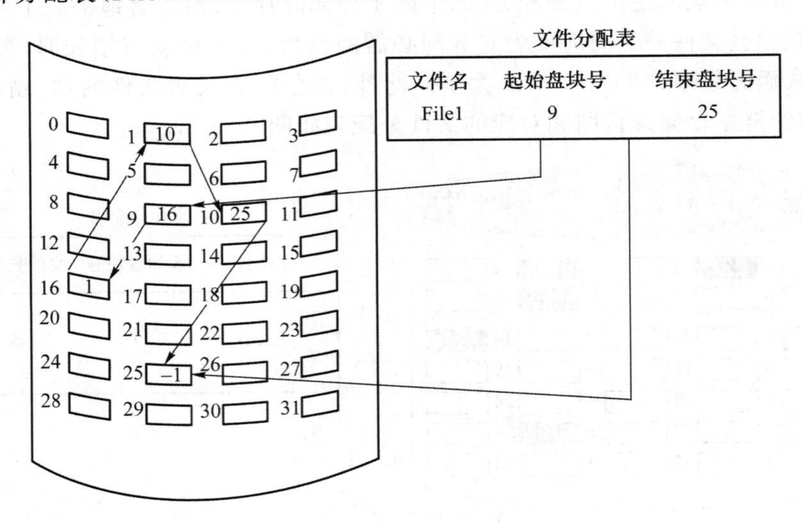


图 6-15 磁盘空间的链接分配

链式分配虽然解决了连续分配方式所存在的问题,但又出现了下述另外两个问题。

(1) 不能支持高效的直接存取。要对一个较大的文件进行直接存取,须首先在 FAT 中顺序地查找许多盘块号。

(2) FAT 需占用较大的内存空间。由于一个文件所占用盘块的盘块号是随机地分布在

FAT中的,因而只有将整个FAT调入内存,才能保证在FAT中找到一个文件的所有盘块号。当磁盘容量较大时,FAT可能要占用数兆字节及以上的内存空间,这是令人难以接受的。

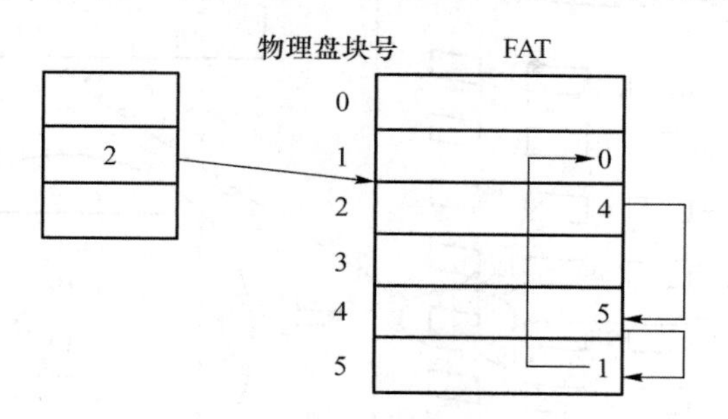


图 6-16 显式链接结构

### 6.3.3 索引存储结构

索引存储结构是主流的文件物理结构,适用于大、中型计算机系统。索引存储结构将一个逻辑文件的信息存放于外存的若干个物理块中,并为每个文件建立一个索引表,索引表中的每个表目存放文件信息所在的逻辑块号和与之对应的物理块号。以索引存储结构存放的文件为索引文件。

索引文件的优点是既适用于顺序存取,也适用于随机存取,还易于进行文件的增删。但索引表的使用增加了存储空间的开销;另外,在存取文件时需要至少访问外部存储器两次:一次是访问索引表,另一次是根据索引表提供的物理块号访问文件信息。索引分配方式又分为单级索引、多级索引、混合索引等几种。

**1. 单级索引分配方式**

每个文件分配一个索引块(表),再把分配给该文件的所有盘块号,都记录在该索引块中,因而该索引块就是一个含有许多盘块号的数组。在创建一个文件时,需要在为之创建的目录项中填上指向该索引块的指针。

事实上,在打开某个文件时,只需把该文件占用盘块的编号调入内存,完全没有必要将整个FAT调入内存。为此,应将每个文件所对应的盘块号集中地放在一起。单级索引分配方式就是基于这种想法所形成的一种分配方法。它为每个文件分配一个索引块,再把分配给该文件的所有盘块号都记录在该索引块中,因而该索引块就是一个含有许多盘块号的数组。建立一个文件时,只需在为之建立的目录项中填上指向该索引块的指针。图6-17示出了磁盘空间的索引分配。

单级索引分配方式支持直接访问。当要读文件的第$i$个盘块时,可以方便地从索引块中直接找到第$i$个盘块的盘块号;此外,索引分配方式不会产生外存碎片。当文件较大时,索引分配方式无疑优于链接分配方式。

单级索引分配方式的主要问题是:可能要花费较多的外存空间。每创建一个文件,系统便须为之分配一个索引块,将分配给该文件的所有盘块号记录于其中。但在一般情况下,创建的中、小型文件居多,甚至有不少文件只需1～2个盘块,这时如果采用链接分配方式,只需设置1～2个指针;如果采用索引分配方式,则须为之分配一个索引块。通常是用一个专门的盘块作为索引块,其中可存放成百个、甚至上千个盘块号。可见,采用索引分配方式时,小文件的索引块空间利用率将是极低的。

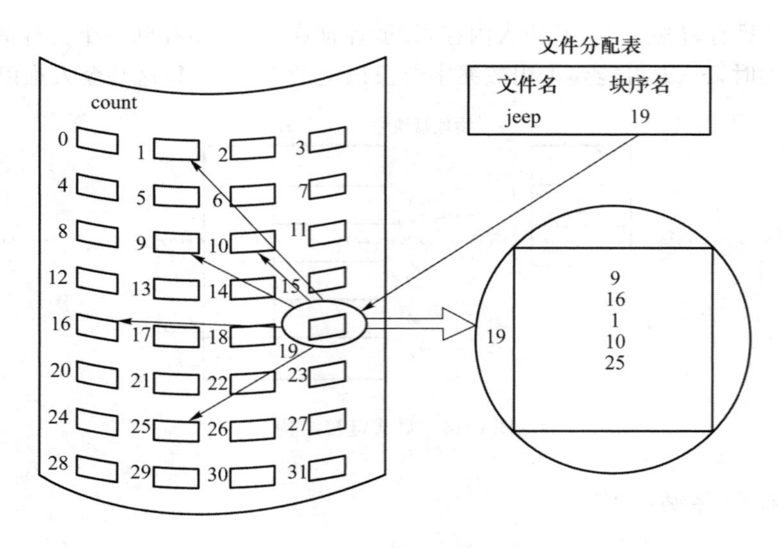


图 6-17 磁盘空间的单级索引分配

**2. 多级索引分配方式**

当操作系统为一个大文件分配磁盘空间时，如果分配出去的盘块的盘块号已经装满一个索引块，便为该文件再分配另一个索引块，用于将以后为之分配的盘块号记录于其中，依此类推，再通过链指针将各索引块按顺序链接起来。显然，当文件太大、其索引块太多时，这种方法是低效的。此时，应为这些索引块再建立一级索引，称为第一级索引，即系统再分配一个索引块，作为第二级索引的索引表，将第一块、第二块等索引块的盘块号填入此索引表中，这样便形成了两级索引分配方式。如果文件非常大，还可用三级、四级索引分配方式。

图 6-18 示出了两级索引分配方式下各索引块之间的链接情况。如果每个盘块的大小为 1 KB，每个盘块号占 4 字节，则在一个索引块中可存放 256 个盘块号。这样，在两级索引时，最多可存放文件的盘块的盘块号总数 N＝256×256＝64 K。由此可得出结论：采用两级索引时，所允许的文件最大长度为 64 MB。

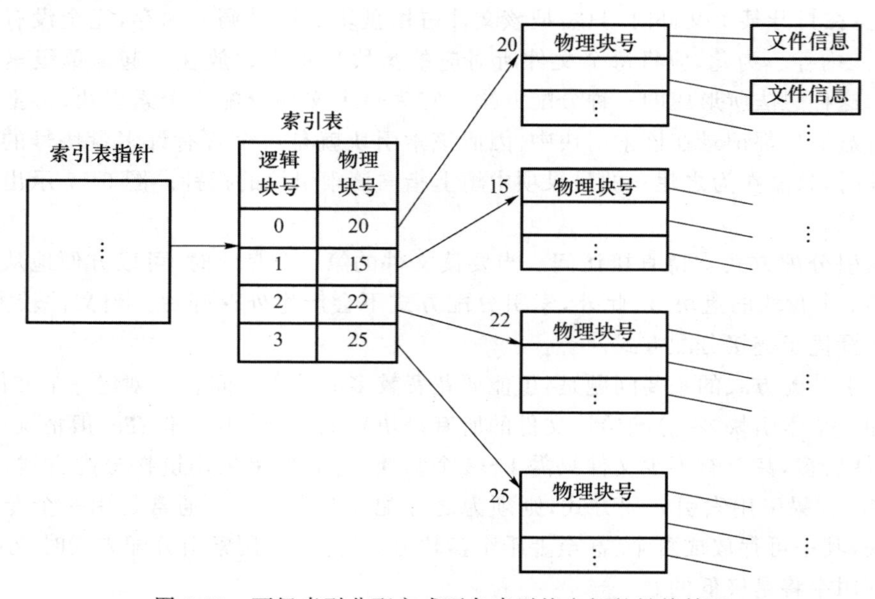


图 6-18 两级索引分配方式下各索引块之间的链接情况

倘若盘块的大小为 4 KB,采用单级索引时所允许的文件最大长度为 4 MB,而采用两级索引时所允许的文件最大长度可达 4 GB。

**3. 混合索引分配方式**

所谓混合索引分配方式,是将多种索引分配方式相结合而形成的一种分配方式。例如,系统既采用了直接地址,又采用了单级索引分配方式,或两级索引分配方式,甚至三级索引分配方式。这种混合索引分配方式已在 UNIX 系统中应用。在 UNIX System V 的索引节点中,共设置了 13 个地址项,每项占 4 字节,即 iaddr(0)～iaddr(12),如图 6-19 所示,它们把所有的地址项分成两类,即直接地址和间接地址。

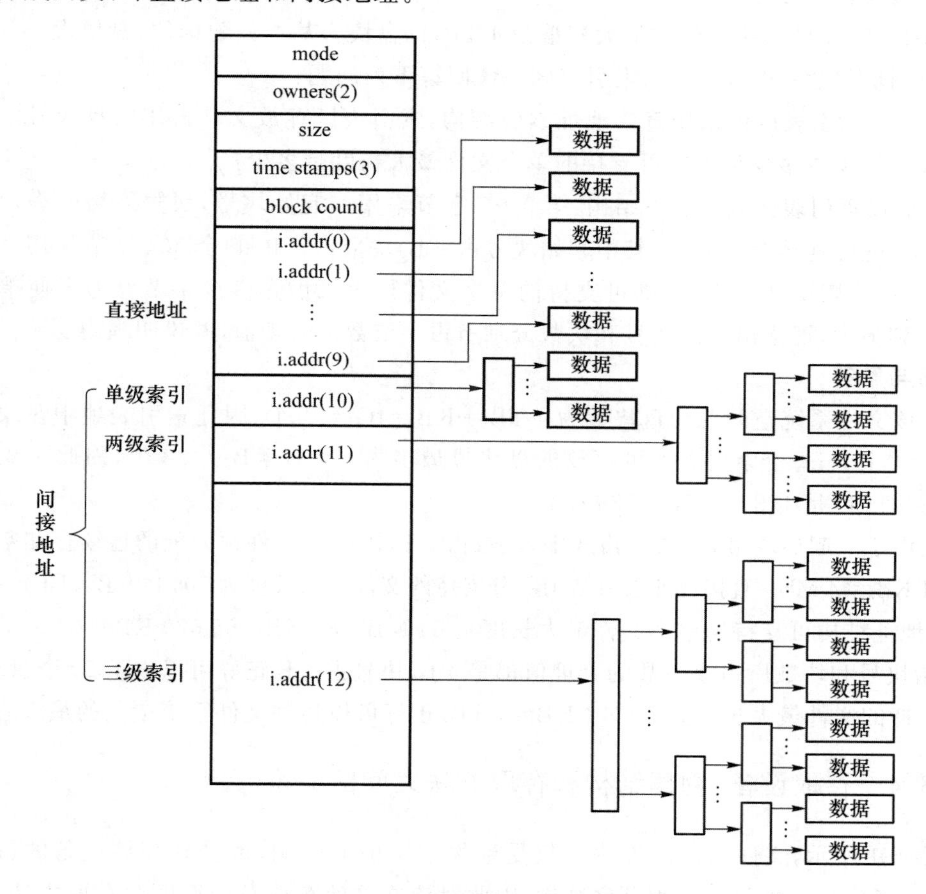


图 6-19 UNIX 系统中的混合索引分配方式

1) 直接地址索引

为了提高对文件的检索速度,在索引节点中可设置 10 个直接地址项,即用图 6-19 中的 i. addr(0)～i. addr(9) 来存放直接地址。换言之,这里的每项中存放的是该文件数据所在盘块的盘块号。假如每个盘块的大小为 4 KB,当文件不大于 40 KB 时,便可直接从索引节点中读出该文件的全部盘块号。

2) 一次间接地址索引

对于大、中型文件,只采用直接地址是不现实的。为此,可再利用索引节点中的地址项 i. addr(10) 来提供一次间接地址。这种方式实际上就是一级间接索引分配方式(即单级索引分配方式)，图中的一次间接地址块可看作索引块，系统将分配给文件的多个盘块号记入其中。一次间接地址块中可存放 $2^{10}$ 个盘块号，因而允许文件长达 4 MB+40 KB(一次间接地址项+直接地址项)。

3)多次间接地址索引

当文件长度大于 4 MB+40 KB 时，系统须采用二级间接地址分配方式。这时，由地址项 i. addr(11)提供二次间接地址，该方式实际上是两级索引分配方式。在采用二次间接地址分配方式时，文件最大长度可达 4 GB。同理，由地址项 i. addr(12)提供三次间接地址时，其所允许的文件最大长度可达 4 TB。

**例 6-1** 某文件系统空间的最大容量为 4 TB，以盘块为基本分配单位，盘块大小为 1 KB。其文件控制块包含一个 512 B 的索引表区。请回答下列问题：

(1) 假设索引表区仅采用直接地址索引结构，索引表区存放文件占用的盘块号。索引表项中盘块号最少占多少字节？可支持的单个文件最大长度是多少？

(2) 假设索引表区采用如下结构：第 0～7 字节采用＜起始块号，块数＞格式表示文件创建时被预分配的连续存储空间，其中起始块号占 6 B，块数占 2 B；剩余 504 字节采用直接地址索引结构，一个索引项占 6 B。则可支持的单个文件最大长度是多少字节？为了使单个文件的长度达到最大，请指出起始块号和块数分别所占字节数的合理值，并说明理由。

**分析与解答**

(1) 该文件系统空间总的盘块数为 4 TB/1 KB=4G=$2^{32}$ 个，因此索引表项中盘块号最少占 32/8=4 字节；每个索引表区可存放的盘块号最多为 512 B/4 B=128 个，因此可支持的单个文件最大长度是 128×1 KB=128 KB。

(2) 由于＜起始块号，块数＞格式中，块数占 2 B，因此为文件预分配的连续存储空间最大为 $2^{16}$×1 KB=64 MB。直接地址索引结构部分支持的文件最大长度为 504 B/6 B×1 KB=84 KB。综上，该地址结构可支持的单个文件最大长度是 64 MB+84 KB=65 620 KB。

起始块号和块数所占字节数的合理值都是 4 B，块号占 4 B 正好可以表示 $2^{32}$ 个盘块，块数占 4 B 支持的文件最大长度是 $2^{32}$×1 KB=4 TB，正好可以达到文件系统空间的最大容量。

### 6.3.4 存取设备、物理结构和存取方法之间的关系

如表 6-1 所示，文件的存取方法不仅受到物理结构的影响，也受到存储设备的影响。例如，磁带设备中的文件只能采用顺序结构，因此对该文件的存取只能用顺序存取方法；而磁盘是一个随机存取设备，可以采用不同的物理结构，例如顺序结构和索引结构等。

**表 6-1 存取设备、物理结构与存取方法之间的关系表**

| 存取设备 | 磁盘 | | | 磁带 |
| --- | --- | --- | --- | --- |
| 物理结构 | 顺序结构 | 链接结构 | 索引结构 | 顺序结构 |
| 存取方法 | 随机或顺序 | 顺序 | 随机或顺序 | 顺序 |
| 文件长度 | 固定 | 可变，固定 | 可变，固定 | 固定 |

## 6.4 目录管理

计算机系统中的文件种类繁多、数量庞大,为了有效地管理这些文件,且能让用户方便地查找所需的文件,应对它们加以适当的组织。这主要是通过文件目录实现的。文件目录也是一种数据结构,用于标识系统中的文件及其物理地址,供检索时使用。

### 6.4.1 文件控制块、文件目录和目录文件

从文件管理的角度看,文件由文件说明和文件体两部分组成。文件体即文件本身,而文件说明则是用于描述和控制文件的数据结构,此数据结构就是前面所提到的文件控制块。文件与文件控制块一一对应,因此文件管理程序可借助文件控制块中的信息,对文件施以各种操作。人们把文件控制块的有序集合称为文件目录,即一个文件控制块就是一个文件目录项。通常,一个文件目录也被看作一个文件,称为目录文件。

**1. 文件控制块**

为了能对系统中的大量文件施以有效的管理,在文件控制块中,通常应含有3类信息,即基本信息类、存取控制信息类及使用信息类。

1)基本信息类

基本信息类包括以下几部分。

(1) 文件名:指用于标识一个文件的符号名。在每个系统中,每一个文件都必须有唯一的名字,用户利用文件名进行存取。

(2) 文件物理位置:指文件在外存上的存储位置,它包括存放文件的设备名、文件在外存上的起始盘块号、指示文件所占用的盘块数或字节数的文件长度。

(3) 文件逻辑结构:指示文件是流式文件还是记录式文件、是定长记录还是变长记录,以及记录数等。

(4) 文件的物理结构:用于指示文件是顺序文件、链接式文件,还是索引文件。

2) 存取控制信息类

存取控制信息类包括:文件主的存取权限、用户组的存取权限,以及一般用户的存取权限。

3) 使用信息类

使用信息类包括:文件的建立日期和时间、文件上一次修改的日期和时间,以及当前使用信息(包括当前已打开该文件的进程数、是否被其他进程锁住、文件在内存中是否已被修改但尚未复制到盘上)。应该说明,对于不同操作系统的文件系统,由于功能不同,可能只含有上述信息中的某些部分。

**2. 文件目录和目录文件**

如前文所述,文件控制块的集合称为文件目录。文件系统在每个文件创建时都要为它建立一个文件目录。文件目录用于文件描述和文件控制,实现"按名存取"和文件信息共享与保护。一般来说,对目录管理的要求如下:

(1) 实现"按名存取",即用户只需向系统提供所需访问文件的名字,系统便能快速、准确地找到指定文件在外存上的存储位置。这是目录管理中最基本的功能,也是文件系统向用户提供的最基本的服务。

(2) 提高对目录的检索速度。合理地组织目录结构,可加快对目录的检索速度,从而提高对文件的存取速度。这是设计一个大、中型文件系统时所追求的主要目标。

(3) 允许文件重名。系统应允许不同用户对不同文件采用相同的名字,以便于用户按照自己的习惯给文件命名和使用文件。但在同一个目录下只能有唯一的文件名。

(4) 支持文件共享。在多用户系统中,应允许多个用户共享一个文件,这样就只需在外存中保留一份该文件的副本,既节省了文件的存储空间,又方便了用户共享文件资源,提高了文件利用率。当然,还需要相应的安全措施,以保证不同权限的用户只能取得相应的文件操作权限,防止出现越权行为。

文件系统将若干个文件目录组成一个独立的文件,这种仅由文件目录组成的文件称为目录文件,它是文件系统管理文件的手段。目录文件占用空间少、存取方便。由于文件系统中一般有很多文件,文件目录也很大,因此文件目录并不放在内存中,而是放在外存中。

### 6.4.2 索引节点

1) 索引节点的引入

文件目录通常是存放在磁盘上的,当文件很多时,文件目录可能要占用大量的盘块。在查找目录的过程中,先将存放目录文件的第一个盘块中的目录项调入内存,然后把用户给定的文件名与目录项中的文件名逐一比较。若未找到指定文件,便再将下一个盘块中的目录项调入内存。设目录文件所占用的盘块数为 N,按此方法查找,则查找一个目录项平均需要调入盘块(N+1)/2 次。假如一个 FCB 为 64 B,盘块大小为 1 KB,则每个盘块中只能存放 16 个 FCB;若一个文件目录表中共有 640 个 FCB,则需占用 40 个盘块,故查找一个文件平均需启动磁盘 20 次。

可以发现,在检索目录文件的过程中,只用到了文件名,仅当找到一个目录项(即其中的文件名与指定要查找的文件名相匹配)时,才需从该目录项中读出该文件的物理地址。而其他一些对该文件进行描述的信息,在检索目录时一概不用。显然,这些信息在检索目录时不需调入内存。为此,有的系统,如 UNIX 系统,便采用了把文件名与文件描述信息分开的办法,即使文件描述信息单独形成一个称为索引节点的数据结构,简称为 i 节点。因此,文件目录中的每个目录项仅由文件名和指向该文件所对应的 i 节点的指针所构成。在 UNIX 系统中,一个目录仅占 16 字节,其中文件名占 14 字节,i 节点指针占 2 字节,1 KB 的盘块中就可装 64 个目录项。这样,可使找到一个文件所需的平均启动磁盘次数减少到原来的 1/4,大大节省了系统开销。图 6-20 示出了 UNIX 系统的文件目录项及其所占字节情况。

| 文件名 | 索引节点指针 |
| --- | --- |
| 文件名 1 | |
| 文件名 2 | |
| ⋮ | ⋮ |
| | |

0　　　13 14　　　15

图 6-20　UNIX 的文件目录项及其所占字节

2) 磁盘索引节点

磁盘索引节点是存放在磁盘上的索引节点。每个文件都有唯一的磁盘索引节点,它主要包括以下内容：

① 文件主标识符，即拥有该文件的个人或小组的标识符；

② 文件类型，包括普通文件、目录文件或特别文件；

③ 文件存取权限，指各类用户对该文件的存取权限；

④ 文件物理地址，每一个索引节点中都含有 13 个地址项，即 i.addr(0)～i.addr(12)，它们以直接地址索引或间接地址索引方式给出数据文件所在盘块的编号；

⑤ 文件长度，指以字节为单位的文件长度；

⑥ 文件连接计数，表明在当前文件系统中所有指向该文件或者文件名的指针计数；

⑦ 文件存取时间，指本文件最近被进程存取的时间、最近被修改的时间及索引节点最近被修改的时间。

3）内存索引节点

内存索引节点是存放在内存中的索引节点。当文件被打开时，要将磁盘索引节点复制到内存的索引节点中，便于以后使用。在内存索引节点中又增加了以下内容：

① 索引节点编号，用于标识内存索引节点；

② 状态，指示 i 结点是否上锁或被修改；

③ 访问计数，每当有一进程要访问此 i 节点时，都要将该访问计数加 1，访问完再减 1；

④ 文件所属文件系统的逻辑设备号；

⑤ 链接指针，内存索引节点中设置有分别指向空闲链表和散列队列的指针。

### 6.4.3 目录结构

目录结构

文件目录结构的组织，关系到文件系统的存取速度，也关系到文件的共享性和安全性。因此，组织好文件的目录结构，是设计好文件系统的重要环节。常用的文件目录结构有单级目录、二级目录和多级目录 3 种形式。

**1. 单级目录结构**

单级目录结构是最简单的目录结构。整个文件系统中只建立一张目录表，每个文件占一个目录项，目录项中包含文件名、文件扩展名、文件长度、文件类型、物理地址以及其他文件属性。此外，为表明每个目录项是否空闲，又在目录项中设置了一个状态位。单级目录如表 6-2 所示。每当要创建一个新文件时，必须先检索目录表中的所有目录项，以保证新文件名在目录中是唯一的；再从目录表中找出一个空白目录项，填入新文件的文件名及其他说明信息，并置状态位为“1”。删除文件时，先从目录中找到该文件的目录项，回收该文件所占用的存储空间，再清除该目录项。单级目录的读写处理过程如图 6-21 所示。

**表 6-2 单级目录**

| 文件名 | 文件扩展名 | 文件长度 | 物理地址 | 文件说明 | 状态位 |
|---|---|---|---|---|---|
| 文件名 1 | | | | | |
| 文件名 2 | | | | | |
| ⋮ | | | | | |

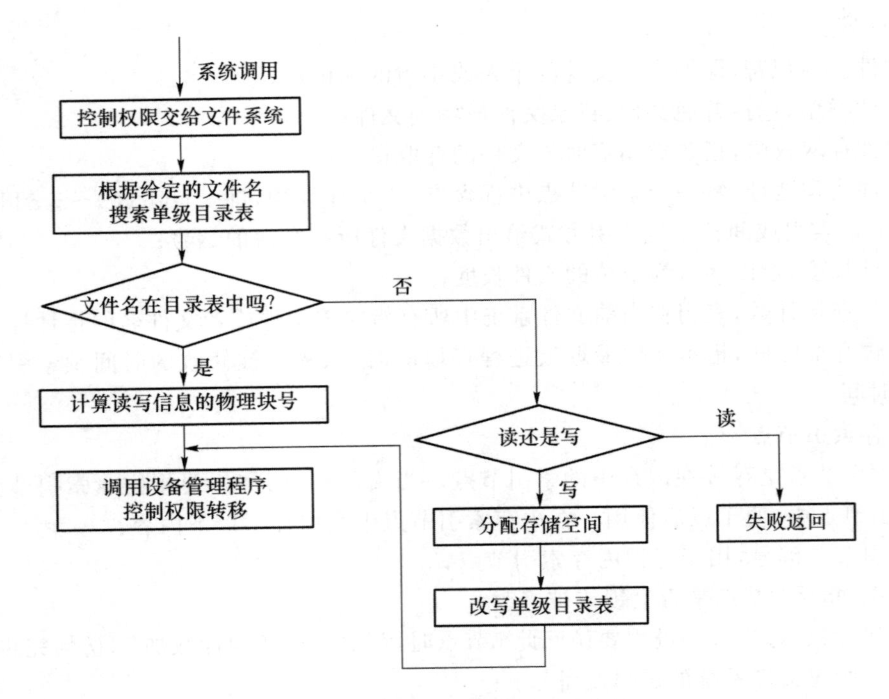


图 6-21 单级目录的读写处理过程

单级目录的优点是:简单,且能实现目录管理的基本功能——按名存取。但其还存在下述一些缺点:

(1) 查找速度慢。稍具规模的文件系统会拥有数目可观的目录项,找到一个指定的目录项要花费较多的时间。对于一个具有 N 个目录项的单级目录,检索出一个目录项平均需查找 N/2 个目录项。

(2) 不允许重名。一个目录表中的所有文件,都不能有相同的名字。然而,重名问题在多道程序环境下又是难以避免的;即使在单用户环境下,当文件数达到数百个时,文件名也难于记忆。

(3) 不便于实现文件共享。通常,每个用户都有自己的名字空间或命名习惯,因此文件系统应当允许不同用户使用不同的文件名来访问同一个文件。然而,单级目录却要求所有用户都用同一个名字来访问同一文件。简言之,单级目录只能满足对目录管理的四点要求中的第一点,因而它只适用于单用户环境。

**2. 二级目录结构**

二级目录结构将文件目录分成主文件目录和用户文件目录两级。为了克服单级目录所存在的缺点,系统为每个用户建立了一个单独的用户文件目录(User File Directory,UFD)。这些文件目录具有相似的结构,它由用户所有文件的文件控制块组成,其中的表项登记了该用户建立的所有文件及说明信息。主文件目录(Master File Directory,MFD)则记录了系统中各个用户文件目录的情况,每个用户占一个表目,表目中包含用户名及相应用户目录所在的存储位置等。这样就形成了二级目录结构,如图 6-22 所示,图中主目录示出了两个用户名,即 Wang、Zhang。

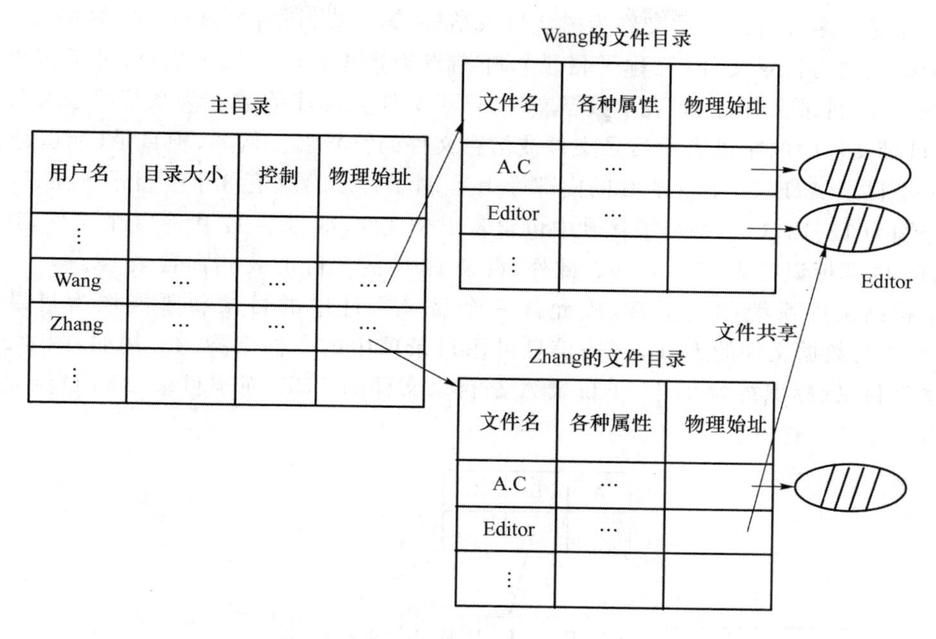


图 6-22 二级目录结构

在二级目录结构中，如果用户希望有自己的UFD，可以请求系统为自己建立；如果自己不再需要UFD，也可以请求系统管理员将它撤销。在有了UFD后，用户可以根据自己的需要创建新文件。此时，操作系统只需检查该用户的UFD，判定在该UFD中是否已有同名的另一个文件：若有，用户必须为新文件重新命名；若无，便在UFD中建立一个新目录项，将新文件名及其有关属性填入目录项中，并将其状态位置"1"。当用户要删除一个文件时，操作系统也只需查找该用户的UFD，从中找出指定文件的目录项，在回收该文件所占用的存储空间后，将其目录项删除。

二级目录结构基本上克服了单级目录结构的缺点，并具有以下优点：

(1) 提高了检索目录的速度。如果在主目录中有 $n$ 个子目录，每个UFD最多含 $m$ 个目录项，则为查找某一指定的目录项，最多需检索 $n+m$ 个目录项。但如果采用单级目录结构，则最多需检索 $n\times m$ 个目录项。假定 $m=n$，可以看出，采用二级目录可使检索效率提高 $n$ 倍。

(2) 在不同的用户目录中，可以使用相同的文件名。但在用户自己的UFD中，每一个文件名都是唯一的。例如，用户Wang可以用Test来命名自己的一个测试文件；用户Zhang也可用Test来命名自己的一个不同于用户Wang的Test的测试文件。

(3) 不同用户还可使用相同或不同的文件名来访问系统中的同一个共享文件。例如，要实现图6-22中用户Wang和Zhang中的Editor文件共享，只需在磁盘中增加一个备份即可。

采用二级目录结构也存在一些问题。该结构能有效地将多个用户隔开，当各用户之间完全无关时，这种隔离是一个优点；但当多个用户之间要相互合作去完成一个大任务，且一用户又需去访问其他用户的文件时，这种隔离便成为一个缺点，因为这种隔离会使诸用户之间不便于共享文件。

**3. 多级目录结构**

1) 目录结构

对于大型文件系统，通常采用三级或三级以上的目录结构，以提高对目录的检索速度和文件系统的性能。多级目录结构又称为树状目录结构，第一级目录称为根目录(树根)，目录树中的非叶子结点均为目录文件(又称子目录)，叶结点为数据文件。图 6-23 示出了多级目录结构，矩形框表示目录文件，圆圈表示数据文件，目录文件旁标注的数字为系统赋予文件的唯一标识符，目录文件中的字母表示目录文件或信息文件的符号名。例如，根目录(标识符为 1)中含有 3 个子目录 A、B、C，子目录 B 的内部标识为 3，子目录 B 又有 3 个子目录 F、E、D，其内部标识符分别为 12、13、14。每个子目录中包含若干个文件，如目录 13 中有 3 个文件，其符号名为 J、M、K，内部标识符为 17、18、19。此外，目录 12 中的子目录 K 指向目录 13。

为了提高文件系统的灵活性，应允许一个目录文件中的目录项既能作为目录文件的 FCB，又能作为数据文件的 FCB，这一信息可用目录项中的一位来指示。例如，图 6-23 中，A 的用户文件目录(标识符为 2)中，子目录 A 是目录文件的 FCB，而子目录 B 和 D 则是数据文件的 FCB。

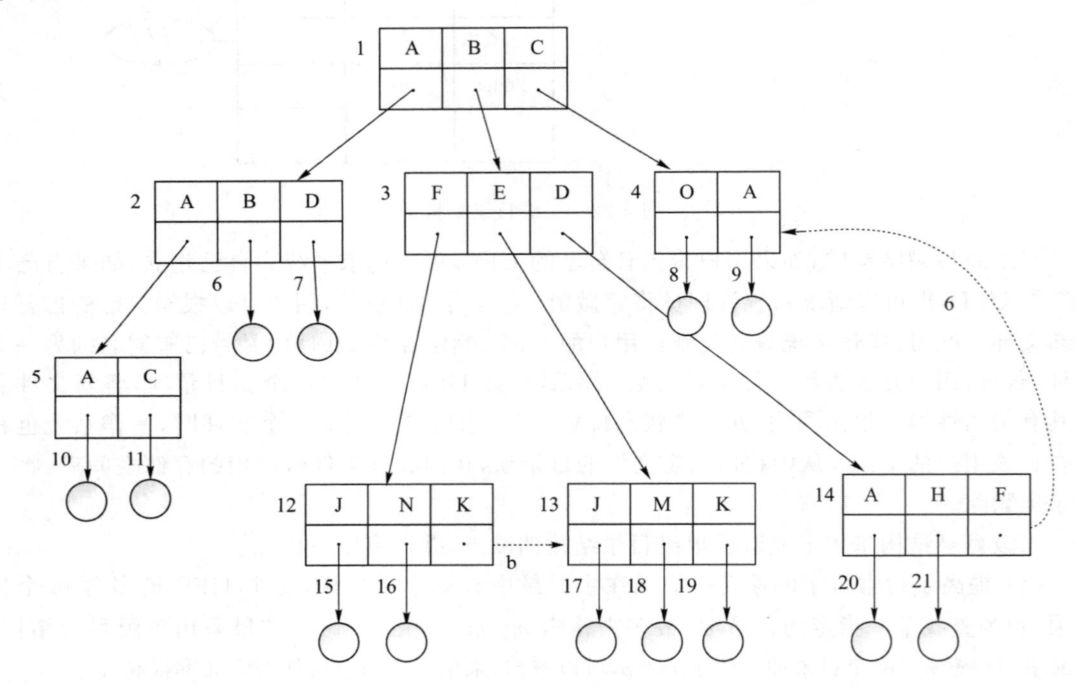


图 6-23　多级目录结构

2) 路径名

在树形目录结构中，从根目录到任何数据文件，都只有一条通路。在该路径上，从树的根(即主目录)开始，把全部目录文件名与数据文件名依次地用"/"连接起来，即构成该数据文件的路径名(path name)，这种路径名又称为绝对路径。系统中的每一个文件都有唯一的路径名。例如，图 6-23 中的用户 B 应使用路径名/B/F/J 来访问文件 J。

3) 当前目录

当多级目录的层次较多时，如果每次访问一个文件，都要使用从树根到树叶的完整路径名来查找文件，那么用户会感到不便，且系统本身也需要花费很多时间进行目录搜索。为此，应采取有效措施解决这一问题。

通常，一个进程在一段时间内访问的文件具有局部性，即局限在某一范围之内。因此，可在这一段时间内指定某个目录作为当前目录(current directory，又称工作目录)，这样进程对各文件的访问都是相对于当前目录进行的。此时，文件使用的路径称为相对路径，它由从当前目录到所找文件的通路上的所有目录名、数据文件名用“/”连接而成。同时，系统允许文件路径往上走，并用“..”表示当前目录（或文件）的父目录。例如，假定系统的当前目录是图 6-23 中的目录文件 12，那么文件 15 的相对路径名为 J，文件 8 的相对路径名为../../C/O。

在大多数系统中，每个进程都有自己的工作目录。因此，在进程改变其工作目录并退出后，其他的进程不会受到影响，文件系统也不会有改变的痕迹。对进程来说，工作目录的切换是安全的，因此只要有需要就可以随时改变当前目录。

多级目录相对于两级目录而言，查询速度更快，层次结构更加清晰，能够更加有效地进行文件的管理和保护。在多级目录中，不同性质、不同用户的文件可以构成不同的目录子树。不同层次、不同用户的文件分别呈现在系统目录树中的不同层次或不同子树中，可以更容易地赋予用户不同的存取权限。

但是使用这种方法在多级目录中查找一个文件，需要按路径名逐级访问中间节点，这无疑会增加磁盘访问次数，影响查询速度。

目前，大多数操作系统如 UNIX、Linux 和 Windows 系统都采用了多级目录结构。

4）增加和删除目录

在树形目录结构中，用户可为自己建立 UFD，并可在其中再创建子目录。在用户创建新文件时，只需查看自己的 UFD 及其子目录中有无与新建文件名相同的文件。若无，便可在 UFD 或某个子目录中增加一个新目录项。

在树形目录中，对于一个已不再需要的目录，如何删除其目录项，须视情况而定。这时，如果所要删除的目录是空的，即该目录中已不再有任何文件，就可简单地将其目录项删除，使它上一级目录中对应的目录项为空；如果要删除的目录不空，即其中尚有几个文件或子目录，则可采用下述两种方法处理。

(1) 不删除非空目录。当目录不空时，不将其删除。而删除一个非空目录前，应先删除目录中的所有文件，使之成为空目录，然后再予以删除。如果目录中还包含子目录，则采取递归调用方式来将其删除，早期操作系统 MS-DOS 系统中采用的就是这种删除方式。

(2) 直接删除非空目录。当删除一个目录时，如果其中还包含文件，则目录中的所有文件和子目录也同时被删除。

上述两种方法实现起来都比较容易，第二种方法更为方便，但比较危险。因为整个目录结构虽然用一条命令即能删除，但如果该命令是一条错误命令，那么其后果可能会很严重。

### 6.4.4 目录查询技术

当用户要访问一个已存在文件时，系统首先利用用户提供的文件名对目录进行查询，找出该文件的 FCB 或对应的索引节点；然后，根据 FCB 或索引节点中记录的文件物理地址（盘块号），换算出文件在磁盘上的物理位置；最后，再通过磁盘驱动程序，将所需文件读入内存。目前，对目录进行查询的方式有两种：线性检索法和 Hash 方法。

**1. 线性检索法**

线性检索法，又称为顺序检索法。在单级目录中，根据用户提供的文件名，用线性检索法直接从文件目录中找到指名文件的目录项。而在树形目录中，用户提供的文件名是由多个文件分量名组成的路径名，此时须对多级目录进行查找。假定用户给定的文件路径名是/usr/ast/mbox，则查找该文件的过程如图 6-24 所示。

根目录

| | |
|---|---|
| 1 | . |
| 1 | .. |
| 4 | bin |
| 7 | dev |
| 14 | lib |
| 9 | etc |
| 6 | usr |
| 8 | tmp |

结点6是/usr的目录

| |
|---|
| |
| 132 |
| |

132号盘块是/usr的目录

| | |
|---|---|
| 6 | . |
| 1 | .. |
| 19 | dick |
| 30 | erik |
| 51 | jim |
| 26 | ast |
| 45 | bal |

结点26是/usr/ast的目录

| |
|---|
| |
| 496 |

496号盘块是/usr/ast的目录

| | |
|---|---|
| 26 | . |
| 6 | .. |
| 64 | grants |
| 92 | books |
| 60 | mbox |
| 81 | minik |
| 17 | src |

图 6-24 用线性检索法查找/usr/ast/mbox的步骤

具体查找过程说明如下：

首先，系统读入第一个文件分量名 usr，将它与根目录文件（或当前目录文件）中各目录项的文件名顺序地进行比较，从中找出匹配者，并得到匹配项的索引节点号 6；再从索引节点 6 中得知 usr 目录文件放在 132 号盘块中，并将该盘块内容读入内存。

接着，系统将路径名中的第二个文件分量 ast 读入，将它与 132 号盘块第二级目录文件中各目录项的文件名顺序进行比较，又找到匹配项，得到 ast 的目录文件放在索引节点 26 中，再从索引节点 26 中得知/usr/ast 存放在 496 号盘块中，再读入 496 号盘块。

然后，系统又将该文件的第三个分量名 mbox 读入，将它与第三级目录文件/usr/ast 中各目录项的文件名进行比较，最后得到/usr/ast/mbox 的索引节点号为 60，即在索引节点 60 中存放了指定文件的物理地址。目录查询操作到此结束。如果在顺序查找过程中发现有一个文件分量名未能找到，则应停止查找，并返回“文件未找到”。

**2. Hash 方法**

如果我们建立了一张 Hash 索引文件目录，便可利用 Hash 方法进行查询，即系统先将用户提供的文件名变换为文件目录的索引值，再利用该索引值到目录中去查找，这将显著地提高检索速率。

顺便指出，现代计算机操作系统通常都提供了模式匹配功能，即在文件名中可以使用通配符“*”、“?”等。对于使用了通配符的文件名，系统无法利用 Hash 方法检索目录，只能利用线性查找法查找目录。

在进行文件名的转换时，有可能把几个不同的文件名转换为相同的 Hash 值，即出现“冲突”。处理此“冲突”的有效步骤如下：

① 在利用 Hash 方法查找目录时，如果目录表中相应的目录项是空的，则表示系统中无指定文件；

② 如果目录项中的文件名与指定文件名相匹配，则表示该目录项正是所要寻找的文件对应的目录项，可从中找到该文件所在的物理地址；

③ 如果目录项中的文件名与指定文件名不匹配，则表示发生了“冲突”，此时须将其 Hash 值加上一个常数（该常数应与目录的长度值互质），形成新的索引值，然后返回第①步重新开始查找。

## 6.5 文件存储空间管理

为新创建的文件分配存储空间的方法与内存的分配情况很相似，即采取连续分配方式或离散分配方式。前者具有较高的文件访问速度，但可能产生较多的外存碎片；后者能有效地利用外存空间，但访问速度较慢。不论哪种分配方式，存储空间的基本分配单位都是盘块而非字节。

为了实现存储空间的分配，系统必须能记住存储空间的使用情况，因此系统应为分配存储空间而设置相应的数据结构；此外，系统应提供对存储空间进行分配和回收的手段。下面介绍几种常用的文件存储空间管理的方法。

### 6.5.1 空闲表法和空闲链表法

**1. 空闲表法**

1）空闲表

空闲表法属于连续分配方式，它与内存的动态分配方式相似，为每个文件分配一块连续的存储空间，即系统也为外存上的所有空闲区建立一张空闲表，每个空闲区对应一个空闲表项，其中包括表项序号、该空闲区的第一个空闲盘块号、该区的空闲盘块数等信息。再将所有空闲区按其起始空闲盘块号递增的次序排列，如表 6-3 所示。

**表 6-3　空闲盘块表**

| 序号 | 起始空闲盘块号 | 空闲盘块数 |
|---|---|---|
| 1 | 2 | 4 |
| 2 | 9 | 3 |
| 3 | 15 | 5 |
| 4 | — | — |

2）存储空间的分配与回收

空闲盘区的分配与内存的动态分配类似，都是采用首次适应算法、循环首次适应算法等。例如，当系统为某新创建的文件分配空闲盘块时，先顺序地检索空闲表的各表项，直至找到第一个大小满足要求的空闲区，再将该盘区分配给用户（或进程），同时修改空闲表。系统在对用户释放的存储空间进行回收时，采取类似内存回收的方法，即要考虑回收区是否与空闲表中插入点的前区和后区相邻接，对相邻接者应予以合并。

在内存分配上，很少采用连续分配方式；然而在外存的管理中，由于这种分配方式具有较高的分配速度，可减少访问磁盘的 I/O 频率，故它在诸多分配方式中仍占有一席之地。例如，交换空间一般都采用连续分配方式。对于文件系统，当文件较小（1～4 个盘块）时，可采用连续分配方式，为文件分配相邻接的几个盘块；当文件较大时，便采用离散分配方式。

**2. 空闲链表法**

空闲链表法能够将所有空闲盘区拉成一条空闲链。根据构成链的基本元素，可把链表分成两种形式：空闲盘块链和空闲盘区链。

1）空闲盘块链

空闲盘块链将磁盘上的所有空闲空间以盘块为单位拉成一条链。当用户因创建文件而请求分配存储空间时，系统从链首开始，依次摘下适当数目的空闲盘块分配给用户；而当用户因删除文件而释放存储空间时，系统将回收的盘块依次插到空闲盘块链的末尾。这种方法的特点是：分配和回收一个盘块的过程非常简单，但为一个文件分配盘块时，可能要重复操作多次前述过程。

2）空闲盘区链

空闲盘区链将磁盘上的所有空闲盘区（每个盘区可包含若干个盘块）拉成一条链。每个盘区上除含有用于指示下一个空闲盘区的指针外，还有能指示本盘区大小（盘块数）的信息。分配盘区的方法与分配内存的动态分区类似，通常采用首次适应算法；回收盘区时，同样要将回收区与相邻接的空闲盘区合并。采用首次适应算法时，为了提高对空闲盘区的检索速度，可以采用显式链接方法，即在内存中为空闲盘区建立一张链表。

### 6.5.2 位示图法

位示图法利用一个二进制位来表示磁盘中一个盘块的使用情况：当其值为“0”时，表示对应的盘块“空闲”；为“1”时，表示盘块“已分配”。注意，有的系统把“0”作为盘块“已分配”的标志，把“1”作为“空闲”标志（它们在本质上是相同的，都是用“0”和“1”来标志“空闲”和“已分配”两种情况）。磁盘上的所有盘块都有一个二进制位与之对应，由所有盘块所对应的位构成的一个集合，称为位示图。通常可用 m×n 个位来构成位示图，其中 m×n 等于磁盘的总块数，如图 6-25 所示。

| 行号＼列号 | 0 | 1 | 2 | 3 | 4 | 5 | 6 | 7 | 8 | 9 | 10 | 11 | 12 | 13 | 14 | 15 |
|---|---|---|---|---|---|---|---|---|---|---|---|---|---|---|---|---|
| 0 | 1 | 1 | 0 | 0 | 0 | 1 | 1 | 1 | 0 | 0 | 1 | 0 | 0 | 1 | 1 | 0 |
| 1 | 0 | 0 | 0 | 1 | 1 | 1 | 1 | 1 | 1 | 0 | 0 | 0 | 0 | 1 | 1 | 1 |
| 2 | 1 | 1 | 1 | 0 | 0 | 0 | 1 | 1 | 1 | 1 | 1 | 1 | 0 | 0 | 0 | 0 |
| 3 | 1 | 1 | 1 | 0 | 0 | 0 | 1 | 1 | 1 | 1 | 1 | 1 | 0 | 0 | 0 | 0 |
| | | | | | | | | | | | | | | | | |
| | | | | | | | | | | | | | | | | |

图 6-25　位示图

此外，位示图也可描述为一个二维数组 map：

```
int map[m][n];
```

根据位示图进行盘块分配，可分 3 步进行：

（1）顺序扫描位示图，从中找出一个或一组值为“0”的二进制位（这里，“0”表示“空闲”）。

（2）将所找到的一个或一组二进制位转换成与之对应的盘块号。假定找到的值为“0”的二进制位位于位示图的第 $i$ 行、第 $j$ 列，则其相应的盘块号为

$$b=n\times i+j$$

其中，$n$ 代表每行的位数，$n$、$i$ 和 $j$ 都从 0 开始编号。

（3）修改位示图，令 map[$i$,$j$]＝1。

盘块的回收分为以下两步：

(1) 将回收盘块的盘块号转换成位示图中的行号和列号，转换公式为

$$i=b/n$$
$$j=b\%n$$

其中，$b$ 为盘块号。

(2) 修改位示图，令 map$[i,j]=0$。

这种方法的优点主要是：从位示图中很容易找到一个或一组相邻接的空闲盘块。例如，我们需要找到 6 个相邻接的空闲盘块，只需在位示图中找出 6 个连续的“0”位。此外，位示图很小，占用空间少，可保存在内存中，因此每次进行盘区分配时，无须把盘区分配表读入内存，节省了磁盘的启动操作时间。因此，位示图法常用于微型机和小型机中。

### 6.5.3 成组链接法

空闲表法和空闲链表法都不适用于大型文件系统，因为大型文件系统的空闲表或空闲链表太长。UNIX 系统中采用的是成组链接法，这是结合上述两种方法的特点而形成的一种空闲盘块管理方法，它兼备了上述两种方法的优点且克服了两种方法均有的表太长的缺点。

**1. 空闲盘块的组织**

空闲盘块号栈被用于存放一组当前可用的空闲盘块的盘块号(最多含 100 个号)，以及栈中尚有的空闲盘块数 N。顺便指出，N 还兼作栈顶指针。例如，当 N=100 时，N 指向 S. free(99)。由于栈是临界资源，每次只允许一个进程访问，故系统为栈设置了一把锁。图 6-26 左部示出了空闲盘块号栈的结构。其中，S. free(0)是栈底，栈满时的栈顶为 S. free(99)。

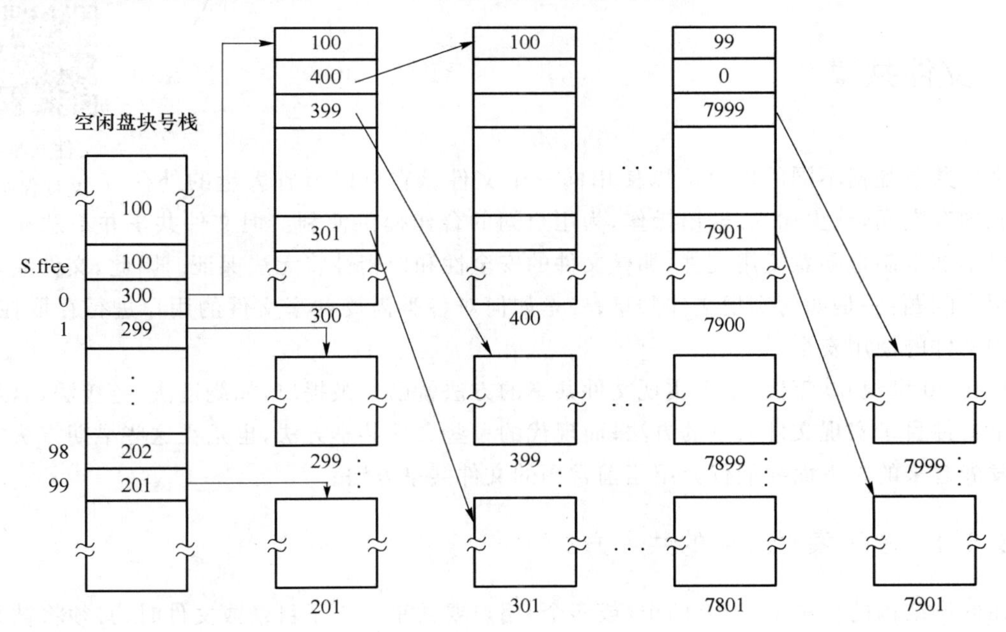


图 6-26 空闲盘块的成组链接法

成组链接法把文件区中所有的空闲盘块分成若干个组，比如将每 100 个盘块作为一组。假定共有 10 000 个盘块，每块大小为 1 KB，其中第 201～7 999 号盘块用于存放文件，即作为

文件区，那么该区的第一组盘块号为 7901～7999，第二组为 7801～7900，……，倒数第二组的盘块号为 301～400，倒数第一组为 201～300，如图 6-26 的右部所示。将每一组含有的空闲盘块数 N 和所有盘块号记入后一组第一个盘块的 S. free(0)～S. free(99)，这样各组的第一个盘块可链成一条链。将最后一组的空闲盘块数和所有盘块号记入空闲盘块号栈，作为当前可供分配的空闲盘块号栈。

(5) 第一组只有 99 个盘块，因为第一组之前没有其他组，其盘块号记入第二组第一个盘块的 S. free(1) ～S. free(99)，而 S. free(0) 中存放"0"，作为空闲盘块链的结束标志。最后一组可能不够 100 个盘块，因为空闲盘块数不一定正好是 100 的倍数。

**2. 空闲盘块的分配与回收**

当系统要为用户分配文件所需的盘块时，须调用盘块分配过程。该过程首先检查空闲盘块号栈是否上锁，若未上锁，便从栈顶取出一空闲盘块号，将与之对应的盘块分配给用户，然后将栈顶指针下移一格。若该盘块号已是栈底，即 S. free(0)（这是当前栈中最后一个可分配的盘块号），由于该盘块号所对应的盘块中记有前一组可用的盘块号，因此须调用磁盘读过程，将栈底盘块号所对应的盘块内容读入栈中，作为新的盘块号栈的内容，并把原栈底对应的盘块分配出去（其中的有用数据已被读入栈）。

当系统回收空闲盘块时，须调用盘块回收过程。如果目前空闲盘块号栈中不足 100 个盘块，则将回收盘块的盘块号记入空闲盘块号栈的顶部，并运行空闲盘块数加 1 操作。如果当前空闲盘块号栈中空闲盘块数目已达 100，即栈已满，则须将现有栈中的 100 个盘块作为倒数第二组的空闲盘块，再将新回收的盘块号作为空闲盘块号栈的新栈底，并记录倒数第二组的其他空闲盘块号和空闲盘块数等信息。

## 6.6 文件共享

文件共享与文件保护

文件共享是指不同的用户可以使用同一个文件。它可以节省大量的外存空间和内存空间，减少输入/输出操作，为用户间的合作提供便利。但文件共享并不意味着用户可以不加限制地随意使用文件，那样文件的安全性和保密性将无法保证。因此，文件共享要解决两个问题：一是如何实现文件共享；二是如何对各类需要共享文件的用户进行存取控制，以保护文件的使用安全。

早在 20 世纪 60 年代，不少实现文件共享的方法就已经被提出，如绕道法、链接法，以及利用基本文件目录实现文件共享的方法；而现代的一些文件共享方法，也是在这些早期方法的基础上发展起来的。下面我们仅介绍当前常用的文件共享方法。

### 6.6.1 基于索引节点的共享方式

在树形结构的目录中，当有两个（或多个）用户要共享一个子目录或文件时，必须将被共享文件或子目录链接到两个（或多个）用户的目录中，才能方便地找到该文件，如图 6-27 所示。此时，该文件系统的目录结构已不再是树形结构，而是一个有向非循环图（Directed Acyclic Graph，DAG）。

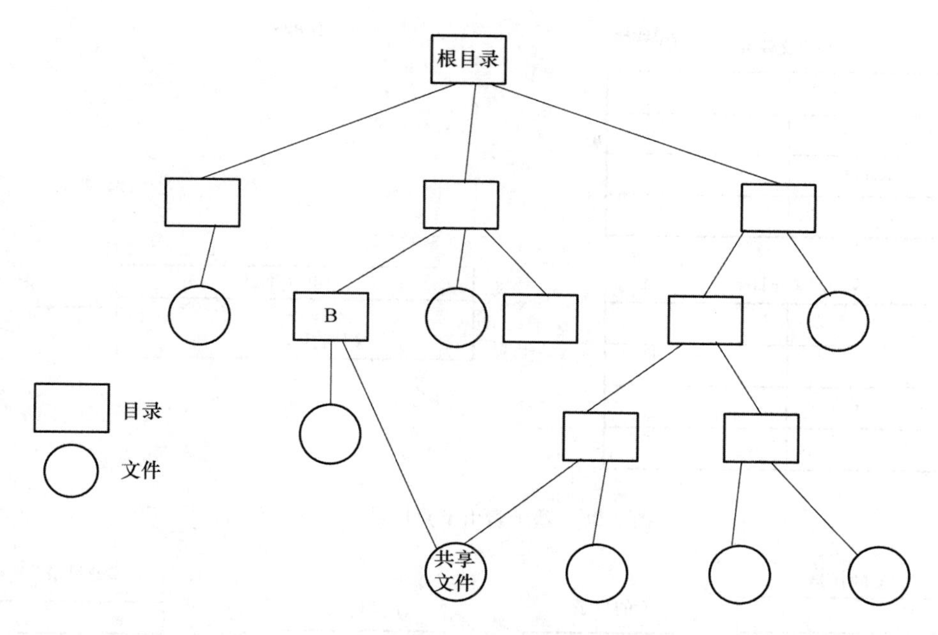


图 6-27 包含共享文件的文件系统

如何建立图 6-27 中的 B 目录与共享文件之间的链接呢？如果在文件目录中包含了文件的物理地址，即文件所在盘块的盘块号，则链接时必须将文件的物理地址复制到 B 目录中。但如果以后还要通过 B 或 C 目录继续向该文件中添加新内容，必然要再增加新的盘块，该过程由附加操作 Append 来完成。而这些新增加的盘块，也只会出现在进行了操作的目录中。可见，这种变化对其他用户是不可见的，因而新增加的这部分内容不能被共享。

为了解决这个问题，可以引用索引节点，即诸如文件的物理地址及其他的文件属性等信息，不是放在目录项中，而是放在索引节点中。在文件目录中只设置文件名及指向相应索引节点的指针，如图 6-28 所示。此时，任何用户对文件进行 Append 操作或修改所引起的相应节点内容的改变（例如，增加了新的盘块号和文件长度等），都是其他用户可见的，从而能和其他用户共享。

索引节点中还应有一个链接计数 count，用于表示链接到本索引节点（亦即文件）的用户目录项的数目。当 count＝3 时，表示有 3 个用户目录项链接到本文件，或者说是有 3 个用户共享此文件。

当用户 C 创建一个新文件时，他便是该文件的所有者，此时将 count 置 1。当有用户 B 要共享此文件时，在用户 B 的目录中增加一目录项，并设置一指针指向该文件的索引节点。此时，文件主仍然是 C，count＝2。如果用户 C 不再需要此文件，是否能将此文件删除呢？回答是否定的，因为若删除了该文件，也必然删除了该文件的索引节点，这样便会使 B 的指针悬空，若 B 此时正在此文件上进行写操作，则会半途而废。但如果 C 不删除此文件而等待 B 继续使用且系统要记账收费，由于文件主是 C，则 C 必须为 B 使用此共享文件而付账，直至 B 不再需要。图 6-29 示出了用户 B 建立链接前、后的情况。

### 6.6.2 利用符号链实现文件共享

链接（一处存储而多处出现）是指一个文件或目录在目录树中多处出现，但其实际在外存

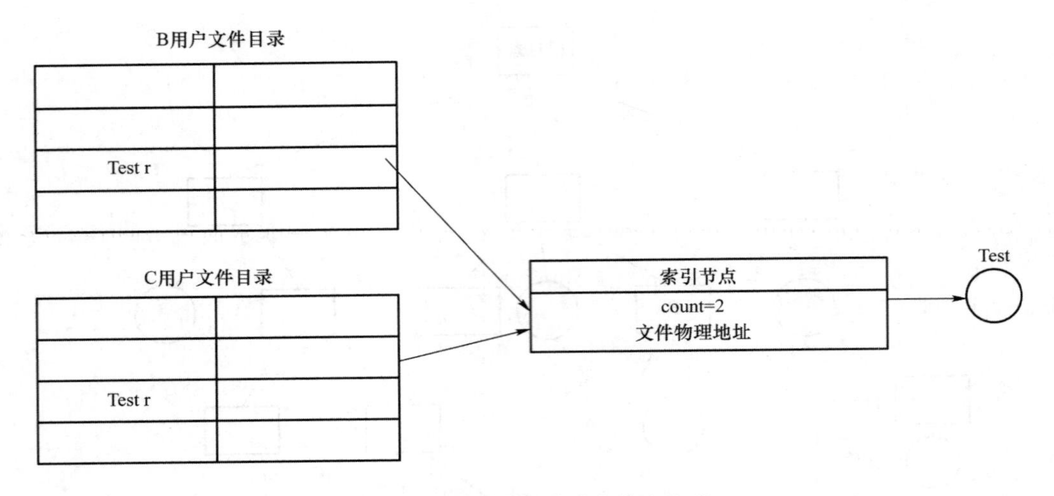


图 6-28　基于索引节点的共享方式

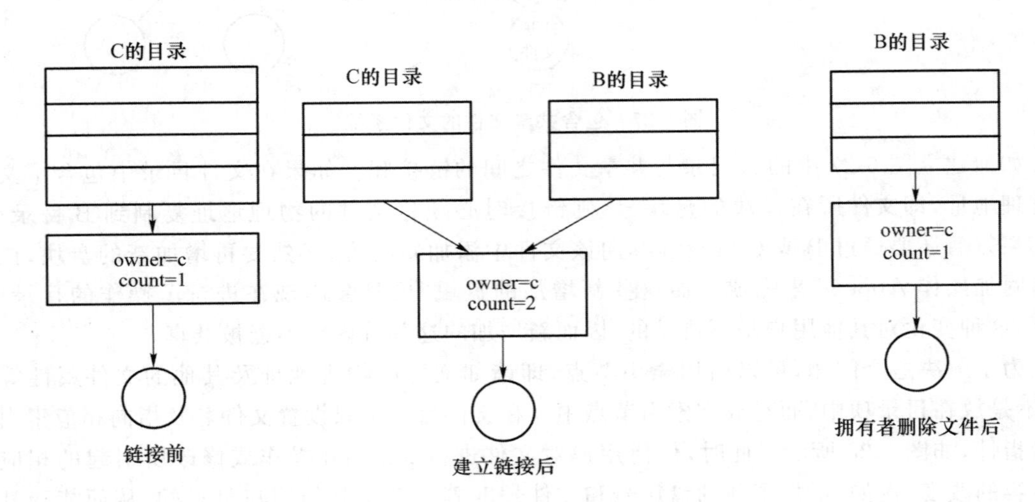


图 6-29　用户 B 建立链接前、后的情况

上只有一份物理存储。在 UNIX 系统中，建立链接的命令是 ln。例如：

```
ln  /usr/lib/mad  /lib：
```

其作用是使/usr/lib 下的 mad 文件在/usr/lib 和/lib 下都出现，但实际上 mad 文件在盘上只有一份物理存储。

为使 B 能共享 C 目录下的一个文件 F，可以由系统创建一个 LINK 类型的新文件，也取名为 F，并将新文件 F 写入 B 目录，以实现 B 目录与文件 F 的链接，新文件中只包含被链接文件 F 的路径名，这样的链接方法被称为符号链接(symbolic linking)，新文件中的路径名被看作符号链(symbolic link)。当 B 要访问被链接的文件 F 且正要读 LINK 类型的新文件时，其请求将被操作系统截获，操作系统根据新文件中的路径名去读文件 F，于是就实现了用户 B 对文件 F 的共享。

利用符号链方式实现文件共享时，只有文件主才拥有指向其索引节点的指针，而共享该文件的其他用户则只有该文件的路径名，因此不会出现在文件主删除共享文件后留下一悬空指针的情况。在文件主把一个共享文件删除后，若其他用户试图通过符号链访问该共享文件，会因系统找不到该文件而访问失败，此时再将符号链删除，不会产生任何影响。Windows 系统中的快捷方式就属于符号链接。

然而，符号链方式也存在自己的问题。当其他用户读共享文件时，系统根据给定的文件路径名，逐个地去查找目录，直至找到该文件的索引节点。因此，每次访问共享文件，系统都可能要多次地读盘，这使访问文件的开销甚大，且增加了启动磁盘的频率。此外，系统要为每个共享用户建立一条符号链，而由于该链实际上是一个文件，尽管该文件非常简单，却仍要为它配置一个索引节点，这也要耗费一定的磁盘空间。

符号链方式有一个很大的优点：只需提供文件所在机器的网络地址以及机器中的文件路径，它就能够链接（通过计算机网络的超链接）世界上任何一台计算机中的文件。

基于索引节点的共享方式和符号链方式都存在这样一个问题，即每一个共享文件都有几个文件名。换言之，每增加一条链接，就增加一个文件名。实质上是每个用户都使用自己的路径名去访问共享文件。当我们试图遍历（traverse）整个文件系统时，会多次查找到该共享文件。例如，当一个程序员将一个目录中的所有文件都转储到磁带上去时，可能会对一个共享文件产生多个复制。

### 6.6.3 绕道法

绕道法要求每个用户在当前目录下工作，用户对所有文件的访问都是相对于当前目录进行的。用户文件的路径名是由当前目录到数据文件通路上的各级目录的目录名和该数据文件的符号名组成的。

绕道法实现文件共享的原理如图 6-30 所示，即当所访问的文件不在当前目录下时，用户应先从当前目录出发向上返回与被共享文件所在路径的交叉点，再顺序向下直至访问到被共享文件。绕道法需要用户指定被共享文件的逻辑位置或到达被共享文件的路径。显然，绕道法要绕弯路访问多级目录，因此搜索效率不高。

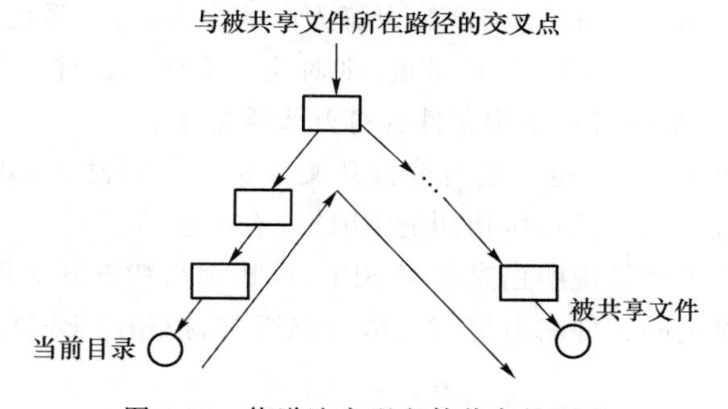


图 6-30 绕道法实现文件共享的原理

### 6.6.4 基本文件目录表法

基本文件目录表法把所有文件目录的内容分成两部分：一部分包括文件的结构信息、物理块号、存取控制信息和管理控制信息等，以及系统赋予的唯一的内部标识符；另一部分则由用户给出的符号名和系统赋予文件说明信息的内部标识符组成。这两部分分别称为基本文件目录表（BFD）和符号文件目录表（SFD）。BFD 中存放除了文件名之外的文件说明信息和文件的内部标识符，并按文件内部标识符排序，整个系统只有一个 BFD；SFD 中存放文件名和文件内部标识符，并按文件名排序，系统为每个用户分配一个 SFD。这样组成的多级目录结构如图 6-31 所示。为简单起见，未在图 6-31 的 BFD 表项中列出结构信息、存取控制信息和管理控制信息等。另外，在文件系统中，通常规定基本文件目录、空闲文件目录、主目录的标识符分别为 0、1、2。

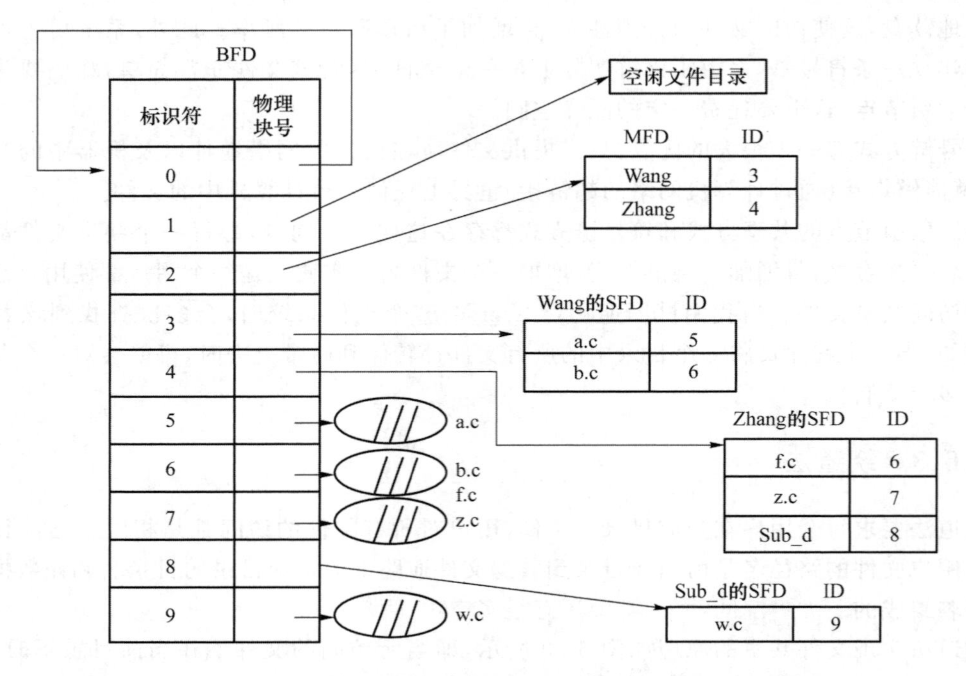


图 6-31 采用基本文件目录表和符号文件目录表的多级目录结构

采用基本文件目录表法可以较方便地实现文件共享。如果用户要共享某个文件，则只需在相应的目录文件中增加一个目录项，并在其中填上一个符号名及被共享文件的标识符。例如在图 6-31 中，用户 Wang 和 Zhang 共享标识符为 6 的文件，对于系统来说，标识符 6 指向同一个文件；而对 Wang 和 Zhang 两个用户来说，则对应于不同的文件名 b. c 和 f. c。

基于 BFD 和 SFD 的多级目录结构文件的打开步骤如下：

(1) 把 MFD 中的相应表目，也就是与待打开文件相关联的表目复制到内存；

(2) 再复制(1)中得到的标识符所指明的 BFD 的有关表目；

(3) 根据(2)得到的子目录说明信息搜索 SFD，以找到与待打开文件相对应的目录表项；

(4) 根据与(3)搜索到的文件名对应的内部标识符 id，把相应 BFD 的表目复制到内存。

## 6.7 文件保护

系统中的文件既存在保护问题，又存在保密问题。文件保护是指避免文件拥有者或其他用户因有意或无意的错误操作而使文件受到破坏。文件保密是指文件本身不得被未授权的用户访问。这两个问题都涉及用户对文件的访问权限，即文件的存取控制。在实现存取控制时，不同系统采用了不同的方法。下面介绍几种常用的存取控制方法。

### 6.7.1 存取控制矩阵

存取控制矩阵是一个二维矩阵,其中一维列出了使用该文件系统的全部用户,另一维列出了存入系统中的全部文件。矩阵中的每一个元素都用来表示某个(某组)用户对某个文件的存取权限,存取权限可以为读、写、运行以及它们的任意组合。表 6-4 给出了一个存取控制矩阵的例子,其中 R 表示读,W 表示写,E 表示运行,如用户 Wang 对文件 B.C 可以进行读和运行操作。

表 6-4 文件的存取控制矩阵

| 用户 / 存取权限 / 文件名 | Wang | Lee | Zhang | … | … |
| --- | --- | --- | --- | --- | --- |
| A.C. | RWE | E | RWE | | |
| B.C. | RE | R | RWE | | |
| D.C. | R | W | WE | | |
| E.C. | R | W | RW | | |

当一个用户向文件系统提出存取请求时,由存取控制验证模块利用这个存取控制矩阵将本次请求和该用户对这个文件的存取权限进行比较,如果不匹配就拒绝该请求。

存取控制矩阵法的优点是简单、清晰,其缺点是浪费空间。存取控制矩阵通常放在内存,该矩阵本身占据了大量空间,而且其中还有很多空项,管理起来也较复杂。尤其是当文件系统很庞大时,更是如此。例如,若某系统有 500 个用户,他们共有 20 000 个文件,那么这个存取控制矩阵就有 500×20 000=10 000 000 个元素,它将占据相当大的存储空间,查找这么大的表,既不方便又很费时,而且每增加或减少一个用户或文件都要修改这个矩阵。因此,存取控制矩阵法没有得到普遍应用。

### 6.7.2 存取控制表

分析一下存取控制矩阵,可以发现某一个文件只与少数几个用户有关。也就是说,存取控制矩阵是一个稀疏矩阵,因而可以简化,即减少不必要的登记项(用户名或文件名)。为此,可以按用户对文件的存取权限将用户分成若干组,同时规定每一组用户对文件的存取权限。所有用户组存取权限构成的集合称为该文件的存取控制表,如表 6-5 所示。每个文件都需要建立一张存取控制表。

表 6-5 文件的存取控制表

| 文件名 / 用户 | A.C |
| --- | --- |
| Zhang | RWE |
| A 组 | RE |
| B 组 | E |
| Wang | RWE |
| 其他 | None |

显然，这种方法实际上是对存取控制矩阵的一种改进，它不像存取控制矩阵那样对整个系统中所有文件的访问权限进行集中控制，而是给系统中的每个文件设立一个存取控制表。由于文件的存取控制表项数较少，可以把它放进前面讲过的文件目录中。当文件打开时，它的文件目录项被复制到内存，供存取控制验证模块检验存取的合法性。

### 6.7.3 用户权限表

用户权限表是将一个用户或用户组所要存取的文件名集中存放在一个表中，每个表项指明该用户（组）对相应文件的存取权限，这种表称为用户权限表，如表 6-6 所示。

**表 6-6 用户权限表**

| 用户<br>文件 | A 组 |
|---|---|
| A. C | RE |
| B. C | RE |
| D. C | R |
| E. C | R |

从表 6-6 可以看出，用户组 A 对文件 A. C、B. C 可以进行读和运行操作，对文件 D. C、E. C 只能进行读操作。通常，把所有用户权限表集中存放在一个特定的存储区中，且只允许存取控制验证模块访问这些权限表，这样就可以达到有效保护文件的目的。当用户对一个文件提出存取要求时，系统通过查找相应的权限表，就可以判定其存取的合法性。

### 6.7.4 口令

上述 3 种办法都要建立相应的表格，这些表格本身需占据一定的存储空间，而且由于表格的长度不同使得管理比较复杂。为此，人们又提出了一种办法，即口令。文件主为自己的每个文件规定一个口令，一方面进行口令登记，另一方面把口令告诉允许访问该文件的用户。文件的口令通常登记在该文件的目录中，或者登记在专门的口令文件中。当用户请求访问某文件时，首先要提供该文件的口令，经证实后再进行相应的访问。采用口令方法的优点是，对每个需要保护的文件只需提供少量的保护信息，口令的管理也比较简单且易于实现。但该方法也存在一些缺点，如口令的保密性不强、不易更改存取权限等。如果你想让别的用户存取你的文件，就必须把该文件的口令告诉他们；操作员和系统程序员可能会得到系统的全部口令，因为文件的口令全部登记在系统中；如果某个文件的所有者希望拒绝某个持有口令的用户继续访问他的文件，他只好更改口令，而且还要通知所有能访问该文件的用户。因此，这种方法常用于识别用户，而存取权限的识别则用其他方法实现。

### 6.7.5 密码

防止文件泄密以及控制存取访问的另一种方法是使用密码，该方法是对需要保护的文件进行加密。这样，虽然所有用户均可以存取该文件，但是只有那些掌握了译码方法的用户，才能读出正确的信息。

文件写入时的编码及读出时的译码都由系统存取控制验证模块承担，但要求发出存取请求的用户提供一个变元-代码键。一种简单的编码方式是利用代码键作为生成一串随机数的起始码，编码程序把这些随机数加到被编码文件的字节中去；译码时，用和编码时相同的代码键启动随机数发生器，并从存入文件的各字节中依次减去所产生的随机数，这样就能恢复原来的数据。由于只有核准的用户才知道这个代码键，因而他可以正确地存取该文件。文件加、解密过程见图 6-32。

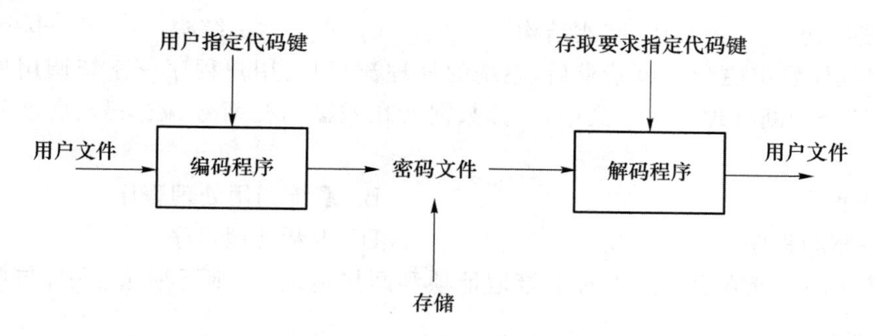


图 6-32 文件加、解密过程

在该方法中，由于代码键不存入系统，因此仅当用户要存取文件时，才需要将代码键输入系统。这样，对于那些不诚实的系统程序员来说，由于他们在系统中找不到各个文件的代码键，所以就无法偷读或篡改他人的文件了。

密码技术具有保密性强、节省存储空间的优点，但编码和译码要花费一定的时间。

## 习 题

### 一、选择题

1. 下列文件物理结构中，适合随机访问且易于文件扩展的是(　　)。

A. 连续结构　　B. 索引结构

C. 链式结构且磁盘块定长　　D. 链式结构且磁盘块变长

2. 文件系统中，文件访问控制信息存储的合理位置是(　　)。

A. 文件控制块　　B. 文件分配表

C. 用户口令表　　D. 系统注册表

3. 设文件 F1 的当前引用计数值为 1，先建立 F1 的符号链接(软链接)文件 F2，再建立 F1 的硬链接文件 F3，然后删除 F1。此时，F2 和 F3 的引用计数值分别是(　　)。

A. 0、1　　B. 1、1　　C. 1、2　　D. 2、1

4. 设文件索引节点中有 7 个地址项，其中 4 个地址项为直接地址索引，2 个地址项是一级间接地址索引，1 个地址项是二级间接地址索引，每个地址项大小为 4 字节，若磁盘索引块和磁盘数据块大小均为 256 字节，则可表示的单个文件的最大长度是(　　)。

A. 1 024 KB　　B. 1 056 KB　　C. 1 057 KB　　D. 1 651 KB

5. 设置当前工作目录的主要目的是(　　)。

A. 节省外存空间　　B. 节省内容空间

C. 加快文件的检索速度　　D. 加快文件的读写速度

6. 用户在删除某文件的过程中，操作系统不可能运行是(　　)。

A. 删除此文件所在的目录　　B. 删除与此文件关联的目录项

C. 删除与此文件对应的控制块　　D. 释放与此文件关联的内存缓冲区

7. 为支持 CD-ROM 中视频文件的快速随机播放，播放性能最好的文件数据块组织方式是(　　)。

A. 连续结构　　B. 链式结构　　C. 直接索引结构　　D. 多级索引结钩

8. 用户程序发出磁盘 I/O 请求后，系统的处理流程是：用户程序→系统调用处理程序→设备驱动程序→中断处理程序。其中，计算数据所在磁盘的柱面号、磁头号、扇区号的程序是(　　)。

A. 用户程序　　B. 系统调用处理程序

C. 设备驱动程序　　D. 中断处理程序

9. 若某文件系统索引节点中有直接地址项和间接地址项，则下列选项中，与单个文件长度无关的因素是(　　)。

A. 索引节点的总数　　B. 间接地址索引的级数

C. 地址项的个数　　D. 文件块大小

10. 文件的索引节点中存放直接索引指针 10 个，一级、二级间接索引指针各 1 个，磁盘块大小为 1KB。每个索引指针占 4 字节。若某个文件的索引节点已在内存中，要把该文件的偏移量(按字节编址)为 1 234 和 307 400 处所在的磁盘块读入内存，需访问的磁盘块个数分别是(　　)

A. 1，2　　B. 1，3　　C. 2，3　　D. 2，4

**二、应用题**

1. 设某文件系统采用索引文件结构，假定文件目录项中有 10 个表目用于描述文件的物理结构(每个表目占 2 字节)，盘块大小与文件逻辑块大小相等，都是 512 B。经统计发现，该系统处理的文件有如下特点：60％文件大小≤10 个逻辑块，10 个逻辑块＜30％文件大小≤2 000 个逻辑块，2 000 个逻辑块＜10％文件大小≤6 000 个逻辑块。请设计该系统的索引结构，使得系统能处理各类文件，并有较高效率(读盘次数尽可能少)。

2. 在 UNIX system V 中，如果一个盘块的大小为 1 KB，每个盘块号占 4 字节，那么一个进程要访问偏移量为 263 168 字节处的数据时，需要经过几次间接访问？

3. 一个 UNIX 系统的 i 点节中有 10 个用于访问数据块的直接地址，及各一个一次间接、二次间接、三次间接的访问地址。若每个盘块为 1 KB，可存放 256 个盘块号，那么一个文件最大为多少？

# 第7章 设备管理

计算机系统是复杂的系统，其硬件由处理机、存储器和外部设备构成。其中，外部设备是与用户关系最直接、最密切的部分。任何一个用户利用计算机解决问题时，首先用到的就是外部设备，无论是提交作业、编辑程序（文件），还是所需计算结果的输出，都与外部设备有关。因此，设备管理就成为操作系统资源管理的一个重要部分。由于设备的种类繁多，物理特性不同，因此设备管理是操作系统管理中最烦琐、最复杂的部分。设备管理的对象主要是I/O设备，还可能涉及设备控制器和I/O通道。设备管理的基本任务是完成用户提出的I/O请求，提高I/O速率以及提高I/O设备的利用率。设备管理的主要功能有数据传输控制方式管理、缓冲区管理、设备分配、设备处理、虚拟设备及实现设备独立性等。本章主要讨论I/O系统、I/O数据传输控制方式、缓冲管理、I/O软件、中断技术以及磁盘管理等。

## 7.1 I/O系统

计算机系统中的大部分硬件设备为外部设备，包括常用的输入/输出设备、外存设备以及终端设备等。早期的计算机系统速度慢，主要应用于科学计算，外部设备主要以纸带、卡片等作为输入/输出介质，相应的设备管理程序也比较简单。随着计算机软、硬技术的迅速发展、应用领域的全面扩大，计算机从个人计算机、工作站到计算机网络系统，规模不断增大，外部设备开始走向多样化、复杂化，这使得设备管理变得越来越复杂。

I/O系统是用于实现数据输入、输出及数据存储的系统。I/O设备就像计算机系统的四肢。在I/O系统中，除了需要直接用于输入、输出和数据存储的设备外，还需要有相应的设备控制器和高速总线。在某些大、中型计算机系统中，还配置了I/O通道或I/O处理机。随着CPU和内存性能的不断提高，I/O性能成为系统性能的瓶颈。

### 7.1.1 I/O设备

**1. I/O设备的类型**

I/O设备的类型繁多，从操作系统观点看，其重要的性能指标有设备使用特性、数据传输速率、数据的传输单位、设备共享属性和设备从属关系等。因而，可从不同角度对它们进行分类。

(1) 按设备的使用特性分类

按设备的使用特性,可将设备分为两类。第一类是存储设备,也称外存、后备存储器、辅助存储器,是计算机系统存储数据的主要设备。该类设备存取速度比内存慢,但容量比内存大得多,价格也相对便宜。第二类是输入/输出设备,具体可分为输入设备、输出设备和交互式设备:输入设备用来接收外部信息,如键盘、鼠标、扫描仪、视频摄像、各类传感器等;输出设备是将计算机加工处理后的信息送向外部的设备,如打印机、绘图仪、显示器、数字视频显示设备、音响输出设备等;交互式设备则集合了上述两类设备的功能,利用输入设备接收用户命令信息,并通过输出设备(主要是显示器)同步显示用户命令以及命令运行的结果。

另外,随着计算机技术、通信技术等方面的发展,各种终端设备也出现了,包括会话、智能终端(如智能手机)等设备,设备的管理也日趋复杂。

(2) 按数据传输率分类

计算机系统中的 I/O 设备种类繁多,其数据传输率存在很大的差距。根据传输率的不同,将 I/O 设备分为以下 3 类。

① 低速设备:这种设备的数据传输率在每秒几字节到几百字节,常见的有键盘、鼠标、语音的输入/输出等设备。

② 中速设备:这类设备的数据传输率一般在每秒数千字节到万字节,常见的有针式打印机、激光打印机等。

③ 高速设备:这种设备的数据传输率一般在每秒 10 MB 以上,典型的有磁盘、光盘、网卡等。

(3) 按信息传输单位分类

按设备在数据传输时的交换单位,可以将其分为以下两类。

① 字符设备:这种设备在数据传输过程中,传输的单位为字节或字符,它属于无结构设备,也称为慢速设备,如常见的交互式终端、打印机等 I/O 设备。这种设备的特性是不可寻址、I/O 中断驱动和传输率相对较低。

② 块设备:这类设备通常为存储设备,其数据传输是以块为单位进行的。通常,块的单位在 512 B 和 4 KB 之间,典型的块设备是磁盘。这种设备的特性是可寻址(可随机访问任意一块),一般为 DMA 方式,且传输率相对较高。

(4) 按设备的共享属性分类

设备的物理特性不同,根据其使用的特点不同,可以分为以下 3 类:

① 独占设备。这种设备的物理特性决定了它的使用方式即在某一用户或进程使用该种设备的过程中,不允许其他用户或进程使用该设备,只有在设备被释放后才能进行下一次的使用,即独占设备是在一段时间内仅允许一个用户或进程访问的设备,不允许并发访问。如打印机、绘图仪、扫描仪、磁带机等,这种设备也称为顺序设备。其作为系统资源,也被称为临界资源。因此,在多个进程并发运行的系统中,应互斥地访问这类设备。

② 共享设备。这种设备的物理特性决定了它的使用方式,即在一段时间内,允许多个用户或进程访问该类设备。当然,在某一时刻,仅允许一个用户或进程访问(单端访问)。显然,该类设备应是可寻址和可随机访问的,因此也称为随机设备,典型的设备是磁盘。这种共享设备的特性决定了其良好的设备利用率,而且也是实现文件系统和数据库系统的基础。

③ 虚拟设备。这种设备需要通过虚拟技术实现,即将独占设备变换成可以共享的逻辑设

备,以供多个用户或进程同时访问。虚拟设备在物理上是独占使用的,但在逻辑上可以实现共享。SPOOLing技术为著名的虚拟独占设备技术。

(5) 按设备的从属关系分类

按设备的从属关系,可把设备划分为系统设备和用户设备。

① 系统设备(标准设备):指那些在操作系统生成时就配置好的各种标准设备。例如,键盘、显示器、打印机、文件存储设备(磁盘)等。

② 用户设备(非标准设备):指那些在系统生成时没有配置,而由用户自己安装配置的、由操作系统统一管理的设备。例如,实时系统中的A/D或D/A变换器、现场监控的数码显示、图像处理系统的图像设备等。

对设备分类的目的在于简化设备管理程序。由于设备管理程序是和硬件打交道的,因此不同的设备硬件对应于不同的管理程序。不过,对于同类设备来说,由于设备的硬件特性十分相似,因此可以利用相同的管理程序或只需对同类管理程序做很少的修改。

**2. 设备与控制器之间的接口**

通常,设备并不是直接与CPU进行通信,而是与设备控制器通信,因此I/O设备中应含有与设备控制器相接的接口。通常,接口中有3种类型的信号,每种信号对应一条信号线,如图7-1所示。

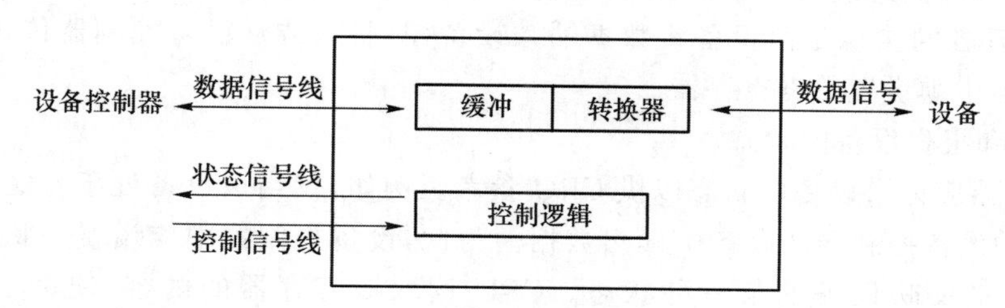


图7-1 设备与控制器间的接口

(1) 数据信号线

这类信号线用于在设备和设备控制器之间传送数据信号。对输入设备而言,由外界输入的信号经转换器转换形成的数据,通常先被送入缓冲器,当数据达到一定量后,再通过一组数据信号线从缓冲器传送到设备控制器,如图7-1所示。对输出设备而言,则是将数据信号线传送来的一批数据先暂存于缓冲器中,经转换器适当转换后,再逐个字符地输出。

(2) 控制信号线

这类信号线是设备控制器向I/O设备发送控制信号的通路。控制信号规定了设备将要运行的操作,如读操作(指由设备向设备控制器传送数据)、写操作(设备从设备控制器接收数据)、磁头移动等操作。

(3) 状态信号线

这类信号线用于传送设备当前状态的信号。设备的当前状态有正在读(或写)、设备已读(写)完成并准备好新的数据传送。

### 7.1.2 设备控制器

设备控制器是计算机中的一个实体,其主要职责是控制一个或多个I/O设备,以实现I/O设备和计算机之间的数据交换。它是CPU与I/O设备之间的接口,它接收从CPU发来的命令,并按命令控制 I/O 设备工作,以使处理机从繁杂的设备控制事务中解脱出来。

设备控制器是一个可编址的设备,当它仅控制一个设备时,它有唯一的设备地址;当设备控制器连接多个设备时,它则有多个设备地址,其中每一个设备地址对应一个设备。

设备控制器的复杂性因不同设备而异,且相差甚大,于是可把设备控制器分成两类:一类是用于控制字符设备的控制器,另一类是用于控制块设备的控制器。微型机和小型机中的设备控制器常被做成印刷电路卡的形式,因而也称为接口卡,可插入计算机。有些设备控制器还可以处理两个、四个或八个同类设备。

**1. 设备控制器的基本功能**

(1) 接收和识别命令

CPU 可以向控制器发送多种不同的命令,设备控制器应能接收并识别这些命令。为此,在设备控制器中应具有相应的控制寄存器,用于存放接收的命令和参数,并对所接收的命令进行译码。例如,磁盘控制器可以接收 CPU 发来的 Read、Write、Format 等 15 条不同的命令,而且有些命令还带有参数;相应地,磁盘控制器中也有多个寄存器和命令译码器。

(2) 数据交换

设备控制器可以实现 CPU 与设备控制器之间、设备控制器与设备之间的数据交换。前者的实现是通过数据总线,由 CPU 并行地把数据写入设备控制器,或从设备控制器中并行地读出数据;而后者的实现是由设备将数据输入设备控制器,或从设备控制器传送给设备。为此,设备控制器中须设置数据寄存器。

(3) 标识和报告设备的状态

设备控制器应记录设备的状态以供 CPU 参考。例如,仅当该设备处于发送就绪状态时,CPU 才能启动设备控制器从设备中读出数据。为此,设备控制器中应设置一状态寄存器,用其中的某一位来反映设备的某一种状态。CPU 读取该寄存器的内容,便可了解该设备的状态。

(4) 地址识别

就像内存中的每一个单元都有一个地址一样,系统中的每一个设备也都有一个地址,设备控制器必须能够识别它所控制的每个设备的地址。此外,为使 CPU 能向(或从)寄存器中写入(或读出)数据,这些寄存器都应具有唯一的地址。例如,IBM PC 机规定,硬盘控制器中各寄存器的地址为 320～32F 中的一个。设备控制器应能正确识别这些地址,为此应在其中配置地址译码器。

(5) 数据缓冲

由于 I/O 设备的速率较低而 CPU 和内存的速率很高,故设备控制器中必须设置一缓冲器。数据输出时,缓冲器用于暂存由主机高速传来的数据,然后再以 I/O 设备所具有的速率将缓冲器中的数据传送给 I/O 设备;数据输入时,缓冲器则用于暂存从 I/O 设备送来的数据,待接收到一批数据后,再将其中的数据高速地传送给主机。

(6) 差错控制

设备控制器还兼管对由 I/O 设备传送来的数据进行差错检测。若发现传送中出现了错误,设备控制器通常将差错检测码置位,并向 CPU 报告,之后 CPU 将本次传送来的数据作废,并重新进行一次传送。这样便可保证数据输入的正确性。

**2. 设备控制器的组成**

由于设备控制器位于 CPU 与设备之间,它既要与 CPU 通信,又要与设备通信,还应具有按照CPU所发来的命令控制设备工作的功能，因此现有的大多数设备控制器都是由图7-2所示的3部分组成。

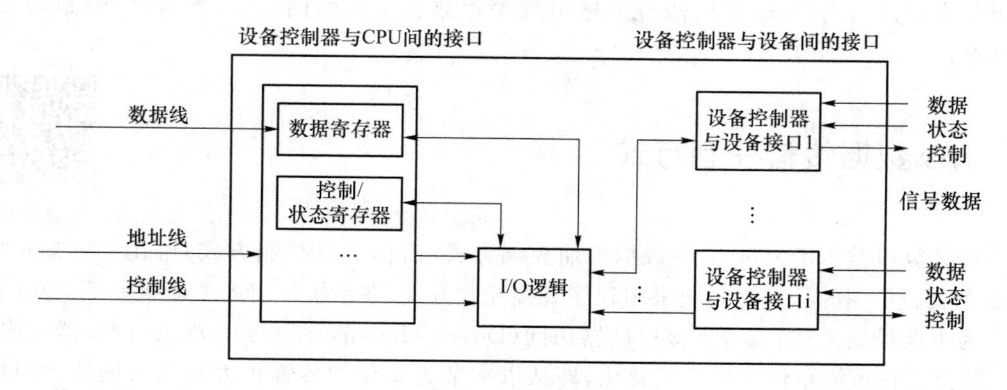


图7-2 设备控制器的组成

(1) 设备控制器与CPU间的接口

该接口用于实现CPU与设备控制器之间的通信。接口上共有3类信号线：数据线、地址线和控制线。其中，数据线通常与两类寄存器相连接：第一类是数据寄存器，设备控制器中可以有一个或多个数据寄存器，用于存放从设备送来的数据（输入）或从CPU送来的数据（输出）；第二类是控制/状态寄存器，设备控制器中可以有一个或多个控制/状态寄存器，用于存放从CPU送来的控制信息或设备的状态信息。

(2) 设备控制器与设备间的接口

一个设备控制器上可以连接一个或多个设备。相应地，在设备控制器中便有一个或多个设备接口，每个接口用于连接一台设备。每个接口中都存在数据、控制和状态3种类型的信号。设备控制器中的I/O逻辑根据处理机发来的地址信号选择一个合适的设备接口。

(3) I/O逻辑

设备控制器中的I/O逻辑用于实现对设备的控制。它通过一组控制线与CPU交互：CPU利用该逻辑向设备控制器发送I/O命令，I/O逻辑对收到的命令进行译码。当CPU要启动一个设备时，一方面将启动命令发送给设备控制器；另一方面又通过地址线把地址发送给设备控制器。I/O逻辑对收到的地址进行译码后，设备控制器再根据所译出的命令对所选设备进行控制。

### 7.1.3 I/O通道

虽然在CPU与I/O设备之间增加了设备控制器后，CPU对I/O的干预已大大减少，但当所配置的外部设备很多时，CPU的负担仍然很重。为此，在CPU和设备控制器之间又增设了I/O通道。其主要目的是：建立独立的I/O操作，不仅使数据的传送能独立于CPU，而且能使有关对I/O操作组织、管理及结束的处理尽量独立，以保证CPU有更多的时间去进行数据处理。或者说，其目的是把一些原来由CPU处理的I/O任务转交给通道，从而把CPU从繁杂的I/O任务中解脱出来。在设置了通道后，CPU只需向通道发送一条I/O指令；通道在收到该指令后，便从内存中取出本次要运行的通道程序，然后运行该通道程序，仅当通道完成了规定的I/O任务时，才向CPU发中断信号。

实际上，I/O通道是一种特殊的处理机，它具有运行I/O指令的能力，并通过运行通道程序来控制 I/O 操作。但 I/O 通道又与一般的处理机不同，主要表现在两个方面：一是其指令类型单一，这是由于通道硬件比较简单，其所能运行的命令局限于与 I/O 操作有关的指令；二是通道没有自己的内存，通道所运行的通道程序存放在主机的内存中，换言之，通道与 CPU 共享内存。

## 7.2 I/O 数据传输控制方式

I/O 数据传输控制方式

随着计算机技术的发展，I/O 数据传输控制方式（简称 I/O 控制方式）也在不断地发展。早期的计算机系统采用程序直接控制方式；在系统中引入中断机制后，I/O 方式便发展为中断控制方式；随着直接存储器访问（Direct Memory Access，DMA）控制器的出现，I/O 控制方式在传输单位上发生了变化，即从以字节为单位的传输扩大到以数据块为单位的传输，从而大大地改善了块设备的 I/O 性能；而通道的引入，又使对 I/O 操作的组织和数据的传送都能独立地进行而无须 CPU 干预。应当指出，在 I/O 控制方式的整个发展过程中，贯穿着这样一条宗旨，即尽量减少 CPU 对 I/O 控制的干预，把 CPU 从繁杂的 I/O 控制事务中解脱出来，以便其更多地去完成数据处理任务。

评价数据传送控制方式好坏的原则如下：

(1) 数据传输速度足够高，既能满足用户的需要又不丢失数据；

(2) 系统开销小，所需处理的控制程序少；

(3) 能充分发挥硬件资源的能力，使得 I/O 设备尽量忙，而 CPU 等待时间少。

### 7.2.1 程序直接控制方式

程序直接控制方式（programmed direct control）就是由用户进程直接控制内存或 CPU 和外部设备之间信息传送的方式。这种方式的控制者是用户进程。当用户进程需要数据时，它通过 CPU 发出启动设备准备数据的命令“Start”；然后，用户进程进入测试阻塞状态。在等待时间内，CPU 不断地用一条测试指令检查描述外部设备工作状态的控制/状态寄存器；而外部设备只有在将数据传送准备工作做好之后，才能将该寄存器置为完成状态。接着，当 CPU 检测到控制/状态寄存器为完成状态时，也就是在该寄存器发出“Done”信号之后，设备才开始往内存或 CPU 传送数据。反之，当用户进程需要外部设备输出数据时，用户进程也必须同样发启动命令启动设备，等设备准备好之后才能输出数据。在启动设备、准备数据到寄存器发出“Done”信号的这段时间内，CPU 不能调度其他进程。除了控制/状态寄存器之外，在 I/O 控制器中还有一类数据缓冲寄存器。当输入数据时，首先由输入把所输入的数据送入该寄存器，然后由 CPU 把数据取走。反过来，当输出数据时，先由 CPU 把数据输出到该寄存器，再由输出设备将数据取走。只有在把数据装入数据缓冲寄存器之后，控制/状态寄存器的状态才会发生变化。程序直接控制方式的 I/O 流程如图 7-3 所示。

程序直接控制方式虽然控制简单，也不需要多少硬件支持，但是它明显地存在下述缺点：

(1) CPU 和外部设备只能串行工作。由于 CPU 的处理速度大大高于外部设备的数据传送和处理速度，所以 CPU 大量时间都处于等待和空闲状态，这使得 CPU 的利用率大大降低。

(2) CPU 在一段时间内只能和一台外部设备交换数据信息，从而不能实现设备的并行工作。

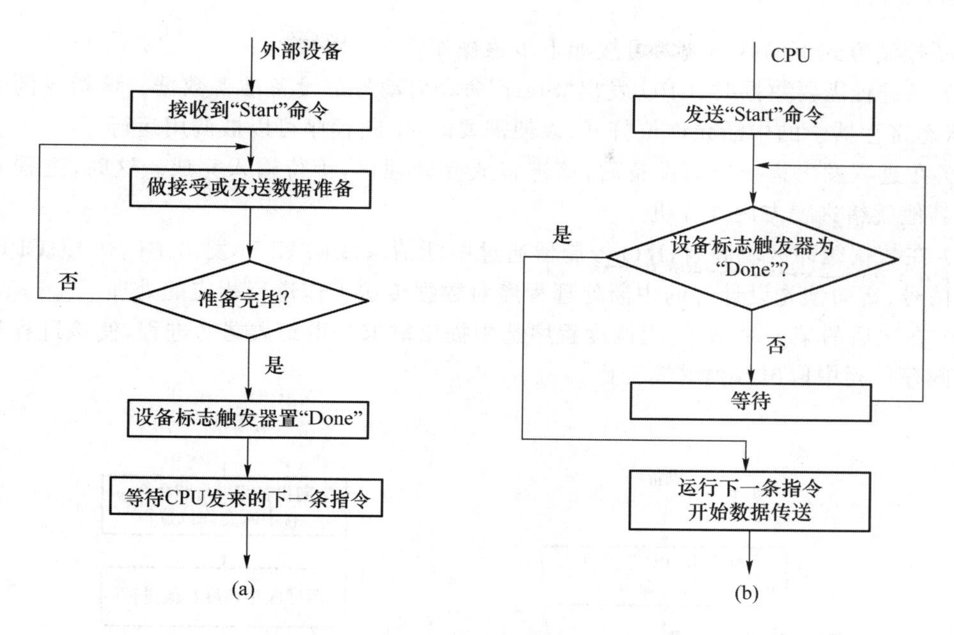


图 7-3 程序直接控制方式的 I/O 流程

(3) 由于程序直接控制方式依靠测试设备标志触发器状态位的手段来控制数据传送，因此无法发现和处理由设备或其他硬件所引发的错误。所以，程序直接控制方式只适用于那些CPU 运行速度较慢而且外部设备较少的系统。

### 7.2.2 中断控制方式

为了减少程序直接控制方式中的 CPU 等待时间以及提高系统的并行工作程度，中断(interrupt)控制方式被用来控制外部设备与内存或 CPU 之间的数据传送。这种方式要求 CPU 与外部设备(或设备控制器)之间有相同的中断请求线，而且在设备控制器的控制/状态寄存器中有相应的中断允许位。中断控制方式的传送结构如图 7-4 所示。

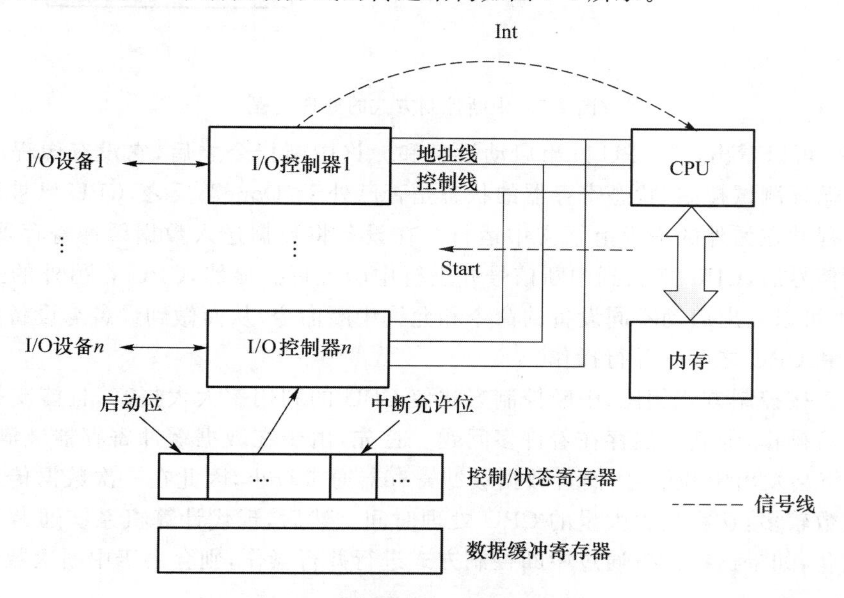


图 7-4 中断控制方式的传送结构

中断控制方式下的数据输入可按如下步骤操作：

(1) 当进程需要数据时，CPU 发出“Start”命令启动外部设备准备数据。该指令同时还将控制/状态寄存器中的中断允许位打开，以便需要时，中断程序可以被调用运行。

(2) 在进程发出指令启动设备后，该进程放弃处理机，等待输入完成。这时，进程调度程序调度其他就绪进程占用处理机。

(3) 在数据缓冲区填满后，I/O 控制器通过中断请求线向 CPU 发出中断信号；CPU 接收到中断信号，转向预先设计好的中断处理程序对数据传送工作进行相应的处理。

(4) 在之后的某个时刻，进程调度程序选中提出请求并得到数据的进程，使该进程从约定的特定内存单元中取出数据继续工作。

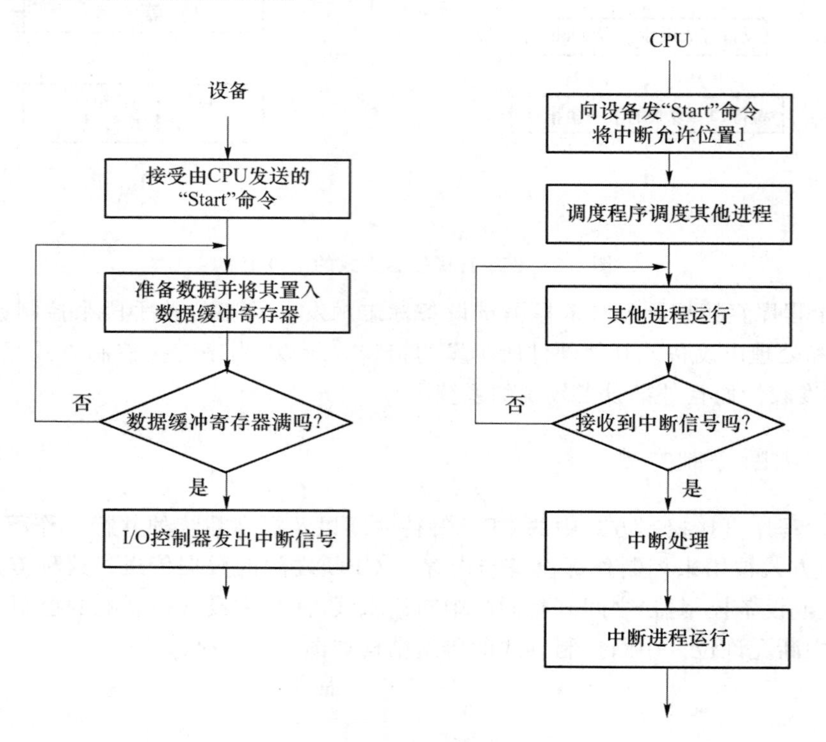


图 7-5 中断控制方式的处理过程

由图 7-5 可以看出，当 CPU 发出启动设备和允许中断指令之后，它没有像程序直接控制方式中那样循环测试控制/状态寄存器的状态是否已处于“Done”；反之，CPU 已被调度程序分配给其他进程并在另外的进程上下文中运行。在设备将数据送入数据缓冲寄存器、I/O 控制器发出中断信号后，CPU 接收到中断信号并进行中断处理。显然，CPU 在另外的进程上下文中运行时，也可以发出启动不同设备的命令和允许中断命令，从而做到设备与设备间的并行操作以及设备和 CPU 之间的并行操作。

与程序直接控制方式相比，中断控制方式使 CPU 的利用率大大提高，且能支持多道程序和设备的并行操作，但其仍然存在着许多问题。首先，由于在数据缓冲寄存器装满数据之后，I/O 控制器将会发出中断信号，而且数据缓冲寄存器通常较小，因此在一次数据传送过程中发生的中断次数较多，这将耗去大量的 CPU 处理时间。然后，现代计算机系统通常配置各种各样的外部设备，如果这些设备通过中断控制方式进行并行操作，则会由于中断次数的急剧增加而造成CPU无法响应中断和数据丢失现象。另外,描述中断控制方式时,我们假定外部设备的速度非常低,而CPU处理速度非常高。也就是说,当设备把数据放入数据缓冲寄存器并在I/O控制器发出中断信号之后,CPU有足够的时间在下一个(组)数据进入数据缓冲寄存器之前取走这些数据。但是如果外部设备的速度也非常高,则可能造成数据缓冲寄存器中的数据由于CPU来不及取走而丢失。下面将要讲述的DMA方式和通道方式则不会造成上述问题。

### 7.2.3 直接存储器访问控制方式

**1. 直接存储器访问控制方式的引入**

虽然中断控制方式比程序直接控制方式更有效,但须注意,它仍是以寄存器数据容量(包含几十字节)为单位进行I/O的,每当一个寄存器数据填满时,设备控制器便要向CPU请求一次中断。换言之,采用中断控制方式时,CPU是以几十字节为单位进行干预的。如果将这种方式用于块设备的I/O,显然是极其低效的。例如,为了从磁盘中读出1 KB的数据块,需要中断CPU一百多次。因此,为了进一步减少CPU对I/O的干预,引入了DMA控制方式,DMA控制器的组成如图7-6所示。该方式的特点如下:

(1) 数据传输的基本单位是数据块,即在CPU与I/O设备之间,每次至少传送一个数据块;

(2) 所传送的数据是从设备直接送入内存的,或者相反;

(3) 仅在传送一个或多个数据块的开始和结束,才需CPU干预,整块数据的传送是在设备控制器的控制下完成的。

可见,DMA控制方式与中断控制方式相比,成百倍地减少了CPU对I/O的干预,进一步提高了CPU与I/O设备的并行操作程度。

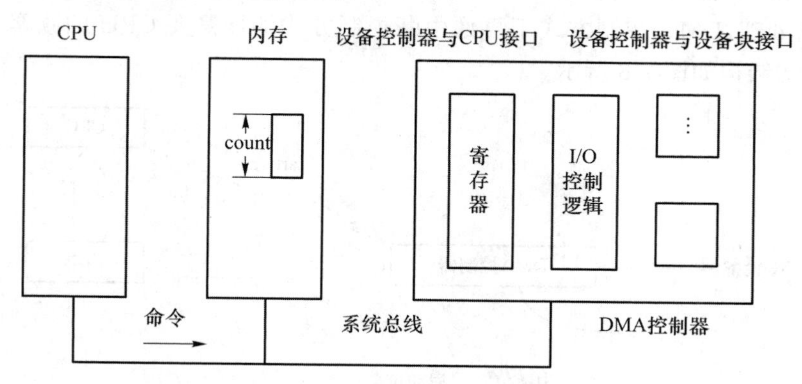


图7-6 DMA控制器的组成

为了实现CPU与设备控制器之间成块数据的直接交换,必须在DMA控制器中设置如图7-7所示的4类寄存器。

(1) 控制/状态寄存器(CR):用于接收从CPU发来的I/O命令或有关控制信息或设备的状态。

(2) 内存地址寄存器(MAR):输入时,它存放着由设备传送到内存的数据起始目标地址;输出时,它存放着由内存到设备的数据内存源地址。

(3) 数据缓冲寄存器(DR):用于暂存从设备到内存,或从内存到设备的数据。

(4) 传送字节计数器(DC):用于存放本次CPU要读或写的字节数。

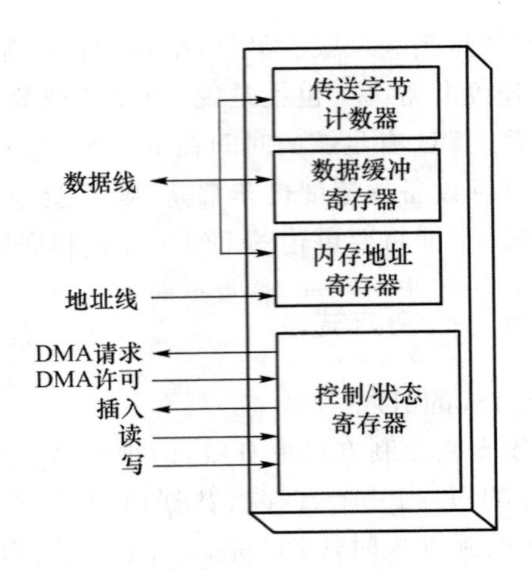


图 7-7 I/O 控制器中的 4 类寄存器

**2. 直接存储访问控制方式的工作过程**

DMA 控制方式的基本思想是在外部设备和内存之间开辟直接的数据交换通路。在 DMA 方式中，I/O 控制器具有比中断控制方式和程序直接控制方式更强的功能。另外，除了控制/状态寄存器和数据缓冲寄存器之外，DMA 控制器中还包括传送字节计数器、内存地址寄存器等。这是因为 DMA 控制方式窃取或挪用了 CPU 的一个工作周期，把数据缓冲寄存器中的数据直接送到内存地址寄存器所指向的内存区域中。因此，DMA 控制器被用于代替 CPU 控制内存和设备之间进行成批的数据交换。

批量数据(数据块)的传送由传送字节计数器逐个计数，并向内存地址寄存器确定内存地址。除了在数据块传送开始时需要 CPU 的启动指令和数据块传送结束时需发中断信号通知 CPU 进行中断处理，DMA 控制方式不再像中断控制方式那样需要 CPU 的频繁干涉。DMA 控制方式的传送结构如图 7-8 所示。

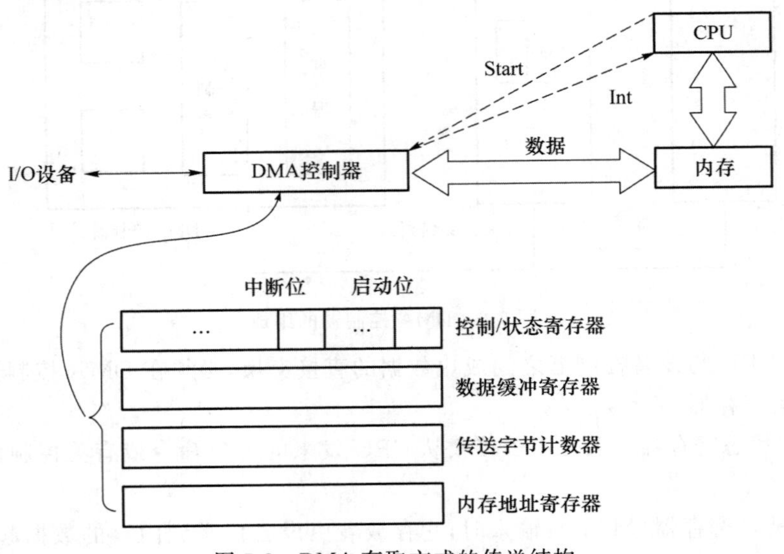


图 7-8 DMA 存取方式的传送结构

DMA 控制方式的数据输入处理过程如下：

(1) 当进程要求设备输入数据时，CPU 把已准备存放输入数据的内存始址以及要传送的字节数分别送入 DMA 控制器中的内存地址寄存器和传送字节计数器，还把控制/状态寄存器中的中断允许位和启动位置 1，从而启动设备开始进行数据输入；

(2) 发出数据要求的进程进入阻塞状态，进程调度程序调度其他进程占用 CPU；

(3) 输入设备不断地挪用 CPU 工作周期，将数据缓冲寄存器中的数据源源不断地写入内存，直到所要求的字节全部传送完毕；

(4) DMA 控制器在传送字节数完成时通过中断请求线发出中断信号，CPU 在接收到中断信号后转中断处理程序进行善后处理；

(5) 中断处理结束时，CPU 返回被中断进程处继续运行或被调度到新的进程上下文环境中运行。

DMA 控制方式的数据传送处理过程如图 7-9 所示。

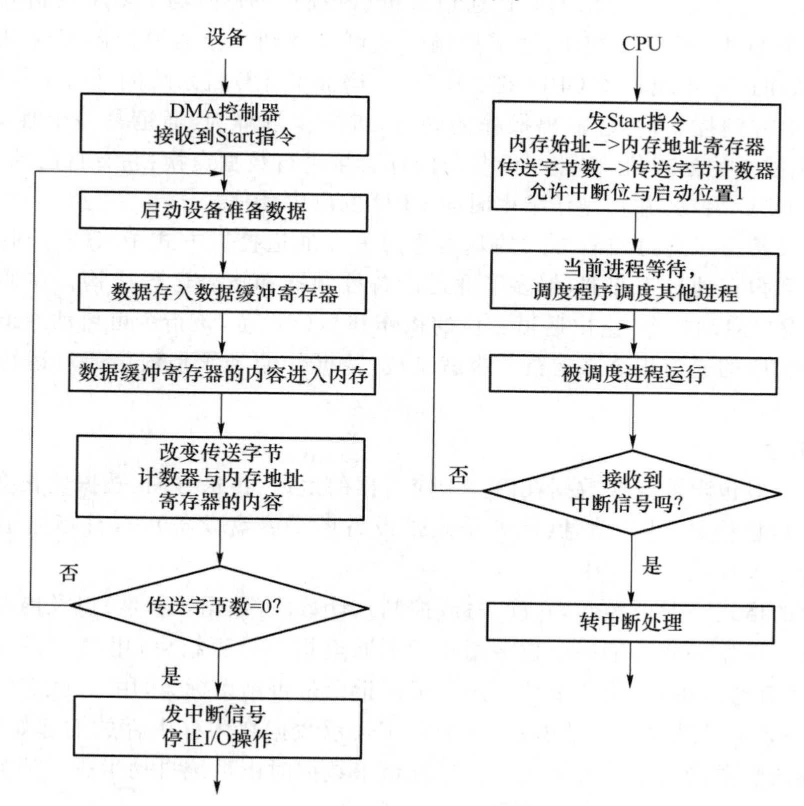


图 7-9 DMA 控制方式的数据传送处理过程

由图 7-9 可以看出，DMA 控制方式与中断控制方式的一个主要区别是，中断控制方式是在数据缓冲寄存器满之后才发出要求 CPU 进行中断处理的中断信号，而 DMA 方式则是在所要求传送的数据块全部传送结束时才要求 CPU 进行中断处理，这就大大减少了 CPU 进行中断处理的次数。另一个主要区别是，中断控制方式的数据传送是在中断处理时由 CPU 控制完成的，而 DMA 控制方式是在 DMA 控制器的控制下完成的，这就避免了因并行操作设备过多时 CPU 来不及处理，或因速度不匹配而造成数据丢失等现象的发生。

不过，DMA 控制方式仍存在着一定的局限性。DMA 方式对外部设备的管理和某些操作仍由 CPU 控制。在大、中型计算机中，系统所配置的外设种类越来越多，数量也越来越大，因而对外部设备的管理和控制也就愈来愈复杂。多个 DMA 控制器的同时使用显然会引起内存地址的冲突，使得控制过程进一步复杂化。此外，多个 DMA 控制器的同时使用也是不经济的，尤其对一些大、中型计算机系统和那些要求 I/O 能力强的主机系统。例如，在 COMPAQ 的 System pro386 系列主机系统中，除了设置 DMA 器件之外，还设置专门的硬件装置通道。

### 7.2.4 通道控制方式

**1. 通道特征和定义**

通道控制(channel control)方式与 DMA 控制方式相类似，也是一种以内存为中心、实现设备和内存直接交换数据的控制方式。与 DMA 控制方式不同的是：在 DMA 控制方式中，数据的传送方向、存放数据的内存始址以及传送数据块的长度等都由 CPU 控制；而在通道控制方式中，这些都由专管输入/输出的硬件通道来进行控制。另外，与 DMA 控制方式中每台设备至少配置一个 DMA 控制器相比，通道控制方式可以做到一个通道控制多台设备与内存间的数据交换，从而进一步减轻了 CPU 的工作负担，增加了计算机系统的并行工作程度。

通道是一个专门控制输入/输出操作的硬件，进一步解释为：通道是一个独立于 CPU 的专管输入/输出控制的处理机，它控制设备与内存直接进行数据交换；它有自己的通道指令，这些通道指令由 CPU 启动，并在操作结束时向 CPU 发出中断信号。

通道的定义给出了通道控制方式的基本思想。在通道控制方式中，I/O 控制器中没有传送字节计数器和内存地址寄存器，但多了通道设备控制器和指令运行机构。在通道控制方式下，CPU 只需发出启动指令，指出通道相应的操作和 I/O 设备，该指令可启动通道并使该通道从内存中调出相应的通道指令来运行。也就是说，数据传输工作是依靠通道运行通道指令完成的。

**2. 通道指令**

通道指令一般包含被交换数据在内存中应占据的地址、传送方向、数据块长度以及被控制的 I/O 设备的地址信息、特征信息(例如是磁带设备还是磁盘设备)等，且当通道中没有存储部件时通道指令被存放在内存中。

通道指令的格式一般由操作码(读、写或控制)、计数段(数据块长度)以及内存地址段和结束标志等组成。操作码后的第一个数字用于标识通道指令是否结束，用“1”表示指令结束，用“0”表示后面还有通道指令；第二个数字用于标识记录是否结束标志，用“1”代表一条记录已经结束，这里的一条记录就是一批数据；第三个数字表示数据在内存中存放的起始地址；第四个数字表示传输的数据量大小。通道指令在进程请求数据时由系统自动生成。例如：

```
WRITE  0  0  250  1850
WRITE  1  1  250  720
```

这两条通道指令，把一条记录的 500 个字符分别写入从内存地址 1850 开始的 250 个单元和从内存地址 720 开始的 250 个单元。指令中省略了设备号和设备特征。

表 7-1 给出了一个由 6 条通道指令构成的简单的通道程序。该程序的功能是将内存中不同地址的数据写成多条记录。其中，前 3 条指令是分别将 813～892 单元中的 80 个字符、1034～1173 单元中的 140 个字符及 5830～5889 单元中的 60 个字符作为一条记录输出到外部设备；第 4 条指令是将从内存地址 2000 开始的 300 个字符写到外部设备上；第 5、6 条指令共

同把由500个字符构成的一条记录写到外部设备上。

表 7-1 由6条通道指令构成的通道程序

| 操作 | P | R | 计数 | 内存地址 |
|---|---|---|---|---|
| WRITE | 0 | 0 | 80 | 813 |
| WRITE | 0 | 0 | 140 | 1034 |
| WRITE | 0 | 1 | 60 | 5830 |
| WRITE | 0 | 1 | 300 | 2000 |
| WRITE | 0 | 0 | 250 | 1650 |
| WRITE | 1 | 1 | 250 | 2720 |

另外，一个通道可以以分时方式同时运行几个通道指令。按照不同的信息交换方式，一个系统中可设立3种类型的通道，即字节多路通道(byte multiplexer channel)、数组多路通道(block multiplexer channel)和数组选择通道(block selector channel)。由这3种通道组成的数据传送控制结构如图7-10所示。

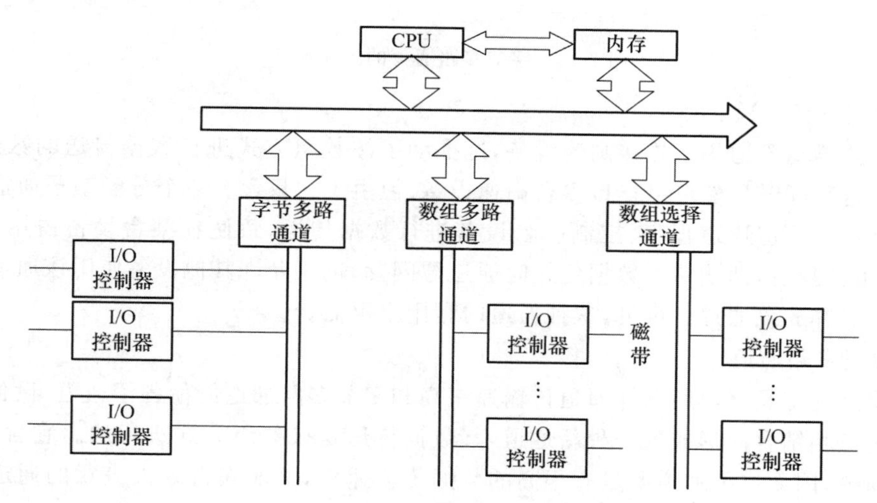


图 7-10 3种通道组成的数据传送控制结构

**3. 通道类型**

前已述及，通道被用于控制外部设备(包括字符设备和块设备)。由于外部设备的类型较多，且其传输速率相差甚大，因而通道也具有多种类型。这里，根据信息交换方式的不同，可把通道分成以下3种类型。

(1) 字节多路通道

字节多路通道是一种按字节交叉方式工作的通道。它通常含有许多非分配型子通道，其数量可以是几十到数百个，每一个子通道连接一台I/O设备，并控制该设备的I/O操作。这些子通道按时间片轮转方式共享主通道。当第一个子通道控制其I/O设备完成一字节的交换后，便立即腾出主通道，让给第二个子通道使用；当第二个子通道完成一字节的交换后，同样把主通道让给第三个子通道，依此类推。当所有子通道轮转一周后，又由第一个子通道使用字节多路主通道。这样，只要字节多路通道扫描每个子通道的速率足够快，而连接子通道的设备速率不是太高，便不致丢失信息。

图 7-11 示出了字节多路通道的工作原理。它所含有的多个子通道 A,B,C,D,E,…,N 分别通过设备控制器各与一台设备相连。假定这些设备的速率相近,且都同时向主机传送数据:设备 A 所传送的数据流为 A1A2A3…,设备 B 所传送的数据流为 B1B2B3…,等等。把这些数据流合成(通过主通道)送往主机的数据流:A1B1C1D1…N1A2B2C2D2…N2A3B3C3D3…N3。

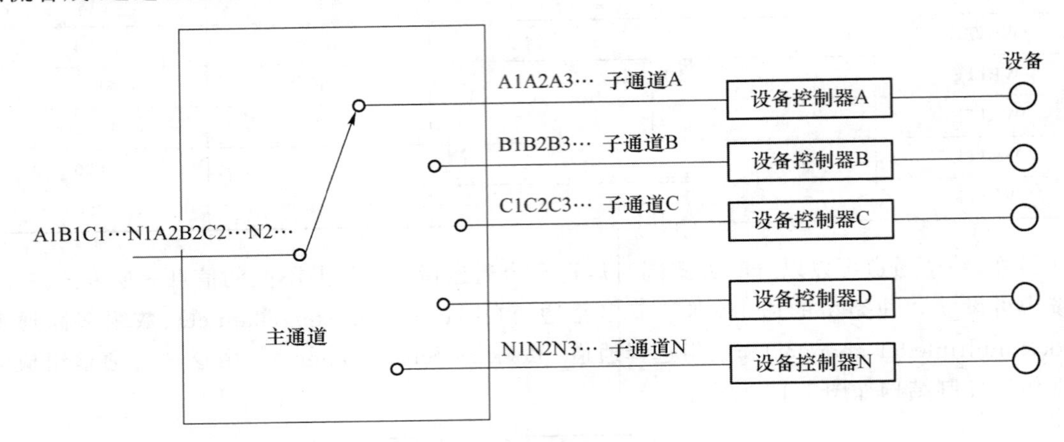


图 7-11　字节多路通道的工作原理

(2) 数组选择通道

字节多路通道不适用于连接高速设备,这推动了按数组方式进行数据传送的数组选择通道的形成。这种通道虽然可以连接多台高速设备,但由于它只含有一个分配型子通道,在一段时间内只能运行一道通道程序、控制一台设备进行数据传送,致使在某台设备占用了该通道后,便一直由它独占,即使它无数据传送时通道被闲置,也不允许其他设备使用该通道,直至该设备传送完毕释放该通道。可见,这种通道的利用率很低。

(3) 数组多路通道

数组多路通道是将数组选择通道传输速率高和字节多路通道能使各子通道(设备)分时并行操作的优点相结合而形成的一种新通道,其数据传送是按数组方式进行的。它含有多个非分配型子通道,因而这种通道既具有很高的数据传输速率,又能获得令人满意的通道利用率。正因如此,数组多路通道才能被广泛地应用于连接多台中、高速的外部设备。

**3. "瓶颈"问题**

由于通道价格昂贵,机器中所设置的通道数量势必较少,这成了 I/O 的瓶颈,进而造成整个系统吞吐量的下降。例如,图 7-12 中的设备 1 至设备 4 是 4 个磁盘,为了启动磁盘 4,必须用通道 1 和设备控制器 2;但若这两者已被其他设备占用,必然无法启动磁盘 4;类似地,若要启动磁盘 1 和磁盘 2,由于它们都要用到通道 1,因而也不可能同时启动。这些就是由于通道不足而造成的"瓶颈"现象的例子。

解决"瓶颈"问题的最有效的方法,便是增加设备到主机间的通路而不增加通道。换言之,就是把一个设备连接到多个设备控制器上,而一个设备控制器又连接到多个通道上。图 7-13 中的 I/O 设备 1、2、3 和 4 都有 4 条通往存储器的通路。例如,可以通过设备控制器 1 和通道 1 到存储器;也可通过设备控制器 2 和通道 1 到存储器。多通路方式不仅解决了"瓶颈"问题,而且提高了系统的可靠性,不会因为个别通道或设备控制器的故障使设备和存储器之间没有通路。

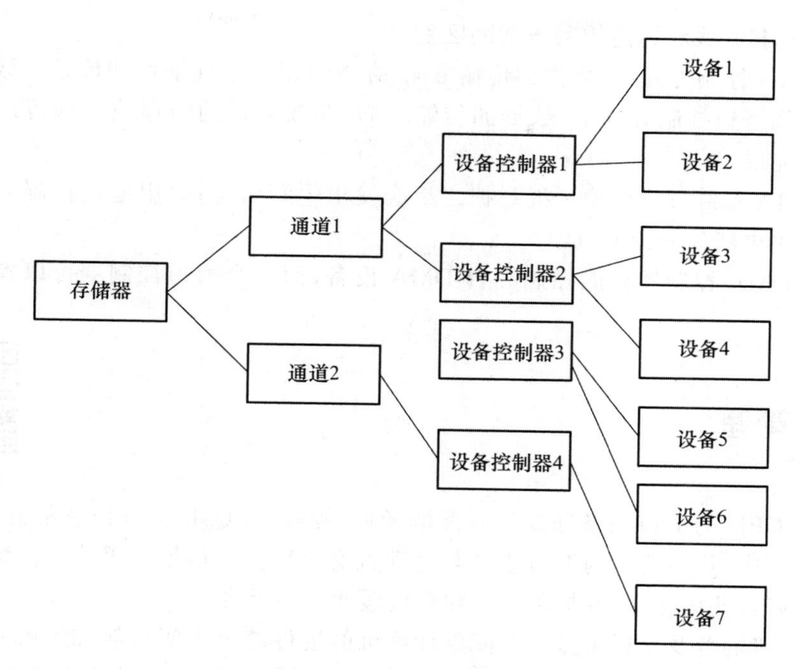


图 7-12 单通路 I/O 系统

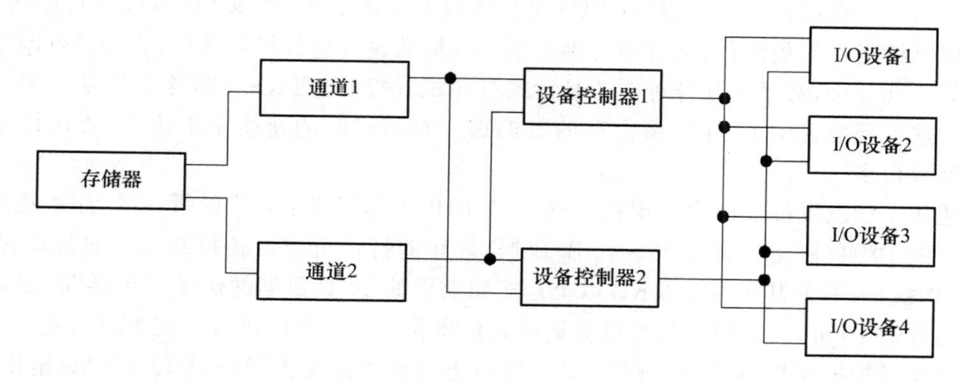


图 7-13 多通路 I/O 系统

**4. 通道控制方式的数据输入处理过程**

通道控制方式的数据输入处理过程可描述如下：

(1) 当进程要求设备输入数据时，CPU 发“Start”指令指明 I/O 操作、设备号和对应通道；

(2) 对应通道接收到 CPU 发来的启动指令后，把存放在内存中的通道指令程序读出，设置对应设备的 I/O 控制器中的控制/状态寄存器；

(3) 设备根据通道指令的要求，把数据送入内存中的指定区域或者从内存指定区域读取数据；

(4) 若数据传送结束，I/O 控制器通过中断请求线发中断信号请求 CPU 做中断处理；

(5) 中断处理结束后，CPU 返回被中断进程处继续运行。

在(1)中，要求输入数据的进程只有被调度程序选中之后，才能对所得到的数据进行加工处理。

**5. DMA 控制方式和通道控制方式的区别**

(1) 在 DMA 控制方式中,数据的传输方向、存放数据的内存地址和传送的数据块长度都由 CPU 控制;而通道控制方式中,数据的传输方向、存放数据的内存地址和传送的数据块长度由通道本身完成。

(2) 用 DMA 控制方式传输一批数据之后会发出中断信号;而用通道控制方式传输多批数据之后才发出中断信号给 CPU。

(3) 一个 DMA 控制器只能控制一台 DMA 设备,而一个通道控制器可以控制多个通道设备。

## 7.3 缓冲管理

I/O 调度与缓冲区

为了缓解 CPU 与 I/O 设备速度不匹配的矛盾,提高 CPU 和 I/O 设备的并行性,在现代计算机操作系统中,几乎所有的 I/O 设备与处理机交换数据时都用了缓冲区。缓冲管理的主要职责是组织好这些缓冲区,并提供获得和释放缓冲区的手段。

目前,微型机的普及使得更多人对简单计算机的硬件部分有所接触和了解。讨论一个现象,当一个人通过计算机上的某种操作在打印机上进行输出打印时,尽管输出的内容很多(以页为单位),但一选择打印,“机器”(CPU)就非常快地就将数据(如文档)传送给打印机,结束后就可以继续运行其他操作;而打印机则开始以可见的速度进行打印操作,如果是打印 20 页,恐怕要等上几分钟,甚至十几分钟。若是针式打印机,时间会更长一些,这恐怕是很多人所经历过的。这种现象说明了 CPU 将内存的数据送往打印机时的速度是很快的,要比打印机打印的速度快得多。

上述例子涉及缓冲的概念。现在,一般的打印机中都配置了相应的缓冲区,如果缓冲区一次可以存放 10 页(假定一页为 25×40 B)数据(现在的打印机或设备控制器一般都设置有 32 KB 以上的缓冲,有的甚至在 256 KB 以上),按照前面的 20 页数据的例子,“机器”在很短的时间内就能传输 10 页,然后很快又可以去运行其他操作。一旦打印机打印完 10 页,就立刻通过中断请求线通知机器打印完毕,“机器”又立即停止当前的操作去运行另 10 页的数据传输,而后又返回原来的程序中断点继续运行。因此,在用户没有感觉打印暂停的情况下,打印机又继续打印剩余的 10 页。

如果没有缓冲区,则“机器”就必须等打印完一字节后再传送另一字节,一直持续这个过程结束,期间机器不能运行其他操作,即快速的 CPU 等待低速的输出设备。

### 7.3.1 缓冲的引入

虽然中断控制方式、DMA 控制方式和通道控制方式使得系统中设备和设备、设备和 CPU 得以并行工作,但是外部设备和 CPU 的处理速度不匹配的问题是客观存在的。这种速度不匹配的问题可以采用设置缓冲区(器)的方法加以缓解。

**1. 引入缓冲的必要性**

1) 减少对 CPU 的中断频率,放宽对 CPU 中断响应时间的限制

上面的例子可以通过中断控制方式进行数据传输,即 CPU 传送完 1 B 后,由于其速度远远高于打印机而有时间去运行其他的操作。但从减少中断的次数角度看,也存在着引入缓冲

区的必要性。因为采用中断控制方式时,如果设置容量为1行的缓冲区(早期打印机),则需要中断20×25－1次;如果在I/O控制器中增加一个10页的缓冲区,则由前面的讨论可知,I/O控制器对处理机的中断次数将仅为1次,这将大大减少处理机的中断处理时间。

引入缓冲区减少中断次数的另外一个例子是网络通信,如图7-14所示。如果从远程终端发来的数据(串行)仅用一个1位缓冲区来接收,则必须每收到一位数据便中断CPU一次。这样,对于速率为9.6 Kb/s的数据通信来说,意味着其中断CPU的频率为9.6 kHz,即每100 s就要中断一次CPU,而且CPU必须在100 μs之内予以响应,如图7-14(a)所示,否则缓冲区中的数据就会被后续到达的数据覆盖。如果设置一个8位的数据缓冲寄存器,如图7-14(b)所示,则CPU被中断的次数减少为1位时的1/8。如果再增设一个8位数据缓冲寄存器,如图7-15(c)所示,则CPU的响应时间也被放宽到800 μs。

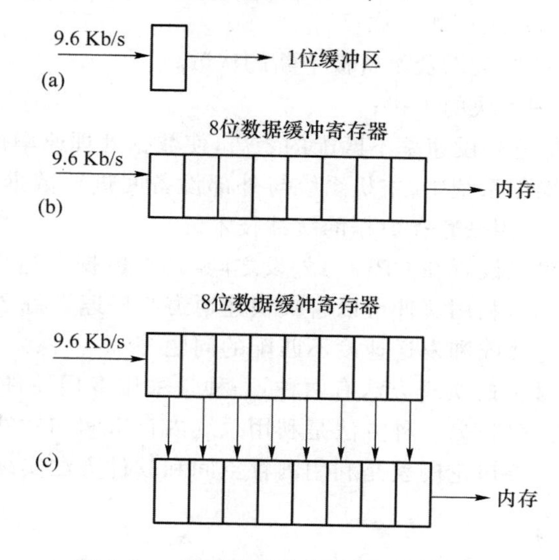


图7-14　利用数据缓冲寄存器实现缓冲

利用中断控制方式进行的I/O传输需要缓冲区的设置和配合才能更好地提高CPU与外设的并行,提高CPU的利用率。即使是使用DMA控制方式或通道控制方式控制数据传送,如果不划分专用内存区或专用缓冲器来存放数据,也会因为要求数据的进程所占有的内存区不够等而造成某个进程长期占有DMA控制器或通道及设备,从而产生"瓶颈"问题。

2）解决虚拟存储器管理中的问题

假如系统中一个正在运行的进程需要从外设的磁带上读入多个数据块,一次读入一块。这些数据块将被送入进程地址空间中的一个区域,例如10000～10511单元。如果没有缓冲,则直接从磁盘上读取数据到指定的进程空间区域中,问题就来了。

一个重要的问题是:进程阻塞,以等待低速设备的I/O完成。另一个重要的问题是在数据传输期间,用户的地址空间10000～10511单元必须保持不变,即系统在进行分配和再分配(释放后回收)的策略中,需要禁止用户进程空间的搬家或移动。如果是在页式存储管理机制下,则包含这个页的地址空间必须被锁定在内存中,否则将引发数据丢失以及破坏其他进程空间内容的问题;同样地,如果系统有中级调度,这时也不能将该进程空间的内容交换出去,即必须将其锁定在内存中,这样就干扰了操作系统的交换等决策。同样的问题也可能出现在数据的输出操作中。如果一个进程将本空间的数据块传送给I/O设备进行输出,则在传送过程中，该进程必须被锁定，并且不会被换出内存空间。

引入缓冲技术之后，系统对设备的读、写可以采用"提前读"和"延迟写"方式。在进程发出"读数据"请求之前，系统已提前开始了数据的输入操作；或在进程请求"写数据"后，系统将要输出的数据先送往缓冲区，过一段时间后再向实际的输出设备输出。

例如，当进程需要读取文件的一个数据块时，可以先查看缓冲区，若需要读取的数据块已在缓冲区就立刻读取而不必读取磁带或磁盘数据块，也不必阻塞进程；只有当缓冲区取空时才阻塞进程，启动磁带或读入磁盘数据块，这就是所谓的"提前读"。当一个进程需要输出数据块到磁带或磁盘时，则只需要将其写入缓冲区；这时系统没必要立即启动磁带或磁盘，而是让进程继续写数据块到缓冲区，直到缓冲区满才开始启动磁带或磁盘，利用缓冲区实现的这种功能就称为"延迟写"。这样既减少了输出操作和中断次数，又提高了传输速度。

因此，引入缓冲技术的系统有如下优点：

(1) 减少了进程阻塞的机会以及设备被中断的次数；

(2) 缓解了对存储管理模块的干扰；

(3) 缓解了 CPU 与低速外设速率不匹配的矛盾，使数据处理速率提高。

因此，在现代计算机操作系统中，主机系统与外部设备间进行数据交换都引入了缓冲区，这样在设备管理中就引入了用来暂存数据的缓冲技术。

实际上，缓冲区不仅可以设置在 CPU 与外设之间，凡是数据到达率与数据离去率不同的地方都可以设置缓冲区。如，利用缓冲可以解决快速通道与慢速设备之间的矛盾，节省通道时间；利用缓冲可以解决信息接收和发送速度不匹配的问题等。

根据 I/O 控制方式，缓冲的实现方法有两种：一种是采用专用硬件缓冲器，例如 I/O 设备或控制器中的数据缓冲寄存器；另一种方法是利用系统内存空间和软件方法实现的缓冲技术，也称软件缓冲。接下来，主要讨论的就是利用内存空间和软件方法实现的缓冲技术。

### 7.3.2 缓冲的种类

缓冲技术的基本思想是利用空间来换取时间，以加快系统 I/O 数据的处理速度。正如在 7.1.1 节中所提到的，设备信息按传输单位分为块设备和字符设备，因此缓冲区的设置方式也应当考虑设备的具体类型。块设备的缓冲区的大小应为块的大小，字符设备的缓冲区大小一般以一行大小设置。根据系统的不同配置，一般把缓冲分为单缓冲(single buffer)、双缓冲(double buffer)、多缓冲和缓冲池。

**1. 单缓冲**

单缓冲是由系统提供的最简单的缓冲区类型。当用户进程发出一个 I/O 请求时，操作系统就为其在系统空间分配一个缓冲区。如图 7-15(a)所示。对于面向块的设备来说，I/O 设备先把被交换数据写入缓冲区，然后由需要数据的设备或处理机从缓冲区取走数据，再处理下一块的传输请求。

在块设备的输入过程中，假定从磁盘把一块数据输入缓冲区的时间为 $T$，操作系统将该缓冲区中的数据输入用户区的时间为 $M$，而 CPU 对这一块数据的处理(计算)时间为 $C$。如图 7-15(b)所示，由于输入和处理是可以并发运行的，当 $T>C$ 时，系统对每一块数据的处理时间为 $M+T$；反之，则为 $M+C$。所以，除了最后一个数据块的处理时间为 $T+M+C$，系统对每一块数据的处理时间都表示为 $\mathrm{Max}(C,T)+M$。因此，处理完 $n$ 个数据块所需时间：$(n-1)\times[\mathrm{Max}(C,T)+M]+(T+M+C)$。

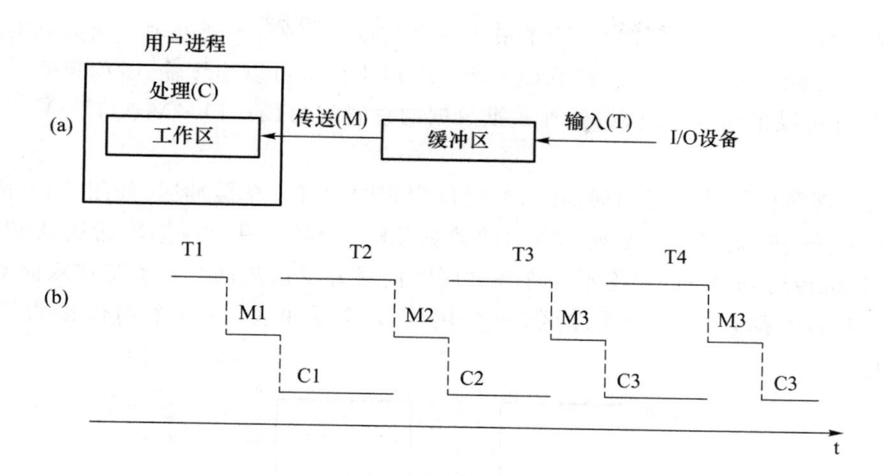


图 7-15 单缓冲工作示意图

字符设备输入时，缓冲区用于暂存用户输入的一行数据，在输入期间，用户进程被挂起以等待数据输入完毕；输出时，用户进程将一行数据输出到缓冲区后，继续进行处理。当用户进程已有第二行数据输出时，如果第一行数据尚未被提取完毕，则此时用户进程应阻塞。

由于单缓冲属于临界资源，不允许多个进程同时对其操作，因此设备和设备之间不能通过单缓冲进行并行操作。为了说明这个问题，仍借用上面这个例子。假定输入缓冲区的块数据能被立即打印出去，那么此时的 $C$ 为打印一个数据块的时间，并且假定 $T=C$，即输入速度＝输出速度。此时，该例就简化成输入与输出为串行操作的情形，即：输入一个块数据时，输出需等待；而输出一个块数据时，输入也需等待。由此可见，为使设备与设备之间能够并行操作，必须引入双缓冲。

**2. 双缓冲**

为了加快输入和输出速度，提高设备利用率，人们又引入了双缓冲机制，也称为缓冲对换(buffer swapping)。当设备输入时，先将数据送入第一个缓冲区，装满后便转向第二个缓冲区。此时，操作系统可以从第一缓冲区中移出数据，并送入用户进程，如图 7-16(a)所示。

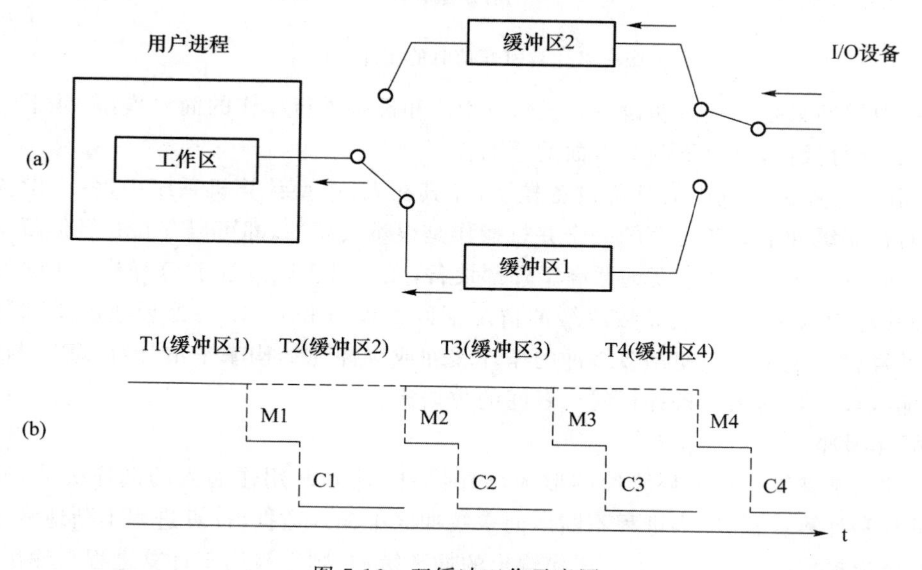


图 7-16 双缓冲工作示意图

如图 7-16(b)所示，在双缓冲中，除了最后一个数据块之外，系统处理一块数据的时间都可以粗略地认为是 $\mathrm{Max}(C+M,T)$。如果 $C+M<T$，则块设备可以连续输入；如果 $C+M>T$，则 CPU 不必等待块设备输入。所以，处理 $n$ 批数据的总时间为 $(n-1)\times\mathrm{Max}(C+M,T)+(T+M+C)$。

当我们实现两台机器之间的通信时，如果仅为它们配置了单缓冲区，如图 7-17(a)所示，那么它们之间在任一时刻都只能实现单方向的数据传输。例如，只允许把数据从 A 机传送到 B 机，或者从 B 机传送到 A 机，而绝不允许双方同时向对方发送数据。为了实现双向数据传输，必须在两台机器中都设置两个缓冲区，一个用作发送缓冲区，另一个用作接收缓冲区，如图 7-17(b) 所示。

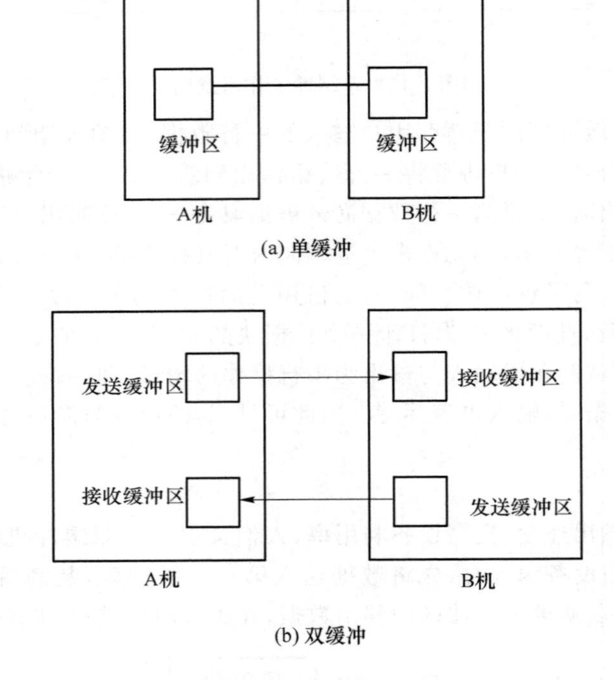


图 7-17　双机通信时的缓冲区设置

显然，双缓冲只是一种说明设备和设备、CPU 和设备并行操作的简单模型，并不能用于实际系统中的并行操作，有以下两个方面的原因：

(1) 由于计算机系统中的外部设备较多，尤其在大、中型计算机系统中，各个设备的差异很大，因而在双缓冲下设备之间的完全并行操作是很难实现的，即可以存在并行但很不完全。

(2) 由于 CPU 的处理速度远远高于外部设备，尤其对于阵发性 I/O 操作，CPU 与外部设备之间的并行难以实现，这就导致双缓冲情况下匹配设备和 CPU 的处理速度受到制约。因此，现代计算机系统中一般使用多缓冲的循环缓冲或缓冲池结构来平滑计算 CPU 与输入/输出设备、输入设备与输出设备并行时二者间的数据流。

**3. 循环缓冲**

多缓冲通常被组织成循环缓冲的形式，如图 7-18 所示。用作输入的循环缓冲，通常被用于输入进程和计算进程：输入进程不断地向空缓冲区中输入数据，计算进程不断地从已装入数据的缓冲区中提取数据进行加工。用作输出的循环缓冲，则常被用于计算进程与输出进程：计算进程不断地产生数据存入空缓冲区中，输出进程不断地从已装入数据的缓冲区中提取数据进行输出。

1）循环缓冲的组成

如图 7-18 所示，用于输入的循环缓冲被分成以下 3 种类型，并有 3 个相应的指针：

(1) 空缓冲区 E，用于存放输入数据对应的指针 Next-E，用于指示输入进程下一个可用的空缓冲区。

(2) 已装满数据的缓冲区 F，其中的数据来自输入进程并由计算进程提取后计算；对应的指针 Next-F，用于指示计算进程下一个可用的缓冲区 F。

(3) 现行工作缓冲区 C，是计算进程正在使用的缓冲区；对应的指针 Current，用于指示计算进程当前正在使用的缓冲区。

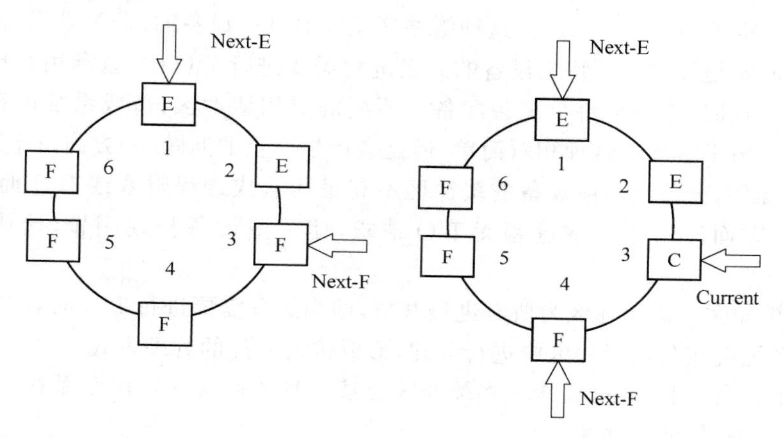


图 7-18　循环缓冲

2）循环缓冲区的使用

输入进程和计算进程可利用申请(Getbuf)和释放(Releasebuf)两个过程来使用循环缓冲区。

(1) Getbuf 过程。当计算进程要使用缓冲区中的数据时，可调用 Getbuf 过程。该过程将指针 Next-F 指示的缓冲区提供给进程使用，并把它改为现行工作缓冲区，并令指针 Current 指向该缓冲区的第一个单元，同时将指针 Next-F 移向下一个缓冲区 F。类似地，当输入进程要使用空缓冲区装入数据时，也调用 Getbuf 过程，由该进程将指针 Next-E 指示的缓冲区提供给输入进程使用，同时将指针 Next-E 移向下一个缓冲区 E。

(2) Releasebuf 过程。当计算进程把缓冲区 C 中的数据提取完毕时，便调用 Releasebuf 过程，将该缓冲区释放。同时，把该缓冲区由现行工作缓冲区 C 改为空缓冲区 E。类似地，当输入进程把缓冲区装满时，也应调用 Releasebuf 过程，将该缓冲区释放并改为缓冲区 F。

3）进程同步

在输入进程与计算进程利用缓冲区进行数据输入和数据加工的并行操作中，应考虑下列两种可能出现的需要同步的情况：

(1) Next-E 追上 Next-F。这意味着输入进程输入数据的速度大于计算进程处理数据的速度，已将全部缓冲区装满。这时，输入进程应该阻塞，直到计算进程提取完缓冲区的数据并通过释放过程释放空缓冲区 E，才将输入进程唤醒。这种情况称为系统受计算限制，即虽然计算进程不断地处理数据，但是最终连续积累的待完成任务的总量超出缓冲区容量。

(2) Next-F 追上 Next-E。这意味着输入进程输入数据的速度小于计算进程处理数据的速度,已将全部缓冲区清空,再无装有数据的缓冲区可供计算进程提取数据。这时,计算进程阻塞,直至输入进程又装满某个缓冲区并通过释放过程释放出装满数据缓冲区,才去唤醒计算进程。这种情况称为系统受 I/O 限制。

如前所述,多缓冲技术只是以空间换取时间的技术,而且只能在设备使用不均衡时起到平滑作用。如果在相当长的一段时间内,并行的一方工作速度超出了另一方不间断工作所能完成的总量,那么一旦缓冲区已全部存满 I/O 数据,多缓冲的作用也将消失。

**4. 缓冲池**

为了实现缓冲的输入/输出,操作系统提供了两种类型的缓冲区:一种面向块设备,另一种面向字符设备。对用于块设备的缓冲区的需要多一些。

(1) 私用缓冲区(专用缓冲区)。这种缓冲区是针对某一设备的,即为某设备专用,如前面介绍的循环缓冲就是针对某一特定设备的。当进程需要进行 I/O 时,就利用其已有的缓冲区进行 I/O 操作。这时,系统为每个设备配备了不同的专用缓冲区,造成系统内存空间的大量消耗。这种方式用于缓冲区管理相对简单,但是会产生严重的问题:一方面由于某(些)进程需要大量的 I/O 操作,分配给相应设备的缓冲区不充足而造成进程阻塞或 I/O 拥塞,影响系统的并行性;另一方面又由于一些进程无 I/O 请求,使一些设备长期闲置,造成缓冲区资源浪费。

(2) 公用缓冲区。该缓冲区为所有进程共享,即当进程需要进行 I/O 时,需要向系统申请一个缓冲区,系统就在公用缓冲区中进行分配,形成按需分配的管理方式。

由此,为了提高其利用率,通常不将缓冲区与某一具体设备固定地联系在一起,而是将所有缓冲区集中管理,形成缓冲池。

1) 缓冲池的组成

缓冲池是系统中多个缓冲区的集合,它既可以用于输入,也可以用于输出。因此,缓冲池中包含 3 种类型的缓冲区:空闲缓冲区、装有输入数据的缓冲区、装有输出数据的缓冲区。系统把各类缓冲区按其使用情况连成图 7-19 所示的 3 种队列(链接队列或表队列),它们的链接存储结构在图 7-20 中示出。

(1) 空闲缓冲队列(empty queue,emq):这是由空闲缓冲区所链成的队列,其队首指针 F(emq) 和队尾指针 L(emq)分别指向该队列的首缓冲区和尾缓冲区。

(2) 输入队列(in queue,inq):这是由已装满输入数据的缓冲区所链成的队列,其队首指针 F(inq)和队尾指针 L(inq)分别指向该队列的首缓冲区和尾缓冲区。

(3) 输出队列(out queue,outq):这是由已装满输出数据的缓冲区所链成的队列,其队首指针 F(outq)和队尾指针 L(outq)分别指向该队列的首缓冲区和尾缓冲区。

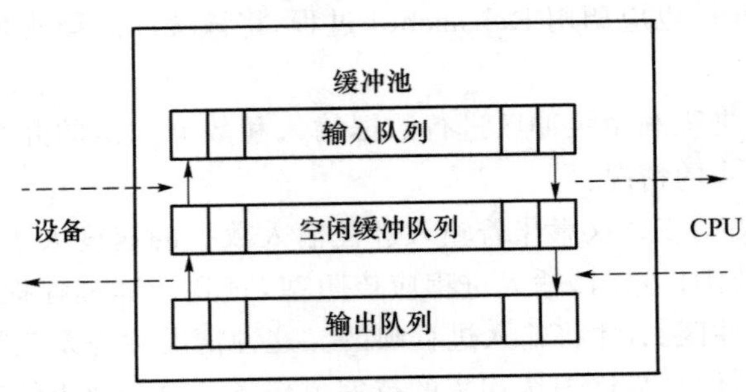


图 7-19 缓冲池的 3 种队列

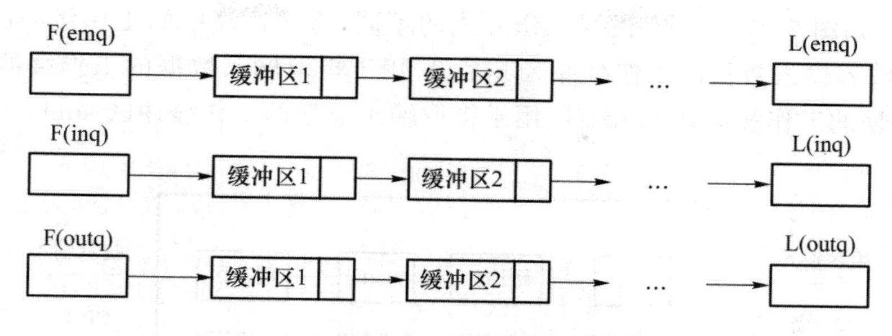


图 7-20 缓冲池 3 种队列的链接存储结构

2) Getbuf 过程和 Putbuf 过程

"数据结构"课程介绍了队列和对队列进行操作的两个过程，它们是：

(1) Addbuf(type,number)过程，用于将参数 number 指示的缓冲区挂在 type 队列上，相当于入队操作；

(2) Takebuf(type,number)过程，用于从参数 type 指示的队列队首摘下一个缓冲区，相当于出队操作。

这两个过程能否用于缓冲池中队列的操作呢？答案是否定的。因为缓冲池中的队列本身是临界资源，多个进程在访问一个队列时，既应互斥，又须同步。为此，需要对这两个过程加以改造，以形成可对缓冲池中的队列进行操作的 Getbuf 和 Putbuf 过程。为使诸进程能互斥地访问缓冲池队列，可为每一队列设置一个互斥信号量 MS(type)。此外，为了保证诸进程同步地使用缓冲区，又可为每个缓冲队列设置一个同步信号量 RS(type)。于是，既可实现互斥又可保证同步的 Getbuf 过程和 Putbuf 过程描述如下：

```
Procedure Getbuf(type, number) //从队列中获取一个缓冲区
    begin
        Wait(RS(type));
        Wait(MS(type));
        B(number) = Takebuf(type);
        Signal(MS(type));
    end

    Procedure Putbuf(type, number)  //将缓冲区加入队列
    begin
        Wait(MS(type));
        Addbuf(type, number);
        Signal(MS(type));
        Signal (RS(type));
    end
```

3) 缓冲区的工作方式

除了上述的 3 种缓冲队列，系统(或用户进程)从这 3 种队列中申请和取出缓冲区，并用得到的缓冲区进行存数据、取数据操作；在存数据、取数据操作结束后，再将缓冲区放入相应的队列。这些缓冲区被称为工作缓冲区，可以在收容输入、提取输入、收容输出和提取输出 4 种工

作方式下工作，如图 7-21 所示。根据工作方式的不同，将缓冲池中的工作缓冲区划分为 4 种类型：① 用于收容输入数据的工作缓冲区 hin；② 用于提取输入数据的工作缓冲区 sin；③ 用于收容输出数据的工作缓冲区 hout；④ 用于提取输出数据的工作缓冲区 sout。

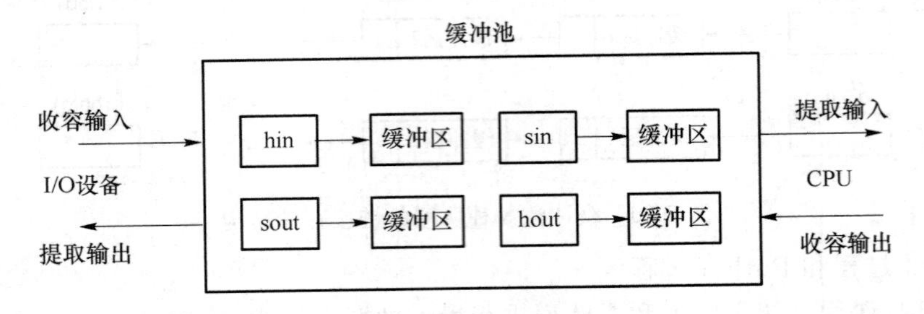


图 7-21 缓冲区的工作方式

(1) 收容输入

当输入进程需要输入数据时，调用 Getbuf(emq,hin)过程，从空闲缓冲队列 emq 的队首摘下一空缓冲区，返回 number 作为收容输入缓冲区 hin。当 hin 中装满了由输入设备输入的数据时，调用过程 Putbuf(inq,hin)将该缓冲区挂入输入缓冲区队列 inq 上。

读者应当注意，实际上缓冲池中的缓冲区不存在移动问题，只是系统管理在改变指针并确定缓冲区工作性质。

(2) 提取输入

当计算进程需要输入数据时，调用 Getbuf(inq,sin)过程，从 inq 中摘下一个装满输入数据的缓冲区，返回 number 作为提取输入缓冲区 sin。当 CPU 从中提取完所需数据时，调用 Putbuf(emq,sin)过程将该缓冲区释放并插入 emq。

(3) 收容输出

当进程需要输出数据时，调用 Getbuf(emq,hout)过程，从 emq 中摘下一个空缓冲区，返回 number 作为收容输出缓冲区 hout。当 hout 中装满输出数据时，调用 Putbuf(outq,hout)过程将该缓冲区插入输出缓冲区队列 outq。

(4) 提取输出

当输出进程要输出数据到输出设备时，调用 Getbuf(outq,sout)过程，从输出缓冲队列中摘下一个装满输出数据的缓冲区，返回 number 作为提取输出缓冲队列 sout。当 sout 中数据输出完毕时，调用 Putbuf(emq,sout)过程将该缓冲区插入 emq。

## 7.4 I/O 软件

I/O 软件的总体设计目标是高效率和通用性。前者是指要确保 I/O 设备与 CPU 的并发性，以提高资源的利用率；后者则是指尽可能地提供简单抽象、清晰统一的接口，采用统一标准的方法，来管理所有的设备以及所需的 I/O 操作。为了达到这一目标，通常将 I/O 软件组织成一种层次式结构：低层软件用于实现与硬件相关的操作，并可屏蔽硬件的具体细节；高层软件则主要向用户提供一个简洁、友好和规范的接口。每一层都具有一个要运行的、定义明确的功能和一个与邻近层次定义明确的接口，各层的功能与接口随系统的不同而异。

### 7.4.1 I/O软件的设计目标和原则

计算机系统中包含了众多的I/O设备，其种类繁多、硬件构造复杂、物理特性各异、与CPU速度不匹配，并涉及大量专用CPU及数字逻辑运算等细节，如寄存器、中断、控制字符和设备字符集等，使对设备的操作和管理变得非常复杂和琐碎。因此，从系统的观点出发，采用多种技术和措施解决外部设备与CPU速度不匹配所引起的问题，增强主机和外部设备的并行工作能力，提高系统效率，成为操作系统的一个重要目标。另外，对设备操作和管理的复杂性，也给用户的使用带来了极大的困难，即：用户必须掌握I/O系统的原理，深入了解接口、控制器及设备的物理特性。这也使计算机的推广应用受到很大限制。所以，设法消除或屏蔽设备内部的低级处理过程，为用户提供一个简便、易用、抽象的逻辑设备接口，保证用户安全、方便地使用各类设备，是I/O软件设计的一个重要原则。

具体而言，设计出的I/O软件应在以下几个方面达标。

(1) 与具体设备无关

对于I/O系统中许多种类不同的设备，作为程序员，只需要知道如何使用这些资源来完成所需要的操作，而无须了解设备的具体实现细节。例如，应用程序访问文件时，不必去考虑被访问的是硬盘还是CD-ROM；管理软件时，也无须因为I/O设备变化而重新编写涉及设备管理的程序。

为了提高操作系统的可移植性和易适应性，I/O软件应负责屏蔽设备的具体细节，向高层软件提供抽象的逻辑设备，并完成逻辑设备与具体物理设备的映射。对操作系统本身而言，应允许在不需要将整个操作系统重新编译的情况下，增添新的设备驱动程序，以方便新的I/O设备的安装。如在Windows中，系统可以为新I/O设备自动安装和寻找驱动程序，从而实现即插即用。

(2) 统一命名

要实现上述的设备无关性，其中一项重要的工作就是给I/O设备命名。不同的操作系统有不同的命名规则，一般而言，使用系统对各类设备预先设计的、统一的逻辑名称进行命名，所有软件都以逻辑名称访问设备。这种统一命名与具体设备无关，换言之，同一个逻辑设备的名称，在不同的情况下可能对应于不同的物理设备。

(3) 对错误的处理

一般而言，错误多数是与设备紧密相关的，因此对错误的处理，应该尽可能在接近硬件的层面处理。在低层软件能够解决的错误就不让高层软件感知，只有低层软件解决不了的错误才通知高层软件解决。许多情况下，错误恢复可以在低层得到解决，而高层软件不需要知道。

(4) 缓冲技术

由于CPU与设备之间的速度差异，无论是块设备还是字符设备，都需要使用缓冲技术。对于不同类型的设备，其缓冲区的大小是不一样的，块设备的缓冲区是以数据块为单位的，而字符设备的缓冲区则以字节为单位。即使是同类型的设备，其缓冲区的大小也是存在差异的，如不同的磁盘，其扇区的大小有可能不同。因此，I/O软件应能屏蔽这种差异，向高层软件提供统一大小的数据块或字符单元，使得高层软件能够只与逻辑块大小一致的抽象设备进行交互。

(5) 设备的分配和释放

系统中的共享设备，如磁盘等，可以同时为多个用户服务。这样的设备应该允许多个进程同时对其提出 I/O 请求。但独占设备如键盘和打印机等，在某一段时间内只能供一个用户使用，对其分配和释放的不当，将引起混乱，甚至死锁。对于独占设备和共享设备带来的许多问题，I/O 软件必须能够同时进行妥善的解决。

(6) I/O 控制方式

针对具有不同传输速率的设备，考虑综合系统效率和系统代价等因素，应合理选择 I/O 控制方式。如，打印机等低速设备应采用中断控制方式，而磁盘等高速设备则采用 DMA 控制方式，以提高系统的利用率。为方便用户，I/O 软件也应屏蔽这种差异，向高层软件提供统一的操作接口。

综上所述，I/O 软件涉及的面非常宽，往下与硬件有着密切的关系，往上又与用户直接交互，它与进程管理、存储器、文件管理等也存在着一定的联系。为使十分复杂的 I/O 软件能具有清晰的结构、更好的可移植性和易适应性，目前的 I/O 软件已普遍采用了层次式结构，将系统中的设备操作和软件管理分为若干个层次，每一层都利用其下层提供的服务，完成输入、输出功能中的某些子功能，并在向高层提供服务时屏蔽这些功能实现的细节。

在层次式结构的 I/O 软件中，仅最低层才会涉及硬件的具体特性。因此，只要层次间的接口不变，对软件每个层次进行的修改都不会引起其下层或高层代码的变更。通常，把 I/O 软件组织成 4 个层次，如图 7-22 所示（图中的箭头表示 I/O 的控制流）。各层次及其功能如下所述。

(1) 用户层软件：实现与用户交互的接口，用户可直接调用在用户层提供的、与 I/O 操作有关的库函数，对设备进行操作。

(2) 设备独立性软件：负责实现与设备驱动器统一接口、设备命名、设备的保护以及设备的分配与释放等功能，同时为设备管理和数据传送提供必要的存储空间。

(3) 设备驱动程序：与硬件直接相关，具体负责实现系统对设备发出的操作指令，驱动I/O 设备工作。

(4) 中断处理程序：用于保存被中断进程的 CPU 环境，转入相应的中断处理程序进行处理，处理完后恢复被中断进程的现场返回被中断进程。

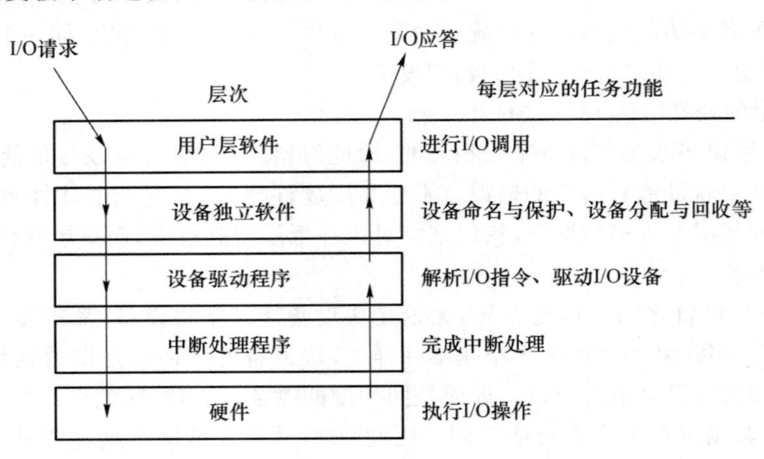


图 7-22 I/O 系统的层次及各层次功能

例如，当一个用户进程试图从文件中读一个数据块时，需要通过系统调用取得操作系统的服务；设备独立性软件接收到请求后，首先在高速缓存中查找相应的页面，如果没有，则调用设备驱动程序向硬件发出一个请求，并由设备驱动程序负责从磁盘读取目标数据块；当磁盘操作完成后，由硬件产生一个中断，并转入中断处理程序，检查中断原因，提取设备状态，再转入相应的设备驱动程序，唤醒用户进程以结束此次 I/O 请求、继续用户进程的运行。

实际上，在不同的操作系统中，这种层次的划分并不是固定的，主要是根据不同的系统具体情况，而在层次的划分以及各层的功能和接口上存在一定的差异。下面几节我们将从低到高地对每个层次进行讨论。

### 7.4.2 中断处理程序

中断处理程序的主要工作有：进行进程上下文的切换、对处理中断信号源进行测试、读取设备状态和修改进程状态等。由于中断处理与硬件紧密相关，对用户和用户程序而言，应该尽量加以屏蔽，故应该在操作系统的底层进行中断处理，使系统的其余部分尽可能少地与之发生联系。当一个进程请求 I/O 操作时，该进程将被挂起，直到 I/O 设备完成 I/O 操作，设备控制器便向 CPU 发送一中断请求，CPU 响应后便转向中断处理程序，中断处理程序运行相应的处理，处理完后解除相应进程的阻塞。

在为每一类设备设置一个 I/O 进程的设备处理方式中，中断处理程序的处理过程分成以下几个步骤。

(1) 唤醒阻塞的驱动(程序)进程

当中断处理程序开始运行时，首先唤醒处于阻塞状态的驱动(程序)进程。当采用信号量机制时，可通过运行 signal 操作，将处于阻塞状态的驱动(程序)进程唤醒；当采用信号机制时，则发送一信号给该进程。

(2) 保护被中断进程的 CPU 环境

通常由硬件自动将处理机状态字和程序计数器中的内容保存在中断栈中，然后把被中断进程的 CPU 现场信息(即包括所有的寄存器，如通用寄存器、段寄存器等)都压入中断栈中，因为在中断处理时可能会用到这些寄存器。图 7-23 给出了一个简单的保护中断现场的示意图。该程序在 N 位置处被中断，程序计数器中的内容为 N+1，所有寄存器的内容都被保留在中断栈中。

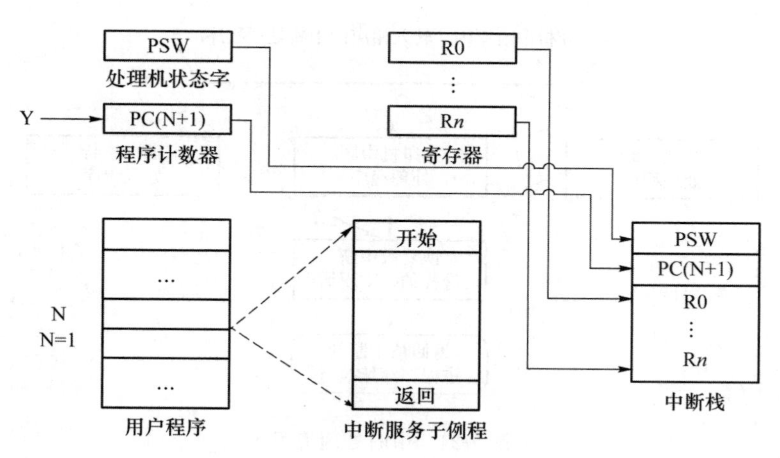


图 7-23 中断现场保护示意图

(3) 转入相应的中断处理程序

由处理机对各个中断源进行测试,以确定引起本次中断的 I/O 设备;发送一应答信号给发出中断请求的进程,使之消除该中断请求信号;将相应的设备中断处理程序的入口地址装入程序计数器,使处理机转向中断处理程序。

(4) 中断处理

不同的设备有不同的中断处理程序。该程序首先从设备控制器中读出设备状态,以判别本次中断是正常完成中断,还是异常结束中断。若是前者,中断处理程序便对其进行结束处理;若还有命令,可再向设备控制器发送新的命令,进行新一轮的数据传送。若是异常结束中断,则根据发生异常的原因做相应的处理。

(5) 恢复被中断进程的 CPU 现场

当中断处理完成以后,便可将保存在中断栈中的被中断进程的现场信息取出,并装入相应的寄存器,其中包括该程序下一次要运行的指令地址 N+1、处理机状态字,以及各通用寄存器和段寄存器的内容。这样,当处理机再运行本程序时,便从 N+1 处开始,最终返回被中断的程序。

I/O 操作完成后,设备驱动程序必须检查本次 I/O 操作过程中是否发生了错误,并向上层软件报告,最终向调用者报告本次 I/O 的运行情况。除了上述的第(4)步,其他各步骤对所有 I/O 设备都是相同的,因而对于某种操作系统,例如 UNIX 系统,中断总控程序是把这些共同的部分集中起来形成的。当进行中断处理时,首先要进入中断总控程序。而对于第(4)步,不同设备须采用不同的设备中断处理程序继续运行。图 7-24 示出了中断处理流程。

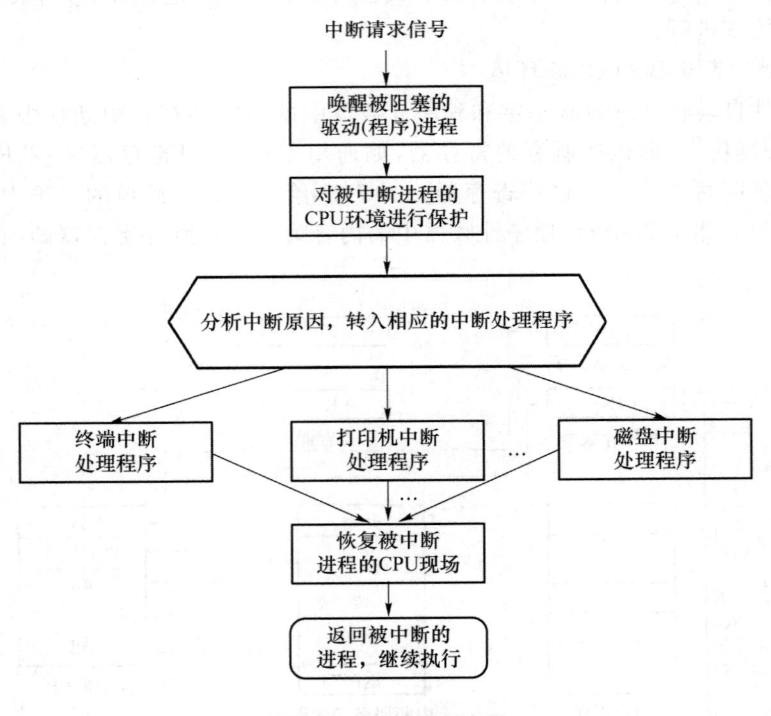


图 7-24 中断处理流程

### 7.4.3　设备驱动程序

设备驱动程序也称为设备处理程序，有时因为它以进程的形式存在，因而也称设备驱动进程。它是I/O进程与设备控制器之间的通信程序，是直接与硬件打交道的软件模块。设备驱动程序中包含了所有与设备相关的代码。

一般而言，设备驱动程序的任务是接收来自与设备无关的上层软件的抽象请求（即用户提交的逻辑I/O请求，如Read命令或Write命令等），将其转化为具体的要求（即物理I/O操作的启动和运行，如设备名转化为端口地址、逻辑记录转化为物理记录、逻辑操作转化为物理操作等），并发送给设备控制器，以启动设备运行。此外，它也将由设备控制器发来的信号传送给上层软件。由于设备的物理特性不同，所以大多是每一类设备配置一个驱动程序。下面简要说明设备驱动程序的功能、处理方式、特点和处理过程。

**1. 设备驱动程序的功能**

设备驱动程序是直接控制设备读、写、打开和关闭等动作的核心模块，并控制设备上的数据传输，其主要功能如下：

(1) 接收来自与设备无关的上层软件的抽象请求，检查I/O请求的合法性（包括参数），了解设备的状态信息，将其抽象请求转化成具体的要求；

(2) 向输入/输出设备控制器的寄存器发出控制命令，使其运行I/O操作，并监视它们的运行、进行必要的错误处理；

(3) 及时响应来自控制器或通道发来的中断请求，并根据中断类型调用相应的中断处理程序进行处理。

(4) 对于具有通道的计算机系统，可以根据进程的I/O请求构造相应的通道程序。

**2. 设备驱动程序的处理方式**

不同操作系统所采用的设备处理方式有所不同，根据设备处理时是否设置进程以及设置什么形式的进程，设备驱动程序的处理方式可以分为以下3类：

(1) 为每一类设备设置一个进程，专门用于运行这类设备的I/O操作。比如，为所有的交互式终端设置一个交互式终端进程；又如，为同一类型的打印机设置一个打印进程。

(2) 在整个系统中设置一个I/O进程，负责系统内各类设备的I/O操作；也可以设置一个输入进程和一个输出进程，处理系统内各类设备的输入和输出操作。

(3) 不设置专门的设备处理进程，而只为各类设备设置相应的设备处理程序（模块），供用户进程或系统进程调用。

**3. 设备驱动程序的特点**

设备驱动程序属于低级的系统程序，它与一般的应用程序及系统程序之间有明显差异，主要包括以下几个方面。

(1) 设备驱动程序是请求I/O的进程与设备控制器之间的通信程序。它将进程的I/O命令传送给设备控制器，并将设备控制器记录的设备状态、I/O完成情况（包括出错信息）反映给请求I/O的进程。

(2) 设备驱动程序与设备的特性密切相关，型号相同的设备配置同一个驱动程序。

(3) 设备驱动程序与设备控制方式有关。常用的是中断控制方式与DMA控制方式。这两种方式的驱动程序明显不同，后者按数据块传送，一块传输完成才中断一次。

(4) 设备驱动程序与I/O设备的硬件（物理）结构密切相关。设备驱动程序中全部是依赖设备的代码(或与设备有关的指令)。设备驱动程序是操作系统底层中唯一知道各种 I/O 设备控制器的细节以及用途的部分。例如,只有磁盘驱动程序具体了解磁盘的扇区、磁道(柱面)、磁头、磁臂的运动、交错访问系统、马达驱动器、磁头定位次数,以及保证磁盘正确工作的机制,而其他软件不清楚这些硬件的操作细节。

(5) 驱动程序应允许可重入。一个正在运行的驱动程序常会在一次调用完成前被再次调用。例如,网络驱动程序正在处理一个到来的数据包时,另一个数据包可能已到达。

(6) 驱动程序不允许系统调用。但是为了满足其与内核其他部分间的交互,可以允许对某些内核过程的调用,如通过调用内核过程来分配和释放内存页面作为缓冲区,以及调用其他过程来管理 MMU 定时器、DMA 控制器、中断控制器等。

虽然不同的设备应配置不同的设备驱动程序,但这些程序从结构上可以分成两部分,即能够驱动 I/O 设备工作的部分和进行设备中断处理的部分。

**4. 设备驱动程序的处理过程**

不同类型的设备应有不同的设备驱动程序,大体上这些设备驱动程序可以分成两部分,其中,除了要有能够驱动 I/O 设备工作的驱动程序,还需要有设备中断处理程序,以处理 I/O 完成后的工作。

设备驱动程序的主要任务是启动指定设备。但在启动之前,还必须完成必要的准备工作,如检测设备状态是否为"忙"等。在完成所有的准备工作后,才向设备控制器发送一条启动命令。以下是设备驱动程序的处理过程。

(1) 将抽象要求转化为具体要求

这是设备管理层次的一个重要方面,它使得应用和一般的系统进程可以利用简单的、与设备物理特性无关的命令形式(不同操作系统提供的格式有所不同)要求 I/O 操作。设备驱动程序了解硬件细节,知道控制器的各个寄存器(控制、数据、地址),并将上层的高级命令转化成向不同的寄存器送入命令、参数、数据等。例如,将抽象要求中的盘块号转化成盘面、磁道和扇区。

(2) 检查 I/O 请求的合法性

由于不同的设备有不同的功能,所以当处理一个非法的 I/O 请求时,设备驱动程序会产生一个反馈信息给请求者。如请求打印机设备读取数据,显然设备驱动程序在得到该命令后,会根据设备类等信息确定此 I/O 请求是非法的。可以根据设备当前的保护属性,确定 I/O 的读写请求是否可运行等。例如,用户试图请求从打印机输入数据,显然系统应予以拒绝。此外,还有些设备如磁盘和终端,它们虽然都是既可读又可写的,但若打开这些设备时规定的是读,则用户的写请求必然被拒绝。

(3) 读出和检查设备的状态

要想启动某个设备进行 I/O 操作,前提条件是该设备正处于空闲状态。因此,在启动设备之前,要从设备控制器的控制/状态寄存器中读出该设备的状态。例如,在向某设备写入数据前,应先检查该设备是否处于接收就绪状态,仅当它处于接收就绪状态时,才能启动其设备控制器,否则只能等待。

(4) 传送必要的参数

对于许多设备,特别是块设备,除了必须向其控制器发出启动命令,还需传送必要的参数。例如,在启动磁盘进行读/写之前,应先将本次要传送的字节数和数据要到达的内存始址送入设备控制器的相应寄存器中。

(5) 工作方式的设置

有些设备可具有多种工作方式,典型情况是利用 RS-232 接口进行异步通信。在启动该接口之前,应先按通信规程设定参数:波特率、奇偶校验方式、停止位数目及数据字节长度等。

(6) 启动 I/O 设备

在前面的工作都顺利完成之后,驱动程序可以向设备控制器的控制命令寄存器传送相应的控制命令。对于字符设备,若是写命令,则向设备控制器中的数据寄存器传送一字节数据;若是读命令,则等待接收数据,并通过控制/状态寄存器的状态信息得知数据是否到达。

驱动程序发出 I/O 命令后,基本的 I/O 操作是在设备控制器的控制下进行的。控制命令发出后,驱动程序的状态可能有以下两种情况:

(1) 通常,所进行的 I/O 工作需要花费一定的时间,因此大概率的一种情况是驱动程序会将自己阻塞,等中断到达之后才被唤醒。如,在启动传输一个盘块中的数据后,驱动程序将自己阻塞,待传输完成后由设备控制器发出一个完成的中断信号,再唤醒驱动程序。

(2) 另外一种情况是,驱动程序不会将自己阻塞,可能是操作没有任何延迟,所以驱动程序无须阻塞。如,有些终端上的滚动字幕只需往设备控制器的寄存器中写入几字节,无须任何机械操作,且整个操作可在几微秒内完成。

### 7.4.4 设备独立性

**1. 设备独立性的概念**

为了提高操作系统的可适应性和可扩展性,在现代计算机操作系统中都毫无例外地实现了设备独立性(device independence),也称为设备无关性。其基本含义是:应用程序独立于具体使用的物理设备。为了实现设备独立性,逻辑设备和物理设备这两个概念被引入。在应用程序中,使用逻辑设备名来请求使用某类设备;而系统在实际运行时,必须使用物理设备名。因此,系统须具有将逻辑设备名称转换为物理设备名称的功能,这非常类似于存储管理中所介绍的逻辑地址和物理地址的转换。实现设备独立性可带来以下两方面的好处。

(1) 设备分配时的灵活性

当应用程序(进程)以物理设备名来请求使用指定的某台设备时,该设备已被分配给其他进程或正在检修,尽管此时还有几台相同的其他设备正在空闲,但该进程却仍阻塞。但若进程以逻辑设备名来请求某类设备,系统便立即将其他该类设备中的任一台分配给该进程,仅当所有此类设备已全部分配完毕时,进程才会阻塞。

(2) 易于实现 I/O 重定向

所谓 I/O 重定向,是指可以更换(即重定向)用于 I/O 操作的设备,而不必改变应用程序。例如,当我们调试一个应用程序时,可将程序的所有输出送往屏幕显示;而在程序调试完后,如需正式将程序的运行结果打印出来,只需将 I/O 重定向的数据结构——逻辑设备表中的显示终端改为打印机,而不必修改应用程序。I/O 重定向功能具有很大的实用价值,现已被广泛地引入各类操作系统。

**2. 设备独立性软件**

设备驱动程序是一个与硬件(或设备)紧密相关的软件。为了实现设备独立性,必须再在驱动程序之上设置一层设备独立性软件。设备独立性软件和设备驱动程序之间的界限,在不同的操作系统和设备上有所差异,需要考虑操作系统、设备独立性和设备驱动程序的运行效率等多方面因素。比如,一些本应由设备独立性软件实现的功能,考虑到效率等诸多因素的影响，实际上被设计在设备驱动程序中。总的来说，设备独立性软件的主要功能可分为以下两个方面。

(1) 运行所有设备的公有操作。这些公有操作包括以下几部分：

① 对独立设备的分配与回收。

② 将逻辑设备名映射为物理设备名，进一步可以找到相应物理设备的驱动程序。

③ 对设备进行保护，禁止用户直接访问设备。

④ 缓冲管理，即对字符设备和块设备的缓冲区进行有效的管理，以提高 I/O 的效率。

⑤ 差错控制，由于 I/O 操作中的绝大多数错误都与设备无关，故主要由设备驱动程序处理，而设备独立性软件只处理那些设备驱动程序无法处理的错误。

⑥ 提供独立于设备的逻辑块，不同类型的设备信息交换单位不同，读取和传输速率也不相同，如字符设备以单个字符为单位，块设备则是以一个数据块为单位；即使同一类型的设备，其信息交换单位的大小也有差异，如不同磁盘由于扇区大小的不同，可能造成数据块大小的不一致，因此设备独立性软件应负责隐藏这些差异，并向高层软件提供大小统一的逻辑数据块。

(2) 向用户层（或文件层）软件提供统一接口。无论何种设备，向用户所提供的接口都应该是相同的。例如，对各种设备的读操作，在应用程序中都使用 Read；而对各种设备的写操作，也都使用 Write。

**3. 逻辑设备名到物理设备名映射的实现**

(1) 逻辑设备表

为了实现设备的独立性，系统必须设置一张逻辑设备表（Logical Unit Table，LUT），用于将应用程序使用的逻辑设备名映射为物理设备名。该表的每个表目中都包含了 3 项：逻辑设备名、物理设备名和设备驱动程序入口地址，如图 7-25(a)所示。当进程用逻辑设备名请求分配 I/O 设备时，系统为它分配相应的物理设备，并在 LUT 上建立一个表目，填上应用程序中使用的逻辑设备名、系统分配的物理设备名，以及该设备驱动程序入口地址。当以后进程再利用该逻辑设备名请求 I/O 操作时，系统通过查找 LUT，便可找到物理设备名和设备驱动程序入口地址。

| 逻辑设备名 | 物理设备名 | 设备驱动程序入口地址 |
|---|---|---|
| /dev/tty | 3 | 1024 |
| /dev/print | 5 | 2046 |
| ⋮ | ⋮ | ⋮ |

(a)

| 逻辑设备名 | 系统设备表指针 |
|---|---|
| /dev/tty | 3 |
| /dev/print | 5 |
| ⋮ | |

(b)

图 7-25 逻辑设备表

(2) LUT 的设置问题

LUT 的设置可采取两种方式。第一种方式是整个系统中只设置一张 LUT。由于系统中所有进程的设备分配情况都被记录在同一张 LUT 中，因而不允许在 LUT 中有相同的逻辑设备名，这就要求所有用户都不使用相同的逻辑设备名。这在多用户环境下是难以做到的，因而这种方式主要用于单用户系统。第二种方式是为每个用户设置一张 LUT。当用户登录时，便为该用户建立一个进程和一张 LUT，并将该表放入进程的 PCB 中。由于多用户系统中都配置了系统设备表，故此时的 LUT 可以采用图 7-25(b)中的格式。

### 7.4.5 用户层的I/O软件

一般而言，大部分的I/O软件都在操作系统内部，但仍有一小部分在用户层，包括与用户程序链接在一起的库函数以及完全运行于内核之外的一些程序。用户层软件必须通过一组系统调用来获得操作系统的服务。在高级语言以及C语言中，通常提供了与各系统调用一一对应的库函数，用户程序通过调用对应的库函数来使用系统调用。这些库函数与调用程序一起，包含在运行时装入内存的二进制程序中，如C语言中的库函数Write等，显然这些库函数的集合也是I/O系统的组成部分。但在许多现代计算机操作系统中，系统调用本身已经采用C语言编写，并以函数形式存在，所以使用C语言编写的用户程序时，可以直接使用这些系统调用。

另外，在操作系统中还有一些程序，如7.5节中我们将要论述的SPOOLing系统以及网络传输文件时常使用的守护进程等，都是完全运行在内核之外的程序，但它们仍归属于I/O系统。

## 7.5 设备管理

设备分配与回收

系统中的设备作为一种重要的系统资源是由系统统一管理和分配的，因此在多道程序环境下，是不允许用户自行根据设备的物理特性来直接使用的。例如，不允许用户在程序中直接通过指令系统中的启动I/O指令进行用户的输入/输出。这时的I/O指令已属特权指令，不允许在用户态下运行。用户要使用系统中的设备，需向系统提出申请，由系统根据当前设备的情况来进行分配，然后由系统根据I/O系统的配置帮助完成I/O操作。这样，当一个进程向系统提出I/O请求时，操作系统的设备分配程序便按照一定的策略（或算法）分配相应的设备给进程。设备管理的功能之一就是建立设备登记，这通常是由一些表格建立起来的数据结构，是设备分配的依据。

### 7.5.1 设备分配中的数据结构

进行设备分配时，通常需要一些表格的帮助。表格中记录了相应设备或控制器的状态及对设备或控制器进行控制所需要的信息。设备的分配和管理所需的数据结构包括系统设备表(System Device Table，SDT)、设备控制表(Device Control Table，DCT)、控制器控制表(Controller Control Table，COCT)和通道控制表(Channel Control Table，CHCT)等。

**1. SDT**

整个系统拥有一张SDT，其中的记录已被连接到系统中所有的物理设备上，能够全面反映系统中外部资源的类型、数量、占用情况等，并为每个物理设备建立一个表项。SDT中的每个表项包括的内容有：

(1) 设备类型，用于反映设备的特性，例如终端设备、块设备或字符设备等；

(2) 设备标识符，用来区别设备；

(3) DCT指针，指向有关设备的设备控制表；

(4) 设备驱动程序入口，即启动该设备时的程序首地址。

SDT 的主要意义在于反映系统中设备资源的状态，即系统中有多少设备、有多少是空闲的等。

**2. DCT**

DCT 反映了设备的特性、设备和 I/O 控制器的连接情况，包括设备标识、使用状态和等待使用该设备的进程队列等。系统中每个设备都必须有一张 DCT，该表在系统生成时或在该设备和系统连接时创建，表中的内容则根据系统运行情况而动态地修改。DCT 中的内容如图 7-26 所示。

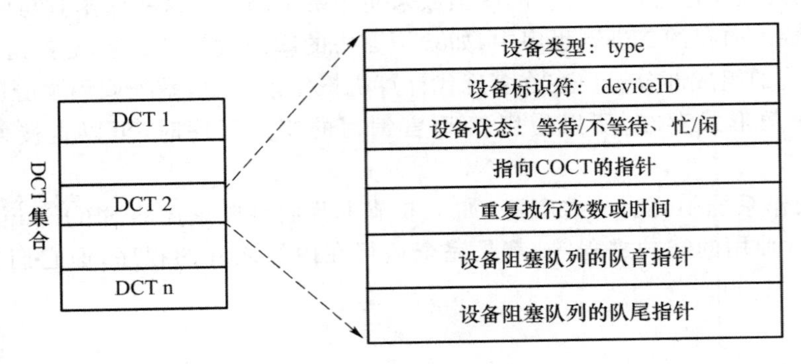


图 7-26　DCT 中的内容

在 DCT 中，除了有用于指示设备类型的字段 type 和设备标识字段 deviceID 外，还应含有下列字段。

(1) 等待设备(进程)队列的队首和队尾指针：凡请求本设备但未得到满足的进程，其 PCB 都应按照一定的策略排成一个队列，该队列被称为设备请求队列或设备队列，其队首指针指向队首 PCB。有的系统中还设置了队尾指针。

(2) 设备状态：当设备自身正处于使用状态时，应将设备的忙/闲状态置"1"。当与该设备相连接的控制器或通道正忙时，也不能启动该设备，此时则应将设备的等待标志置"1"。

(3) 与设备连接的 COCT 指针：该指针指向与该设备连接的 COCT。在设备到主机之间具有多条通路的情况下，一个设备将与多个控制器相连接。此时，在 DCT 中应设置多个 COCT 指针。

(4) 重复运行次数或时间：由于外部设备传送数据时易发生数据传送错误，因而在许多系统中，如果发生传送错误，并不立即认为传送失败，而是令它重新传送，并由系统规定设备在工作中发生错误时可以重复运行的次数。重复运行时，若能恢复正常传送，则仍认为传送成功。仅当屡次失败且重复运行次数达到规定值而传送仍不成功时，才认为传送失败。

**3. COCT**

COCT 也是每个控制器一张，主要反映 I/O 控制器的使用状态以及和通道的连接情况等(在 DMA 控制方式中，该项是没有的)，其中有些表项的含义与 DCT 相类似。

**4. CHCT**

CHCT 只在通道控制方式的系统中存在，也是每个通道一张。CHCT 包括通道标识符、通道忙/闲标识、等待获得该通道的进程，及阻塞队列的队首指针与队尾指针等。这里主要强调的是，正如通道可以挂接多个设备，通道也可以挂接多个控制器，因而二者是 1∶$m$ 的关系，所以在该表中设立了一项指向 COCT 的首址。

显然，一个进程只有在获得了通道、控制器和所需设备之后，才具备进行 I/O 操作的物理条件。

SDT、DCT、COCT和CHCT及其控制关系如图7-27所示。

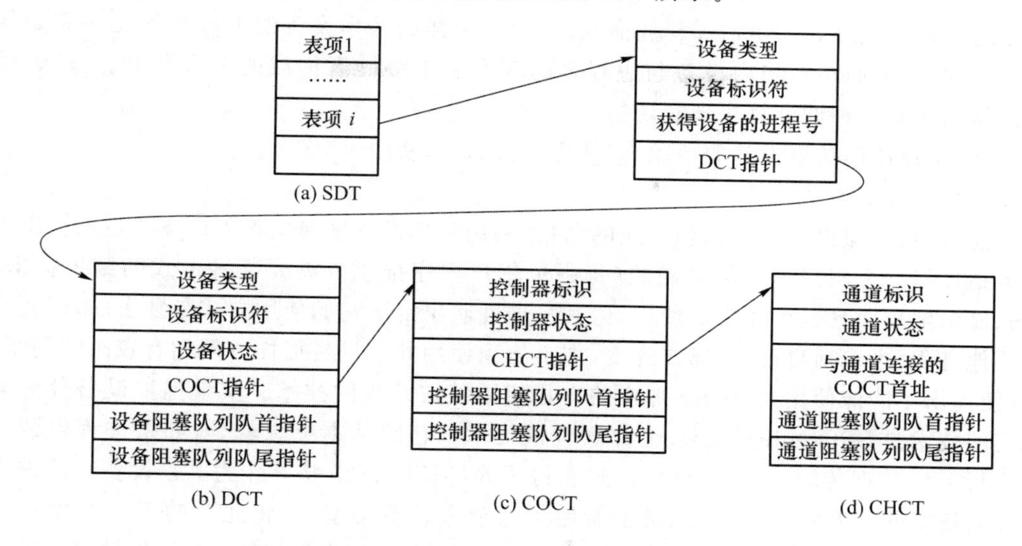


图7-27 SDT、DCT、COCT和CHCT及其控制关系

### 7.5.2 设备分配时应考虑的因素

如前所述,在多道程序环境下,为了使系统有条不紊地工作,系统资源总是由操作系统进行分配的。设备作为系统中的硬件资源,由于其具有复杂性,其分配时应考虑:设备的固有属性、设备分配算法、设备分配时的安全性,以及设备独立性。

本小节介绍前3个问题,7.5.3节专门介绍与设备独立性有关的问题。

**1. 设备的固有属性**

在分配设备时,首先应考虑与设备分配有关的属性。设备的固有属性可分成3种:第一种是独占性,指这种设备在一段时间内只允许一个进程占用,此即第3章所说的"临界资源";第二种是共享性,指这种设备允许多个进程共享;第三种是可虚拟设备,指设备本身虽是独占设备,但经过某种技术处理,可以把它改造成虚拟设备。对上述的独占、共享、可虚拟3种设备应采取不同的分配策略。

(1) 独占设备

对于独占设备,应采用独享分配策略,即将一个设备分配给某进程后,便由该进程独占,直至该进程完成或释放该设备,然后系统才能再将该设备分配给其他进程使用。这种分配策略的缺点是,设备得不到充分利用,还可能引起死锁。

(2) 共享设备

共享设备是指在一段时间内同时可被多个进程占用的设备,如磁盘、光盘等高速、大容量的外设。这种外设的使用方式类似于单处理机中的CPU,在一段时间内可为多个进程共享,但某一时刻仅为一个进程所占用。磁盘这样的共享设备在某一时刻也仅给一个进程提供I/O服务,但一段时间内可以同时实现A进程读数据(读取部分数据后,由于某种原因暂停,过一段时间后继续读取),B进程写数据。

与独占设备的使用有所不同的是,进程对于共享设备的I/O请求没有显式的申请和释放动作,且I/O请求通常来自文件系统、虚拟存储系统和输入井/输出井的管理程序,其请求的具体设备已经确定(就是对应某共享设备的)。不过,在每次使用(共享设备)命令之前以及使用命令之后都分别隐含着申请和释放命令。并且,这样的共享设备的 I/O 操作也一定是伴随着缓冲实现的,因而在系统内设备与进程之间应有一个缓冲区构成的 I/O 队列。输入/输出都是由排队或按某种调度算法来实现的。

由此,用户使用共享设备的活动为:使用,使用,…,使用。

(3) 可虚拟设备

如前所述,虚拟设备是非物理性质的,它是利用共享设备来模拟独占设备的技术。由于独占设备是任何一个用户程序所必需的(每一个用户程序都至少需要某种形式的结果输出,如纸、图、显示屏),而且也可能多次使用,但其物理性质决定了它的使用方式是独占的,因而可能影响其他进程(也包括自己)的操作速度,即不能像使用共享设备那样方便和有较高的利用率。由此,便提出了能像使用共享设备那样的方式使用独占设备的技术。实现虚拟设备分配典型和成功的技术是 SPOOLing 技术,也称假脱机技术。它的基本思想就是,如果进程申请独占设备进行 I/O 数据传输,系统就认定已经获得了该设备的 I/O(将其作为共享设备),该进程可以继续后续操作。实际上,系统记录了所使用的独占设备类型,并将此次的 I/O 数据首先转向共享设备(如磁盘),当所申请的独占设备空闲时,再将其在共享设备上的数据转移到独占设备上。

**2. 设备分配算法**

对设备进行分配时所采用的分配算法与进程调度算法有类似之处,但由于设备的特性,其分配算法相对简单,分配的对象是进程,即确定哪个(些)进程可得到设备。通常,只采用以下两种分配算法。

(1) 先来先服务:即当多个进程对同一个设备提出 I/O 请求时(无论是显式的,还是隐式的),按照进程提出的先后顺序,将各进程排成一个设备请求队列。当设备空闲时,选择队列头部的进程进行设备分配。当一个新的进程提出 I/O 请求时,就直接将其排在队尾。因此,时间是进程分配设备的函数。

(2) 优先级高者优先:当多个进程对同一个设备提出 I/O 请求时,将各个进程按进程的优先级排成一个设备申请队列,高优先级排在队列的头部,低优先级排在队列的尾部。如果优先级相同,则再按照先来先服务的原则排队。这样,当设备空闲时,如果申请队列不空,则将排在头部的进程进行设备分配。当一个新的进程提出 I/O 请求时,不是直接排在队尾,而是按照优先级插到适当的位置上。这样就实现了高优先级的进程优先运行,优先完成。

**3. 设备分配时的安全性**

设备作为系统中一种重要而且必需的硬件资源,分配时应考虑是否会产生死锁,避免各进程循环等待现象的发生。从设备分配的安全性角度考虑,有以下两种分配方式。

(1) 安全分配方式

这种分配方式的基本特征是,一旦进程发出 I/O 申请,便进入阻塞状态直至其 I/O 完成被唤醒。这样一方面使得运行过程中的进程未保持任何资源;另一方面在等待过程中没有机会和可能再申请其他资源,因而有关进程和资源的死锁条件"请求与保持"不成立,即破坏了产生死锁的必要条件。因此,这种分配方式是安全的。缺点是该进程在 CPU 上的运行和在外设上的 I/O 过程是串行的,致使进程完成工作的进度放慢。

(2) 不安全分配方式

这种分配方式的基本特征是,在进程申请 I/O 之后,可继续运行后续的"计算"过程,而不会因为申请了外设资源而阻塞。这样可产生两个结果：一是由于该进程的I/O过程与“计算”过程可以并行操作，从而使进程的速度加快；二是既然进程可以继续运行，也就为其继续申请其他资源创造了条件，即有可能在申请了一个外设之后，又申请其他外设，或其他资源。这样就使“请求与保持”成立，有可能产生死锁。因此，为了防止系统产生死锁，需要系统在分配资源时，首先运行系统死锁的安全性计算，只有当计算安全时，才可以进行分配，但这也需要花费额外的系统开销。

### 7.5.3　独占设备的分配程序

**1. 基本的设备分配程序**

下面我们通过一个具有I/O通道的系统案例，来介绍设备的分配过程。当某进程提出I/O请求后，系统的设备分配程序可按以下步骤进行设备分配。

(1) 分配设备

首先根据I/O请求中的物理设备名查找SDT，从中找出该设备的DCT指针，再根据DCT中的设备状态字段，可知该设备是否正忙。若忙，便将请求I/O进程的PCB挂在设备队列上；否则，便按照一定的算法来计算本次设备分配的安全性。如果不会导致系统进入不安全状态，便将设备分配给请求进程；否则，仍将其PCB插入设备阻塞队列。

(2) 分配控制器

在系统把设备分配给请求I/O的进程后，再到其DCT中找出与该设备连接的COCT指针，从COCT的控制器状态字段中可知该控制器是否忙碌。若忙，便将请求I/O进程的PCB挂在该控制器的阻塞队列上；否则，将该控制器分配给进程。

(3) 分配通道

在COCT中又可找到与该控制器连接的通道的CHCT指针，再根据CHCT内的状态信息，可知该通道是否忙碌。若忙，便将请求I/O的进程挂在该通道的阻塞队列上；否则，将该通道分配给进程。

只有在设备、控制器和通道都分配成功时，这次的设备分配才算成功。之后，便可启动该I/O设备进行数据传送。

**2. 设备分配程序的改进**

在仔细研究上述基本的设备分配程序后，可以发现：① 进程是以物理设备名来提出I/O请求的；② 采用的是单通路的I/O系统结构，容易产生“瓶颈”现象。为此，应从以下两方面对基本的设备分配程序加以改进，以使独占设备的分配程序具有更强的灵活性，并提高分配的成功率。

(1) 增加设备的独立性

为了获得设备的独立性，进程应使用逻辑设备名请求I/O。这样，系统首先从SDT中找出第一个该类设备的DCT指针；若该设备忙，又查找第二个该类设备的DCT指针……仅当所有该类设备都忙时，才把进程挂在该类设备的阻塞队列上。而只要有一个该类设备可用，系统便进一步计算分配该设备的安全性。

(2) 考虑多通路情况

为了防止在I/O系统中出现“瓶颈”现象，通常都采用多通路的I/O系统结构。此时，对控制器和通道的分配同样要经过几次反复，即：若设备(控制器)所连接的第一个控制器(通道)忙时，应查看其所连接的第二个控制器(通道)。仅当所有的控制器(通道)都忙时，此次的控制器(通道)分配才算失败,并把进程挂在控制器(通道)的阻塞队列上。而只要有一个控制器(通道)可用,系统便可将它分配给进程。

### 7.5.4 SPOOLing 技术

早期为了缓解高速的主机与慢速的外设之间速度不匹配的矛盾,采用了脱机的输入/输出方式。正如第 2 章中所述,这种脱机的输入/输出是通过利用一台卫星机(外围处理机)专门处理输入/输出,即将慢速设备上的数据送到高速的磁带或磁盘上;或者将用户的结果数据先送到高速设备上,再送往低速的 I/O 设备上。

在多道程序技术出现之后,人们可以利用常驻内存的进程模拟外围处理机来实现 I/O 过程。其过程大致为:当有输入数据或作业需要进入系统时,系统利用负责输入的系统进程模拟外部处理机输入,首先将低速设备上的输入数据送往高速的磁盘(以磁盘为例)专用存储区;当作业或进程需要读取输入数据时,再从磁盘专用存储区读入;同理,当进程有输出 I/O 请求时,系统利用负责输出的系统进程模拟外围处理机输出,先将输出数据送往高速磁盘专用存储区上,待相应输出设备空闲时,再将存储在磁盘专用存储区上的数据送往低速输出设备上。这样,便可以在 CPU 的控制下,实现脱机输入/输出功能,使得外部设备与 CPU 并行操作。这种联机同时外围的操作称为假脱机操作,即 SPOOLing,或者说 SPOOLing 技术就是利用这种思想实现的。

**1. SPOOLing 系统的组成**

由上述得知,SPOOLing 技术是对脱机输入/输出系统的模拟。相应地,SPOOLing 系统必须建立在具有多道程序功能的操作系统上,而且还应有高速随机外存的支持,通常采用磁盘存储技术。SPOOLing 系统主要有以下 4 部分。

1) 输入井和输出井

输入/输出井是指在磁盘空间开辟的两个大的专用存储区。其中,输入井是模拟脱机输入时的磁盘设备,用于存放低速 I/O 设备的输入数据;输出井是模拟脱机输出时的磁盘,用于存放用户输出的结果数据。

2) 输入和输出缓冲区

为了实现低速设备(高速磁盘)上的数据首先传送到高速磁盘(低速设备)上,需要在内存中开辟出两个数据缓冲区来缓冲速度的差异。输入缓冲区用于暂存来自输入设备的数据,然后再传送到输入井;输出缓冲区用于暂存来自输出井的数据,然后再送往输出设备。

3) 系统输入(收容)进程 $SP_i$ 和系统输出(提取)进程 $SP_o$

$SP_i$ 用于模拟脱机输入时的外围处理机,将用户要求的数据(或进入系统的作业)从输入设备通过输入缓冲区送到输入井。当 CPU 需要数据(或系统需要调入新的作业)时,就从输入井读入。$SP_o$ 模拟脱机输出时的外围处理机,将用户的结果数据先从内存传送到输出井上,待输出设备空闲时,再将输出井中的数据,通过输出缓冲区送往输出设备。SPOOLing 系统一般将输入/输出进程分为 4 个部分:

① 存输入,完成从输入机到磁盘输入井的数据传输(用户进程不感知);

② 取输入,完成从磁盘输入井到内存的数据传输(当用户进程运行读操作时,好像直接从输入机上读取);

③ 存输出,完成从内存到输出井的结果数据传送(当用户进程运行输出时,就好像直接在输出设备上输出);

④ 取输出，完成从输出井到输出设备的结果数据传送（用户进程不感知）。

上述① 和② 这两个部分由 $SP_i$ 完成，③ 和④ 这两个部分由 $SP_o$ 完成。

4) 请求打印队列

系统为每个请求打印的进程建立一张打印表，这样若干进程就形成了一个打印队列。

图 7-28 示出了 SPOOLing 系统的组成。

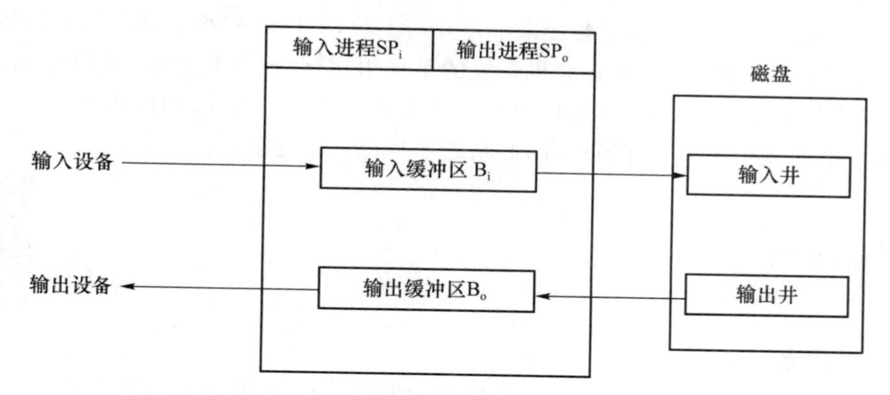


图 7-28 SPOOLing 系统的组成

**2. 共享打印机**

打印机是经常要用的输出设备，属于独占设备。利用 SPOOLing 技术，可将之改造为一台可供多个用户共享的设备，从而提高设备的利用率，方便用户。共享打印机技术已被广泛地用于多用户系统和局域网络中。当用户进程请求打印输出时，SPOOLing 系统同意为它打印输出，但并不真正立即把打印机分配给该用户进程，而只为它做两件事：① 由输出进程 $SP_i$ 在输出井中为之申请一个空闲磁盘块区，并将要打印的数据送入其中；② 输出进程 $SP_o$ 再为用户进程申请一张空白的用户请求打印表，并将用户的打印要求填入其中，再将该表挂到请求打印队列上。如果还有进程要求打印输出，系统仍可接受该请求，也同样为该进程做上述两件事。

如果打印机空闲，输出进程将从请求打印队列的队首取出一张请求打印表，根据表中的要求将要打印的数据，从输出井传送到内存缓冲区，再由打印机进行打印。打印完后，输出进程再查看请求打印队列中是否还有等待的请求打印表。若有，又取出队列中的第一张表，并根据其中的要求进行打印，如此下去，直至请求打印队列为空，输出进程才将自己阻塞起来。仅当下次再有打印请求时，输出进程才被唤醒。

**3. SPOOLing 系统特征**

SPOOLing 系统具有以下特征：

(1) 提高了 I/O 速度。由于已将低速设备的 I/O 演变成高速磁盘的访问，读数据相当于从磁盘上读取，输出结果数据相当于向磁盘写结果数据，如同脱机输入/输出，缓解了 CPU 与外设的速度差距，提高了 I/O 的速度。

(2) 将独占设备改造为虚拟共享设备。因为在 SPOOLing 系统中并没为任何进程分配设备，而只是在输入井或输出井中为进程分配一个存储区和建立一张 I/O 请求表。这样，便把独占设备改造为虚拟共享设备。

(3) 实现了 CPU 与外部低速设备的并行操作，提高了系统的处理能力。

(4) SPOOLing 系统需要高速、大容量存储设备的支持（典型的为磁盘）。

(5) SPOOLing 系统实现的是假脱机 I/O。之所以称为假脱机，是因为操作系统是利用系统输入和输出进程来实现数据从低速设备(高速设备)到高速设备(低速设备)的数据传输，是需要 CPU 运行这些系统进程的，或者说是在 CPU 控制下完成的；而真正完成 I/O 的操作是与 CPU 并行的。

(6) 操作系统需要建立一组负责输入/输出(程序)的模块，构成系统的输入/输出进程。

SPOOLing 系统实现的虚拟设备带来了计算与 I/O 的并行，提高了独占设备的利用率，也提高了系统效率，是一些现代大型计算机系统的重要组成部分。但为此也付出存储空间上的代价，包括内存上的缓冲区、外存(磁盘)上的输入井和输出井。另外，如前所述，SPOOLing 系统涉及操作系统的几个主要管理模块，因此系统本身也比较复杂。

## 7.6 中断技术

中断与异常

**1. 中断的概念**

中断是指计算机在运行期间，系统内发生任何非寻常的或非预期的紧急处理事件，使得 CPU 暂时中断当前正在运行的程序而转去运行相应的事件处理程序，待事件处理完毕后又返回被中断处继续运行或调度新进程运行的过程。

**2. 与中断相关的专业名词**

(1) 中断源：指引起中断的事件。

(2) 中断请求：指中断源向 CPU 发出的请求中断处理信号。

(3) 中断响应：指 CPU 收到中断请求后转向相应的事件处理程序的过程。

(4) 禁止中断：用于将 CPU 内部的处理机状态字的中断允许位清除，从而不允许 CPU 响应中断，所以又称为关中断。

(5) 开中断：用于设置中断允许位(或打开中断允许位)。

(6) 中断屏蔽：指在中断请求产生后，系统用软件方式有选择地封闭部分中断而允许其余部分的中断仍能得到响应。

不管计算机处于何种状态，最高优先级的中断都能够立即得到响应。例如电源断电引起的中断，机器必须及时响应，系统无法禁止或屏蔽这个中断。

**3. 中断的分类**

(1) 外中断：由所有外部设备(除了 CPU 和内存)产生的中断。

(2) 内中断：由 CPU 和内存产生的中断，如系统调用。

**4. 外中断和内中断的区别**

(1) 内中断通常是由处理机正在运行的指令引起的，而外中断则是由与现行指令无关的中断源引起的；

(2) 内中断处理程序提供的服务是为当前进程所用的，而外中断处理程序提供的服务则不是；

(3) CPU 在一条指令结束后、下一条指令开始前才可响应外中断，而在一条指令运行中可以响应内中断。

**5. 中断的优先级**

(1) CPU 的状态字动态设置优先级；

(2) 中断请求能否得到响应，取决于中断源优先级和处理机状态字优先级的高低，如果中断源优先级高，则系统能做出中断响应。

**6. 中断处理过程**

(1) CPU 检查响应中断条件是否满足；

(2) 如果 CPU 响应中断，则 CPU 关中断，使其进入不可再次响应中断的状态；

(3) 保存被中断进程现场；

(4) 分析中断原因，调用中断处理子程序；

(5) 运行中断处理子程序；

(6) 退出中断，恢复被中断进程的现场或调度新进程占据处理机；

(7) 开中断，CPU 返回中断点继续运行。

中断处理流程如图 7-29 所示。

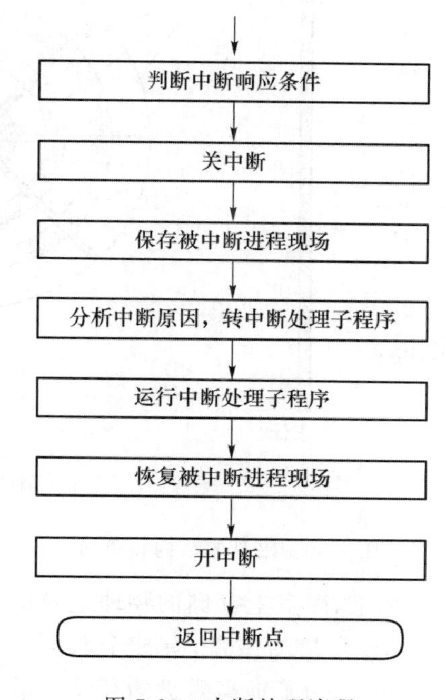


图 7-29 中断处理流程

## 7.7 磁盘存储器的管理

磁盘组织与管理

磁盘存储器不仅容量大、存取速度快，而且可以实现随机存取，是当前存放大量程序和数据的理想设备，故在现代计算机系统中都配置了磁盘存储器，并以它为主来存放文件。因此，对文件的操作都涉及对磁盘的访问，磁盘 I/O 速度的高低和磁盘系统的可靠性，都将直接影响系统性能。因此，设法改善磁盘系统的性能，已成为现代计算机操作系统的重要任务之一。

### 7.7.1 磁盘性能简述

磁盘是一种相当复杂的机电设备，有专门的课程对它进行详细讲述。本节仅对磁盘的某些性能，如数据的组织和格式、磁盘的类型和访问时间等做扼要的介绍。

**1. 数据的组织和格式**

如图 7-30 所示，磁盘设备可包括一个或多个磁盘(物理)片，每个磁盘片有一个或两个存储面(盘面)，每个盘面被组织成若干个同心环，这种环称为磁道(track)，也称柱面，各磁道之间留有必要的间隙。为使处理简单，每条磁道上可存储相同数目的二进制位。这样，磁盘密度定义为每英寸中所存储的位数，显然内层磁道的密度较外层磁道的密度高。每条磁道在逻辑上又被划分成若干个扇区(sectors)，硬盘有数百个扇区，图 7-30(b)显示了一个磁道分成 8 个扇区。一个扇区称为一个盘块(或数据块)，常被称为磁盘扇区。各扇区之间保留一定的间隙。

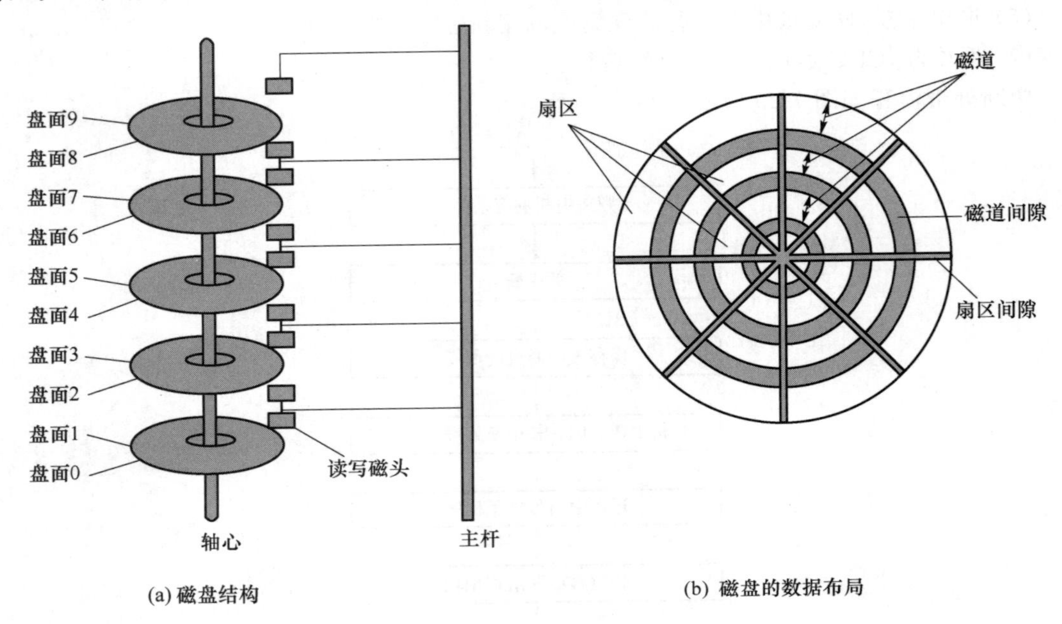


图 7-30　磁盘的结构和布局

一条物理记录存储在一个扇区上，磁盘上存储的物理记录块数目是由扇区数、磁道数以及磁盘面数决定的。例如，一个 10 GB 容量的磁盘，有 8 个双面可存储的磁盘片，共 16 个存储面，每面有 16 383 个磁道，63 个扇区。为了提高磁盘的存储容量，充分利用磁盘外磁道的存储能力，现代磁盘不再把内、外磁道划分为相同数目的扇区，而是利用外层磁道容量较内层磁道大的特点，将盘面划分成若干条环带，使得同一环带内的所有磁道具有相同的扇区数。显然，外层环带的磁道拥有较内层环带的磁道更多的扇区。为了减小磁道和扇区在盘面分布的几何形式变化对驱动程序的影响，大多数现代磁盘都隐藏了这些细节，向操作系统提供虚拟几何的磁盘规格，而不是实际的物理几何规格。

为了在磁盘上存储数据，必须先将磁盘低级格式化。图 7-31 示出了温盘(温切斯特盘)中一条磁道格式化的情况。其中，每条磁道含有 30 个固定大小的扇区，每个扇区容量为 600 字节，其中 512 字节用于存放数据，其余的用于存放控制信息。每个扇区包括以下两个字段。

(1) 标识符字段，其头部的 Synch 字节中具有特定的位图像，作为该字段的定界符，利用磁道号、磁头号及扇区号三者来标识一个扇区；CRC 字段用于段校验。

(2) 数据字段，其中可存放 512 字节的数据。

磁盘格式化完成后，一般要对磁盘分区。在逻辑上，每个分区就是一个独立的逻辑磁盘。每个分区的起始扇区和大小都记录在磁盘扇区 0 的主引导记录分区表所包含的分区表中。这

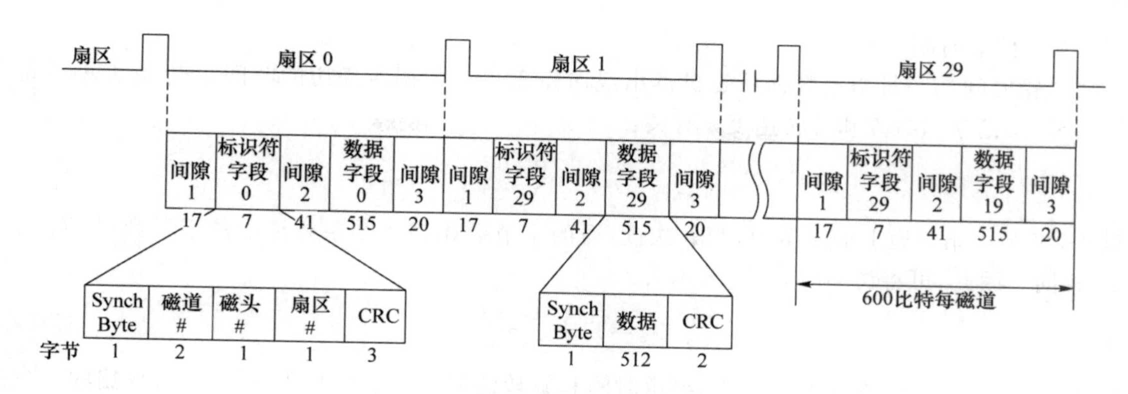


图 7-31 低级磁盘格式化磁道

个分区表中必须有一个分区被标记成活动的，以保证能够从硬盘引导系统。

但是，在真正可以使用磁盘前，还需要对磁盘进行一次高级格式化，即设置一个引导块、空闲存储管理、根目录和一个空文件系统，同时在分区表中标记该分区所使用的文件系统。

**2. 磁盘的类型**

磁盘可以从不同的角度进行分类。通常，将磁盘分成单片盘和多片盘，或固定头磁盘和移动头磁盘等。下面仅对固定头磁盘和移动头磁盘进行介绍。

(1) 固定头磁盘

这种磁盘在每条磁道上都有一读/写磁头，所有的磁头都被装在一刚性磁臂中。通过这些磁头可访问所有磁道，还可进行并行读/写，有效地提高了磁盘的 I/O 速度。这种结构的磁盘主要用于大容量磁盘。

(2) 移动头磁盘

每一个盘面仅配有一个磁头，它也被装入磁臂。为能访问该盘面上的所有磁道，该磁头必须能移动以进行寻道。可见，移动磁头仅能以串行方式读/写，I/O 速度较慢；但由于其结构简单，故仍广泛应用于中、小型磁盘设备中。在微型机上配置的温盘都采用移动磁头结构，故本节主要针对这类磁盘的 I/O 进行讨论。

**3. 磁盘访问时间**

磁盘设备在工作时以恒定速率旋转。磁头必须能移动到所要求的磁道上，并等待所要求扇区的开始位置旋转到其下方，然后再开始读或写数据。故可把对磁盘的访问时间分成以下 3 部分。

(1) 寻道时间

寻道时间($T_s$)是指把磁臂(磁头)移动到指定磁道上所经历的时间。该时间是启动磁臂的时间 $s$ 与磁头移动 $n$ 条磁道所花费的时间之和，即

$$T_s = m \times n + s \tag{7-1}$$

其中，$m$ 是一常数，与磁盘驱动器的速度有关。对于一般磁盘，$m=0.2$ ms；对于高速磁盘，$m \leqslant 0.1$ ms，磁臂的启动时间约为 2 ms。这样，对于一般的温盘，其寻道时间将随寻道距离的增加而增大，大体上是 5～30 ms。

(2) 旋转延迟时间

旋转延迟时间($T_r$)是指定扇区移动到磁头下面所经历的时间。不同类型的磁盘旋转速度至少相差一个数量级，如硬盘一般为 7 200～15 000 r/min，甚至更高。当硬盘的旋转速度为 15 000 r/min 时，那么每转需时 4 ms，平均旋转延迟时间为 2 ms；

(3) 传输时间

传输时间($T_t$)是指把数据从磁盘读出或向磁盘写入数据所经历的时间。$T_t$ 的大小与每次所读/写的字节数 $b$ 和旋转速度 $r$ 有关：

$$T_t = \frac{b}{rN} \tag{7-2}$$

其中,$N$ 为一条磁道上的字节数,当一次读/写的字节数相当于半条磁道上的字节数时,$T_t$ 与 $T_r$ 相同。因此,可将访问时间 $T_a$ 表示为

$$T_a = T_s + \frac{1}{2r} + \frac{b}{rn} \tag{7-3}$$

由式(7-3)可以看出,在访问时间中,寻道时间和旋转延迟时间基本上都与所读/写数据的多少无关,但它们通常占据了访问时间中较大的百分比。例如,寻道时间和平均旋转延迟时间为 20 ms,而磁盘的传输速率为 10 MB/s,如果要传输 10 KB 的数据,此时总的访问时间为 21 ms,可见传输时间所占比例是非常小的;当传输 100 KB 数据时,其访问时间也只是 30ms,即当传输的数据量增大 10 倍时,访问时间只增加了约 50%。目前,磁盘的传输速率已超 100 MB/s,数据传输时间所占的比例更低。可见,适当地集中数据(不要太零散)传输,有利于提高传输效率。

### 7.7.2 磁盘调度

前面关于磁盘访问时间的讨论和例子中,产生差异的原因可以归结为寻道时间的问题。如果扇区访问请求中包括随机选择磁道,则磁盘的 I/O 性能会非常低。为提高磁盘 I/O 性能,就需要减少花费在寻道上的时间。

在多道环境下,由于多进程并发运行,对系统内各个设备可能随机提出 I/O 请求,这样就需要操作系统为每个 I/O 设备维护一个请求队列。因此,对一个磁盘来说,队列中可能存在来自多个访问者(进程)的多个 I/O 请求,这就存在一个如何选择请求的 I/O 进程的问题。为了保证磁盘上信息的一致性和安全性,系统在任何一个时刻只允许一个访问者启动磁盘,进行其 I/O 操作,而其余的访问者则必须等待,直到一次 I/O 完成才能进行下一个 I/O 操作。解释如何选择访问者问题的算法就是磁盘调度算法。磁盘调度算法考虑的就是使平均寻道时间最短,常用的算法如下。

**1. 先来先服务调度算法**

最简单的磁盘调度算法就是先来先服务(FCFS)调度算法,这意味着系统采取的策略就是以时间作为函数,先进入队列者先访问磁盘。这个策略具有公平的优点,每个请求都能得到处理,并且是按进入队列的顺序响应每一个访问者。

但是,该算法的缺点也是明显的。如果访问磁盘的进程数目较少,且所请求的访问集中在某些连续的扇区,则有可能达到较好的性能。但问题是,该算法本身的出发点并未考虑优化寻道,且当有大量的进程访问者竞争一个磁盘时,这种算法的性能接近于随机调度,性能很差。

假定磁盘上有 200 个磁道,并且当前有 9 个访问者(进程)先后提出 I/O 操作,所需要访问的磁道分别为 55、58、39、18、90、160、150、38、184。又假定当前磁头所在位置为 100 号。以移动磁臂求平均寻道长度作为时间的考量,对于 FCFS 调度算法,其平均寻道长度为 55.3 条磁道,如表 7-2 所示。同样情况下与其他算法比较,FCFS 调度算法平均寻道距离较大。因此,需要考虑其他一些较为复杂的调度策略来降低平均寻道时间。

表 7-2 FCFS 调度算法

| (从 100 号磁道开始) | |
|---|---|
| 被访问的下一个磁道号 | 移动距离(磁道数) |
| 55 | 45 |
| 58 | 3 |
| 39 | 19 |
| 18 | 21 |
| 90 | 72 |
| 160 | 70 |
| 150 | 10 |
| 38 | 112 |
| 184 | 146 |
| 平均寻道长度:55.3 | |

**2. 最短寻道时间优先调度算法**

最短寻道时间优先(Shortest Seek Time First,SSTF)调度算法选择使磁头臂从当前位置开始移动到离当前位置距离最近的磁道上,因此该策略总是选择产生最短寻道长度的请求。表 7-3 给出了 SSTF 调度算法对上述例子的结果,对于同样的 I/O 请求进程队列,它的平均寻道长度为 27.5 磁道,要比 FCFS 调度算法性能好得多。当然,总是选择最短寻道长度并不能保证平均寻道时间最小。但是可以提供比 FCFS 调度算法更好的性能。

表 7-3 SSTF 调度算法

| (从 100 号磁道开始) | |
|---|---|
| 被访问的下一个磁道号 | 移动距离(磁道数) |
| 90 | 10 |
| 58 | 32 |
| 55 | 3 |
| 39 | 16 |
| 38 | 1 |
| 18 | 20 |
| 150 | 132 |
| 160 | 10 |
| 184 | 24 |
| 平均寻道长度:27.5 | |

**3. 扫描调度算法**

SSTF 虽然获得了较好的寻道性能,但它的策略也产生了一个问题,即:忽略了在每次选择访问与当前磁头移动距离最短磁道的同时不断有新的 I/O 请求进程到来的情况,并且这些新到来的进程所需要访问的磁道又可能与当前磁头的距离较近,这样就会使得原请求队列中距离远的访问者总得不到调度,产生了所谓的"饥饿"现象。对 SSTF 调度算法稍加修改后所形成的扫描(SCAN)调度算法可以解决"饥饿"现象。

SCAN 调度算法考虑了两个方面的因素:一是方向,二是与当前位置距离最短。即,首先考虑当前的移动方向,然后再考虑移动距离。例如,当前磁头是内运动,则选择磁道号大于当前磁头所在磁道号的距离最短者。这样,运动到不再有比当前磁头所在位置的磁道号更大的磁道时,改变方向,由内向外(假定 I/O 请求队列不空)选择磁道号小于当前磁头所在位置的磁道号的访问请求,这样就避免了"饥饿"现象的产生。由于这种算法使得磁臂移动规律颇似电梯的运动,因而也称为电梯算法。表 7-4 示出了按 SCAN 调度算法对 9 个进程进行调度及磁头移动的情况,它的平均寻道长度为 27.8 个磁道。

**表 7-4　SCAN 调度算法示例**

| (从 100 号磁道开始,向磁道号增加方向访问) | |
|---|---|
| 被访问的下一个磁道号 | 移动距离(磁道数) |
| 150 | 50 |
| 160 | 10 |
| 184 | 24 |
| 90 | 94 |
| 58 | 32 |
| 55 | 3 |
| 39 | 16 |
| 38 | 1 |
| 18 | 20 |
| 平均寻道长度:27.8 | |

#### 4. 循环扫描调度算法

SCAN 调度算法既获得了较好的寻道性能,又防止了"饥饿"现象的产生,因此得到了广泛的应用。但该调度算法也存在一个问题,即:当磁头正在向里或向外运动的过程中,刚好有一个新的 I/O 请求的涉及磁道是刚刚读取过的磁道,而 SCAN 调度算法没有考虑到这样的问题,因此这个 I/O 请求要等到磁臂一直运动到再无该方向的请求时,才向相反的方向运动,再逐步选择与当前磁道距离最近磁道,这样就延迟了该 I/O 请求的运行。

为了减少这种延迟,规定磁头只做单向读/写运动。例如,只由外向内作读/写运动,在磁头移动到该方向的最后一个请求时,立即返回最小磁道号的位置;反之亦然。这样就将最大磁道号与最小磁道号连接起来构成循环,再进行扫描,这就是循环扫描(CSCAN)调度算法。采用了该调度算法后,上述进程的请求延迟由原来的 $2T$ 减少为 $T+S_{max}$,其中,$T$ 是由外向内或由内向外扫描完所有磁道请求所需的时间,而 $S_{max}$ 是将磁头返回单向运动中最前面的磁道所需的时间。表 7-5 示出了 CSCAN 调度算法对 9 个进程调度的次序及每次磁头移动的距离。

表 7-5 CSCAN 调度算法示例

| (从 100 号磁道开始,向磁道号增加方向访问) | |
|---|---|
| 被访问的下一个磁道号 | 移动距离(磁道数) |
| 150 | 50 |
| 160 | 10 |
| 184 | 24 |
| 18 | 166 |
| 38 | 20 |
| 39 | 1 |
| 55 | 16 |
| 58 | 3 |
| 90 | 32 |
| 平均寻道长度:35.8 | |

**5. N-Step-SCAN 和 FSCAN 调度算法**

在 SSTF、SCAN 和 CSCAN 调度算法中,可能都会产生这样一种现象,磁臂在一段很长的时间内不会移动。例如,一个或多个进程对一个磁道有很高的访问速度(即不断地请求对一个磁道的 I/O),可能会重复地请求这个磁道,甚至垄断整个设备。高密度多面磁盘比低密度磁盘以及单面或双面磁盘更容易受到这种特性的影响。为避免这种“黏着”现象,磁盘请求队列分成段,一次只有一段被完全处理。这种方法的两个例子是 N-Step-SCAN 调度算法和 FSCAN 调度算法。

(1) N-Step-SCAN 调度算法

该调度算法将请求队列分成若干长度为 N 的子队列,这些子队列按 FCFS 调度算法处理,而每一个子队列按 SCAN 调度算法处理;处理一个子队列时,有新的请求到来就加入其他子队列;处理完一个子队列后处理下一个,这样就避免了“黏着”现象。当 N 较大时,该算法接近 SCAN 调度算法;当 N=1 时,该算法蜕变为 FCFS 调度算法。

(2) FSCAN 调度算法

该调度算法可以看成 N-Step-SCAN 调度算法的简化形式,它只将原请求队列分成两个子队列:一个是当前所有请求磁盘 I/O 的进程队列,该队列按 SCAN 调度算法处理;另一个为空队列,当处理第 1 个队列时,若有新的磁盘 I/O 请求到来,则加入这个初始为空的队列中,这样所有新的请求都推迟到下一次扫描时处理。

**例 7-1** 假设计算机系统采用 CSCAN 调度算法,使用 2 KB 的内存空间记录 16 384 个磁盘块的空闲状态。

(1) 请说明在上述条件下,如何进行磁盘块空闲状态管理。

(2) 设某单面磁盘旋转速度为每分钟 6 000 转,每个磁道有 100 个扇区,相邻磁道间的平均移动时间为 1 ms。若在某时刻,磁头位于 100 号磁道处,并沿着磁道号大的方向移动(如图 7-32 所示),磁道号请求队列为 50、90、30、120,请求队列中的每个磁道都需读取 1 个随机分布的扇区,则读完这 4 个扇区点共需要多少时间?要求给出计算过程。

(3) 如果将磁盘替换为随机访问的 Flash 半导体存储器(如 U 盘、SSD 等),是否有比 CSCAN 调度算法更有效的磁盘调度算法?若有,给出磁盘调度算法的名称并说明理由;若无,说明理由。

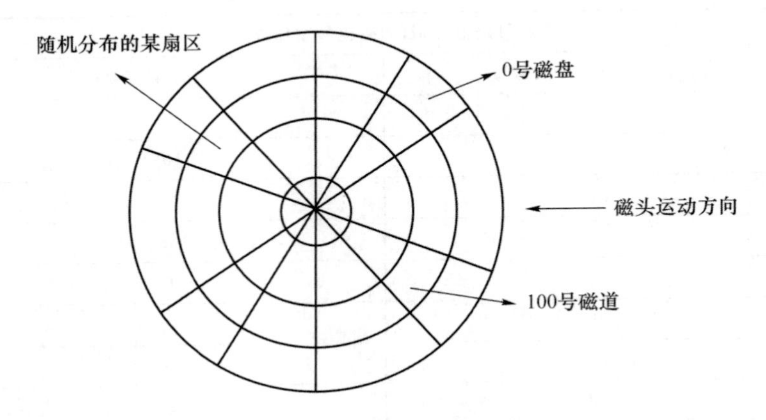


图 7-32　例 7-1(2)的磁盘调度算法

**分析与解答**

(1) 可采用位示图法表示磁盘块的空闲状态，一个磁盘块在位示图中用一个二进制位表示：0 表示磁盘块空闲，1 表示磁盘块已分配。16 384 个磁盘块共占用 16 384 bit＝16 384/8 B＝2 048 B＝2 KB，因此正好可放在系统提供的内存中。

(2) 采用 CSCAN 调度算法，磁道的访问次序为 120，30，50，90，如图 7-33 所示。因此，访问过程中移动的磁道总数为(120－100)＋(120－30)＋(90－30)＝170，故总的寻道时间为 170×1 ms＝170 ms；由于每转需要 1/6 000 min＝10 ms，则平均旋转延迟时间为 10 ms/2＝5 ms，总的旋转延迟时间为 5 ms×4＝20 ms；由于每个磁道有 100 个扇区，则读取一个扇区需要10 ms/100＝0.1 ms，总的读取扇区时间(传输时间)为 0.1 ms×4＝0.4 ms。综上，磁盘访问总时间为 170 ms＋20 ms＋0.4 ms＝190.4 ms。

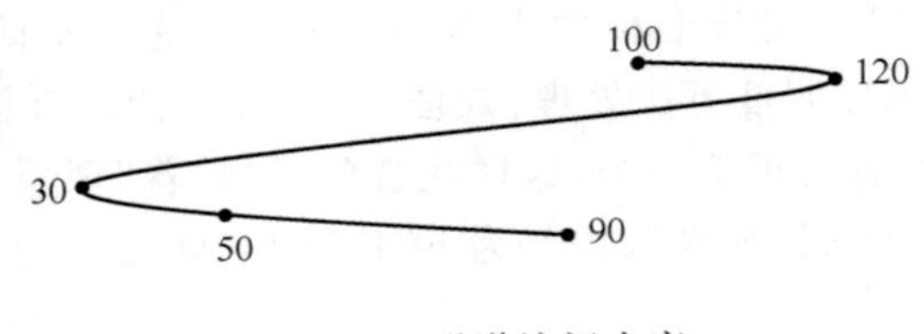


图 7-33　磁道访问次序

(3) 采用 FCFS 调度算法更高效。因为 Flash 半导体存储器的物理结构不需要考虑寻道时间和旋转延迟时间，因此可直接按 I/O 请求的先后顺序服务。

## 习　题

### 一、选择题

1. 在系统内存中设置磁盘缓冲区的主要目的是(　　)。

A. 减少磁盘 I/O 次数　　B. 减少平均寻道长度

C. 提高磁盘数据可靠性　　D. 实现设备无关性

2. 程序员利用系统调用打开 I/O 设备时，通常使用的设备标识是(　　)。

A. 逻辑设备名　　B. 物理设备名　　C. 主设备号　　D. 从设备号

3. 假设磁头当前位于第 105 个磁道,正在向磁道序号增加的方向移动。现有一个磁道访问请求序列为 35,45,12,68,110,180,170,195,采用 SCAN 调度算法得到的磁道访问序列是(　　)。

A. 110,170,180,195,68,45,35,12

B. 110,68,45,35,12,170,180,195

C. 110,170,180,195,12,35,45,68

D. 12,35,45,68,110,170,180,195

4. 用户程序发出磁盘 I/O 请求后,系统正确的处理流程是(　　)。

A. 用户程序→系统调用处理程序→中断处理程序→设备驱动程序

B. 用户程序→系统调用处理程序→设备驱动程序→中断处理程序

C. 用户程序→设备驱动程序→系统调用处理程序→中断处理程序

D. 用户程序→设备驱动程序→中断处理程序→系统调用处理程序

5. 某文件占 10 个磁盘块,现要把该文件磁盘块逐个读入内存缓冲区,并送用户区进行分析。假设一个缓冲区与一个磁盘块大小相同,把一个磁盘块读入缓冲区的时间为 100 μs,将缓冲区的数据传送到用户区的时间为 50 μs,CPU 对一块数据进行分析的时间为 50 μs。在单缓冲和双缓冲结构下,读入并分析该文件的时间分别是(　　)。

A. 1500 μs、1000 μs　　B. 1550 μs、1100 μs

C. 1550 μs、1550 μs　　D. 2000 μs、2000 μs

6. 操作系统的 I/O 子系统通常由 4 个层次组成,每一层明确定义了与邻近层次的接口。其合理的层次组织排列顺序是(　　)。

A. 用户级 I/O 软件、设备无关软件、设备驱动程序、中断处理程序

B. 用户级 I/O 软件、设备无关软件、中断处理程序、设备驱动程序

C. 用户级 I/O 软件、设备驱动程序、设备无关软件、中断处理程序

D. 用户级 I/O 软件、中断处理程序、设备无关软件、设备驱动程序

7. 下列选项中,不能改善磁盘设备 I/O 性能的是(　　)。

A. 重排 I/O 请求次序　　B. 在一个磁盘上设置多个分区

C. 预读和滞后写　　D. 优化文件物理块的分布

8. 用户程序发出磁盘 I/O 请求后,系统的处理流程中,计算数据所在磁盘的柱面号、磁头号、扇区号的程序是(　　)。

A. 用户程序　　B. 系统调用处理程序

C. 设备驱动程序　　D. 中断处理程序

9. 设系统缓冲区和用户工作区均采用单缓冲结构,从外部设备读入 1 个数据块到系统缓冲区的时间为 100 μs,从系统缓冲区读入 1 个数据块到用户工作区的时间为 5 μs,对用户工作区中的 1 个数据块进行分析的时间为 90 μs(如图 7-34 所示)。进程从外部设备读入用户工作区并分析 2 个数据块的最短时间是(　　)。

A. 200 μs　　B. 295 μs

C. 300 μs　　D . 390 μs

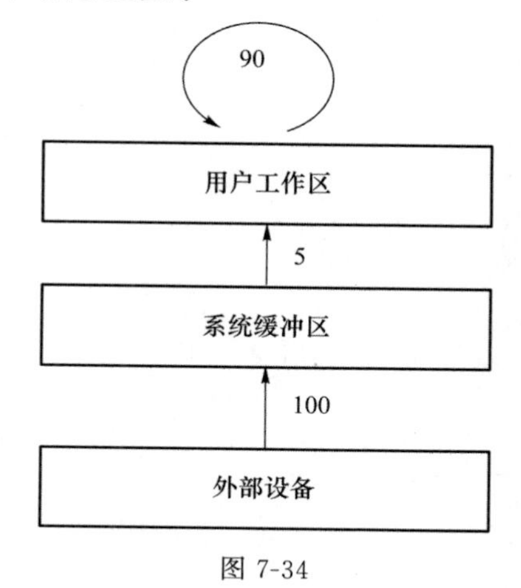

图 7-34

10. 某操作系统采用中断驱动 I/O 控制方式,设中断时,CPU 用 1 ms 来处理中断请求,其他时间完全用来计算,若系统时钟中断频率为 100 Hz,则 CPU 的利用率为(　　)。

A. 60%　　B. 70%　　C. 80%　　D. 90%

**二、应用题**

1. 假设磁盘有 100 个柱面，编号 0-99。在完成了柱面 25 的请求后，当前正在处理柱面 43 的请求。磁盘请求的柱面按 38、6、40、2、20、22、10 的次序到达磁盘驱动器，寻道每移动一个柱面需 10 ms，计算以下调度算法的寻道时间。(1) FCFS 调度算法；(2) SSTF 调度算法；(3) SCAN 调度算法。

2. 一个硬盘有 1 000 个柱面，寻道时移过每个柱面花费 6 ms。若不采用文件块紧密存放措施，则逻辑上相邻的块平均间隔 13 个柱面；若采用文件块紧密存放措施，则逻辑上相邻的块平均间隔 2 个柱面。假定读/写时找到柱面后平均旋转延迟时间为 100 ms，传输速率为每块 25 ms，则在上述两种情况下传输一个 100 块的文件各需多长时间？

3. 假如有 4 个记录 A、B、C、D 顺序存放在磁盘的某磁道上，该磁道被划分为 4 块，每块存放一个记录。现在要顺序处理这些记录，如果磁盘 20 ms 转一周，处理程序每读出一个记录后花 5 ms 进行处理。试问：处理完这 4 个记录需多少时间？为了缩短处理时间应进行优化分布，试问应如何安排这些记录？并计算总的处理时间。

# 参考文献


[1] 汤小丹,梁红兵,哲凤屏,等. 计算机操作系统[M]. 4 版. 西安:电子科技大学出版社,2014.

[2] 张尧学,史美林. 计算机操作系统教程[M]. 2 版. 北京:清华大学出版社,2000.

[3] ANDREW S T. Modem Operating Systems[M]. 2nd Ed. New Jersey: Prentice Hall,2001.

[4] 邹恒明. 计算机的心智:操作系统之哲学原理[M]. 北京:机械工业出版社,2009.

[5] 蒋静,徐志伟. 操作系统:原理·技术与编程[M]. 北京:机械工业出版社,2004.

[6] 林果园,王虎,张立江,等. 计算机操作系统[M]. 北京:清华大学出版社,2021.

[7] 丁善镜. 计算机操作系统原理分析[M]. 3 版. 北京:清华大学出版社,2021.

[8] 朱明华,张练兴,李宏伟,等. 操作系统原理与实践[M]. 北京:清华大学出版社,2021.

[9] 张成姝,姜丽,曹辉,等. 操作系统教程[M]. 2 版. 北京:清华大学出版社,2019.

[10] 王育勤,刘智珺,苏莹,等. 操作系统原理与应用[M]. 2 版. 北京:清华大学出版社,2019.

[11] 殷士勇. 计算机操作系统[M]. 2 版. 北京:清华大学出版社,2019.

[12] 郁红英,王磊,武磊,等. 计算机操作系统[M]. 3 版. 北京:清华大学出版社,2018.

[13] 陈敏,许雪林,汤龙梅,等. 操作系统原理及应用[M]. 北京:清华大学出版社,2017.

[14] 于世东,张丽娜,董丽薇,等. 操作系统原理[M]. 北京:清华大学出版社,2017.